普通高等教育"十一五"规划教材

陕西省精品课程教材

食品微生物学

吕嘉枥　主编

化学工业出版社

·北京·

内 容 提 要

本书结合现代微生物学和食品科学发展趋势，对食品微生物学的内容进行了系统介绍，并突出食品微生物学的实践应用。全书共分11章，前8章系统阐述了与食品相关的微生物学的基础理论，包括细菌、放线菌、酵母菌、霉菌、蕈菌、病毒、亚病毒的形态与构造，微生物的营养与培养，微生物的代谢，微生物的生态，微生物遗传变异与育种，微生物分类与鉴定等内容。后3章介绍了微生物在食品工业中的作用，包括微生物与食品制造、微生物与食品变质、食品安全的微生物指标和质量控制体系等内容。

本书既可作为高等院校食品、生物工程、发酵工程、农林、水产等专业的教材，也可供食品加工、食品发酵、食品保藏、食品卫生、食品检验、食品安全等领域相关科研与技术人员参考。

图书在版编目（CIP）数据

食品微生物学/吕嘉枥主编．—北京：化学工业出版社，
2007.6（2023.2重印）
普通高等教育"十一五"规划教材
ISBN 978-7-5025-9600-2

Ⅰ. 食…　Ⅱ. 吕…　Ⅲ. 食品微生物-微生物学-高等学
校-教材　Ⅳ. TS201.3

中国版本图书馆 CIP 数据核字（2007）第 054578 号

责任编辑：赵玉清　　　　　　　　　　　文字编辑：尤彩霞
责任校对：顾淑云　　　　　　　　　　　装帧设计：潘　峰

出版发行：化学工业出版社（北京市东城区青年湖南街 13 号　邮政编码 100011）
印　　装：涿州市般润文化传播有限公司
787mm×1092mm　1/16　印张16　字数423千字　2023年2月北京第1版第14次印刷

购书咨询：010-64518888　　　　　　　　售后服务：010-64518899
网　　址：http://www.cip.com.cn
凡购买本书，如有缺损质量问题，本社销售中心负责调换。

定　　价：48.00元

本书编写人员

主　　　编　吕嘉枥

参加编写人员　（以汉语拼音排序）

代春吉　缑敬轩　韩　迪　李娟萍　刘金平

吕嘉枥　马亚宁　舒国伟　卫春会　肖　平

前　言

食品微生物学（Food Microbiology）是专门研究微生物与食品之间的相互关系的一门学科，是微生物学的一个重要分支。其最终目的有两个，一是研究、开发和利用有益微生物，为人类提供更多更好的食品；二是研究对人类健康和食品有危害作用的微生物，并能进行有效的检测和监控，以确保食品的安全性。

生物技术的进展及其在微生物学和食品工业领域的广泛应用，使得食品方面的新技术、新知识得到不断创新，新产品不断涌现，新的致病菌不断被研究发现，新的食品安全管理措施也不断改进。因此，传统的食品微生物学面貌已发生了巨大变化，其研究内涵也不断丰富扩展。为适应时代需求，跟踪学科前沿，新的食品微生物学内容体系除了包括现有的普通微生物学理论知识、有益微生物及其利用、有害微生物及其控制等三大部分内容外，还应该包括食品微生物检验、食品安全控制技术等内容。目前，由微生物所引起的食品安全问题已成为一个全球性问题，微生物危害则是导致"食源性疾病"这一头号食品安全问题的最主要因素。因此随着食品贸易全球化的进一步深入，食品安全问题也必将成为各国政府和民众关心的焦点。

本书较为系统、完整地论述了现代食品微生物学的理论知识，并补充了食品生产中相关的微生物应用实例和新的食品安全管理措施及规范，基本涵盖了现代食品微生物学的各个领域。全书在增加了食品微生物指标的设定、食品微生物检验、食品安全的HACCP质量控制体系、食品微生物模型或预测微生物学、微生物风险评估等新内容的同时，又对全球关注的肝炎、禽流感、SARS、疯牛病、口蹄疫等食源性疾病进行了概述。本书力求内容新颖、图文并茂，既注重理论又与实践相结合。

全书共分11章，由陕西科技大学吕嘉枥教授担任主编。书中前8章阐述了与食品相关的微生物学的基础理论知识，包括微生物的形态与构造、营养与培养、代谢、生态、遗传变异与育种、分类与鉴定等内容，后3章介绍了微生物在食品工业中的作用，包括微生物与食品制造、微生物与食品变质、食品安全的微生物指标和质量控制体系等内容。

西北大学郭爱莲教授和西北农林科技大学来航线博士对本书内容进行了补充和审定，教育部高等学校食品科学与工程教学指导委员会委员董文宾教授提出了许多宝贵的意见和建议，在此一并表示诚挚的谢意！

限于编者学识有限，书中不足之处在所难免，敬请广大读者批评指正。

编者
2007 年于西安

目　录

绪　　论

一、微生物的概念及其特点

（一）微生物的概念及其主要类群

微生物（microorganism，microbe）是一类个体微小、结构简单、肉眼不可见或看不清楚的单细胞或多细胞以及非细胞结构的微小生物的统称。它们与其他生物一样，具有形态结构、生长繁殖、新陈代谢、遗传变异等生物学特性。

微生物不是分类学的一个自然类群，而是人们习惯的称呼。根据现有的生物分类体系，可将所有生物分为动物界（Kingdom animalia）、植物界（Kingdom plantae）、真菌界（Kingdom fungi）、原生生物界（Kingdom protista）、细菌界（Kingdom bacteria）、古生菌界（Kingdom archaeota）和病毒界（Kingdom vira）。在此体系中，除了动物界和植物界的生物以外，其他均属于微生物的范畴。根据微生物的进化水平和性状上的显著差别，通常把微生物分为原核微生物（prokaryotic microorganisms）、真核微生物（eukaryotic microorganisms）和非细胞微生物（acellular microorganisms）三大类群。

原核微生物具有细胞形态，即有细胞壁、细胞膜、细胞质和细胞核，但不具有完整的细胞核结构，无核仁和核膜，只有核物质存在的核区，包括细菌（bacteria）、放线菌（actinomyces）、蓝细菌（cyanobacteria）、支原体（mycoplasma）、衣原体（chlamydia）和立克次氏体（rickettsia）等；真核微生物具有细胞形态，且具有完整的细胞核结构，即细胞核具有核膜和核仁，包括显微藻类（algae）、原生动物（protozoa）、黏菌（myxomycota）、假菌（chromista）和真菌（fungi），真菌又包括单细胞真菌（酵母菌，yeast）、丝状真菌（霉菌，molde）和大型子实体真菌（蕈菌，mushroom）；非细胞微生物无细胞形态，仅为由核酸和蛋白质或核酸或蛋白质构成的颗粒，包括真病毒（euvirus）和亚病毒（subvirus）两大类。

与食品工业密切相关的主要微生物类群有细菌、放线菌、酵母菌、霉菌、蕈菌、病毒和亚病毒等。

（二）微生物的特点

微生物除了具有生物的共性外，还有其独特的特点，即个体微小、分布广泛、繁殖迅速、代谢力强、种类繁多。

1. 个体微小

微生物大小一般在数微米甚至纳米范围内，测量它们个体大小的单位为微米（μm）或纳米（nm）。因此，绝大多数微生物的个体肉眼不可见，必须用光学显微镜或电子显微镜放大到几十倍、几百倍、几千倍，甚至几十万倍才能观察到其基本形态。由于其个体极其微小，单位体积所占有的表面积，即比面值（surface to volume ratio）（＝表面积/体积）巨大。例如，直径为 $1.0\mu m$ 的球菌的比面值可达 60000，而直径为 1cm 的生物体的比面值仅为 6，两者相差 10000 倍。个体微小和巨大的比面值赋予了微生物的其他特点。

2. 分布广泛

因微生物个体微小，所以质量极小，如一个大小为 1 到几微米的细菌，质量仅为 $1\times$

$10^{-10} \sim 1 \times 10^{-9}$ mg，极易飘荡，无孔不入，可到处栖息，广泛分布于地球表面及其附近空间的各个角落，如土壤、河流、海洋、湖泊、温泉、高山、人和动植物体及空气尘埃等处。

3. 繁殖迅速

微生物具有极高的繁殖速度。以普遍存在于人和动物肠道中的大肠杆菌为例，在适宜的条件下，大肠杆菌每20min可繁殖一代，即由1个变成2个，以几何级数增殖，即2、4、8、16、32、…、2^n。如果生长发育的环境条件始终维持最佳状态，则一个大肠杆菌于24h内可繁殖到2^{71}个菌体。但事实上，由于环境条件、空间、营养、代谢产物等的影响，微生物繁殖数量受到一定的限制，一般液体培养时，细菌细胞浓度仅达10^8个/mL左右。微生物繁殖速度之快，是其他生物无法比拟的。因此，自然界的微生物数量是很惊人的。正是由于这一特性使得微生物在食品酿造和发酵工业中发挥着重要作用，同时，有害微生物也给人类带来了极大的危害。

4. 代谢力强

微生物比面值极大，吸收营养物质的能力很强。因此，其代谢强度通常比高等动、植物的代谢强度高数十倍、数百倍、数千倍，甚至数万倍。例如，1kg酒精酵母菌体1天内可发酵几千千克糖，形成酒精；大肠杆菌1h内可发酵其自身重1000～10000倍的乳糖，形成乳酸。微生物代谢速度很高的特性和人工培养微生物不受气候条件限制的特点，对食品与发酵工业极其有利。但同时又能使食品和其他工农业产品发生腐败变质，造成严重损失。

5. 种类繁多

有记载的微生物已近20万种。由于微生物个体微小，结构简单，对外界环境很敏感，抗逆性较差，很容易受到各种不良外界环境的影响而发生变异，具有遗传不稳定性，在自然条件下，突变频率为$10^{-6} \sim 10^{-5}$左右。微生物遗传不稳定性是造成其种类繁多的重要原因。虽然给微生物菌种保藏工作带来一定的不便，但正因为微生物的遗传稳定性差，使得微生物菌种培育相对较容易。通过育种工作，可大幅度地提高菌种的生产性能，其产量性状提高幅度是高等动、植物所难以实现的。

二、微生物与人类的关系

从微生物具有的特点不难看出，微生物与人类的关系极其密切，微生物的独特性已在全球范围内对人类产生巨大影响。如今的微生物已在食品、发酵、医药、化工、农业、畜牧业、纺织、皮革、造纸、能源、石油、环保等方面发挥着重要的作用。

（1）微生物与农牧业　利用微生物可生产菌体蛋白饲料、饲料酵母、维生素饲料、发酵饲料、青贮饲料、益生菌饲料添加剂、细菌农药、真菌农药、病毒农药、微生物肥料、农用抗生素等。

（2）微生物与医药卫生　首先目前所使用的抗生素药物，绝大多数是微生物发酵产生的。其次利用基因工程菌还可生产干扰素、功能肽、胰岛素、疫苗等生物制品。

（3）微生物与工业　微生物种类极其繁多，酶的种类也极其繁多。现已知微生物细胞产生的酶有2500多种，并产生繁多的代谢产物，应用广泛。因而在酶制剂工业、氨基酸工业、有机酸工业、新材料开发、生物化工、纺织、皮革、造纸、能源、石油等工业中有广泛的应用。

（4）微生物与环境保护　微生物在自然界污水的净化、垃圾的处理、秸秆的降解和有机物的分解等过程中起着决定性的作用，因此，对环境保护有巨大的贡献。

（5）微生物与食品工业　微生物与众多食品的制造密切相关，如在酿酒、酿造酱油、酿造食醋、有机酸（柠檬酸和乳酸等）、氨基酸（谷氨酸和赖氨酸等）、核苷酸、发酵乳制品、发酵豆制品、发酵果蔬制品、发酵肉制品、发酵水产品、单细胞蛋白、益生菌食品、转基因食品、酶制剂等的加工中均离不开微生物的作用。另一方面，微生物污染难以避免，微生物污染食品以后，可引起食品发生腐败、变质，甚至引起食源性疾病。

（6）微生物与人类健康　人从出生的一瞬间开始，微生物就伴随人的一生。有益微生物是我们生活、生产取之不尽的宝贵资源，不断为人类创造巨大的物质财富。与此同时，病原微生物却又给人类的生活、生产和健康带来严重危害。人类随时都有病原微生物侵袭的可能，时刻都要与病原菌作斗争。微生物与人体健康息息相关。

三、微生物学的发展简史

我们把微生物学的发展过程分成以下三个阶段加以阐述。

（一）微生物学的史前时期

中国是世界最早的文明发达国家之一，我国劳动人民在长期的实践中，对微生物的认识和应用有着悠久的历史，积累了丰富的经验。例如，我国利用微生物发酵谷物酿酒的历史，至少可追溯到距今四千多年前的龙山文化时期。从我国龙山文化遗址出土的陶器中有不少饮酒的用具。公元前二千多年的夏禹时代，有仪狄作酒的记载。殷代甲骨文中有多种"酒"的象形字。公元前14世纪《书经》有"若作酒醴，尔惟曲蘖"，其意即要酿好酒必须用曲。我国在河南郑州二里岗和河北藁城台西村两处商代遗址中，均发现有酿酒工场遗址。在该遗址内还发现有大量酿酒工具以及人工培养的酵母残壳。可见，至少在商代，我国酿酒已从农业分化发展成为独立的手工业了。《左传》中记载有鲁宣公12年（公元前597年）叔展所说："有麦曲乎？曰：无……。河鱼腹疾奈何？"，可见当时已知道用酒曲治疗腹泻病。北魏（公元386～534年）贾思勰《齐民要术》一书中，详细记述了制醋的方法。我国在豆类发酵制作酱、豆豉、腐乳等技术也有悠久历史。民间一直沿用的盐腌、糖渍、烟熏、风干等防腐方法，以及利用乳酸菌制作酸菜、泡菜的方法，一直沿用至今。

（二）微生物学的初创时期和形成时期

与我国相对比的是，欧洲新兴资本主义的出现和技术革新的时代潮流的兴起，对生产和研究手段的要求改进，出现了不少对近代科学技术奠定基石的新的发明创造。17世纪，荷兰人列文虎克（Antony Van Leeuwenhock，1632～1723）发明了第一台简易显微镜（放大倍数200～300倍）。他利用自制的显微镜观察了污水、牙垢、腐败有机物等，直接看到了微小生物，并作了一定的描述，于1669年根据其发明成果出版了《安东·列文虎克所发现的自然界秘密》一书，并首次揭示了微生物世界。

在随后近200年的时期内，随着显微镜的不断改进，其分辨率的提高，人们对微生物的认识由粗略的形态描述，逐步发展到对微生物进行详细的观察和根据形态进行分类研究，为微生物学的形成奠定了基础。

19世纪60年代，在欧洲一些国家中占有重要经济地位的酿酒工业和蚕丝业出现了酒变质和蚕病危害等问题，进一步推动了重视微生物的研究，推动了微生物学的兴起。其中法国人巴斯德（Louis Pasteur，1822～1895）和德国人柯赫（Robert Koch，1843～1910）起了重要作用。

巴斯德的主要贡献是经过多年的研究证明，酒、醋等的酿造是由微生物引起的发酵，而不是发酵产生了微生物，彻底否定了"自然发生说"；而且他还认为不同的发酵是由不同的微生物引起的，酒的变质是由于有害微生物引起的；并提出了科学的消毒方法，后被命名为"巴氏消毒法"；同时还奠定了免疫学——预防接种的基础。

柯赫的主要贡献是首先从患病动物的病变脏器中分离纯化得到了炭疽杆菌、霍乱弧菌、结核杆菌等病原微生物，通过将病原菌接种到动物体内，能引起相同症状的疾病，证实炭疽病是由炭疽杆菌引起，结核病原菌为结核杆菌。证明了传染病是由某些特定的病原菌传播的，即柯赫法则；并首次创立了微生物纯培养技术。

巴斯德和柯赫对微生物的研究从形态的描述发展到生理学研究，建立了从微生物分离、接种、纯培养到消毒、灭菌、无菌操作等一系列独特的微生物技术，揭示了食品发酵、食品腐败和人畜患病的原因，为微生物学的形成作出了极大的贡献。可以说他们两位不仅是微生物学的奠基人，而且也是食品微生物学的奠基人。

1929 年英国人弗莱明（Alexander Fleming，1881～1955）发现了青霉菌产生的青霉素能抑制金黄色葡萄球菌的生长。1940 年 Florey 等提取出青霉素的纯品，并证实了其临床应用价值。青霉素的发现启发了人类对其他抗生素的寻找和生产，之后链霉素、氯霉素、四环素、红霉素、林可霉素以及庆大霉素等相继被开发并研制成功。抗生素的发现是继化学治疗药物之后治疗微生物感染的重大科学成果，具有划时代的意义。

（三）微生物学的发展时期和成熟时期

20 世纪以后是微生物学的全面发展时期和成熟时期。20 世纪 30 年代电子显微镜的问世，为研究微生物细胞和病毒的超显微结构提供了可能。1939 年考塞（Kauxche）等第一次用电子显微镜观察到了烟草花叶病毒颗粒呈棒状。1941 年比得尔（Beadle）等用 X 射线和紫外线诱变链孢霉获得了营养缺陷型。这一成果使人们对基因的本质及其作用有了进一步的认识。1944 年艾弗里（Avery）证实了肺炎链球菌荚膜多糖遗传性状转化的物质是脱氧核糖核酸，首次把 DNA 和基因概念联系在一起，开始进入了分子生物学的研究时代。1953 年 J. D. Waston，H. F. C. Crick 发现了 DNA 双螺旋模型。随后，很多学者在关于信使核糖核酸的遗传密码、病毒的亚显微结构、病毒的感染增殖过程以及固氮菌的固氮机理的研究，微生物代谢类型、代谢途径及代谢调节机理的研究等，对推动微生物学的发展均具有重要的理论和实践意义，展示了微生物学极其广阔的应用前景。此时期，用微生物来生产生长激素、甾体药物、抗生素、维生素、氨基酸、有机酸、核苷酸、酶制剂、单细胞蛋白、植物生长刺激素等已进入了工业化生产。

20 世纪 70 年代以来，基因的人工合成与基因的体外重组，为人类定向改造物种和创建新的微生物种类开辟了新的前景。采用遗传工程组建的"工程菌"已用于生产干扰素，比用组织培养法生产干扰素的效率提高几万倍。把人工合成的胰岛素基因掺入到无毒的大肠杆菌菌体内已获得该基因的成功表达，使用细菌生产胰岛素成为事实。1977 年美国运用遗传工程技术，将人工合成的下丘脑生长激素释放抑制因子（somotostation，SOM）基因，通过质粒作为运载体，将其转移至大肠杆菌细胞中。该基因能随着大肠杆菌的分裂而自我复制，并获得表达，从而使该大肠杆菌产生 SOM，原来需要 50 万头绵羊的脑组织才能提取 5mg SOM，应用遗传工程只需 10L 培养液（含 100g 大肠杆菌）就能提取同样数量的 SOM。

近些年来，我国在利用微生物发酵法生产味精、柠檬酸、乳酸、酶制剂、抗生素等方面都已形成了工业化生产规模，产品质量和生产规模在不断提高，检测手段也日趋完善。我国于 20 世纪 70 年代末开始逐渐兴起的啤酒业，现已遍布全国，发展异常迅速。我国在近代微生物学领域的研究方面也取得了一些可喜的成绩，如采用微生物代谢调控理论，已在抗生素、氨基酸、核苷酸、酶制剂、发酵食品、生物保健食品等方面成功选育了多种优良菌种，在原生质体融合和遗传工程等方面也相应开展了众多的研究，取得了可喜的成果。在改革开放和科技与经济迅猛发展的今天，微生物学领域的研究和应用也必将取得更丰硕的成果。

四、微生物学及其分支学科

（一）微生物学的概念及其主要研究内容

概括地讲，微生物学（microbiology）是研究微生物及其生命活动规律的学科，其研究的主要内容涉及微生物的形态结构、营养与培养、生长繁殖、新陈代谢、遗传变异、分类鉴定、生态分布以及微生物在工业、农业、医疗卫生、环境保护等各方面的应用。研究微生物及其生命活动规律之目的在于充分利用有益微生物，控制有害微生物，使微生物能更好地为人类社会服务。

（二）微生物学的分支学科

微生物学随着研究范围的日益扩大和深入，逐渐形成了许多分支学科。着重研究微生物学基本问题的分支学科有普通微生物学、微生物分类学（microbiol taxonomy）、微生物生理学（microbiol physiology）、微生物生态学（microbiol ecology）、微生物遗传学（microbiol genetics）等。按照微生物研究对象的不同，可分为细菌学（bacteriology）、放线菌学（actinomycetes）、真菌学（fungi）、病毒学（virology）等。根据微生物的应用领域不同，形成的分支学科有工业微生物学（industrial microbiology）、农业微生物学（agricultural microbiology）、食品微生物学（food microbiology）、发酵微生物学（fermentational microbiology）、医学微生物学（medical microbiology）、药用微生物学（patherological microbiology）、兽医微生物学（veterinary microbiology）、环境微生物学（environmental microbiology）等。根据微生物的生态环境不同，形成的分支学科有土壤微生物学（soil microbiology）、海洋微生物学（marine microbiology）等。

五、食品微生物学及其研究内容与任务

（一）食品微生物学的概念

食品微生物学是专门研究与食品有关的微生物的种类、特点及其在一定条件下与食品工业关系的一门学科。尽管人类对食品微生物研究的历史很长，但作为微生物学的一门独立的分支学科——食品微生物学，仍属一门新兴学科。尤其在我国，人们对食品科学的重视仅是改革开放以来，人们解决了温饱问题之后的事情。食品微生物学是随着食品科学的发展而产生的一个重要的学科。

（二）食品微生物学研究内容与任务

根据我国目前的教学体制，食品微生物学是食品科学学科专业的一门专业基础学科，主要学习和研究与食品有关的细菌、放线菌、酵母菌、霉菌、蕈菌和病毒的形态结构特征，生长繁殖特性，营养与代谢规律，生态分布规律，遗传变异与育种，分类与鉴定，以及在食品制造工业中有益微生物的应用和在食品工业中有害微生物的控制，以达到能主动控制和驾驭微生物整个活动进程的目的，为人类提供营养丰富、健康安全的食品。

1. 在食品工业中有益的微生物及其应用

前已提及，微生物与众多食品的制造密切相关，酿造食品的动力是微生物，即生产菌种。酿造食品的全部生产工艺及其条件是以生产菌种为中心。因此，我们只有在较全面地了解微生物的全部生命活动规律的基础上，才有可能达到控制微生物的发酵进程，最经济和最有效地获得微生物的代谢及发酵产物。未来食品工业的发展趋势有两个方面，其一是利用现代生物育种技术对生产菌种进行改良；其二是利用现代生物工程技术对传统食品工艺进行改造。自然界微生物资源极其丰富，它有着极其广阔的开发前景，有待我们去研究、开发和利用，为人类提供更多更好的食品，是食品微生物学的重要任务之一。

2. 在食品工业中有害的微生物及其控制

微生物能引起果蔬、粮食、乳、肉、鱼、禽、蛋、罐藏食品等各类食品的腐败变质，使食品的营养价值降低或完全丧失。有些是使人类致病的病原菌，有些能产生毒素，引起食源性疾病和食物中毒，影响人体健康，甚至危及生命。因此，食品微生物学的另一重要任务就是研究与食源性疾病和食物中毒有关的微生物生物学特性及其危害，并进行监测、预测和预报，建立食品安全生产的微生物学卫生指标和质量控制体系，以确保食品的安全性。

第一章 细菌和放线菌

原核生物（prokaryotes）在自然界中分布广泛，种类繁多，根据其性状上的差异，可分为六种类型，即细菌、放线菌、蓝细菌、支原体、立克次氏体和衣原体，它们与人类的生产、生活及健康息息相关。与食品工业关系密切的主要是细菌和放线菌，特别是细菌。本章将从细菌和放线菌的细胞形态、细胞构造、繁殖特性和群体特征等方面做一介绍。

第一节 细 菌

细菌（bacteria）是原核生物中的一大类群，是一类个体微小、结构简单、细胞壁坚韧、多以二等分裂方式繁殖和水生性较强的单细胞微生物。绝大部分细菌都是异养型微生物，其中的有害细菌给人类的生活和生产带来不少麻烦和危害，如有些细菌具有致病性，常引起人、动物和植物的传染性疾病；有些细菌常引起食物腐败变质，污染发酵工业等；但同时又有很多有益细菌被广泛应用于工、农、医、药和环保等生产实践中，如有些细菌是食品工业生产酒类、调味品、氨基酸、有机酸、核苷酸、酶制剂等的生产菌种，给人类带来了巨大收益。因此，了解细菌的形态与构造，能更好地利用有益细菌，控制有害细菌。

一、细菌菌体形态

依据细菌菌体形态的不同，可分为球菌、杆菌和螺旋菌三大类型，每一类型中又包括形态相似的很多种。菌体形态是鉴别细菌的重要依据。在自然界所存在的细菌中，以杆菌最为常见，球菌次之，而螺旋菌最少。

1. 球菌

球菌（*Coccus*）的菌体呈圆球形或类圆球形，大多数球菌的直径为 $0.5 \sim 1.2\mu m$。根据球菌在繁殖时的分裂方向及分裂后细胞的排列情况，又可以将其分为单球菌、双球菌、四联球菌、八叠球菌、葡萄球菌和链球菌。

（1）单球菌（*Micrococcus*） 分裂后呈单独分散状态存在，如尿素小球菌（*Micrococcus ureae*）

（2）双球菌（*Diplococcus*） 在一个平面上分裂后，常成对排列，如肺炎双球菌（*Diplococcus pneumoniae*）。

（3）四联球菌（*Tetracoccus*） 在两个相互垂直的平面上分裂，常常由四个菌体呈"田"字形排列，如四联小球菌（*Micrococcus tetragenus*）。

（4）八叠球菌（*Sarcina*） 在三个相互垂直的平面上分裂，常以八个菌体有规则地堆叠在一起，呈正方体，如胃八叠球菌（*Sarcina ventriculi*）。

（5）葡萄球菌（*Staphylococcus*） 在多个不同方向的平面上分裂后，很多个球菌无规则地堆集在一起，呈葡萄串状，如金黄色葡萄球菌（*Staphylococcus aureus*）。

（6）链球菌（*Streptococcus*） 在一个平面上分裂后，常呈长短不同的链状排列，如嗜热链球菌（*Streptococcus thermophilus*）。

2. 杆菌

杆菌（*Bacillus*） 菌体呈杆状，大小差异很大，大多数杆菌的大小为 $(1 \sim 5)\mu m \times$

$(0.5\sim1)\mu m$，有些杆菌可长达 $10\mu m$，有的呈长丝状。根据排列情况可将其分为单杆菌、球杆菌、链杆菌、棒状杆菌和梭状杆菌。

(1) 单杆菌（*Bacillus*） 菌体呈单个分散排列，如大肠埃希杆菌（*Escherichia coli*）。

(2) 球杆菌（*Coccobacillus*） 菌体很短，几乎呈椭圆形，如流产布氏杆菌（*Brucella abortus*）。

(3) 链杆菌（*Streptobacillus*） 菌体常呈链状排列，如保加利亚乳杆菌（*Lactobacillus bulgaricus*）。

(4) 棒状杆菌（*Corynebacterium*） 菌体的一端膨大呈棒状，如谷氨酸棒杆菌（*Corynebacterium glutamicum*）。

(5) 梭状杆菌（*Clostridium*） 菌体中间膨大呈梭状，如肉毒梭状芽孢杆菌（*Clostridium botulinum*）。

3. 螺旋菌

螺旋菌（*Spirilla*） 菌体呈螺旋状，若螺旋不足一环者则称为弧菌（*Vibrio*），如霍乱弧菌（*Vibrio cholerea*）；螺旋 $2\sim6$ 的小环、僵硬的螺旋状细菌称为螺菌（*Spirillum*），如干酪螺菌（*Spirillum tyrogenum*）；而螺旋周数多、体长而柔软的螺旋状细菌称为螺旋体（*Spirochaeta*）。

4. 细菌形态的多变性

细菌的菌体形态受环境因素影响很大，如改变培养温度、培养时间、培养基成分、渗透压、pH 等条件，均可引起细菌菌体形态发生变化。但是在一定的环境条件下，各种细菌常保持着一定的形态，一般以在适宜的培养条件下培养 $18\sim24h$ 的培养物作为典型的菌体形态，并呈现典型的染色反应。而在陈旧老化的培养物中或在不适于细菌生长的环境中培养的细菌，常出现不规则的形态，称为衰退型，或表现为多形性，如菌体膨大、呈长丝状、轮廓模糊等。这类细菌常常表现着色不均匀、染色反应改变、特征不典型等特点。

二、细菌细胞构造

细菌的细胞结构可分为基本构造和特殊构造。

（一）基本构造

即所有细菌都具有的构造，包括细胞壁、细胞膜、细胞质、核质体、内含物等。

1. 细胞壁

细胞壁（cell wall）是细菌细胞的外壁，坚韧，有弹性，起固定菌体形状和保护菌体的作用。其质量为细胞干重的 $10\%\sim20\%$，厚度 $10\sim30nm$。由于细菌细胞既微小又透明，故一般要经过染色才能作显微镜观察。细菌染色方法很多，其中以革兰染色法（Gram stain）最为重要，此法由丹麦医生 C. Gram 于 1884 年发明，故得名。细菌经过革兰染色后，能区分为两类，一类是最终被染成紫色，称为革兰阳性细菌（Gram positive bacteria，G^+）；另一类是最终被染成红色，称为革兰阴性细菌（Gram negative bacteria，G^-）。革兰染色反应与细菌细胞壁组成及结构有密切关系。

细菌细胞壁的基本成分为肽聚糖，除此以外 G^+、G^- 细菌还有自己的特点，见表 1-1。

表 1-1 革兰阳性菌和革兰阴性菌细胞壁比较

项 目	革兰阳性菌	革兰阴性菌	项 目	革兰阳性菌	革兰阴性菌
强度	坚韧	较疏松	脂类含量	$1\%\sim4\%$	$11\%\sim22\%$
厚度	$20\sim80nm$	$10\sim15nm$	磷壁酸	+	−
肽聚糖层数	$15\sim50$ 层	$1\sim3$ 层	外膜	−	+
肽聚糖含量	占细胞壁干重的 $50\%\sim80\%$	占细胞壁干重的 $10\%\sim20\%$	脂蛋白	−	+
糖类含量	约 45%	$15\%\sim20\%$	脂多糖	−	+

注："+"表示有；"−"表示无。

（1）G⁺细菌的细胞壁　厚而致密（图1-1），化学组成简单，由肽聚糖（peptidoglycan）和磷壁酸（teichoic acid）组成。肽聚糖分子由肽和聚糖两部分组成，金色葡萄球菌是G⁺细菌的代表，其细胞壁肽聚糖分子中的肽包括四肽（由 L-Ala-D-Glu-L-Lys-D-Ala组成，即 L-丙氨酸-D-谷氨酸-L-赖氨酸-D-丙氨酸）侧链和五肽（由甘氨酸组成的五肽）交联桥两种，而聚糖则是由 N-乙酰葡萄糖胺（G）和 N-乙酰胞壁酸（M）两种单糖相互间隔交替排列，经

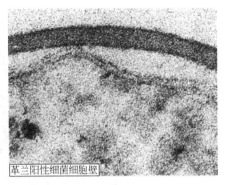

革兰阳性细菌细胞壁

图1-1　G⁺细菌细胞壁结构

β-1,4-糖苷键联结成的长链，四肽侧链连接在胞壁酸上，相邻聚糖骨架上的四肽侧链通过五肽交联桥交叉连接形成具有三维网状结构的肽聚糖，如图1-2所示。磷壁酸的主要成分为甘油磷壁酸或核糖醇磷壁酸。其中与肽聚糖分子进行共价结合的称为壁磷壁酸，跨越肽聚糖层并与细胞膜相交联的称为膜磷壁酸，是G⁺细菌细胞壁特有的成分，如图1-3所示。

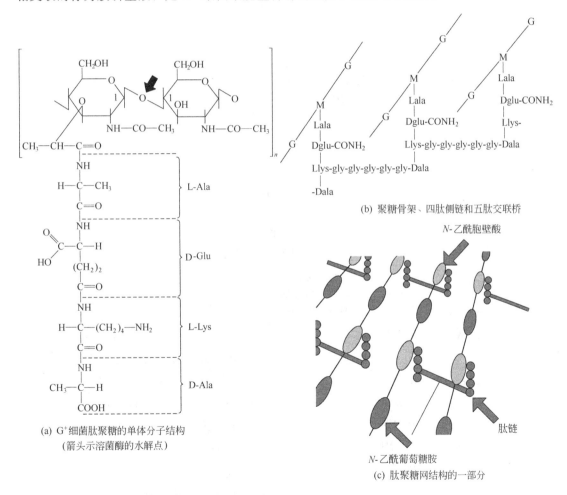

(a) G⁺细菌肽聚糖的单体分子结构
（箭头示溶菌酶的水解点）

(b) 聚糖骨架、四肽侧链和五肽交联桥

(c) 肽聚糖网结构的一部分

图1-2　G⁺细菌（金色葡萄球菌）肽聚糖结构示意

（2）G⁻细菌的细胞壁　大肠杆菌是 G⁻细菌的代表，其细胞壁由外膜（脂多糖层）和肽聚糖组成（图1-4、图1-5）。肽聚糖单体结构与G⁺细菌基本相同，差别在于G⁻菌的肽聚

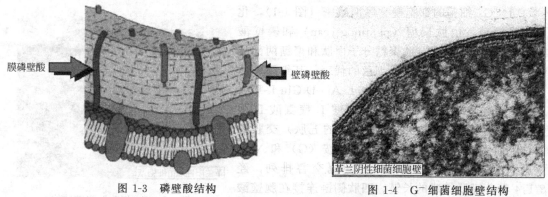

膜磷壁酸　　　　　　　　　　　　　壁磷壁酸

图 1-3　磷壁酸结构　　　　　　　　　　图 1-4　G⁻细菌细胞壁结构

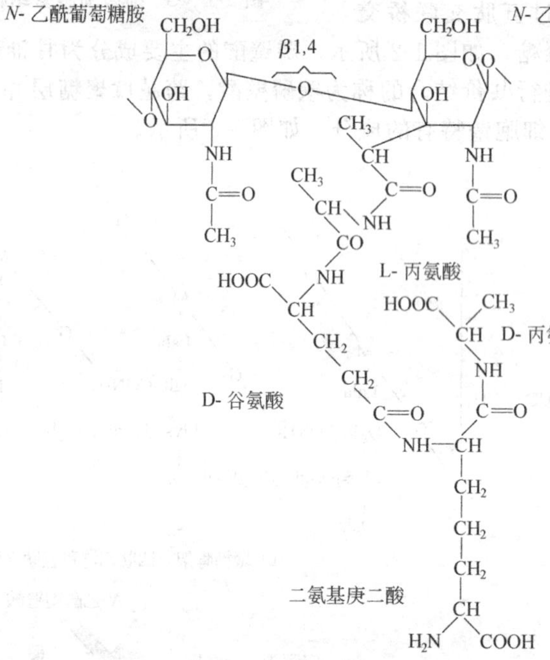

N-乙酰葡萄糖胺　　　　　　　　　　*N*-乙酰胞壁酸

β1,4

L-丙氨酸

HOOC　　　　　　HOOC　CH₃

D-丙氨酸

D-谷氨酸

二氨基庚二酸

H₂N　COOH

(a) G⁻细菌肽聚糖的单体分子结构

M=*N*-乙酰胞壁酸
G=*N*-乙酰葡糖胺

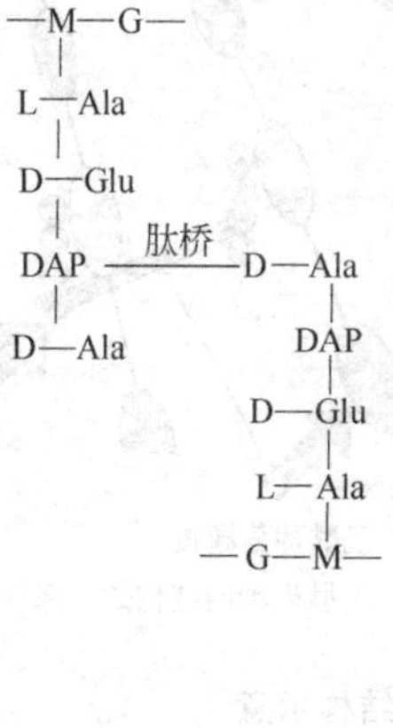

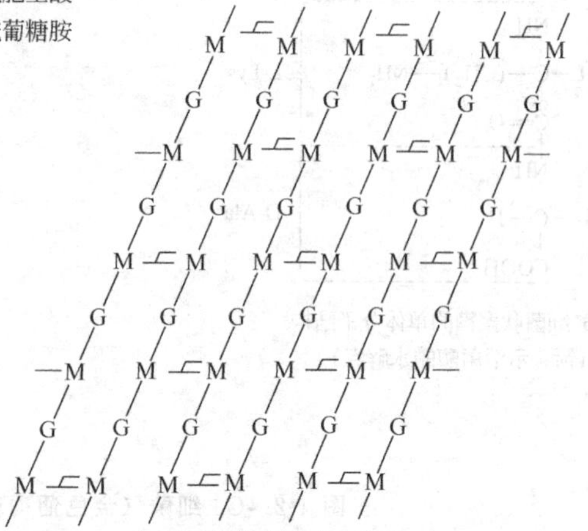

—M—G—
　|
L—Ala
　|
D—Glu
　|
DAP——肽桥——D—Ala
　|　　　　　|
D—Ala　　DAP
　　　　　　|
　　　　　D—Glu
　　　　　　|
　　　　　L—Ala
　　　　　　|
　　　—G—M—

左：肽桥的连接方式；　　　　　　右：肽聚糖网结构的一部分

(b) 肽桥的连接和肽聚糖网结构

图 1-5　G⁻细菌（大肠杆菌）肽聚糖结构示意

10

糖层结构中没有五肽交联桥，四肽中的第三个氨基酸分子不是-L-Lys，而是被内消旋二氨基庚二酸（m-DAP）所代替，相邻的两个四肽侧链相互连接，形成二维网状结构，如图1-5所示。外膜（脂多糖层）位于壁的最外层，是 G⁻ 细菌细胞壁特有的结构，其化学成分为脂多糖、磷脂和外膜蛋白，如图1-6所示。

（3）革兰染色机理　细菌的革兰染色程序是涂片标本先经结晶紫染色，再用碘液媒染，酒精脱色，最后用复红或沙黄复染，结果呈现两种不同的染色结果。其原因是 G⁺ 菌的细胞壁肽聚糖层多而厚，而 G⁻ 细菌的细胞壁肽聚糖层少而薄，含脂类较多。在革兰染色中，结晶紫和碘在细菌细胞内可形成不溶于水的结晶紫-碘复合物。在用酒精脱色时，由于 G⁺ 菌细胞壁很厚、肽聚糖层多、交联致密、壁孔较小，加之它几乎不含脂类，故酒精很难把结晶紫-碘复合物洗脱，最后用复红或沙黄染色时，不着色，致使菌体保持结晶紫的紫色颜色。反之，G⁻ 菌细胞壁薄、肽聚糖层少、交联度差、结构稀疏、壁孔较大，加之含脂类多，当用酒精脱色时，可以把脂类

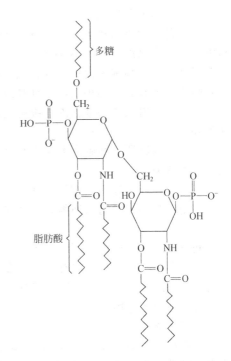

图1-6　脂多糖结构

溶解，使壁孔加大，结晶紫-碘复合物容易被洗脱出来，细胞退成无色，这时再用复红或沙黄染色时，就使菌体呈现复染的红色。

革兰染色是细菌的一种鉴别染色法，也是细菌分类鉴定中的重要形态学指标，通过革兰染色可将细菌分为两大类，即 G⁺ 菌和 G⁻ 细菌。

细菌细胞壁是一切原核生物的最基本构造，但是在实验室中，可用人工方法通过抑制细胞壁的合成或对现有细胞壁进行酶解，获得人工缺壁细菌。对于 G⁺ 细菌常形成原生质体，而 G⁻ 细菌则形成球状体。原生质体（protoplast）是指在人工条件下，用溶菌酶除去细胞壁或用青霉素抑制新生细胞壁合成后，所得到的仅有一层细胞膜包裹的圆球形细胞；球状体（sphaeroplast）是指还残留了部分细胞壁的原生质体。

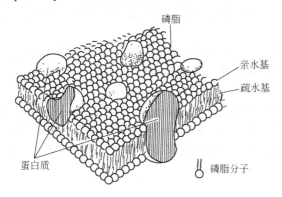

图1-7　细胞膜结构模式图

2. 细胞膜

细胞膜（cell membrane）又称细胞质膜（cytoplasmic membrane）、质膜（plasma membrane）或内膜（inner membrane），位于细胞壁内侧，厚约7.5nm，柔软，有弹性，约占细胞干重的10%。由40%的类脂和60%的蛋白质组成，含少量多糖。

细胞膜的基本结构为磷脂双分子层，脂类分子具双相性，即亲水性和疏水性。亲水性极性基团（磷酸、甘油等）朝向膜两侧，疏水性极性基团（脂肪酸）朝向膜的中部。

在磷脂双分子层中，镶嵌着多种膜蛋白。这些膜蛋白大多是具有特殊作用的酶类或载体蛋白，其位置或在膜的表面，或穿过磷脂双分子层伸出膜的两侧。磷脂双分子层呈液态，镶嵌于其中的蛋白可以移动或发生构象变化，细胞膜的这种模型理论，称为液态镶嵌学说（图1-7）。

细胞膜的主要功能如下。

(1) 营养物质的转运　细菌细胞从外界环境中吸收营养物质和排除代谢废物均须通过细胞膜。细胞膜上的特异性载体蛋白，如透性酶（permease）能与膜外侧特定的营养物质结合，将其转运至细胞膜内侧。细胞膜上的许多微孔，能容许一些可溶性小分子物质通过。细菌细胞凭借细胞膜上的小孔，向外释放出水解酶类（即胞外酶），将细胞外的大分子物质分解为小分子，再吸收到细胞内。细胞内的一些代谢废物，也可通过细胞膜上的微孔排泄到细胞膜外。

(2) 产能场所　细胞膜上含有与氧化磷酸化或光合磷酸化等能量代谢有关的酶系，故与能量代谢有关。

(3) 生物合成作用　细胞膜上含有多种合成酶类，菌体的许多成分，如肽聚糖、磷壁酸、磷脂和脂多糖等均在细胞膜上合成。

3. 间体

间体（mesosome）又称中介体，是细菌细胞膜向内陷入胞浆中折叠而形成的管状或囊状结构。在一个细菌细胞内有一个或多个间体，间体的作用是扩大了细胞膜的表面积，相应地增加了酶的含量，尤其是增加了呼吸酶的含量，在细菌细胞分裂时，携带染色体移动，起着类似纺锤丝的作用。

4. 细胞质

细胞质（cytoplasm）指被细胞膜包围的除核区以外的呈溶胶状态、半透明、颗粒状物质的总称，其成分主要是水、蛋白质、核酸、脂类、多糖和无机盐类等。细胞质中的RNA含量较多，可达菌体成分的 $15\%\sim20\%$。生长旺盛的幼龄菌含量更高，有较强的嗜碱性，易被碱性染料着色。菌龄较高的细菌，RNA被作为氮源、磷源利用，嗜碱性减弱，对碱性染料着色差。细胞质中还含有多种酶系，是细菌细胞进行合成代谢和分解代谢的重要场所。除此之外，细胞质中还存在有许多内含物（inclusion body）颗粒，常见的有以下类型。

(1) 核糖体（ribosome）　游离存在于细胞质中的小颗粒，直径可达18nm，沉降系数为70s，由50s和30s两个亚单位组成，70%为RNA，30%为蛋白质。细菌细胞质内的核糖体可达几万个，生长繁殖最旺盛的菌体含核糖体最多，mRNA可以将很多个核糖体串联成多聚核糖体，是合成蛋白质的场所。

(2) 质粒（plasmid）　游离存在于细胞质内，核区以外，具有独立复制能力的小型环状双链DNA分子。质粒上携带有某些核基因组上所缺少的基因，使细菌等原核微生物获得了某些特殊性状。

(3) 贮藏物（reserve materials）　由不同化学物质累积而成的不溶性颗粒，主要功能是贮存营养物，种类较多，如多糖、脂类、多聚磷酸盐等。其中聚-β-羟丁酸（poly-β-hydroxy-butyrate，PHB，如图1-8所示），在巨大芽孢杆菌（*Bacillus megaterium*）、产碱杆菌属（*Alcaligenes*）、固氮菌属（*Azotobacter*）及假单胞菌属（*Pseudomonas*）等的某些菌种中存在。属于类脂性质的碳源类贮藏物，不溶于水，溶于氯仿，可用苏丹黑染色，具有贮藏能量、碳源和降低细胞内渗透压等作用，还具有无毒、可塑和易降解等特点。因此，可作为医用塑料和环保型餐盒等的优质原料。

5. 核质体

核质体（nuclear body）又称核区（nuclear region）、拟核（nucleoid）或核基因组（genome），细菌属于原核细胞型微生物，不具备完整的细胞核结构，其遗传物质为双股环状DNA分子，在细胞质内部反复回旋盘绕，呈类圆形、棒状或哑铃状（如图1-9和图1-10所示）。细菌的核质体是裸露的DNA，无组蛋白包绕。如大肠杆菌DNA的相对分子质量为

3×10^9，伸展后的长度可达 1.1mm，约有 5×10^6 bp，可携带 3000～5000 个基因。当用碱性染料染色时，因被胞浆中着色很深的 RNA 掩盖，不能看见细菌的核质体。只有在用酸或用 RNA 酶将 RNA 水解后，再用核质染色法，方可在普通光学显微镜下看见。

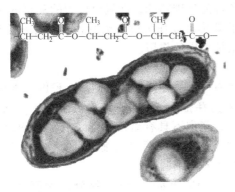

图 1-8　细菌细胞中的聚-β-羟丁酸

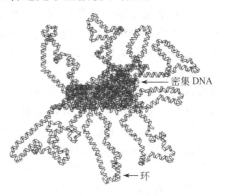

图 1-9　大肠杆菌的核质体

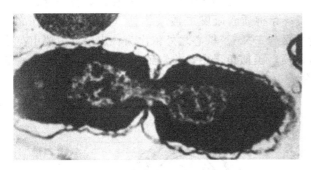

图 1-10　大肠杆菌纵切面——示哑铃形核质体和细胞分裂

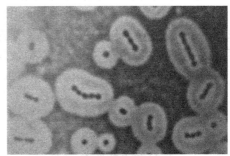

图 1-11　细胞荚膜（印度墨汁负染色）

（二）细菌的特殊结构

细菌的特殊结构是指不是所有的细菌都具有的构造，常见的有荚膜、鞭毛、芽孢、菌毛等。

1. 荚膜

有些细菌，在一定的环境条件下，能分泌一种黏液性物质，黏附在细胞壁外，称为荚膜（capsule）（如图 1-11 所示）。荚膜的厚度多在 $0.2\mu m$ 以上，周围有清晰的界限，称为荚膜或大荚膜（macrocapsule）；厚度在 $0.2\mu m$ 以下者，称为微荚膜（microcapsule）。有些细菌，可以在细胞壁外形成一层类似荚膜的黏性物质，结构疏松，无一定的形状，周围界限不清晰，密度不均匀，易于洗脱，这种结构，称为黏液层（slime layer）。包围多个细菌细胞的荚膜，称为菌胶团（zoogloea）。

荚膜的化学成分因菌种不同而异，水分约占 90%，其固形物主要是多糖，如肺炎链球菌（Streptococcus pneumoniae）；有的菌体为多肽，如炭疽杆菌（Bacillus anthracis）；或是多糖和多肽的复合物，如巨大芽孢杆菌（Bacillus megaterium）；或是多糖、类脂和多肽的复合物，如志贺痢疾杆菌（Shigella dysenteriae）。有荚膜的细菌，一般菌落黏滑，当失去荚膜时，菌落表面较粗糙。液体中大量存在有荚膜的细菌时，常呈现黏稠状。

细菌荚膜的形成，受基因的控制，具有"种"的特征。此外，能形成荚膜的细菌，也只有在特定的条件下，才表现出荚膜形成的能力。如炭疽杆菌在普通培养基上不形成荚膜，只有在人和动物体内才能形成荚膜。肠膜明串珠菌（Leuconostoc mesenteroides）在含糖量高含氮量低的环境中，能形成大量的荚膜物质，这种菌是制糖工业的有害菌，常在糖液中大量生长繁殖，形成荚膜，使糖汁变黏稠，致使加工困难及降低糖的收率。但它又是右旋糖酐（代血浆）的生产菌。

荚膜具有抵抗外界不良环境或适应外界特殊条件的生理功能。如炭疽杆菌的荚膜可以抵抗人和动物体内吞噬细胞的吞噬作用。有些细菌的荚膜可以作为养料贮存，当营养缺乏时，可利用其荚膜物质作为碳源及能源。荚膜还具有抵抗干燥的作用。

2. 芽孢

某些杆菌和个别球菌在生长发育后期，在菌体内形成一种圆形或椭圆形、壁厚、含水量低、抗逆性强、普通染色法不着色的特殊结构，称为芽孢（spore），或称内生孢子（endospore）。由于每一营养细胞内只能形成一个芽孢，故芽孢不具有繁殖功能。有芽孢的菌体，称为芽孢体，未形成芽孢的菌体称繁殖体或营养体。凡能形成芽孢的细菌，统称为芽孢菌。芽孢细菌主要分属于需氧芽孢杆菌属和梭状芽孢杆菌属的细菌中。

成熟的芽孢是一种多层结构（如图 1-12、图 1-13 所示）。中心部分是芽孢的核心（core），由芽孢壁、芽孢膜、芽孢质和芽孢核区组成，含有细菌生命活动所必需的全部物质，如 DNA、RNA、蛋白质和酶系等。其中芽孢壁含肽聚糖，可发展成新细胞的壁；芽孢膜含磷脂、蛋白质，可发展成新细胞的膜；芽孢质含吡啶二羧酸钙盐（calcium picolinate，DPA-Ca）、核糖体、RNA 和酶系；芽孢核区含 DNA。核心之外依次为：皮层（主要由芽孢肽聚糖组成）、芽孢衣（为一种双硫键蛋白质，类似角蛋白，非常致密，无通透性）。有些细菌的芽孢还有孢外壁（一层疏松的脂蛋白）。

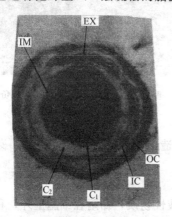

图 1-12 蜡状芽孢杆菌（*Bacillus cereus*）
芽孢横切面

EX—外壁；IM—内膜；OC—外壳；IC—内壳；
C_1—稠密的髓质层；C_2—稀薄的髓质层

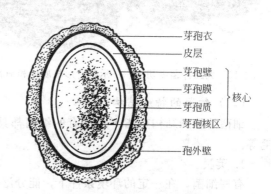

图 1-13 细菌芽孢结构示意

细菌芽孢的形成受基因调控，在正常情况下可能受葡萄糖、氨基酸等代谢产物的抑制，不能表达。当营养缺乏时，特别是氮源和碳源缺乏时，形成芽孢的基因活化，芽孢开始形成。芽孢在菌体内的位置因菌种不同而异，常见的有以下几种类型（如图 1-14 所示），是细菌分类鉴定中的重要形态学指标。

① 中央芽孢　芽孢位于菌体的中部，如枯草杆菌（*B. subtilis*）、巨大芽孢杆菌（*B. megaterium*）等。

② 偏端芽孢　芽孢位于菌体的一端，如产气荚膜梭菌（*Cl. perfringens*）等。

③ 端生芽孢　芽孢位于菌体的顶端，如破伤风梭菌（*Cl. tetani*）等。

大多数细菌的芽孢小于菌体的横径，但梭状芽孢杆菌的芽孢大于菌体，致使形成芽孢以

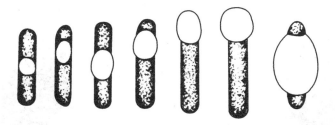

图 1-14　细菌芽孢着生部位

后的菌体成梭形、汤匙状或鼓槌状。

芽孢是细菌抗御不良环境条件的一种生命休眠期结构，遇适宜条件时，芽孢即开始萌发，形成新的繁殖体，进行正常生长繁殖。芽孢对不良因素，如热、干燥、化学消毒剂及辐射等具有很强的抵抗力。大多数细菌的芽孢可耐煮沸几分钟至几小时，如肉毒梭状芽孢杆菌（*Cl. botulinum*）的芽孢在沸水中经过 5～9.5h 才被杀死；巨大芽孢杆菌（*B. megaterium*）芽孢的抗辐射能力比大肠杆菌 *E. coli* 细胞强 36 倍；炭疽杆菌芽孢在土壤中可存活几年以上。芽孢的存在，增加了食品生产、传染病防治和发酵工业生产中的种种困难。一般在微生物学实验和食品加工生产中的灭菌指标的确定，往往是以完全杀死所有的芽孢为准则。

3. 鞭毛

有些细菌在菌体表面长有呈波状弯曲的细长的丝状物（如图 1-15 所示），称为鞭毛（flagellum，flagella）。鞭毛的长度为菌体长度的几倍，其直径为 10～20nm。在普通光学显微镜下需经特殊染色法处理后方可看到。鞭毛是细菌的运动器官，有鞭毛的细胞能在液体中呈现活跃的运动。根据鞭毛的数目及排列方式，可将有鞭毛的细菌分为如下四类。

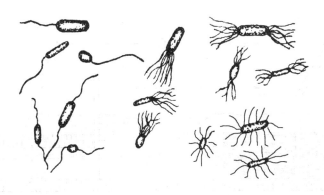

图 1-15　细菌鞭毛形态示意

① 单毛菌　只有一根鞭毛，位于细菌的一端，如霍乱弧菌（*Vibrio cholerae*）。
② 双毛菌　菌体两端各有一根鞭毛，如胎儿弯杆菌（*Campylobacter fetus*）。
③ 丛毛菌　菌体的一端或两端有丛生鞭毛，如螺菌。
④ 周毛菌　菌体周围遍布很多鞭毛，如奇异变形杆菌（*Proteus mirabilis*）、大肠杆菌（*E. coli*）等（如图 1-16、图 1-17 所示）

根据电镜下的观察研究，鞭毛由基体、钩状体和丝状体三部分组成（如图 1-18、图 1-19 所示）。

图 1-16 奇异变形杆菌的周身鞭毛

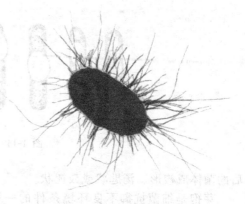

图 1-17 大肠杆菌的周身鞭毛

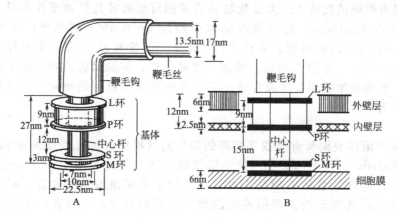

图 1-18 大肠杆菌鞭毛结构示意

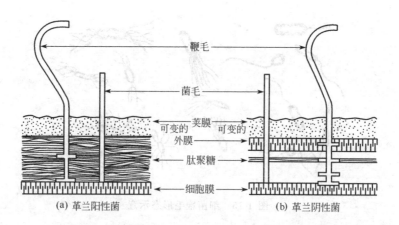

图 1-19 G⁺细菌和G⁻细菌的鞭毛和菌毛结构示意

① 基体 位于鞭毛基部，通过细胞壁固定在细胞膜上，G⁻菌鞭毛的基体由一圆柱状和两对同心环组成。一对称为M环和S环，附着在细胞膜上；另一对是P环和L环，连接在细胞壁的肽聚糖和外膜上。

② 钩状体 位于细胞壁外，呈钩状弯曲。

③ 丝状体 呈现纤细丝状，很长，向外呈波浪状弯曲，由鞭毛蛋白亚单位呈紧密的螺旋状缠绕而成的中空的管状结构。

4. 菌毛

菌毛 (fimbria, fimbriae) 是一种中空的蛋白质管状结构, 其成分为菌毛蛋白, 分普通菌毛和性菌毛两种。前者纤细、较多, 周身排列; 后者仅 1~4 条。

很多 G^- 菌菌体表面有菌毛, 一个菌体上有 100~500 根, 较坚硬、细直, 直径 5~10nm, 长 0.2~1.5μm, 只有在电镜下才能看到。菌毛的功能, 一般认为是有利于细菌黏附到动、植物及真菌的细胞上, 如大肠杆菌的菌毛有利于吸附到动物的肠黏膜上。性菌毛则是供体细胞向受体细胞转移质粒的一种结构, 如抗药性质粒的转移等。

三、细菌繁殖特征

细菌的繁殖方式主要为裂殖 (fission) 中的典型二等分裂 (binary fission), 即一个细胞通过对称的二分裂, 形成两个形态、大小和构造完全相同的子细胞。对杆菌来说, 有横分裂和纵分裂两种方式, 前者指分裂时细胞间形成的隔膜与细胞长轴呈垂直状态, 后者则指呈平行状态, 一般细菌均进行横分裂。

四、细菌群体特征

1. 细菌在固体培养基中的群体形态

将一个菌体细胞或同种的几个菌体细胞接种在固体培养基上, 通过生长繁殖后所形成的子代细胞堆, 称为菌落 (colony)。不同种类的细菌菌落, 其形状、大小、颜色、干湿度、光滑度、凸起程度、黏稠度、透明度、菌落边缘形状等均不同。这些特征是识别菌落的重要内容, 具有 "种" 的特征, 也是鉴别细菌的重要依据之一。如大肠杆菌 (E.coli) 的菌落为灰白色、圆形、微凸起、边缘整齐、表面光滑、湿润、半透明, 大小 1~2mm; 枯草杆菌 (B.subtilis) 菌落为蜡样、灰白色、类圆形或不规则形、边缘不整齐、平坦、表面较粗糙、较干燥、不透明, 大小 2~4mm。细菌的菌落一般具有湿润、较光滑、较透明、较黏稠、易挑取、质地均匀、菌落正反面或边缘与中央部位的颜色一致等特征。

2. 细菌在液体培养基中的群体形态

细菌在液体培养基中生长时, 会因其细胞特征、相对密度、运动能力和与氧气等的关系不同而异, 如出现沉淀、浑浊, 表面生长形成厚薄有差异的菌醭、菌膜、环状、小片不连续的环状菌膜等, 这些特性也可作为鉴别细菌的依据。

五、食品工业中常见的细菌

食品工业中的有益和有害细菌种类很多, 特性各异, 常可用于不同的食品加工中, 或使食品发生不同性质的腐败变质, 其常见属性简介如下。

1. 葡萄球菌属

葡萄球菌属 (Staphylococcus) 细胞球形, 直径 0.5~1.3μm, 单个、成对和不规则堆状。革兰染色阳性, 不运动, 不生芽孢, 兼性厌氧, 化能异养, 既有呼吸、也有发酵两种代谢类型。菌落不透明, 白色到奶酪色, 有时黄到橙色。接触酶通常阳性, 有细胞色素, 但氧化酶阴性。最适生长温度 30~37℃。普遍存在于人类和动物的鼻腔、皮肤及机体的其他部位, 常常分离自食品、尘埃和水。有的种是人和动物的致病菌, 或产生外毒素, 从而引起食品腐败变质或食物中毒。

葡萄球菌属中代表菌是金黄色葡萄球菌 (S.aureus), 细胞直径 0.8~1.0μm, 单个、成对或成不规则堆状。菌落光滑、低凸、光亮、奶油状、全缘。但在不利的生长条件下, 则呈粗糙或萎缩菌落。菌落的颜色不稳定, 白、黄、橙等颜色都有, 它的最适生长温度为 37℃左右。能引起人类生疮、脓肿、伤口的化脓等, 还能产生肠毒素, 引起食物中毒, 是食品常见的污染菌。

2. 链球菌属

链球菌属（*Streptococcus*）细胞呈球形或卵圆形，直径 0.5～2.0μm。在液体培养基中成对或链状出现。不运动，不生芽孢，革兰染色阳性，有的种有荚膜。兼性厌氧。化能异养，生长需要丰富的培养基，有时需要 CO_2。发酵代谢主要产乳酸，但不产气。接触酶阴性，通常溶血，生长温度范围为 25～45℃，最适生长温度 37℃。常寄生于脊椎动物的口腔和上呼吸道。

链球菌属中有的种对人和动物致病，如肺炎链球菌（*S. pneumoniae*）；有些能引起食品腐败变质，如粪链球菌（*S. faecalis*）、液化链球菌（*S. liquefaciens*）等；有些则是食品工业中的重要发酵菌株，如乳链球菌（*S. lactis*）、嗜热链球菌（*S. thermophilus*）等，主要用于乳制品工业及我国传统食品工业中。乳链球菌的细胞为卵球形，略向链的方向延长，直径 0.5～10μm，大都成对或短链，有些成长链，在液体培养基中呈密集的长链排列。革兰染色阳性，发酵多种糖类，在葡萄糖肉汤培养基中能使 pH 下降到 4.0～4.5，不水解淀粉，石蕊牛奶产酸，并在凝固前迅速还原石蕊，不水解明胶，生长温度 10～45℃，在 4% NaCl 培养基中生长，但在 6.5% NaCl 中不生长，无酪氨酸脱羧酶。

3. 短杆菌属

短杆菌属（*Brevibacterium*）代表菌为产氨短杆菌（*Brevibacterium ammoniagenes*），细胞杆状，端圆，0.8μm×(1.4～1.7)μm，单生，无荚膜，不运动，革兰染色阳性，琼脂菌落圆形，扁平、光滑、全缘、灰白色、偶有淡黄色。不液化明胶，石蕊牛奶微碱。不产吲哚，还原硝酸盐，对淀粉无水解力，分解尿素产氨，好氧或兼性厌氧。此菌为氨基酸和核苷酸工业生产中常用的菌种，也是酶法合成生产辅酶 A 的菌种。

4. 不动杆菌属

不动杆菌属（*Acinetobacter*）幼龄细胞为杆状，衰老时呈球状，(0.9～1.6)μm×(1.5～2.5)μm。常成对，也可呈不同长度的链状。革兰染色阴性，不形成芽孢，无鞭毛，不还原硝酸盐。严格好氧，氧为最终电子受体。在 20～30℃生长，大部分菌株最适生长温度 33～45℃。在所有普通综合培养基上均能生长。氧化酶阴性，接触酶阳性。多数菌株能在含有单一碳源的铵盐培养基上生长良好，利用酒石酸盐或硝酸盐为氮源，不需要生长因子。D-葡萄糖是一些菌株可以利用的唯一六碳糖。五碳糖，如 D-核糖、D-木糖、L-阿拉伯糖，也可成为某些菌株的碳源。该菌广泛存在于自然界的土壤、水和污物中。

5. 产碱杆菌属

产碱杆菌属（*Alcaligenes*）细胞为杆状、球杆状或球状，(0.5～1.2)μm×(0.5～2.6)μm，通常单个出现。革兰染色阴性。以 1～8 根周毛运动。专性好氧，具有严格代谢呼吸型，以氧为最终电子受体。有些菌株在硝酸盐或亚硝酸盐存在时进行厌氧呼吸。适宜生长温度 20～37℃。营养琼脂上的菌落不产生色素。氧化酶、接触酶阳性。不产生吲哚。化能异养型。能利用不同的有机酸和氨基酸为碳源。可由几种有机酸盐和酰胺产碱。有些菌株可利用 D-葡萄糖、D-木糖为碳源产酸。分布极广，存在于水、土壤、饲料和人畜的肠道内。能引起乳品及其他动物性食品产生黏性变质，同时能产生灰黄色、棕黄色或黄色的色素。

6. 芽孢杆菌属

芽孢杆菌属（*Bacillus*）是革兰阳性杆菌，需氧，能产生芽孢。在自然界中分布很广，在土壤及空气中尤为常见。该属细菌中的炭疽芽孢杆菌是毒性很大的病原菌，能引起人类和牲畜患炭疽病。该属中的其他菌，如枯草芽孢杆菌、嗜热脂肪芽孢杆菌，是食品中最常见的腐败菌。

枯草芽孢杆菌（*B. subtilis*）属于芽孢杆菌科，芽孢杆菌属，细胞杆状，大小(0.7～0.8)μm×(2～3)μm，单个存在或呈链状排列，无荚膜，有周生鞭毛，能运动，生长后期形成椭圆形中央芽孢，幼龄期细胞革兰染色阳性，老龄细胞革兰染色阴性。需氧性，嗜中温，最适温度 30～35℃，最高生长温度 45～55℃，最低生长温度 5～20℃，最适 pH 中性或微碱性，在普通培养基上生长良好。在营养琼脂上于 35℃下培养 24h 可长出大小 2～4mm 的暗灰色菌落，呈类圆形或不整齐，边缘不规则，平坦，表面粗糙。在肉汤培养基中呈絮状生长。能液化明胶，胨化牛奶，还原硝酸盐，水解淀粉，分解葡萄糖产酸不产气。在酶制剂工业中，枯草杆菌是生产淀粉酶和蛋白酶的主要菌种。

7. 拟杆菌属

拟杆菌属（Bacteroides）中许多具有多形性及末端或中间膨大、空泡或丝状，一般不运动，革兰染色阴性，不形成芽孢。厌氧，化能异养型，能代谢碳水化合物、蛋白胨或代谢中间物。降解糖能力强的菌种，其发酵产物包括乙酸、琥珀酸、乳酸、甲酸或丙酸等。能使人类或动物致病，也能污染多种食品。

8. 柠檬酸杆菌属

柠檬酸杆菌属（Citrobacter）属于肠杆菌科。直径约 1.0μm，长 2.0～6.0μm，单个和成对。通常不产生荚膜。革兰染色阴性，通常以周生鞭毛运动，兼性厌氧。有发酵和呼吸两种类型的代谢。在普通营养琼脂上的菌落一般直径为 2～4mm，光滑、微凸、湿润、半透明或不透明，灰色，表面有光泽，边缘整齐。偶见黏液或粗糙型。氧化酶阴性，接触酶阳性。化能有机营养型，能利用柠檬酸盐作为唯一碳源。发酵葡萄糖产酸产气。甲基红试验阳性，VP 试验阳性。常见于粪便、水和某些食品中。

9. 醋酸杆菌属

醋酸杆菌属（Acetobacter）幼龄菌为革兰阴性杆菌，老龄菌经革兰染色后常为阳性，无芽孢，能运动或不能运动，需氧。本属菌有较强的氧化能力，能将乙醇氧化为醋酸。虽然对醋酸工业有利，但对酿酒工业有害。一般在发酵的粮食，腐败的水果、蔬菜以及变酸的酒类和果汁等中常出现本属细菌。如纹膜醋酸杆菌（A. aceti）常使葡萄酒、果汁变酸；木醋杆菌（A. xylinum）和弱氧化醋酸杆菌（A. suboxydans）可形成黏性物质，使醋生产受到妨碍。

醋酸菌在自然界中分布较广，在醋醪、水果、蔬菜表面都可以找到。一般氧化法制醋所用的醋酸菌主要有纹膜醋酸杆菌、巴氏醋酸杆菌（A. Pasteurianus）、许氏醋酸杆菌（A. schutzenbachii）等。

纹膜醋酸杆菌的细胞为杆状，(0.4～0.8)μm×(1.2～20)μm，单生或长链，常形成膨大的棒状，革兰染色阴性，以周生鞭毛，能运动，能氧化乙醇为醋酸，并将醋酸进一步氧化为 CO_2 和水。

弱氧化醋酸杆菌，细胞短杆状，单生或作连锁状，极生鞭毛，革兰染色阴性，需要有 B 族维生素和一些氨基酸才能生长，在肉汤培养基上生长不良。能氧化乙醇为醋酸，不能进一步氧化醋酸为 CO_2 和水。氧化葡萄糖生成酒石酸，氧化山梨醇生成山梨糖。因此，还可用于制造山梨糖、酒石酸等。

恶臭醋酸杆菌浑浊变种（A. rancens var. tubidans），短棒状，两端钝圆，G^- 菌，大小 (0.3～0.4)μm×(1～2)μm，在长期高温、食盐多或营养不足条件下，细胞呈长形、线形或棒形，有的甚至呈管状膨大。在葡萄糖酵母膏固体培养基上，菌落隆起、平滑、灰白色。在液体中生长能爬壁，在液面形成淡青色、极薄、平滑菌膜。严格好氧性。最适生长温度为 28～30℃，最适产酸温度为 28～33℃，最适 pH3.5～6.0，能耐酒精度 8% 以下，最高产酸量达 7%～9%（以醋酸计），能氧化醋酸为 CO_2 和水。

10. 梭状芽孢杆菌属

梭状芽孢杆菌属（Clostridium）是革兰阳性杆菌，为厌氧或微需氧菌，能产生芽孢。

其中肉毒梭状芽孢杆菌是具有极大毒性的病原菌。其他如热解糖梭菌（*Cl. thermosaccharolyticum*）是分解糖类专性嗜热菌，常引起蔬菜、罐头等食品的产气性变质。腐化梭菌（*Cl. putrefaciens*）等能引起蛋白质食品变质。丙酮丁醇梭状芽孢杆菌（*Cl. acetobutylicum*），亦称丙酮丁醇梭菌，属于梭状芽孢杆菌属，杆状，两端钝圆，(0.6～0.7)μm×(2.6～4.7)μm，单生或成对，形成卵圆形芽孢，芽孢位于菌体中央或偏端，形成芽孢以后的菌体呈梭状或汤匙状，能形成荚膜，有周生鞭毛，能运动。革兰染色阳性，老龄培养物可呈革兰阴性。专性厌氧，嗜中温，最适温度37℃，最适 pH6～7，在葡萄糖肉汤琼脂上于厌氧条件下培养可形成圆形、致密、凸起的乳脂色不透明的菌落。牛奶强烈产酸凝固，但不胨化。能分解酪蛋白，产生卵磷脂酶、脂肪酶，产生吲哚。发酵葡萄糖、果糖、麦芽糖、半乳糖、乳糖、蔗糖、甘露糖、纤维二糖、淀粉、糊精、木糖等多种糖类。发酵产物有丙酮、丁醇、乙醇、丁酸、乙酸，并形成二氧化碳和氢气。生产上常用玉米粉为原料生产丙酮和丁醇等。

肉毒梭菌（*Clostridium botulinum*）能产生强烈的肉毒素，是已知毒素中最强的一种，能引起食物中毒（详见本书第十章第三节）。

11. 棒杆菌属

棒杆菌属（*Corynebacterium*）细胞杆状，直或微弯，常呈一端膨大的棒状，折断分裂时成"八"字形排列或栅状排列，不运动，少数植物病菌运动，无芽孢，革兰染色阳性，但有呈阴性反应者。菌体着色后，常不均匀，有横条纹或串珠状颗粒，表明菌体由多细胞组成。抗酸染色阴性。好氧或厌氧。发酵葡萄糖产酸，少数发酵乳糖产酸。只有两个厌氧种发酵糖产气，其余均不产气。棒状杆菌大多数是中温菌。广泛存在于自然界，有些能使人、动物和植物致病，如引起白喉的白喉棒状杆菌（*C. diphtheriae*）就是一例。

谷氨酸发酵工业中曾使用的高产菌——北京棒杆菌 ASl.299 菌株，其细胞为短杆状至小棒状，有时微弯曲，两端钝圆，不分枝。单个或呈"八"字排例，革兰染色阳性，有异染粒，细胞内有明显的横隔。无芽孢，不运动，普通肉汁琼脂平板上菌落为圆形，24h 菌落白色，直径 1mm，一周可达 4.5～6.5mm，淡黄色，中央隆起，表面湿润，光滑，有光泽，边缘整齐并呈半透明，无黏性，无水溶性色素，不液化明胶，石蕊牛奶无变化，7 天后微碱。不同化酪蛋白，不水解淀粉，不分解油脂。发酵葡萄糖、麦芽糖、蔗糖等迅速产酸，发酵海藻糖及肌醇缓慢产酸，发酵糊精、半乳糖及木糖弱产酸，但均不产气。生物素（维生素 H）为必需生长因子，硫胺素（维生素 B$_1$）则促进生长。过氧化氢酶阳性，好氧或兼性厌氧。26～27℃生长良好，41℃时生长弱，55℃处理 10min 细胞全部死亡。

12. 埃希菌属

大肠埃希菌（*E. coli*），简称大肠杆菌，属于肠杆菌科（Enterobacteriaceae）、埃希菌属（*Escherichia*）。广泛存在于自然界，特别是在动物肠道、水中以及植物和谷物的表面。寄居于人和动物肠道，通常无致病性，但有病原性菌株。它是食品、发酵及医药工业最常污染的细菌。食物中若有该菌存在，可证明该食物可能被粪便所污染。因此，对食品中的大肠杆菌数目有严格的规定。

大肠杆菌菌体直，短杆状，大小(1.1～1.5)μm×(2～6)μm（活菌体），或(0.4～0.7)μm×(1～3)μm（固定染色标本上的菌体），单个存在或成对排列，有的呈球杆状，正处于分裂初期的菌体常呈两极着色，有周身鞭毛、能运动或无鞭毛、不运动，不形成芽孢，一般不形成荚膜。兼性厌氧，最适温度为37℃，最适 pH 中性或微碱性。在营养琼脂平板上于37℃培养 24h 即可长出菌落，菌落圆形，直径 1～2mm，灰白色，微凸起，湿润，表面光滑，边缘整齐，对光观察时半透明。在肉汤培养基中生长良好，呈均匀浑浊，培养后期出现絮状沉淀。能发酵多种糖类产酸产气，还原硝酸盐，能凝固牛乳，产生吲哚，不分解尿素，不液化明胶，不利用柠檬酸盐，不产生硫化氢，甲基红（MR）试验阳性，VP 试验阴性。

食品与发酵工业中，可利用大肠杆菌制取天冬酰胺酶、天冬氨酸、苏氨酸、缬氨酸等，大肠杆菌还可用于微生物分析，如测定维生素 B_{12}、谷氨酸和多黏菌素等。在遗传学和基因工程研究方面，大肠杆菌是重要的试验菌种，主要用作受体菌、生产限制性内切酶以及提供不同的质粒等。

13. 欧文菌属

欧文菌属（*Erwinia*）细胞直杆状，$(0.5\sim1.0)\mu m \times (1.0\sim3.0)\mu m$。单生、成对，有时成链。革兰染色阴性。周生鞭毛运动，兼性厌氧。最适生长温度 27～30℃。接触酶阳性，氧化酶阴性。从果糖、半乳糖、D-葡萄糖和蔗糖产酸。可利用丙二酸盐、延胡索酸盐、葡萄糖酸盐、苹果酸盐为唯一碳源和能源。为植物、水果和蔬菜的病原菌、腐生菌或附着菌群成员。能在培养基表面和某些食物上形成各种深浅不同的红色。

14. 黄杆菌属

黄杆菌属（*Flavobacterium*）直杆状，端圆，通常为 $0.5\mu m \times (1.0\sim3.0)\mu m$。细胞内不含聚-$\beta$-羟丁酸盐，不形成芽孢，革兰阴性，不运动，严格好氧。生长温度 37℃。在固体培养基上生长时产生典型的黄色或橙色色素，但有些菌株不产生色素。菌落半透明，圆形，直径 1～2mm，隆起或微隆起，光滑且有光泽，全缘。接触酶、氧化酶均阳性。在碳水化合物上，作用较弱。能在低温下生长，产生脂溶性黄、橙、红等色素。分解蛋白质能力强。广泛分布于土壤和水中，可引起多种食品（如乳、肉、禽、鱼、蛋等）腐败变质变色。

15. 库特菌属

库特菌属（*Kurthia*）长杆菌，不分支，端圆，$(0.8\sim1.2)\mu m \times (2\sim4)\mu m$。幼龄培养物有长链出现。老龄时常呈球状。革兰染色阳性，无芽孢，以周生鞭毛运动。不抗酸。严格好氧，嗜温，最适生长温度 20～35℃，有的能在 45℃ 生长。在酵母膏营养琼脂上的生长物呈根状菌落，在营养明胶斜面的培养物呈"鸟羽毛"状。化能异养，呼吸代谢，不致病，广泛分布于环境中，常见于动、植物的表面、动物粪便、腐败的有机物和肉类产品中。如各种肉制品腐败物和牛乳中均能发现该菌。

16. 乳杆菌属

乳杆菌属（*Lactobacillus*）中属于同型乳酸发酵的有 19 个种和亚种，异型乳酸发酵菌有 6 个种，均为不形成芽孢的革兰阳性杆菌，老龄培养物可出现革兰阴性。细胞大小差异很大，呈长丝状、长杆状、球杆状，大多数为 $(1\sim2)\mu m \times (2\sim10)\mu m$。多呈链状排列，尤其是对数生长期。一般无鞭毛，不运动。

厌氧或微需氧，最适生长温度为 37～45℃，有些种为 28～32℃。最适 pH 为中性或微酸性，在 pH5.5 时仍生长良好。对营养要求严格，必须在有酵母膏和葡萄糖的培养基上才能生长。在营养丰富的琼脂培养基上，培养 24～48h 可长出圆形、湿润、闪光、乳白色小菌落。大多数种能发酵葡萄糖、果糖、半乳糖、乳糖、麦芽糖等糖类。同型发酵的乳杆菌发酵葡萄糖产生乳酸不产气，而异型发酵葡萄糖产生乳酸、乙酸等有机酸，并产生气体。

该属菌主要存在于鲜乳、酸乳、干酪等乳制品，酸菜、泡菜、青贮饲料等场所，也存在于人的肠道，特别是婴儿肠道。一般认为，同型发酵乳杆菌有助于抑制肠道腐败细菌和帮助消化等作用，是一类对人有益无害的益生菌群。工业上主要用于制作酸奶、奶酪和生产乳酸，主要应用的菌种有德氏乳杆菌（*Lactobacillus delbrueckii*）、植物乳杆菌（*L. Plantarum*）、乳酸乳杆菌（*L. lactis*）、保加利亚乳杆菌（*L. bulgaricus*）、嗜酸乳杆菌（*L. acidophilus*）、干酪乳杆菌（*L. case*）和鼠李糖乳杆菌（*L. rhamnosus*）等。

17. 明串珠菌属

明串珠菌属（*Leuconostoc*）属于链球菌科。其中，肠膜状明串珠菌（*L. mesenteroides*）

是明串珠菌属的模式种。细胞球状，直径 $0.9\sim1.2\mu m$，成对、成短链或长链。在蔗糖溶液中，链外常有一层厚的、胶质的无色葡聚糖荚膜，即代血浆（右旋糖酐）。革兰染色阳性，菌落小，灰白，隆起。不液化明胶，发酵多种糖产酸并产气，不还原硝酸盐，不产吲哚，微好氧或兼性厌氧。此菌是制糖工业的一种危害菌，常使糖液发黏稠而无法加工。常存在于水果、蔬菜中，能在含高浓度糖的食品中生长。

18. 微球菌属

微球菌属（Micrococcus）细胞球形，直径 $0.5\sim2.0\mu m$，成对、四联或成簇出现，但不成链。革兰阳性，罕见运动，不生芽孢，严格好氧。菌落常呈黄或红色。具有呼吸的化能异养型菌。发酵糖产少量酸或不产酸。通常生长在简单的培养基上。接触酶阳性，氧化酶常常也是阳性，但往往是很弱的。通常耐盐，可在 5% NaCl 中生长。最适生长温度 $28\sim37℃$。由于某些菌株能产生色素，如藤黄微球菌（M. luteus）能产生黄色色素，玫瑰色微球菌（M. roseus）产生粉红色或橙色色素。这些菌生长后，使食品改变颜色。该属广泛存在于动物表皮、灰尘、土壤、水和许多食品中。

19. 片球菌属

片球菌属（Pediococcus）细胞球形永不延长，直径 $1.2\sim2.0\mu m$。成对或沿着两个垂直平面交替分裂成四联，有时也可出现成对排列，单个细胞罕见，不形成链状。革兰染色阳性，不运动，不形成芽孢。兼性厌氧，有的菌株在有氧时会抑制生长。化能异养，细胞需要营养丰富的培养基，发酵糖类（主要是单糖和双糖类）。发酵葡萄糖产酸不产气，主要产物为乳酸盐，接触酶阴性，氧化酶阴性，不还原硝酸盐。最适生长温度 $25\sim40℃$。广泛存在于自然界中，尤其在乳品、肉品和蔬菜等食品中较多。

20. 变形菌属

变形菌属（Proteus）属于肠杆菌科。菌体直杆菌，直径 $0.4\sim0.8\mu m$，长 $1.0\sim3.0\mu m$，革兰染色阴性。以周生鞭毛运动。大部分菌株在含琼脂或明胶的营养培养基的潮湿表面上能做环形运动，形成同心环，或扩展成均匀的薄层。能发酵几种单糖和双糖产酸，能发酵甘油产酸，有强力分解蛋白质的能力，产生硫化氢，能致病，引起尿道感染。常见于人和许多动物肠道、厩肥、泥土、水、动物和人类粪便中，是食品的腐败菌，并且可以引起人类食物中毒。

21. 假单胞菌属

假单胞菌属（Pseudomonas）是直或微弯的杆菌，$(0.5\sim1.0)\mu m\times(1.5\sim5.0)\mu m$。许多种能积累聚-$\beta$-羟丁酸盐为贮藏物质。革兰染色阴性，无芽孢，单极毛或数根极毛运动，罕见不运动者。需氧，进行严格的呼吸型代谢，以氧为最终电子受体。在某些情况下，以硝酸盐为替代的电子受体进行厌氧呼吸。不产生黄单胞色素。几乎所有的种不能在酸性条件下生长。大多数种不需要有机生长因子。化能异养型菌，有的种是兼性化能自养型。氧化酶阳性或阴性，接触酶阳性。本属细菌在自然界中分布极为广泛，常见于水、土壤和各种动、植物体，可以从土壤、废水、下水道、河流、沼泽等处分离得到，有的对人、动物或植物有致病性。

本属菌中某些菌株具有强力分解脂肪和蛋白质的能力，它们污染食品后，若环境适宜，可在食品表面迅速生长，一般能产生水溶性荧光色素和黏液，影响食品气味，引起食品变质。本属菌中某些菌株在低温下也能很好地生长，所以可以引起冷藏食品的腐败变质。

本属菌中某些菌株的生命力很强，能生活在几乎没有什么营养的水中，能在汽油、煤油、柴油、切削油、研磨油等油剂中繁殖，从而使油剂分层、沉淀、腐败、发臭、变色，还能腐蚀铝合金及其他金属材料。能利用乙醇、甲醇、乙酸等物质，并使塑料材料老化变质。生黑色腐败假单胞菌（Ps. nigrifaciens）能在动物性食品上产生黑色素；菠萝软腐病假单胞菌（*Ps. ananas*）可使菠萝果实腐烂，被损害的组织变黑并枯萎。它们也是鱼、肉、虾等食品腐败变质的代表性菌株。该菌对许多抗生素和药物具有强烈的抗性，繁殖很快。

22. 沙门菌属

沙门菌属（*Salmonella*）属肠杆菌科。直杆菌，$(0.7\sim1.5)\mu m\times(2.0\sim5.0)\mu m$。革兰染色阴性，周生鞭毛，能运动，兼性厌氧。菌落直径一般为 $2\sim4mm$，在培养基上不产生色素，发酵葡萄糖和其他单糖产酸产气（少数例外），但不发酵乳糖。该菌是人类重要的肠道病菌，能引起人类的传染病和食物中毒。

23. 沙雷菌属

沙雷菌属（*Serratia*）属肠杆菌科。直杆菌，$(0.5\sim0.8)\mu m\times(0.9\sim2.0)\mu m$，端圆。革兰染色阴性，通常周生鞭毛运动，兼性厌氧。菌落大多数不透明，呈白色、粉红或红色。在培养基表面和某些食物上产生粉红、红或洋红的色素。几乎所有的菌株能在 $10\sim36℃$、pH5～9、含有 $10\sim40g/L$ 的 NaCl 时生长。广泛存在于水、土壤和腐败的动、植物中。该菌也是人类重要的肠道病菌，能引起人类的传染病和食物中毒。

24. 志贺菌属

志贺菌属（*Shigella*）属肠杆菌科。直杆菌，革兰染色阴性，不运动，兼性厌氧，具有呼吸和发酵两种类型的代谢。接触酶阳性，氧化酶阴性，喜温。常存在于污染的水源和人类的消化道中。它是人类重要的病原菌，能使人类引起菌痢疾和肠道功能失调。该菌可由污染的水、带菌者等使食品发生污染，引起食物变质与食物中毒。

25. 阪崎肠杆菌

阪崎肠杆菌（*Enterobacter sakazakii*）为肠杆菌科、肠杆菌属（Enterobacter）中的一种，符合肠杆菌科的一般定义，是肠杆菌属中并不多见的一个种。但是近来，在配方婴幼儿乳粉中不时被检出，由于其致病性强，死亡率高而越来越引起重视。阪崎肠杆菌为兼性厌氧的革兰阴性杆菌，具有周生鞭毛，无芽孢。最低生长温度为 $5.5\sim8℃$，平均代时在 23℃ 时为 40min，10℃ 时为 4.98h，最高生长温度为 47℃，为嗜温菌。在培养基上生长常呈黄色菌落。与沙门菌、大肠杆菌等相比，具有较强的耐干燥性。因此，在奶粉喷雾干燥后，仍保留其活性。阪崎肠杆菌能引起新生儿败血症、脑炎和坏死性小肠炎，感染后死亡率高达 33%～80%，该菌还可感染成人引起骨髓炎。

第二节　放　线　菌

放线菌（actinomyces）由于菌落呈放射状而得名，属于放线菌目，它具有生长发育良好的菌丝体，菌丝直径 $0.2\sim1.2\mu m$，革兰染色呈阳性，细胞壁组成和结构与 G^+ 细菌相似。因此，放线菌可以定义为一类主要呈丝状生长、以孢子繁殖的革兰阳性细菌。

放线菌在自然界分布很广，土壤是这类微生物的主要居留场所，一般在中性或偏碱性的土壤和有机质丰富的土壤中较多。放线菌大部分是腐生菌，在自然界的物质循环中起着一定作用。有的菌与植物共生，固定大气氮。而放线菌最大的经济价值，还在于它们能产生各种抗生素。据不完全统计，到目前为止，已有的近万种抗生素中，有 70% 由放线菌产生，其中在临床和农业生产上有使用价值的有数十种，如链霉素、土霉素、金霉索、卡那霉素等。放线菌还产生各种酶，已在皮革脱毛工业上应用。放线菌在石油脱蜡、烃类发酵及污水处理等方面也有所应用。放线菌中只有少数能引起人和动、植物病害及食品变质。

一、放线菌的形态与构造

放线菌的细胞为丝状，称为菌丝，菌丝不断分枝缠绕形成具有一定空间形态特征的菌丝

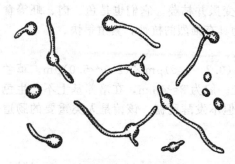

图 1-20　放线菌孢子的萌发生长

聚集体称为菌丝体。菌丝体是放线菌的孢子在适宜的环境条件下吸收水分，膨胀萌发生出芽管 1~3 个（图 1-20），芽管伸长，长出分枝，分枝越来越多，并结集在一起而形成。菌丝体有两种类型（图 1-21），即基内菌丝体（substrate mycelium）或称营养菌丝体，这种菌丝体长在培养基内和紧贴培养基表面，并纠缠在一起而形成密集的菌落，用接种针可将整个菌落自培养基挑起而不破裂。基内菌丝体大部分呈黄、橙、红、紫、蓝、绿、灰、褐甚至黑色，亦有无色的，这些色素有水溶性的，有脂溶性的；气生菌丝体（aerial mycelium），即基内菌丝体发育到一定阶段后，向空间长出的菌丝体。气生菌丝体一般颜色较深，而且较基内菌丝体粗两倍左右。它可能盖满整个菌落表面，呈绒毛状、粉状或颗粒状。

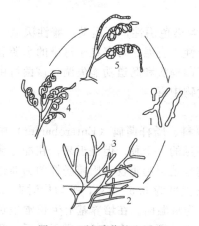

图 1-21　链霉菌的生活史

1—孢子萌发；2—基内菌丝；3—气生菌丝；
4—孢子丝；5—孢子丝发育成孢子

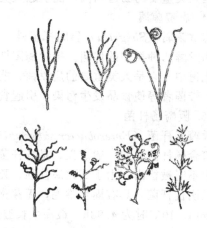

图 1-22　链霉菌孢子丝的各种形态

气生菌丝发育到一定阶段，在它上面可形成孢子丝，然后由孢子丝形成孢子。孢子丝形态有直、波曲、螺旋、轮生之分，螺旋有松、紧、大、小之分（图 1-22），其螺旋的方向又有左旋与右旋之分。轮生的孢子丝是指孢子丝从一点出发，长出三个以上孢子枝，叫做轮生枝，有一级轮生与二级轮生之分。

放线菌的孢子形态多样，有球形、椭圆形、杆状、圆柱形、梭形或半月形等形状，其颜色十分丰富，电镜下表面形态也多样，有光滑、褶皱、疣、刺、毛发或鳞片状等。

放线菌虽然有发育良好的菌丝体，但无横隔，为单细胞，多核质体，菌丝和孢子内不具有完整的核，由一团 DNA 的小纤维构成，无核膜、核仁、线粒体等。因此，放线菌属于原核细胞型微生物。

二、放线菌繁殖特征

放线菌以无性繁殖方式进行繁殖。其中菌丝断裂的片段即可繁殖成新的菌体，如液体发酵一般都是由基内菌丝体的片段繁殖的。但放线菌主要以形成孢子进行繁殖，孢子是通过横隔分裂方式形成的，并通过两种途径进行。一是孢子丝长到一定阶段，细胞膜内陷，再由外向内逐渐收缩，最后形成一完整的横隔，从而把孢子丝分割成许多分生孢子 [图 1-23(a)]；二是孢子丝长到一定阶段，细胞膜和细胞壁同时内陷，再逐步向内缢缩，最终把孢子丝缢裂成一串分生孢子［图 1-23(b)］。大部分放线菌的孢子是通过后者形成的，这样形成的孢子一般呈长圆、椭圆或球形。

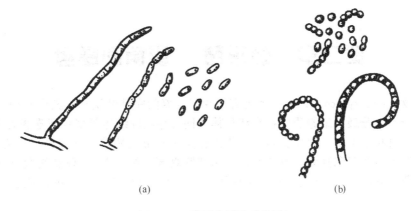

(a)   (b)

图 1-23　横隔分裂形成孢子

三、放线菌群体特征

放线菌菌落一般为圆形、光平或有许多皱褶，菌落周缘辐射状菌丝。菌落形状随菌种而有所不同。可分为两类，第一类是产生大量分枝的基内菌丝和气生菌丝的菌种，如链霉菌属（*Streptomyces*），其基内菌丝伸入基质内，菌落紧贴培养基表面，极坚硬，用针可以将整个菌落自培养基挑起而不破裂，菌落表面起初光滑或如发状缠结，其后在上面产生孢子，表面呈粉状、颗粒状或絮状，气生菌丝体有时呈同心环状；另一类是不产生大量菌丝的菌种，如诺卡菌属（*Nocardia*），这型菌落的黏着力不如第一类型强，结构成粉质，用针挑取易破碎。在放线菌菌落表面，时常产生凝聚成滴状的白色或黄色的、不产生孢子的次生菌丝。

四、食品工业中常见的放线菌

对食品造成污染的放线菌很少，且多为链霉菌属（*Streptomyces*），该属菌丝无横隔，多分枝，能形成各种形状的孢子丝，以横隔分裂方式形成孢子。它们常通过土壤进入蔬菜，也存在于人类的口腔里。在室温下，有些种能使动、植物致病。其代表的种有如下几种。

(1) 龟裂链霉菌（*St. rimosus*）　菌落灰白色，后期褐色，有皱纹，呈龟裂状。菌丝呈树脂状分枝，白色，孢子灰白色，柱形，产土霉素。

(2) 金霉素链霉菌（*St. aureofaciens*）　此菌在马铃薯葡萄糖琼脂等培养基中生长时，基内菌丝能分泌金黄色素，气生菌丝无色，孢子在初形成时为白色，28℃培养 5～7 天，则由棕灰色转为灰黑色，此菌可产生金霉素和四环素。

(3) 灰色链霉菌（*St. griseus*）　此菌在葡萄糖硝酸盐培养基上生长，菌落平而薄，起初白色，渐变为橄榄色。气生菌丝浓密，粉状，呈水绿色，发育适温 37℃，产链霉素，适温 26.5～27.5℃。

(4) 红霉素链霉菌（*St. erythreus*）　此菌生长扩展，有不规则的边缘，菌丝深入培养基内。菌丝初白色，后变为微黄色，气生菌丝细，有分枝。最适温度 25℃，产生红霉素。

(5) 小单胞菌属（*Micromonospora*）　菌丝体纤细，直径 0.3～0.6μm，长入培养基内，不形成气生菌丝体，只在基内菌丝体上长出孢子梗，顶端着一个球形、椭圆形或长圆形的孢子。此属是产生抗生素种类较多的一个属。

第二章 酵母菌、霉菌和蕈菌

真核生物（eukaryotes）是指一大类有核膜包裹着的完整细胞核，其内有构造精细的染色体，能进行有丝分裂，细胞质中存在线粒体或同时存在叶绿体等多种细胞器的生物，包括动物、植物和真核微生物。根据真核微生物进化水平和形态构造上的差异可分为显微藻类、原生动物、黏菌、假菌和真菌。真菌又包括单细胞真菌（酵母菌）、丝状真菌（霉菌）和大型子实体真菌（蕈菌）。本章主要介绍与食品关系密切的酵母菌、霉菌和蕈菌的形态与构造。

第一节 酵 母 菌

酵母菌（yeast）是一类单细胞真核微生物的通俗名称，有 500 多种。在食品、发酵、医药、石油等工业中有着极其重要的作用，如酒精工业、酿酒工业、甘油发酵、有机酸发酵、单细胞蛋白生产、药用酵母生产、核糖核酸、核苷酸、麦角甾醇、细胞色素 C、核黄素、辅酶、脂肪酶以及石油降解等，均是应用酵母菌作为生产菌种的。但同时酵母菌也是食品工业常见的污染菌。污染严重时，使产品的产量和质量下降，品质变差，出现浑浊、沉淀、风味不正、感官变劣等现象。还有少数酵母菌可引起人、动物和植物的病害。在自然界中，酵母菌主要分布在果实、蔬菜、花蜜和果园土壤及酿造厂。石油酵母则经常存在于油田和炼油厂周围的环境中。

一、酵母菌形态构造

（一）酵母菌菌体形态

酵母菌为单细胞真核微生物，菌体呈圆球形、椭圆形、卵形、

图 2-1 啤酒酵母的
扫描电镜图

柠檬形、腊肠形以及丝状，菌体大小一般为 $(1\sim5)\mu m \times (5\sim30)$ μm。图 2-1 显示的是啤酒酵母的菌体形态。

（二）酵母菌细胞构造

真核生物与原核生物相比有显著差异（表 2-1）。真核生物的形态更大，结构更为复杂，细胞器功能更为专一。酵母菌为真核生物，具有真核生物的共同特征。其细胞结构包括细胞壁、细胞膜、细胞质、细胞核及各种细胞器（图 2-2）。

表 2-1 真核生物与原核生物的比较

比 较 项 目	真 核 生 物	原 核 生 物
细胞大小	较大（通常直径＞2μm）	较小（通常直径＜2μm）
若有壁，其主要成分	纤维素、几丁质等	多数为肽聚糖
细胞膜中甾醇	有	无（仅支原体例外）
细胞膜含呼吸或光合组分	无	有
细胞器	有	无
鞭毛结构	如有，则粗而复杂（9＋2 型）	如有，则细而简单

比 较 项 目		真核生物	原核生物
细胞质	线粒体	有	无
	溶酶体	有	无
	叶绿体	光合自养生物中有	无
	真液泡	有些有	无
	高尔基体	有	无
	微管系统	有	无
	流动性	有	无
	核糖体	80s(指细胞质核糖体)	70s
	间体	无	部分有
	贮藏物	淀粉、糖原等	PHB等
细胞核	核膜	有	无
	DNA含量	低(约5%)	高(约10%)
	组蛋白	有	无
	核仁	有	无
	染色体数	一般>1	一般为1
	有丝分裂	有	无
	减数分裂	有	无
生理特性	氧化磷酸化部位	线粒体	细胞膜
	光合作用部位	叶绿体	细胞膜
	生物固氮能力	无	有些有
	专性厌氧生活	罕见	常见
	化能合成作用	无	有些有
鞭毛运动方式		挥鞭式	旋转马达式
遗传重组方式		有性生殖、准性生殖等	转化、转导、接合等
繁殖方式		有性、无性等多种	一般为无性(二等分裂)

1. 细胞壁

酵母菌细胞壁比细菌的细胞壁厚，也更为坚硬，其主要成分是 β-1,3 葡聚糖，构成酵母纤维素，呈无定形结构，随机排列形成酵母菌细胞壁的内层，外层为甘露聚糖，中间夹着一层蛋白质。

2. 细胞膜

与细菌细胞膜一样，酵母菌细胞膜以磷脂双分子层为基本结构，中间镶嵌着蛋白质。这些镶嵌蛋白质在功能上具有生物学活性，能选择性地吸收细胞代谢所需的营养物质，以及排除细胞内的代谢废物。酵母细胞膜在化学成分上与原核生物相比较，其区别是酵母细胞膜含有固醇，而原核生物的细胞膜中不含固醇。

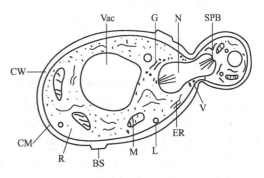

图 2-2 正在芽殖的酵母细胞的结构示意

CW—细胞壁；CM—细胞膜；Vac—液泡；BS—芽痕；
M—线粒体；G—高尔基体；L—脂体；ER—内质网；
V—泡囊；SPB—纺锤极体；N—细胞核；R—核糖体

3. 细胞质及细胞器

酵母菌细胞质是一种黏稠的胶体，幼龄细胞质较稠密而均匀，着色好；老龄细胞出现液泡、空泡和贮藏物质，着色不均匀。真核生物的细胞质中还有一些细胞器，包括内质网、高尔基体、液泡、线粒体等。内质网属于内膜系统，它是由膜组成的腔道分枝构成复杂的膜系统。内质网主要存在于细胞的内质区，而细胞的外质区较少。内质网的网状结构是相互沟通的。内质网表面有大量的核糖体，是合成酶和蛋白质的场所，同时可能是细胞内外的通信联络渠道。液泡是一种类似质膜的膜包被的小体，其内含有排泄的代谢废物、水及异染颗粒。线粒体是由双层膜包围的杆状或椭圆状结构，内膜构成复杂的内膜系统，内膜形成的嵴是线粒体所特有的结构。嵴的基膜上有大量的带短柄的小圆形颗粒。线粒体与细胞的呼吸作用有关，它是呼吸酶集中存在的场所，呼吸活性高的细胞含有大量的线粒体，线粒体所产生的ATP是细胞内化学能量的主要来源。

4. 内含物

酵母细胞质内还含有异染颗粒、肝糖粒和脂肪滴。酵母的异染颗粒存在于液泡中，它是由多聚偏磷酸盐、其他无机盐类以及少量的蛋白质、脂肪和核酸组成。在老龄酵母细胞内异染颗粒可以呈现为相当大的团块，是细胞的贮存营养物质。这类颗粒需用特殊的染色方法才能在光学显微镜下观察到，如阿氏染色法（Albert 氏法）、尼氏染色法（Neisser 氏法）。亦可用多色性美蓝染色，异染颗粒呈紫红色，菌体的其他部分呈蓝色。肝糖粒是一种白色无定形的碳水化合物，可被淀粉酶水解为葡萄糖，用稀碘溶液染成红褐色，在营养好、生长旺盛的细胞内可看到大量的肝糖，而在营养缺乏时，肝糖消失。当发酵作用快结束时，肝糖含量逐渐减少，最后完全消失。脂肪滴分散于细胞质内，大小不一。可用锇酸或苏丹Ⅲ染成棕色。有些酵母菌脂肪含量很高，如产脂内孢霉（*Endomyces vernalis*）脂肪含量可达 30%。

5. 细胞核

酵母菌细胞核由核膜、核质和核仁组成。酵母菌的核膜上有很多膜孔，膜孔可允许大分子和小颗粒通过。如细胞核合成的核糖体成分 rRNA，可通过核膜转移到细胞质。核仁RNA 含量很高，rRNA 即在核仁内合成，核仁的基底物是蛋白质的网状结构，无明显的界膜把它同核的其他成分分开。核染色体的主要成分是 DNA，另外还有组蛋白。核染色体上携带着酵母菌的全部基因。酵母菌有很多条染色体，如啤酒酵母有 17 条染色体。

二、酵母菌繁殖特征

酵母菌的繁殖方式分无性繁殖和有性繁殖两种，但以无性繁殖为主。

（一）酵母菌的无性繁殖

1. 芽殖

芽殖（budding）即出芽繁殖，是酵母菌最常见的一种繁殖方式。当酵母菌细胞生长到一定阶段时，母细胞表面形成一个泡囊状突起，随后产生芽管，母细胞的核复制为两个子核，其中一个子核随同细胞质进入芽管内，继而形成子细胞。子细胞逐渐增大，脱离母细胞，形成新的酵母菌体，并在母细胞上留下一个芽痕（bud scar），而在子细胞上相应留下一个蒂痕（birth scar）。若连续芽殖，在一定时间内不脱离母细胞，形成一堆子代细胞群，称之为芽簇。若子细胞连续出芽增殖，形成分枝或不分枝的丝状，称之为假菌丝（图 2-3、图 2-4、图 2-5）。

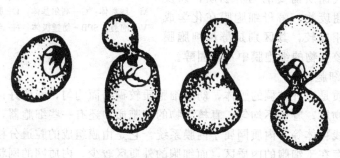

图 2-3　酵母菌的出芽繁殖

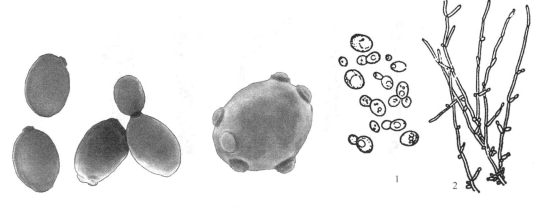

图 2-4 酿酒酵母的出芽生殖和芽痕　　　　　　图 2-5 假丝酵母形态模式图
　　　　　　　　　　　　　　　　　　　　　　　1—细胞及其出芽繁殖；2—假菌丝

2. 裂殖（fission）

某些酵母菌，如裂殖酵母属的酵母是以分裂繁殖的方式进行无性繁殖的，其过程类似细菌的分裂繁殖，如粟酒裂殖酵母（*Schizosaccharomyces pombe*）。

3. 产生无性孢子

① 产生掷孢子　在卵圆形营养细胞上长出小梗，其上产生肾形的掷孢子（ballisto-spore）。孢子成熟后，通过特有的喷射机制射出，如掷孢酵母属（*Sporobolomyces*）就是以此方式进行无性繁殖的。

② 产生节孢子　又称裂生孢子，其形成过程是菌丝成熟后，一部分菌丝产生许多横隔，将菌丝分割成许多球形或圆柱形小节片，即裂生孢子（图 2-6、图 2-7），如地霉属（*Geotrichum*）。

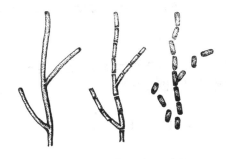

图 2-6　节孢子的形成过程

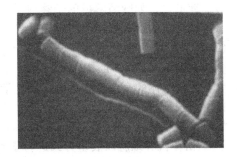

图 2-7　白地霉（*Geotrichum candidium*）节孢子的扫描电镜图

③ 产生厚垣孢子　在菌丝的顶端或中间原生质体浓缩产生的具有厚壁的孢子，对外界不良环境有很强的抵抗力，如白假丝酵母（*Candida albicans*）（图 2-8）。

（二）酵母菌的有性繁殖

酵母菌的有性繁殖方式主要是形成子囊孢子。子囊孢子的形成过程如图 2-9 所示。

① 两个酵母细胞各伸出一根管状突起，随后相互融合（核配、质配），形成二倍体细胞，即形成具有两套染色体的细胞。二倍体细胞较大，代谢活力旺盛。在适宜的条件下，二倍体细胞可连续以出芽方式生殖，形成二倍体细胞。

② 在一定的条件下，二倍体细胞核分裂 2～3 次，其中一次为减数分裂，形成 4～8 个子核，每个子核和一部分细胞质结合，形成子囊孢子，原来的母细胞成为子囊。

29

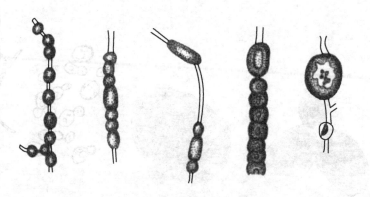

图 2-8　各种厚垣孢子的形态示意

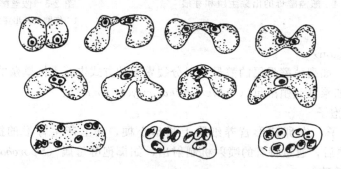

图 2-9　酵母菌子囊孢子的形成过程

③ 子囊孢子脱离细胞，萌发形成新的繁殖体。

不同种的酵母菌，子囊孢子的形状各异，有圆球形、半球形、帽形、柠檬形、纺锤形、镰刀形、针形等。如啤酒酵母的子囊孢子呈圆形，表面光滑；异常汉逊酵母的子囊孢子是帽形等。子囊孢子的形态可用于酵母菌的鉴定。

（三）酵母菌的生活史

生活史（life history）又称生活周期（life cycle），指上一代个体经过一系列生长、发育而产生下一代个体的全部过程。酵母菌生活史有三种类型（图 2-10）。

1. 单倍体型

如八孢裂殖酵母（*Schizosaccharomyces octosporus*），其生活史如下。

① 单倍体营养细胞以裂殖方式进行繁殖；

② 两个单倍体营养细胞结合，进行质配、核配，形成双倍体合子；

③ 双倍体合子立即进行三次分裂，其中一次为减数分裂，形成八个单倍体子囊孢子；

④ 子囊孢子发育成单倍体营养细胞，进行裂殖繁殖。

此种类型的特点是单倍体营养细胞阶段长，双倍体细胞阶段短。

2. 双倍体型

如路德类酵母（*Saccharomycodes ludwigii*），其生活史如下。

① 双倍体营养细胞核进行二次分裂，其中一次为减数分裂，形成四个单倍体子囊孢子，原营养细胞成为子囊；

② 单倍体子囊孢子在子囊内就成对地结合，发生质配、核配，形成双倍体子囊孢子；

③ 双倍体子囊孢子离开子囊后，萌发形成双倍体营养细胞，进行连续芽殖。这种类型的特点是双倍体营养细胞阶段长，而单倍体细胞阶段短。

3. 单双倍体型

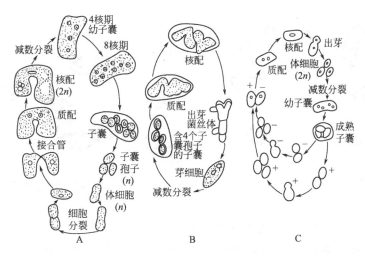

图 2-10　酵母菌的三种生活史类型

A—单倍体型，八孢裂殖酵母（*Schizosaccharomyces octosporus*）；

B—双倍体型，路德类酵母（*Saccharomycodes ludwigii*）；

C—单双倍体型，酿酒酵母（*Saccharomyces cerevisiae*）

如酿酒酵母（*Saccharomyces cerevisiae*），其生活史如下。

① 单倍体营养细胞以芽殖方式繁殖；

② 两个单倍体营养细胞结合，进行质配、核配，形成双倍体细胞；

③ 双倍体细胞又可以连续进行芽殖；

④ 在一定条件下，双倍体营养细胞变成子囊，细胞核进行两次分裂，其中一次为减数分裂，形成 4 个单倍体子囊孢子；

⑤ 单倍体子囊孢子脱离子囊，萌发形成新的单倍体营养细胞，再继续进行出芽生殖。这种类型的特点是在群体细胞中，同时存在有单倍体营养细胞和双倍体营养细胞。

三、酵母菌群体特征

酵母菌菌落特征与细菌菌落相似，但大多数酵母菌菌落比细菌菌落要大，一般 3～5mm，也有些酵母菌的菌落直径只有 1mm 左右或更小。一般呈现较湿润、较光滑、较透明、较黏稠、易挑取、质地均匀、菌落正反面或边缘与中央部位的颜色较一致等特点。但是由于酵母菌细胞比细菌大，且不具有运动性，故其菌落一般较大、较厚。菌落颜色比细菌单调，多为乳白色或矿烛色，少数为红色或黑色。不产假菌丝的酵母菌菌落更为隆起，边缘极为圆整；而产大量假菌丝的酵母菌，则其菌落较扁平，表面和边缘较粗糙。

四、食品工业中常见的酵母菌

1. 酵母属

酵母属（*Saccharomyces*）细胞一般呈圆形、椭圆形、腊肠形。多端芽殖，产生 1～4 个子囊孢子。强发酵，发酵产物主要是乙醇和二氧化碳，不同化乳糖和高级烃。该属广泛存在于水果和蔬菜中以及果园的土壤和酒曲中，许多种类在工业上用途广泛。其中，酿酒酵母和葡萄酒酵母是酵母属中两个有代表性的菌种。生长在麦芽汁琼脂培养基上的菌落为乳白色、有光泽、平坦、边缘整齐等。

（1）酿酒酵母（*Saccharomyces cerevisiae*）　原中译名为啤酒酵母，属于子囊菌纲、内孢霉目、酵母科、酵母属。在麦芽汁培养基中培养 3 天的菌体形态为圆形、卵形、椭圆形（图 2-11、图 2-12）。

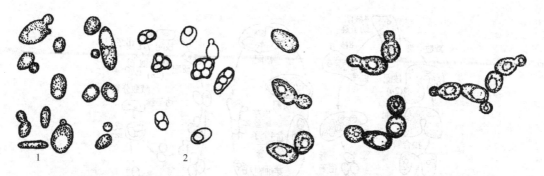

图 2-11　酿酒酵母　　　　　　　　　　图 2-12　酿酒酵母的出芽生殖
1—细胞；2—子囊孢子

根据菌体长宽比、假菌丝形成情况及发酵特点分为三组。

第一组　①菌体细胞多为圆形、短卵形、卵形。②长与宽之比为 1～2，分大、中、小三型，大型(4.5～10.5)μm×(7.0～21)μm，中型(3.5～8.0)μm×(5.0～17.5)μm，小型(2.5～7.0)μm×(4.5～11.0)μm。③无假菌丝，或有较发达的不典型的假菌丝。④这个组包括原来的啤酒酵母、葡萄汁酵母和魏氏酵母，适于酿造饮料酒和面包制造。此菌不耐高渗，适于用糖化淀粉为原料生产酒精，是有名的啤酒酵母中的酒精生产菌，亦可用于酿造白酒。

第二组　①菌体细胞形态主要为卵形、长卵形，其次为圆形。②细胞长宽比为 2，分大、中、小三型。大型(3.5～9.5)μm×(9～14)μm，个别可达 20μm；中型(3～7.5)μm×(5～14)μm，小型(2.5～6)μm×(3.5～13)μm。③常形成假菌丝，但不发达，也不典型。④主要用于酿造葡萄酒和果酒，也可用于啤酒业、蒸酒业和酵母厂。

第三组　①菌体细胞为长椭圆形或长卵圆形。②细胞的长宽比大于 2，按菌体大小分为三型。一型(2～5.5)μm×(6～14)μm；二型(4～7)μm×(8～16)μm，细胞略粗；三型(3～6.5)μm×(6.5～14)μm，为中间型。③常能形成假菌丝，但不典型。④包括原来的魏氏酵母（*Saccharomyces willianus*）等。⑤能耐高渗压，适合于发酵甘蔗糖蜜，生产酒精。

菌落形态特征：麦芽汁琼脂上的菌落为乳白色，有光泽、平坦或微凸起，边缘整齐。

假菌丝形成情况：在加盖玻片的玉米粉琼脂培养基上，不生假菌丝或形成不典型的假菌丝。

在麦芽汁培养基中的生长情况：呈浑浊生长，产生大量气体，表面形成泡沫，发酵后期，上面酵母（即发酵时酵母细胞大量凝集浮于液面的酵母）浮于表面，下面酵母（发酵时大量酵母细胞凝集下沉）沉于底部，液体逐渐变清亮。凡能凝集沉淀或凝集上浮的酵母，称凝集酵母，此类酵母的发酵液较易澄清，发酵度较低。凡发酵时不能凝集的酵母，叫粉状酵母，这类酵母的发酵液不易澄清，但发酵度较高。

繁殖方式及生活史：无性繁殖为芽殖，单端出芽，也可两端或多端出芽。有性繁殖形成子囊孢子。生活史如下。①单倍体营养细胞，以出芽方式繁殖；②两个营养细胞结合，进行质配、核配，形成二倍体；③二倍体细胞以芽殖方式繁殖，形成二倍体营养细胞；④二倍体营养细胞在一定条件下，转变为子囊，核进行减数分裂，形成 4 个单倍体、圆形、光面的子囊孢子；⑤单倍体子囊孢子萌发成为单倍体营养细胞，以芽殖方式繁殖。

（2）葡萄汁酵母（*Saccharomyces uvarum*）　属于酵母科，酵母菌属。它与啤酒酵母的主要区别是全发酵棉子糖。在麦芽汁培养基中 25℃ 培养 3 天，细胞呈圆形、卵形、椭圆形或长细胞形（图 2-13）。

按细胞宽度和大小分三群。

第一群细胞大，为(4.0～10)μm×(5.5～16)(25)μm；

第二群细胞小，为(2.5～6.5)μm×(5.0～11.5)(22)μm；

第三群为中间型，(3.5～8.0)μm×(5.0～11.0)(20)μm，管底有菌体沉淀，发酵力强，培养液浑浊。

在麦芽汁琼脂培养基上生长的菌落为乳白色、平滑、有光泽、边缘整齐。

在加盖玻片的玉米粉琼脂培养基上培养，不形成假菌丝或有不发达的假菌丝。

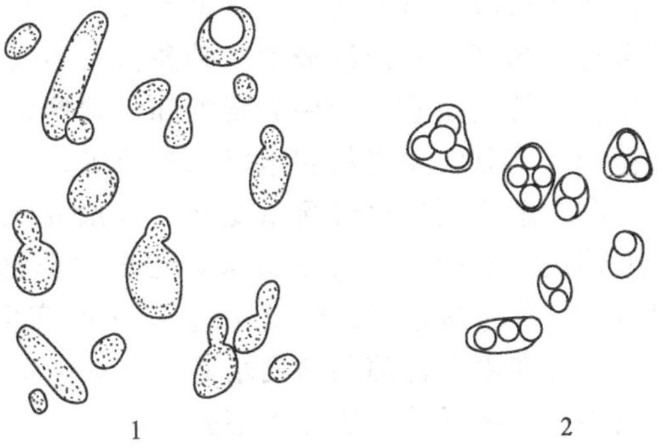

繁殖方式：由营养细胞直接形成子囊，每囊含有1～4个圆形或椭圆形、表面光滑的子囊孢子，有时可见到子囊孢子接合现象。

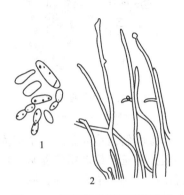

图 2-13 葡萄汁酵母

1—细胞；2—子囊孢子

葡萄汁酵母常可由果酒厂和啤酒厂分离出这种酵母，常存在于葡萄汁、果汁、果园土壤等处，可做食用、药用和饲料酵母。

不同的酵母菌具有不同的酶，有的能发酵葡萄糖，产生酒精和二氧化碳，用于啤酒、果酒和酒精等的生产。酵母在药用、食用和饲料方面的利用也很普遍。酵母菌广泛分布于自然界中，很容易从有机材料，特别是糖质材料上分离得到。酵母菌也是某些食品、工业材料或制品的腐败变质菌，如鲁氏酵母（*S. rouxii*）、蜂蜜酵母（*S. mellis*）能在高浓度糖溶液食品中生长，引起果酱等食品的变质；它们又能抵抗高浓度的食盐溶液，在酱曲中生长，在酱油液面生成一层灰白色粉状的膜，影响酱油的质量。

2. 假丝酵母属

假丝酵母属（*Candida*）细胞为球形或圆筒形，以出芽繁殖为主，细胞常在一起形成假菌丝，不少种应用于工业和医药。它们对糖类有较强的分解能力，能氧化有机酸，有些能以石油作为碳源。工业上利用它们来生产蛋白质、脂肪酶和有机酸等。它们常存在于许多食品上，如新鲜的肉和腌制过的肉，有的能引起人造黄油的酸败。

（1）产朊假丝酵母（*Candida utilis*）在葡萄糖蛋白胨酵母膏液体培养基中，25℃培养3天，细胞呈圆形、椭圆形、圆柱形或腊肠形（图2-14），大小(3.5～4.5)μm×(7～13)μm。无醭，管底有菌体沉淀，能发酵。培养在麦芽汁琼脂斜面上的菌落为乳白色、平滑、有光泽或无光泽、边缘整齐或呈菌丝状。在加盖片的玉米粉琼脂培养基上培养，仅生原始假菌丝、或不发达的假菌丝，或无假菌丝、不生真菌丝。在微生物蛋白中研究最多的是酵母蛋白，其

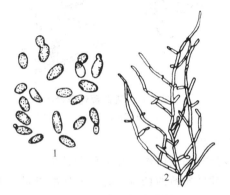

图 2-14 产朊假丝酵母

1—营养细胞；2—假菌丝

图 2-15 解脂假丝酵母解脂变种

1—细胞；2—假菌丝

中以产朊假丝酵母和啤酒酵母最常用。产朊假丝酵母的蛋白质含量和维生素 B 含量都比啤酒酵母中的高，它能以尿素和硝酸盐作为氮源，在培养基中不需加入任何刺激生长的因子即可生长。特别是它能利用五碳糖和六碳糖，即能利用造纸工业中产生的亚硫酸废液。还能利用糖蜜、土豆淀粉废料和木材水解液等，生产人、畜可食的蛋白质。

（2）解脂假丝酵母解脂变种（*Candida lipolytica var lipolytica*）　在葡萄糖蛋白胨酵母膏液体培养基中 25℃培养 3 天，细胞呈卵形到长形（图 2-15）。卵形细胞$(3～5)\mu m×(5～11)\mu m$，有的细胞可长达 $20\mu m$。有菌醭产生，管底有菌体沉淀，不能发酵。

培养在麦芽汁琼脂斜面培养基上的菌落为乳白色、黏湿、无光泽。有些菌株的菌落有褶皱或表面呈菌丝状，边缘不整齐。

在加盖片的玉米粉琼脂培养基上培养时可见假菌丝和具横隔的真菌丝。在真、假菌丝的顶端或中间可见单个或成双的芽生孢子，有时芽生孢子轮生。

从黄油、人造黄油、石油井口的油黑土、一般土壤、炼油厂、生产动植物油脂车间等处取样，可分离到解脂假丝酵母。解脂假丝酵母不能发酵，能同化的糖和醇类也很少，但是分解脂肪和蛋白质的能力很强，容易与其他酵母相区别。解脂假丝酵母能利用煤油等正烷烃，同化长链烷烃比其他假丝酵母效果好。也可用烃类培养解脂假丝酵母来生产蛋白质。

（3）热带假丝酵母（*Candida tropicalis*）　在葡萄糖蛋白胨酵母膏液体培养基中 25℃培养 3 天，细胞呈卵形（图 2-16）。大小$(4～8)\mu m×(5～11)\mu m$。液面有醭或无醭，有环，菌体沉淀于管底。

培养在麦芽汁琼脂斜面培养基上的菌落为奶油色，无光泽或稍有光泽，软而干滑或部分有皱纹。培养时间延长，菌落渐硬并呈菌丝状。

在加盖片的玉米粉琼脂培养基上培养，可见大量假菌丝，包括伸长的分枝假菌丝，其上有芽生孢子，成轮生分枝或成短链的芽生孢子。有时真菌丝也可产生。

热带假丝酵母氧化烃类能力强，可利用煤油及在 230～290℃ 的石油馏分，是石油蛋白生产的重要酵母。用农副产品和工业废料也可培养热带假丝酵母做饲料。

（4）乳酒假丝酵母（*Candida kefir*）　在葡萄糖蛋白胨酵母膏液体培养基中，25℃培养 3 天，细胞呈短卵形到长卵形（图 2-17）。$(3.5～9)\mu m×(6～14)\mu m$，最长可达 $22\mu m$。

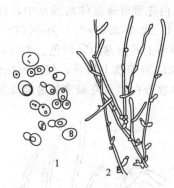

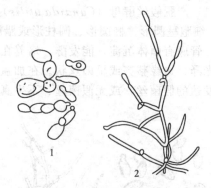

图 2-16　热带假丝酵母
1—细胞；2—假菌丝

图 2-17　乳酒假丝酵母
1—细胞；2—假菌丝

麦芽汁琼脂斜面培养基上的菌落为奶油色到淡黄色，质软。

在加盖片的玉米粉琼脂培养基上培养，形成多分枝的假菌丝，芽生孢子较少。

未脱脂的牛奶（全乳）和乳酒是适于乳酒假丝酵母繁殖的场所，乳酒假丝酵母可用于奶酪和乳酒的酿造。

3. 德巴利酵母属

德巴利酵母属（Debaromyces）细胞有不同形状，营养繁殖为多端芽殖，有时形成假菌丝。产生子囊孢子，它们常从腐败的肉、香肠、酒等食品中分离到。

4. 汉逊酵母属

汉逊酵母属（Hansenula）细胞为球形、细长形或卵圆形，常形成假菌丝。营养繁殖为多端芽殖，产生子囊孢子，孢子为帽形。它们常存在于柑橘、葡萄及其制品和浓缩果汁中。

5. 克勒克酵母属

克勒克酵母属（Kloeckera）细胞营养繁殖为二端芽殖，不产生子囊孢子。它们既产生发酵作用又具有氧化能力，常存在于被果蝇污染的水果上，某些种能引起酒的异味和浑浊。

6. 醭酵母属

醭酵母属（Mycoderma）细胞常生长在啤酒、泡菜卤、果汁及其制品上，产生很厚的一层"醭"，常称为"生花"。

7. 毕赤酵母属

毕赤酵母属（Pichia）细胞具不同形状，多端芽殖，多数种形成假菌丝，产生子囊孢子，孢子为球形、帽形。能利用正癸烷、十六烷，分解糖的能力弱，不产生乙醇。它是酒类饮料的污染菌，常在酒的表面生成白色干燥的菌醭。

8. 红酵母属

红酵母属（Rhodotorula）细胞呈圆形、卵形或长形，多端芽殖，不形成子囊孢子。许多种能在食物上或培养基上产生红色色素。该属中有较好的产脂肪的菌种，但也有几个种为人类及动物的致病菌。在自然界分布较广。

9. 裂殖酵母属

裂殖酵母属（Schizosaccharomyces）细胞呈椭圆形、圆柱形，营养繁殖为裂殖，能产生4～8个卵圆形、球形或肾形的子囊孢子。它们具有发酵能力。常存在于糖类及其制品中。

10. 粟酒裂殖酵母（Schizosaccharomyces pombe）属于酵母科，裂殖酵母属。在麦芽汁培养基中25℃培养3天，细胞呈圆柱形或圆筒形，末端圆钝，也有的呈椭圆形（图2-18），大小(3.5～4.0)μm×(7.1～24.9)μm。营养繁殖为裂殖，无真菌丝，无醭。在麦芽汁培养基中能发酵，液体浑浊，有沉淀。在麦芽汁琼脂斜面上的菌落为乳白色、光亮、平滑、边缘整齐。在加盖片的马铃薯葡萄糖琼脂培养基上培养不生成假菌丝，也无真菌丝。子囊孢子由两个营养细胞接合后形成子囊，每囊有1～4个圆形光面的子囊孢子，大小

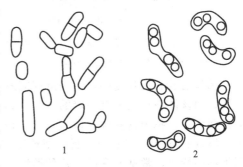

图 2-18 粟酒裂殖酵母
1—细胞；2—子囊孢子

3～4μm。最早是在欧洲粟米酒中分离出来，以后曾多次在甘蔗糖中分离出来。在水果上也常能找到粟酒裂殖酵母。

11. 球拟酵母属

球拟酵母属（Torulopsis）细胞呈球形、卵形或稍带些长形，多端芽殖，对多数糖有分解作用，具有耐受高浓度的糖和盐的特性。例如球形球拟酵母（T. globosa），能在炼乳、蜜饯、果脯上生长。它们在自然界分布很广，常出现在冰冻食品中，使食物腐败变质。

12. 丝孢酵母属

丝孢酵母属（Trichosporon）细胞连接呈菌丝状，多端芽殖。在液体培养基中生长，能产生浮膜。常在各种食品（如果蔬汁、肉和啤酒等）中出现。

第二节 霉 菌

霉菌 (molds) 是丝状真菌的俗称，即会引起物品霉变的真菌，通常指那些菌丝体较发达又不产生大型子实体结构的真菌。在潮湿条件下，可在有机物上大量生长繁殖，从而引起食物、工农业产品的霉变或动植物的真菌病害。

霉菌与人们日常生活息息相关，在自然界中分布极广，存在于土壤、空气、水和其他物品等处，往往引起农副产品、食品、衣物、原料、器材等发霉变质。近年来在食品、发酵、酶制剂工业、制药、农业、纺织、造纸、制革等方面发挥着重要的作用。霉菌具有强大的酶系，作用对象广泛，是食品发酵工业中常见的污染菌，有些能产生毒素，可引起食物中毒。

一、霉菌形态构造

（一）霉菌菌丝形态构造

霉菌的菌丝为分枝的丝状体，直径一般为 $3 \sim 10 \mu m$，与酵母菌相似，但比细菌和放线菌粗约 10 倍。根据菌丝有无隔膜，可把霉菌

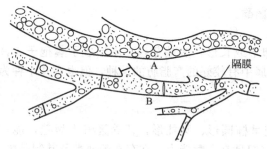

图 2-19 真菌的营养菌丝
A—无隔菌丝；B—有隔菌丝

菌丝分为无隔菌丝和有隔菌丝两大类（图 2-19）。无隔菌丝无横隔，整个菌丝为一个细胞，称为单细胞丝状真菌，其内一般含多个核。有隔菌丝有很多横隔，将菌丝分为很多个细胞，称为多细胞丝状真菌。大多数霉菌的菌丝为有隔菌丝。

霉菌的菌丝在功能上有一定的分化。深入培养基中或紧贴培养基表面具有吸收营养功能的菌丝，称为营养菌丝；伸展到空气中的菌丝，称为气生菌丝；能形成孢子的气生菌丝，称为生育菌丝。

（二）霉菌菌丝体形态构造

菌丝沿着它的长度的任何一点都能发生分枝，许多菌丝相互交织而成的菌丝集团称为菌丝体。菌丝体在功能上有一定的分化，其中深入培养基中或紧贴培养基表面具有吸收营养功能的菌丝体，称为营养菌丝体 (vegetative mycelium)；伸展到空气中的菌丝体，称为气生菌丝体 (aerial mycelium)。真菌菌丝体在长期适应不同外界环境条件的过程中，产生了不同类型的特化，常见的有以下几种类型。

1. 匍匐菌丝和假根

匍匐菌丝 (stolon) 和假根 (rhizoid) 为营养菌丝的特化。其中常见霉菌中的毛霉目 (Mucorales) 的真菌常形成延伸的匍匐状的菌丝，当蔓延到一定距离后，即在基物上生成根状菌丝——假根（图 2-20），再向前延伸形成新的匍匐状菌丝。根霉属 (Rhizopus) 和犁头霉属 (Absidia) 是较为典型的产生匍匐丝和假根的代表。假根作为营养吸收器官与基物接触。因此，能产生匍匐菌丝和假根的真菌在固体培养基表面生长时，可快速向四周蔓延生长。

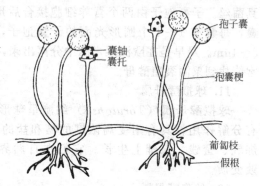

图 2-20 匍枝根霉 (Rhizopus stolonifer)
的匍匐菌丝和假根

孢子囊
囊轴
囊托
孢囊梗
匍匐枝
假根

2. 吸器

吸器（haustorium）为营养菌丝的特化。许多植物寄生真菌的菌丝体生长在寄主细胞表面，从菌丝上发生旁枝侵入寄主细胞内吸收养料，这种吸收器官称为吸器（图 2-21）。吸器有各种形状，如丝状、指状、球状等。一般专性寄生真菌，如锈菌、霜霉菌、白粉菌等都有吸器。

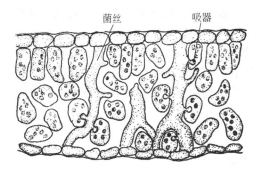
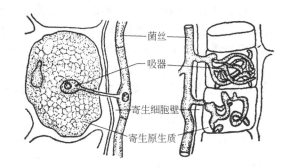

图 2-21　三种不同的吸器

3. 菌丝束和菌索

菌丝束（mycelial strand）和菌索（rhizomorph）为营养菌丝的特化。在大多数真菌中，正常营养菌丝营养物质的运输是借助于细胞质流动的方式进行的。然而一些真菌的菌体中出现集群现象而形成特殊的运输结构，如菌丝束和菌索。这些结构能在缺少营养的环境中为菌体生长提供基本的营养来源，尤其是在高等担子菌中，如食用菌和毒蕈，以及木材腐败真菌大都形成这种结构。

菌丝束是由正常菌丝发育而来的简单结构，正常菌丝的分枝快速平行生长且紧贴母体菌丝而不分散开，次生的菌丝分枝也按照这种规律生长，使得菌丝束变得浓密而集群，而且借助分枝间大量的联结而形成统一体。

菌索一般是生于树皮下或地下，有白色或各种色泽的根状结构，是营养运输和吸收的组织结构，一般在伞菌中产生。

4. 菌核

菌核（sclerotium）为营养菌丝的特化，是由菌丝聚集和黏附而形成的一种休眠体，同时它又是糖类和脂类等营养物质的储藏体。菌核具有各种形态、色泽和大小，如雷丸（*Polyporus mylittae*）的菌核可重达 15kg，而小的菌核只有小米粒大小。菌核的内部结构可分为两层，即皮层和菌髓（图 2-22）。皮层是由紧密交错的具有光泽而又有厚壁的菌丝细胞组成，有一层或数层细胞厚；菌髓是由无色菌丝交错组成，菌核萌发所产生的子实体都起源于菌髓。

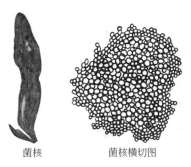

菌核　　　菌核横切图

图 2-22　麦角菌（*claviceps purpurea*）的菌核

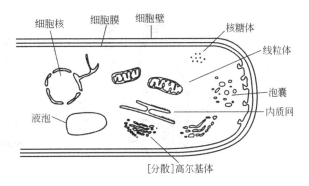

图 2-23　真菌的菌丝（显示菌丝顶端）

5. 子实体

子实体（fruiting body）是指具有一定空间形态结构的产生孢子的菌丝体的聚集体，为气生菌丝的分化，是真菌的繁殖器官。如常见的有孢子囊、分生孢子头、子囊果等。

（三）霉菌的细胞结构

霉菌细胞结构与酵母菌相似，由细胞壁、细胞膜、细胞质、细胞核、细胞器和内含物等组成（图 2-23）。细胞壁厚度 100～250nm，大多数霉菌的细胞壁含几丁质，少数水生性霉菌则以纤维素为主。细胞膜厚 7～10nm，与酵母菌细胞膜的结构和功能相同。细胞核直径 0.7～3μm，有核膜、核仁和染色体。细胞质中有线粒体、内质网和核糖体，以及内含物（如肝糖、脂肪滴等）。幼龄菌丝细胞质均匀稠密，老龄菌丝细胞质稀薄并出现液泡。

二、霉菌繁殖特征

霉菌繁殖方式分无性繁殖和有性繁殖。

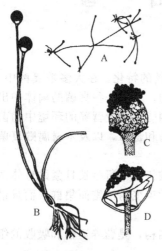

图 2-24 黑根霉（*Rhizopus stolonifer*）
A—黑根霉菌丝；B—孢囊梗、孢子囊和假根；C—囊轴和附着在囊轴上的孢囊孢子；D—凹陷的囊轴

（一）霉菌的无性繁殖

霉菌主要以形成无性孢子的方式进行繁殖，无性孢子主要有孢囊孢子、分生孢子、节孢子和厚垣孢子，最常见的是形成孢囊孢子和分生孢子。

1. 孢囊孢子

霉菌的生育菌丝成熟后，菌丝顶端膨大，形成孢子囊，其内有许多细胞核，核外分别再包被细胞质和外膜，随后成熟为大量的孢囊孢子。然后孢子囊破裂，释放出孢子（图 2-24、图 2-25、图 2-26）。这些孢子随气流、尘埃漂动，若遇适宜的环境条件，即萌发成新的菌丝体，如根霉和毛霉等。

2. 分生孢子

分生孢子是多细胞霉菌最常见的一类无性孢子。由于霉菌的种类不同，分生孢子有单细胞和多细胞之分，其产生方式可归纳为如下几类。

（1）无明显分化的分生孢子小梗 分生孢子直接着生在菌丝的顶端，单生、呈链或呈簇，产生孢子的菌丝与一般菌丝无明显区别，如红曲霉（*Monascus*）、交链孢霉（*Alternaria*）等。

（2）具有分化的分生孢子梗 分生孢子着生在已分化的分生孢子梗的顶端或侧面。这种

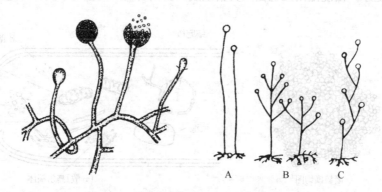

图 2-25 毛霉属形态及孢囊梗的分枝类型
A—单轴（不分枝）；B—总状分枝；C—假轴状分枝

图 2-26　孢囊和孢囊孢子的扫描电镜图

菌丝直立或朝一定的方向生长，与一般菌丝有明显的差别。例如，粉红单端孢霉（*Tricho-thecium roseum*）（图 2-27）。

（3）具有一定形状的小梗　在已经分化的分生孢子梗上，再产生具有一定形状的小梗，最常见的是瓶形小梗，分生孢子呈串或呈团着生在小梗的顶端，如青霉（*Penicillum*）、曲霉（*Aspergillus*）、木霉（*Trichoderma*）等，如图 2-28、图 2-29、图 2-30 所示。

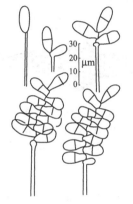

图 2-27　粉红单端孢霉的分生孢子
与孢子的形成顺序

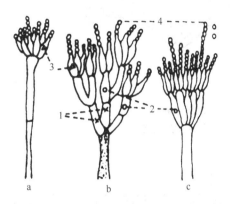

图 2-28　青霉的帚状枝
1—分枝；2—梗基；3—小梗；4—分生孢子；
a—单轮型；b—非对称型；c—对称二轮型

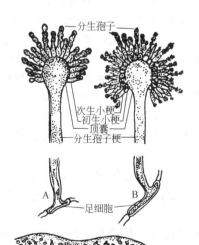

图 2-29　曲霉形态图和分生孢子的扫描电镜图
A—分生孢子梗及一层小梗；B—分生孢子梗及二层小梗；C—菌丝

（二）霉菌的有性繁殖

霉菌的有性繁殖可形成卵孢子、接合孢子、子囊孢子等。与食品工业有关的霉菌主要是形成接合孢子和子囊孢子。

1. 接合孢子

相邻的两菌丝相互接触，细胞壁溶解，两菌丝的核和细胞质融合，形成接合孢子，如果是在同一菌丝体上相邻的两菌丝接合，或者在同一菌丝的两个相邻的分枝菌丝接合，形成接合孢子，叫同宗配合，如接合霉（*Zygorhynchus*）。假如这个过程是发生在两个同种而不同品系间相互结合，形成接合孢子，则称之为异宗配合，如有性根霉（*Rhizopus sexualis*），图 2-31。

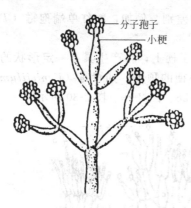

图 2-30 康氏木霉的分生孢子梗、
小梗和分生孢子

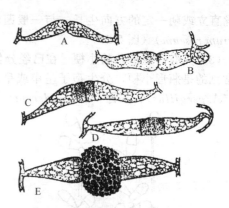

图 2-31 接合孢子的形成过程
A—菌丝接合；B—形成原配子囊；C—配子囊；
D—接合子；E—接合孢子

2. 子囊孢子

形成子囊孢子是真菌共有的特征。霉菌子囊孢子的形成方式较为复杂。两性细胞已有分化，在形态上也有区别。雌器呈圆形或圆柱形，较大，称产囊器。它由一个或多个细胞形成，顶端有产囊丝。产囊器中含有单核或多核。雄器较小，为圆柱形或棒状。

产囊器与雄器接触后，雄器中的细胞质和核通过受精丝而进入产囊器，先进行质配。此时，细胞核进行多次分裂，形成多核。其顶端形成许多短菌丝，即产囊丝。产囊器中的细胞核成对地进入产囊丝，核再进行分裂。同时，产囊丝形成横隔，将产囊丝分为多个细胞。每个细胞中含有 1～2 个核。但每个产囊丝顶端的细胞均含两个核，一个为雄器的子核，另一个为雌器的子核。此时，顶端细胞中的两个子核进行核配，顶端细胞形成子囊。然后，顶端细胞（即子囊）中的二倍体细胞核进行三次分裂，其中一次为减数分裂，形成 8 个单倍体子核。每个单倍体子核再包被细胞质，并形成膜，形成 8 个子囊孢子。在子囊和子囊孢子的发育过程中，原来的雌器与雄器下面的细胞形成大量菌丝，有规律地将子囊包被，形成子囊果（图 2-32）。

子囊果有三种类型，即完全封闭式的子囊果，呈圆球形，称为闭囊壳；不完全封闭式的子囊果，呈圆球形、留有小孔，称为子囊壳；开口式的子囊果，呈盘状，称为子囊盘（图 2-33）。

子囊孢子的大小、形状、颜色、纹饰等因菌种不同而异，是霉菌鉴别的依据之一。

（三）霉菌的生活史

霉菌的生活史包括无性阶段和有性阶段。霉菌的菌丝体在适宜的条件下产生无性孢子，无性孢子遇适宜环境萌发形成新的菌丝体，如此多次重复，这就是霉菌生活史的无性阶段。

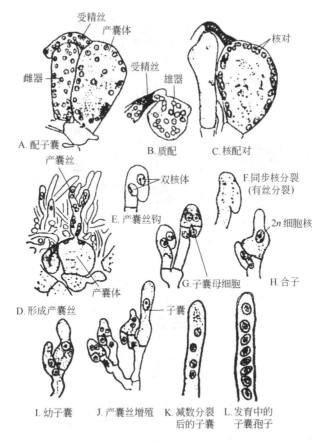

图 2-32 烧土火丝菌（*Pyronema omphalodes*）子囊孢子形成过程示意

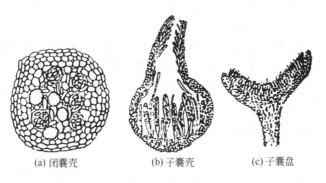

(a) 闭囊壳   (b) 子囊壳   (c) 子囊盘

图 2-33 子囊菌的子实体纵剖面示意

在霉菌生长发育的后期开始出现有性阶段，即从菌丝体上形成配子囊，经过质配、核配，形成二倍体细胞核。最后经减数分裂，形成单倍体孢子。孢子在适宜的环境条件下萌发，形成新的菌丝体。如匍枝根霉的生活史（图 2-34）。

霉菌的有性过程可以提高子代的生命活力和适应能力。有性过程的质配和核配，实质上是遗传基因的重新排列组合，有利于子代继承两亲本菌丝的遗传优越性，从而提高子代的生命活力和适应能力。同时，有性孢子外围由大量菌丝组成的保护性结构，明显地提高了有性孢子抵抗不良环境的能力。

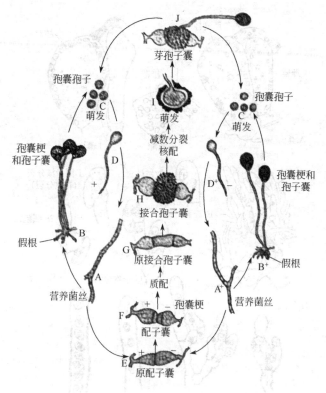

图 2-34　匍枝根霉的生活史

A—菌丝；B—孢囊梗和孢子囊；C—孢囊孢子；D—孢囊孢子萌发；E—原配子囊；

F—配子囊；G—幼龄接合孢子；H—成熟接合孢子；I—接合孢子萌发；J—生芽子囊

三、霉菌群体特征

霉菌的形态构造较复杂，由菌丝、菌丝体、子实体、各种孢子等组成，菌落特征明显，外观上很易辨认。通常菌落形态较大，质地疏松，外观干燥，不透明，呈现或松或紧的蛛网状、绒毛状、棉絮状或毡状。菌落与培养基间的连接紧密，不易挑取，菌落正面与反面的颜色、构造以及边缘与中心的颜色、构造不一致。由于霉菌孢子形成在生长的后期，加之孢子的大小、形态不同，颜色各异（如灰色、绿色、黑色、棕色、黄色、红色等）。因此，霉菌在不同培养时期菌落外观差异较大。

四、食品工业中常见的霉菌

1. 毛霉属

毛霉属（*Mucor*）属于接合菌纲，毛霉目，毛霉科。毛霉菌丝一般白色，不具横隔，不产生假根和匍匐菌丝。以孢囊孢子和接合孢子繁殖。孢子囊梗直接由菌丝体生出，单生或分枝。孢子囊梗顶端生孢子囊，呈球形。孢子囊梗深入孢子囊部分为囊轴。成熟后，孢子囊壁破裂，孢囊孢子释放出来。孢囊孢子在空气中随风飘散，遇到适宜环境，萌发而生成新的菌丝体。毛霉的有性繁殖是通过配子的结合，形成接合孢子，其外面有带褐色而厚的孢壁，其表面常有不规则突出物呈棘状。接合孢子在适宜环境下可萌发新的菌丝体。毛霉中，有些菌种具有较强的糖化发酵力，可用于酒曲、酒精和有机酸工业原料的糖化和发酵，如鲁氏毛霉、爪哇毛霉等；有些菌种具有分解蛋白质的能力，如制造腐乳时，可使腐乳产生芳香的物质及使蛋白质分解产生鲜味等，豆豉制作参与的毛霉主要是总状毛霉。毛霉还可用于产生有机酸、酶制剂等。

（1）高大毛霉（*Mucor mucedo*）　此种分布很广。在培养基上的菌落初期为白色，老后变为淡黄色，有光泽，菌丝丛高达 3～12cm，或更高。孢囊梗直立，不分枝，长度同菌丛的高度，直径 30～36μm，壁光滑，无色。孢子囊顶生，直径 70～200μm，幼时黄色，老后灰褐色，孢子囊壁有细刺。成熟时孢囊壁消解。囊轴梨形、似倒卵形至圆柱形，大小（58～160)μm×(50～130)μm，有橙色内含物。孢囊孢子椭圆形或近短柱形，长为宽的一倍左右，大小（3～11)μm×(6～19)μm，光滑、无色或暗黄色。

（2）总状毛霉（*Mucor racemosus*）　它是毛霉中分布最广的一种，几乎在各地土壤中、一些生霉的材料上、空气中以及各种粪便上都能找到它，在酒曲中也很常见。菌落质地疏松，一般高度在 1cm 以下，灰色或浅褐灰色。孢囊梗最初不分枝，其后以单轴式生出不规则的分枝，长短不一，直径 8～20μm。孢子囊球形，直径 20～100μm，浅黄色至黄褐色，成熟时孢囊壁消解。囊轴球形或近卵形，(17～16)μm×(10～42)μm。孢囊孢子短卵形至近球形，(4～7)μm×(5～10)μm。接合孢子球形，有粗糙的突起，直径 70～90μm。异宗配合，配囊柄对生，无色，无附属物。能形成大量的厚垣孢子，在菌丝体、孢囊梗甚至囊轴上都可形成，厚垣孢子形状大小不一，光滑，无色或黄色。

（3）微小毛霉（*Mucor pusilus*）　此菌分布在土壤和酒曲中。菌落呈毡状，高 2～3mm，初期白色，后变为褐灰色。孢囊梗初期不分枝，后期呈假轴状分枝，起初无色，后浅黄色，直径 6～10(20)μm，在孢子囊下面常有横隔，孢子囊球形，直径 50～80μm。表面常有小短刺，浅灰色至褐色，成熟后孢囊壁消解。囊轴卵形或梨形，直径 20～56μm。孢囊孢子球形或卵形，直径 2.5～5μm。接合孢子幼时红褐色，后黑色，球形，有粗糙的突起，直径45～63μm。异宗配合。配囊柄对生，无色，无附属物。

（4）爪哇毛霉（*Mucor javanicus*）　它是土壤、酒曲中常见到的毛霉。菌落起初白色，后为灰黄色，菌丝稠密，菌丝初期直立，高 10～30mm，后期缩成膜状贴于基质的表面。孢子囊直径 50～100μm，成熟后孢囊壁消解。囊轴球形或卵形，直径 17～51μm 或（34～81)μm×(24～68) μm，无色或淡褐色。孢囊孢子近球形、卵形至椭圆形，大小（4～5)μm×(5～8)μm。厚垣孢子生在菌丝上，无色或淡黄色，壁薄。接合孢子直径 50～60μm，暗褐色。异宗配合。配囊柄对生，无色，无附属物。

（5）鲁氏毛霉（*Mucor rouxianus*）　最初是从我国小曲中分离出来的，也是毛霉中最早被用于制造酒精的一个种。菌落在马铃薯培养基上呈黄色，在米饭上略带红色。孢囊梗具有短的、稀疏的假轴状分枝。孢子囊直径 20～100μm，大多 50～70μm。黄色，成熟后孢囊壁消解。囊轴近球形，(23～32)μm×(20～28)μm，无色。孢囊孢子椭圆形或似椭圆形，(4～5)μm×(2.5～3.5)μm。厚垣孢子数量多，大小不一，黄色至褐色。未见接合孢子。

2. 根霉属

根霉属（*Rhizopus*）属于接合菌纲，毛霉目，毛霉科。根霉在培养基上或自然基物上生长时，由营养菌丝产生的匍匐枝上长出特有的假根，在有假根处的匍匐枝上着生成群的孢子囊梗，梗的顶端膨大形成孢子囊，囊内产生孢囊孢子。孢子囊内囊轴明显，球形或近球形，囊轴基部与梗相连处有囊托。孢囊孢子为球形、卵形或不规则的形状。根霉的用途很广，其淀粉酶活力很强，酿酒工业上多用它来作为淀粉质原料酿酒的糖化菌。根霉能产生有机酸，如反丁烯二酸、乳酸、琥珀酸等。还能产生芳香的酯类物质。

（1）黑根霉（*Rhizopus nigricans*）　异名匍枝根霉（*Rhizopus stolonifer*）。到处可见，一切生霉的材料上常有它出现，尤其是在生霉的食品上，更容易找到它。瓜果蔬菜等在运输和贮藏中的腐烂、甘薯的软腐都与匍枝根霉有关。菌落初期白色，老熟后灰褐色至黑褐色，匍匐枝爬行，无色，假根非常发达，根状，棕褐色。孢囊梗着生于假根处，直立，通常 2～3 根群生。囊托大而明显，楔形。菌丝上一般不形成厚垣孢子。接合孢子球形，有粗糙的突起，直径 150～220μm。此菌的生长适温为 30℃。有酒精发酵力，但极微弱，能产生果胶酶，常引起果蔬软腐病。

（2）米根霉（*Rhizopus oryzae*）　在我国酒药和酒曲中常看到，在土壤、空气以及其他各种物质中亦常见。菌落疏松或稠密，最初白色，后变为灰褐色至黑褐色。匍匐枝爬行，无色。假根发达，指状或根状分枝，褐色，孢囊梗直立或稍弯曲，2～4 根，群生。有时膨大或分枝，囊托楔形，能形成厚垣孢子，接合孢子尚未发现。发育温度 30～35℃，最适温度 37℃，41℃亦能生长。此菌有淀粉糖化及蔗糖转化性能，能产生乳酸、反丁烯二酸及微量的酒精。其中产 L-乳酸最强，最高可达总酸的 70%左右。

（3）华根霉（*Rhizopus chinensis*）　此菌多出现在我国酒药和药曲中，这个种耐高温，于 45℃能生长，菌落疏松或稠密，初期白色，后变为褐色或黑色，假根不发达，短小，手指状。孢子囊柄通常直立，光滑，浅褐色至黄褐色。不生接合孢子，但生较多的厚垣孢子，球形，椭圆形或短柱形。发育温度为 15～45℃，最适温度 30℃。此菌淀粉液化力强，能产生酒精、芳香脂类、乳酸及反丁烯二酸，能转化甾族化合物。

（4）无根根霉（*Rhizopus arrhizus*）　此菌对温度适应范围同米根霉。菌落最初白色，后褐色。匍匐枝分化不明显。假根极不发达，短指状或没有假根。孢子囊柄直立或稍弯曲，单生，较少，2～3 株成束，有时在孢囊梗上有囊状膨大。接合孢子球形，有粗糙突起，厚垣孢子形状、大小不一致。此菌能产生乳酸、反丁烯二酸、脂肪酶等，能发酵豆类和谷类，转化甾族化合物等。

3. 曲霉属

曲霉属（*Aspergillus*）属于丛梗胞目（Moniliales），曲霉菌科（Moniliaceae），能形成子囊孢子，在有的分类系统中列入子囊菌纲。曲霉菌在发酵工业、医药工业、食品工业、粮食贮藏等方面均有重要作用。曲霉的菌丝体由具横隔的分枝菌丝构成，通常是无色的，老熟时渐变为浅黄色至褐色，分生孢子梗从特化了的菌丝细胞（足细胞）生出，顶端膨大形成顶囊。顶囊有棍棒形、椭圆形、半球形或球形。顶囊表面生辐射状小梗，小梗单层或双层，小梗顶端生出分生孢子。由顶囊、小梗以及分生孢子构成分生孢子头。分生孢子头具有不同颜色和形状，如球形、棍棒形或圆柱形等。曲霉菌仅少数种形成有性阶段，产生子囊果，是封闭式的，称为闭囊壳，内生子囊和子囊孢子。此属菌的菌落颜色多样，而且比较稳定，是分类的主要特征之一，其他如分生孢子头和顶囊的形状、大小，分生孢子柄的长度和表面特征，小梗的构成，分生孢子的形态和颜色等均是分类的依据。

（1）黑曲霉（*Asp. niger*）　自然界中分布极为广泛，在各种基质上普遍存在。能引起水分较高的粮食霉变，也是其他材料上常见的霉腐菌。菌丛黑褐色，顶囊大，球形，小梗双层，自顶囊全面着生。分生孢子球形、平滑或粗糙，有的菌丝生菌核。黑曲霉具有多种活性强大的酶系，可用于工业生产，如淀粉酶用于淀粉的液化、糖化，以生产酒精、白酒、食醋、制造葡萄糖和酶制剂等。耐酸性蛋白酶用于蛋白质分解或酶制剂的制造及毛皮软化。果胶酶用于水解聚半乳糖醛酸、果汁澄清和植物纤维精炼等。

（2）甘薯曲霉（*As. batatae*）　糖化力极强，菌落初为白色，表面厚绒状，分生孢子初为嫩黄色，后变为黑色或黑褐色，梗长 200～400μm，直径 12～20μm，顶囊球形，直径 30～50μm。小梗两层，分别为（20～40）μm×8μm 和 10μm×3.2μm，分生孢子球形，不光滑，生长适温为 37℃。

（3）宇佐美曲霉（*Asp. usamii*）　从黑曲霉中选育出来，菌丛黑色至褐黑色，小梗二层，分生孢子头黑褐色，分生孢子平滑或粗糙。此菌含有较多的糖化型淀粉酶，耐酸度高，并含有较多的单宁酶，对制曲原料适应性强。

（4）米曲霉（*Asp. oryzae*）　属于黄曲霉群。菌丛一般为黄绿色，后变为黄褐色，分生孢子头放射形，顶囊球形或瓶形，小梗一般为单层，平滑，少数有刺，分生孢子梗长达2mm，粗糙。培养适温37℃。含有多种酶类，其中糖化型淀粉酶和蛋白质分解酶都较强。主要用作酿酒的糖化曲和酱油生产用的酱油曲。

（5）栖土曲霉（Asp. terricola）　菌丛棕褐色或棕色。分生孢子头柱形，顶囊半球形，小梗单层或双层，分生孢子球形或近球形，光滑或粗糙，分生孢子梗短，光滑。培养适温32～34℃，含有丰富的蛋白酶。

（6）黄曲霉（Asp. flavus）　属于黄曲霉群，菌落生长较快，初为淡黄色，后变为黄绿色，老熟后呈褐绿色。分生孢子头疏松，放射形，后变为疏松柱形。分生孢子梗极粗糙，顶囊烧瓶形或近球形，小梗单层、双层或单双层同时存在于一个顶囊上。分生孢子球形或稍似洋梨形，粗糙。有些菌丝产生带褐色的菌核。培养适温37℃。产生液化型淀粉酶较黑曲霉强。蛋白质分解力次于米曲霉。黄曲霉中的某些菌株能产生黄曲霉毒素（aflatoxin），特别在花生或花生饼粕上易于形成，能引起家禽、家畜和人严重中毒，甚至死亡。

4. 青霉属

青霉属（Penicillium）属半知菌类，在自然界中分布极为广泛，种类很多，在工业上有很高的经济价值。例如青霉素的生产、干酪的加工、有机酸的制造等。但也有不少青霉是水果、食品、工业产品的有害菌。青霉菌的营养菌丝体无色、淡色或具鲜明的颜色，有横隔。分生孢子梗亦有横隔，光滑或粗糙，基部无足细胞。顶端不形成膨大的顶囊，而是形成扫帚状的分枝，称帚状枝。这些分枝依其部位不同，有副枝、梗基、小梗等名称。小梗顶端串生分生孢子，分生孢子球形、椭圆形或短柱形，光滑或粗糙，呈蓝绿色。有少数种产生闭囊壳，内形成子囊孢子，亦有少数菌种产生菌核。根据青霉菌帚状体分枝方式不同，分为四个类群：①单轮生青霉群，帚状枝由单轮小梗构成；②对称二轮生青霉群，帚状枝二列分枝，左右对称；③多轮生青霉群，帚状枝多次分枝且对称；④不对称生青霉群，帚状枝分二次或二次以上分枝，左右不对称。

（1）产黄青霉（P. chrysogenum）　属于不对称青霉群，菌落生长快，致密绒状，有些则略显絮状，有明显的放射状沟纹，边缘白色。孢子蓝绿色，老后有的呈灰色或淡紫褐色。大多数菌系渗出液很多，聚成醒目的淡黄色至柠檬黄色的大滴。反面亮黄至暗黄色色素扩散于培养基中。分生孢子柄光滑，帚状枝不对称。分生孢子链呈分散的柱状。分生孢子椭圆形，壁光滑。此菌能产生多种酶类及有机酸，在工业生产上主要用于生产青霉素，并用以生产葡萄糖氧化酶或葡萄糖酸、柠檬酸和抗坏血酸等。此菌普遍存在于空气、土壤及腐败的有机材料上。

（2）桔青霉（P. citrinum）　属于不对称青霉群，菌落生长局限，有放射状沟纹，大多数菌丝为绒状，有些则呈絮状、绿色，反面黄色至橙色，呈培养基颜色或带粉红色，渗出液淡黄色。分生孢子柄不分枝，壁光滑，帚状枝由3～4个轮生而略散开的梗基构成，分生孢子球形或近球形，光滑或近于光滑，分生孢子链为分散的柱状。桔青霉可产生桔青霉素，也能产生脂肪酶、葡萄糖氧化酶和凝乳酶等，还可用来生产5'-核苷酸。此菌分布普遍，除土壤外，一般的霉腐材料和贮存的粮食上经常发现。在大米上生长，会引起黄色病变，并具有毒性。

（3）娄地青霉（P. roqueforti）　此菌具有分解油脂和蛋白质的能力，可用于制造干酪等。

（4）展开青霉（P. patulum）　主要用以生产灰黄霉素。灰黄霉素是一种有效的口服抗生素，用以治疗真菌性皮肤病、癞头及灰指甲病等。

5. 红曲霉属

红曲霉属（Monascus）属于子囊菌纲，曲霉目，曲霉科。红曲霉的菌落初期白色，老熟后变为淡粉色、紫红色或灰黑色等。通常都能形成红色色素。菌丝具横隔，多核，分枝甚多。分生孢子着生在菌丝及其分枝的顶端，单生或成链。闭囊壳球形，有柄，内散生十多个子囊。子囊球形，含8个子囊孢子，成熟后子囊壁解体，孢子则留在薄壁的闭囊壳内（图3-35）。红曲霉生长温度26～42℃，最适温度32～35℃，最适pH值3.5～5.0。能耐pH2.5，耐10%乙醇。能利用多种糖类和酸类为碳源，能同化硝酸钠、硝酸铵、硫酸铵，但以有机氮为最好的氮源。

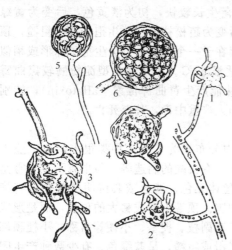

图2-35 紫色红曲霉（*Monascus purpureus*）
1,2,3—原闭囊壳；4,5—未成熟的闭囊壳；
6—成熟的闭囊壳

红曲霉能产生淀粉酶、麦芽糖酶、蛋白酶、柠檬酸、琥珀酸、乙醇、麦角甾醇等。有些种能产生鲜艳的红曲霉红素和红曲霉黄素。红曲霉用途很多，我国早在明朝就利用它培制红曲。现在红曲可用于酿酒、制醋、做豆腐乳的着色剂，并可作食品染色剂和调味剂，还可做中药。紫红曲霉（*M. purpureus*）能产生α-淀粉酶、麦芽糖酶等，用它水解淀粉，最终产物为葡萄糖，已用于工业生产糖化酶制剂。

6. 木霉属

木霉属（*Trichoderma*）属于半知菌类，广泛分布于自然界。也常寄生于某些真菌上，对多种大型真菌的子实体的寄生力很强。因此，是栽培大型真菌（如蘑菇）的劲敌。木霉的利用范围很广，并日益引起重视，木霉含有多种酶，尤其是纤维素酶含量很高，是生产纤维素酶的重要菌。此外，木霉还可生产柠檬酸、合成核黄素、用于甾体转化、生产抗生素等。

木霉生长迅速，菌落呈棉絮状或致密丛束状，菌落表面呈不同程度的绿色。菌丝透明，有隔，分枝繁多，分生孢子梗为菌丝的短侧枝，其上对生或互生分枝，分枝上又可继续分枝，形成二级、三级分枝，分枝末端即为小梗，瓶状、束生、对生、互生或单生，分生孢子由小梗相继生出，靠黏液把它们聚成球形或近球形的孢子头。分生孢子近球形、椭圆形、圆筒形或倒卵形，壁光滑或粗糙，透明或亮黄绿色。代表菌有康氏木霉（*T. koningii*）和绿色木霉（*T. viride*）。广泛分布于自然界，常造成谷物、水果、蔬菜等食品霉变，也会使木材、皮革及其他纤维性物品霉烂。

7. 白地霉

白地霉（*Geotrichum candidum*）属于半知菌类，丛梗孢目，丛梗孢科，是酵母状霉菌，许多文献上把白地霉归属为酵母菌类。无性繁殖为裂殖。有真菌丝，菌丝分隔。菌丝可断裂为圆形的节孢子。本菌多见于泡菜、粪便、有机肥料、腐烂的果蔬及其他残体中。有些种营养价值很高，可供食用或作饲料。

白地霉（图2-36）属于丛梗孢科（Moniliaceae），地霉属（*Geotrichum*）。麦芽汁28～30℃培养1天，生白色醭，毛绒状或粉状，韧或易碎，有真菌丝。裂殖，节孢子单个或连接成链，长筒形、方形，也有椭圆或圆形，末端钝圆。节孢子绝大多数为(4.9～7.6)μm×(5.4～16.6)μm。对葡萄糖、甘露糖、果糖弱发酵。有的菌株可弱发酵半乳糖。同化甘油、乙醇、山梨醇、甘露醇，不分解杨梅苷，分解果胶、油脂，不同化硝酸钾。生长最高温度33～37℃。白地霉的菌体蛋白营养价值很高，可供食用及饲料用，也可提取核酸。在糖厂、酒厂、面粉厂、食品厂、饮料厂、豆腐厂、制药厂等的废料、废水的综合利用方面用途广泛。

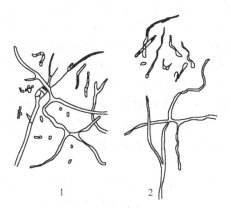

图 2-36 白地霉
1—细胞；2（上）—节孢子发芽成菌丝；
2（下）—菌丝断裂成节孢子

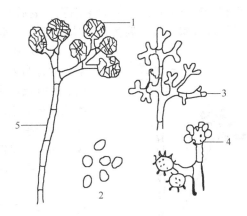

图 2-37 葡萄孢霉
1,2—分生孢子；3,4—分生孢子
梗顶端；5—分生孢子梗

8. 葡萄孢霉属

葡萄孢霉属（*Botrytis*）属于半知菌类，丝孢目，丝孢科，菌丝分隔、透明或稍有色。分生孢子梗纤细，顶端形成树状分枝。分枝顶端细胞常膨大，在短的小梗上着生分生孢子，如一串葡萄（图 2-37）。分生孢子为卵圆形，无色或暗褐色。常产生外形不规则的黑色菌核。分布在许多植物和植物性食品上，形成一层"灰色霉"，引起水果、蔬菜的腐败。

9. 头孢霉属

头孢霉属（*Cephalosporium*）属于半知菌类，丝孢目，丝孢科，营养菌丝分隔、分枝、无色或暗色。菌丝常编结成绳状或孢梗束。分生孢子梗很短，大多数从气生菌丝上生出，基部稍膨大，呈瓶状结构。分生孢子从瓶状小梗顶端溢出后推至侧旁，靠黏液把它们粘成假头状，遇水即散开。成熟的孢子近圆形、卵形、椭圆形或圆柱形（图 2-38）。

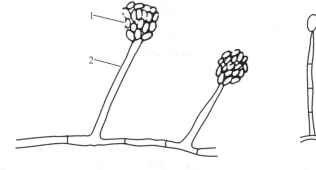

图 2-38 头孢霉
1—分生孢子；2—分生孢子梗

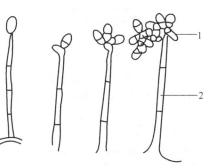

图 2-39 复端孢霉
1—分生孢子；2—分生孢子梗

10. 复端孢霉属

复端孢霉属（*Cephalothecium*）属于半知菌类，丝孢目，丝孢科，菌丝有横隔，生出的分生孢子梗单生、直立、细长、不分枝，分生孢子顶生、分隔，单独存在或呈链状，孢子为梨形的双细胞，粉红色（图 2-39）。该菌能使水果、蔬菜、粮食霉变，如粉红复端孢霉（*C. roseum*）。

11. 枝孢霉属

枝孢霉属（*Cladosporium*）属于半知菌类，丝孢目，暗孢科，枝孢霉也称芽枝霉（图 2-40）。菌丝在基质表面或内部匍匐，分隔，橄榄色。分生孢子梗几乎是直立的而且分枝。

分生孢子球形或卵形，初为单细胞，老后常带横隔。一般顶生，然后被推向侧面，因而常由孢子构成链状分枝。腐生菌，常引起食品霉变，还能危害纺织品、皮革、纸张和橡胶等物

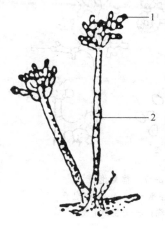

图 2-40　枝孢霉
1—分生孢子；2—分生孢子梗

品。蜡叶枝孢霉（*Cladosporium herbarum*）又叫蜡叶芽枝霉，是常见的霉腐菌，多生长在皮革、木材、纸张、食品、纺织品等上面。在察氏琼脂培养基或麦芽汁琼脂培养基上生长时，菌落成厚绒状，黄绿色或暗绿色，有时成灰褐色。反面成灰褐色或黑色。分生孢子梗直立、分隔、有短梗、褐色，分生孢子由梗之顶端形成，幼时为单细胞，椭圆形，老后分隔，长椭圆形。

12. 镰刀霉属

镰刀霉属（*Fusarium*）属于半知菌类，瘤座孢目，瘤座孢科，菌丝有横隔，从气生菌丝生长出分生孢子梗和分生孢子，或由培养基内的营养菌丝直接生出黏孢层，黏孢层内含有大量的分生孢子。分生孢子分大小两种类型。大型分生孢子是镰刀形，分隔，隔数不等，基部呈足状，孢子形态多样。小型分生孢子生于分枝或不分枝的分生孢子梗上，大多数是单细胞，偶尔有少数分隔，形态多样。分生孢子群集时，呈黄色、粉红色或橙红色。有些菌种能产生菌核。该属某些种可以引起小麦、水稻等产生病害，使水果、蔬菜发生腐败，有些还是人及动物的致病菌（图 2-41）。

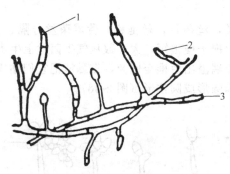

图 2-41　镰刀霉
1—大型分生孢子；2—小型分生孢子；3—菌丝

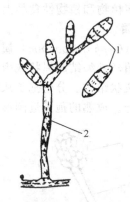

图 2-42　长蠕孢霉
1—分生孢子；2—分生孢子梗

13. 长蠕孢霉

长蠕孢霉（*Helminthosporium*）属于半知菌类，丝孢目，暗孢科，菌丝无色到灰色，通常分隔。分生孢子梗短或长，分隔，单个或分枝。分生孢子暗灰色，一般含有 4～6 个细胞。该属许多菌既是植物的寄生菌，又是腐生菌（图 2-42）。

14. 脉孢霉属

脉孢霉属（*Neurospora*）属于子囊菌亚门。菌丝旺盛，有横隔，多核、多分枝。无性繁殖产生分生孢子，有性繁殖形成子囊孢子，腐生。分生孢子成链，单细胞，球形或近似球形，橘黄色或粉红色（图 2-43）。常长在淀粉质食物上，故也称"红色面包霉"。有性生殖产生子囊孢子，子囊孢子初为无色，透明，成熟后变为黑色或绿黑色，并带有纵的纹饰，故称脉孢菌。脉孢菌是腐生菌，有的用于工业发酵，有的造成食品腐败。

15. 枝霉属

枝霉属（*Thamnidium*）属于接合菌纲，毛霉目，枝霉科，菌丝分枝很多，起初无隔，

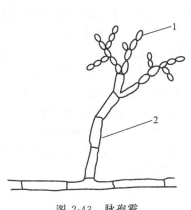

图 2-43 脉孢霉

1—分生孢子；2—分生孢子梗

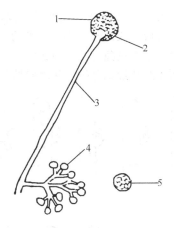

图 2-44 枝霉

1—大孢子囊；2—孢子囊孢子；3—孢囊梗；

4—小孢子囊；5—放大的小孢子囊

老后有隔。无匍匐菌丝和假根。孢囊梗上可以同时生有大型孢子囊和小型孢子囊。大型孢子囊内有无数孢子，并且有囊轴，长在孢囊梗的顶端。小型孢子囊内只有少数孢子，而且没有囊轴，长在孢囊梗的侧生分枝的末端，整个脱落。孢囊孢子大，色淡。小型孢子囊内的孢子形状和大小相同（图 2-44）。有性繁殖产生接合孢子，接合孢子球形。本属霉菌分布在土壤和空气中，在冷藏肉中和腐败的蛋中经常出现。

16. 交链孢霉

交链孢霉（*Alternaria*）属于半知菌类，丝孢目，暗孢科，广泛分布于土壤、空气、腐败的有机物等中，也是工业材料或制品中常见的霉腐菌，同时又是某些农作物的寄生菌。该菌要求比较潮湿的生长环境。因此，相对湿度较高时，繁殖很快。菌丝有隔，菌落呈绒状，灰黑色、暗绿或褐色，分生孢子梗短，单生或成簇，大多数不分枝，与营养菌丝几乎无区别。分生孢子在梗上排列成链，每个分生孢子有横、竖隔膜多个（图 2-45）。

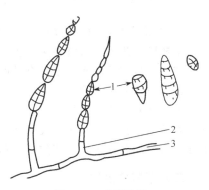

图 2-45 交链孢霉

1—分生孢子；2—分生孢子梗；3—菌丝

第三节 蕈 菌

蕈菌（mushroom）又称伞菌，也是一个通俗名称，通常是指那些能形成大型肉质子实体的真菌，包括大多数担子菌类和极少数的子囊菌类。蕈菌广泛分布于地球各处，在森林落叶地带更为丰富。它们与人类的关系密切。其中，有些担子菌口感鲜美，营养丰富，成为美味佳肴，如双孢蘑菇、香菇、平菇、草菇、金针菇、鸡腿菇、木耳、银耳、竹荪、猴头等；有些具有药用价值，如灵芝、云芝、马勃等；有些具有很强的分解纤维素、木质素、果胶、蛋白质的能力，可引起木材等的腐烂变质；有些有剧毒，称为毒蕈，对人类有害，常引起食物中毒。

一、菌丝发育及担孢子的产生

1. 菌丝发育

蕈菌菌丝的发育可明显地分成以下三个阶段。

（1）形成一级菌丝　担孢子萌发，形成由许多单核细胞构成的菌丝，称为一级菌丝。

（2）形成二级菌丝　不同性别的一级菌丝发生接合后，通过质配形成了由双核细胞构成的二级菌丝，它通过独特的"锁状联合"（clamp connection），即形成喙状突起而联合两个细胞的方式不断使双核细胞分裂，从而使菌丝尖端不断向前延伸。锁状联合过程（图2-46）如下。

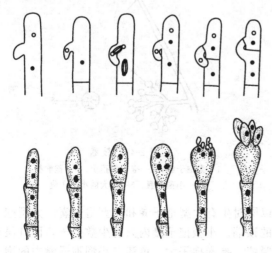

① 双核菌丝的顶端细胞开始分裂时，在其两个细胞核间的菌丝壁向外侧生一喙状突起，并逐步伸长和向下弯曲；

② 两核之一进入突起中；

③ 两核同时进行一次有丝分裂，结果产生4个子核；

④ 在4个子核中，来自突起中的两核，其一仍留在突起中，另一则进入菌丝尖端；

⑤ 在喙状突起的后部与菌丝细胞交界处形成一个横隔，在第二、三核间也形成一横隔，于是形成了3个细胞，即一个位于菌丝顶端的双核细胞接着它的另一个单核细胞和由喙状突起形成的第三个单核细胞；

图2-46　锁状联合过程和担子及担孢子的发育

⑥ 喙状突起细胞的前端与另一单核细胞接触，进而发生融合，接着喙状突起细胞内的一个单核顺道进入，最终在菌丝上就增加了一个双核细胞。

（3）形成三级菌丝　条件合适时，大量的二级菌丝分化为多种菌丝束，即为三级菌丝。

2.担子和担孢子的发育

由锁状联合产生双核细胞，双核菌丝的顶端膨大，其中的两个核融合成一个新核，此过程称为核配，新核经两次分裂（其中有一次为减数分裂），产生4个单倍体子核，最后在担子细胞的顶端形成4个独特的有性孢子，即担孢子（basidiospore，图2-46）。

二、子实体形态

蕈菌的最大特征是能形成形状、大小、颜色各异，肉眼明显可见的大型肉质子实体。子实体是蕈菌进行有性生殖的产孢结构体，俗称菇、蕈、耳等。其功能是产生孢子，繁殖后代。子实体的形态多样，有伞状（蘑菇、香菇）、贝壳状（平菇）、舌状（牛舌菌）、头状（猴头菌）、毛刷状（齿菌）、柱状（羊肚菌）、陀螺状（马勃）、耳状（木耳）、花瓣状（银耳）等。食用菌中最常见的是伞菌，其子实体如一把小伞，由菌盖、子实层体、菌柄、菌环、菌托等部分组成（图2-47）。

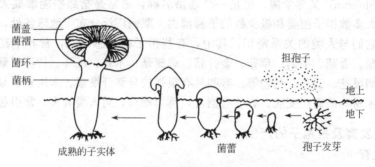

图2-47　伞菌的典型构造及其生活史

第三章 病毒和亚病毒

病毒（virus）属于非细胞型生物，它无细胞壁、细胞膜、细胞核、核糖体等细胞结构。目前，随着研究的深入，将病毒分为真病毒（euvirus）和亚病毒（subvirus）两大类。

第一节 病　毒

真病毒（euvirus）简称为病毒。广泛分布于自然界，为绝对寄生性生物，常以人类、脊椎动物、昆虫、植物和微生物为寄主，对其造成损害。因此，在有细胞型生物生存的地方，都可能有与其相应的病毒存在。在食品与发酵工业中，常常发现病毒的污染和危害。因病毒引起的食物中毒事件也越来越多。可见，病毒对其他生物及食品的污染、给人类带来的危害是不容忽视的。

一、病毒的基本特性

① 病毒的基本单位称为病毒粒子（virus particle）或病毒颗粒，其形体极其微小，一般能通过细菌滤器，必须在电镜下才能观察到。

② 无细胞结构，其主要成分为核酸和蛋白质，故又称为分子生物。

③ 每种病毒只含有一种核酸，或是 DNA 或是 RNA。因此又有 DNA 病毒和 RNA 病毒之分，而且还有双链 DNA、单链 DNA、双链 RNA 和单链 RNA 病毒，这些病毒在核酸复制时，有不同类型的途径和方式转录 mRNA。

④ 大部分病毒没有酶或酶系不完善，营专性寄生生活，必须在活的寄主细胞内增殖，即利用活细胞内现成代谢系统合成自身的组分。而且，病毒和宿主之间有高度的特异性。

⑤ 在离体条件下，能以非感染态存在，并可长期保持其侵染性。

⑥ 对一般抗生素不敏感，但对干扰素敏感。

二、病毒的形态

病毒粒子的形状有球形、卵圆形、砖形、杆状、丝状和蝌蚪状等。病毒的个体非常微小，一般用 nm 为测量单位。病毒的大小在 10～300nm 之间，大多数病毒的大小为 80～120nm。最小的病毒是口蹄疫病毒，仅为 10nm，相当于血红蛋白分子的大小；最大的病毒是痘病毒，其大小约 300nm。因此，病毒不能用普通光学显微镜观察其形态，只有通过电子显微镜放大到几千倍、几万倍，甚至十几万倍才能看到其基本形态。常见几种病毒的形态和大小如图 3-1 所示。

三、病毒的化学组成与结构

病毒粒子无细胞结构，其基本组成是核酸和蛋白质，核酸位于它的中心，称核心（core），蛋白质包围在核心周围，形成了衣壳（capsid），衣壳是病毒粒子的主要支架和抗原成分，有保护核酸等作用。衣壳是由许多衣壳粒（capsomere）所构成。核心和衣壳合称为核衣壳（nucleocapsid）；有些较复杂的病毒在衣壳之外，还有一层含蛋白质或糖蛋白的类脂双层膜覆盖着，这层膜称为包膜（envelope），与病毒的专一性和侵染性有关。有的病毒包

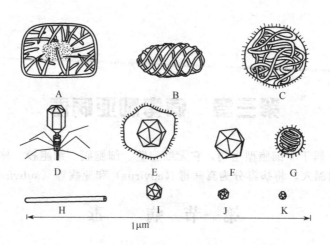

图 3-1　几种病毒的形态和相对大小

A—痘病毒；B—口疮病毒；C—腮腺炎病毒；D—T 偶数噬菌体；E—疱疹病毒；F—大蚊虹色病毒；
G—流感病毒；H—烟草花叶病毒；I—腺病毒；J—多瘤病毒；K—脊椎灰质炎病毒

膜上还长有刺突（spike）。有的病毒还有一些其他结构，如有的噬菌体有尾部等附属结构。
以下介绍几种常见病毒的形态与结构。

1. 腺病毒

腺病毒（adenovirus）是一类动物病毒，为二十面体对称病毒的代表。其外形呈球形，
实际上却是一个典型的对称二十面体。无包膜，直径 70～80nm（图 3-2），它有 12 个角、20
个面和 30 条棱。衣壳由 252 个衣壳粒组成，包括称作五邻体（penton）的衣壳粒 12 个（分
布在 12 个顶角上），以及称作六邻体（hexon）的衣壳粒 240 个（均匀分布在 20 个面上）。
每个五邻体上突出一根末端带有顶球的蛋白纤维，称为刺突（spike）。腺病毒的核心是由
36500bp 的线状双链 DNA（dsDNA）构成。

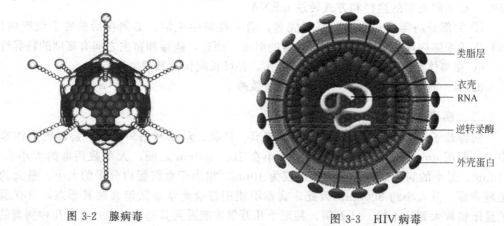

图 3-2　腺病毒　　　　　　　　　　　　　　　　图 3-3　HIV 病毒

右图标注（从上到下）：类脂层、衣壳、RNA、逆转录酶、外壳蛋白

2. HIV 病毒

HIV 病毒（human immunodeficiency virus，HIV）属于动物病毒，是能引起艾滋病的
病毒，或称人类免疫缺陷病毒，包括表面包膜蛋白、转膜包膜蛋白、脂膜双分子层、核心壳
蛋白、核心蛋白、RNA、逆转录酶等，其构造见图 3-3。

3. 烟草花叶病毒

烟草花叶病毒（tobacco mosaic virus，TMV）属于植物病毒，是螺旋对称病毒的代表。
其外形直杆状，长 300nm，宽 15 nm，中空（内径 4nm）。由 95％衣壳蛋白和 5％单链 RNA

（ssRNA）组成。衣壳含 2130 个皮鞋状的蛋白亚基即衣壳粒。每个亚基含 158 个氨基酸，相对分子质量为 17500。亚基以逆时针方向作螺旋状排列，共 130 圈（每圈长 2.3nm，有 16.33 个亚基）。ssRNA 由 6390 个核苷酸构成，相对分子质量为 2×10^6，它位于距轴中心 4nm 处，以相等的螺距盘绕于蛋白质外壳内，每 3 个核苷酸和一个蛋白质亚基相结合，因此每圈为 49 个核苷酸（图 3-4）。

4. 大肠杆菌噬菌体 T₄

大肠杆菌噬菌体 T₄ 属于微生物病毒。E. coli 的 T 偶数噬菌体共有 3 种，即 T₂、T₄ 和 T₆。在此以 T₄ 为例说明其结构。T₄ 由头部、颈部和尾部 3 部分构成（图 3-5）。由于头部呈二十面体对称而尾部呈螺旋对称，故是一种复合对称结构。其头部长 95nm，宽 65nm，在电镜下呈椭圆形二十面体，衣壳由 8 种蛋白质组成，它们又由 212 个直径为 65nm 的衣壳粒组成。头部内藏有由线性 dsDNA 构成的核心，长度约 50μm，为其头长的 650 倍，由 1.7×10^5 bp 构成。头尾相连处有一构造简单的颈部，包括颈环和颈须两部分。颈环为一六角形的盘状构造，直径 37.5nm，其上长有 6 根颈须，用以裹住吸附前的尾丝。尾部由尾鞘、尾管、基板、刺突和尾丝 5 部分构成。尾鞘长 95nm，是一个由 144 个相对分子质量各为 55000 的衣壳粒缠绕而成的 24 环螺旋。尾管长 95nm，直径 8nm，其中央孔道直径为 2.5~3.5nm，是头部核酸注入宿主细胞时的必经之路。尾管也由 24 环螺旋组成，恰与尾鞘上的 24 个螺旋环相对应。基板与颈环一样，为一有中央孔的六角形盘状物，直径为 3.5nm，上长 6 个刺突和 6 根尾丝。刺突长为 20nm，有吸附功能。尾丝长 140nm，折成等长的两段，直径仅 2nm。它由 2 种相对分子质量较大的蛋白质和 4 种相对分子质量较小的蛋白质分子构成，能专一地吸附在敏感宿主细胞表面的相应受体上。

图 3-4　烟草花叶病毒

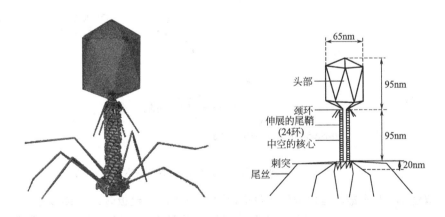

图 3-5　大肠杆菌（E. coli）噬菌体 T₄ 的形态与结构模式图

（图中标注：65nm、头部、95nm、颈环、伸展的尾鞘(24环)、中空的核心、95nm、刺突、尾丝、20nm）

四、病毒增殖的一般特性

病毒的增殖过程一般包括 5 个阶段，即吸附、侵入、增殖、装配和释放。

1. 吸附

吸附是病毒感染宿主细胞的第一步，有严格的特异性，取决于敏感的宿主细胞表面有特异性表面化学组成（化学基团），作为吸附位点，即受体。病毒粒子的表面有与其"互补"

的表面化学组分作为被吸附位点，即授体。例如，人和灵长类动物的肠道上皮细胞及神经细胞表面有脂蛋白受体，可与脊髓灰质炎病毒相吸附。鸡与豚鼠红细胞及黏膜细胞表面有糖蛋白受体，可与相应的流感病毒相吸附。如果用神经氨酸酶处理红细胞后，则不再吸附同种病毒。

2. 侵入

不同种类的病毒，侵入宿主细胞的方式不同。有的是借助细胞的吞噬菌作用或吞饮作用将整个病毒粒子包入宿主细胞内（如痘病毒具有囊膜），其囊膜先与宿主细胞融合或与其相互作用使之脱去囊膜，核衣壳直接侵入宿主细胞中（如流感病毒）。有的能以完整的病毒粒子直接穿过宿主细胞的细胞膜，进入细胞质中（如呼肠孤病毒）。有的病毒在吸附后，以其尾鞘的收缩将核酸注入宿主细胞中。

完整的病毒粒子进入细胞后，必须脱去囊膜或核衣壳，即所谓脱壳。有的病毒（如腺病毒），可以借助宿主细胞酶的作用或某些物理因素而脱壳。有的病毒（如痘苗病毒），先在吞噬泡中脱去囊膜和核衣壳的部分蛋白质，再以其 DNA 为模板转录并翻译的 RNA 聚合酶，辅录 mRNA，翻译成另一种脱壳酶，而完成这种病毒脱壳的全过程。还有个别病毒，其衣壳并非全部脱去而仍能进行复制。

3. 增殖

增殖包括核酸的复制和蛋白质的生物合成。侵入细胞中的病毒在释放核酸之后，接着借助宿主细胞的一些细胞器和宿主细胞的一些酶（及病毒自身的少数酶）来复制病毒的核酸和合成结构蛋白及其他结构成分。

病毒核酸复制时，以六条不同途径和方式转录 mRNA（图 3-6）。

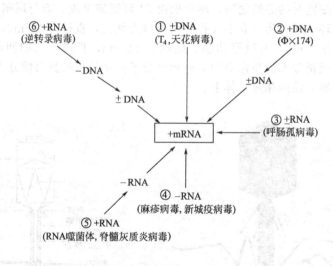

图 3-6　不同类型的病毒合成 mRNA 的六条途径

① 双链 DNA 病毒，是以双链±DNA 中的－DNA 为模板转录 mRNA。

② 单链＋DNA 病毒，先以＋DNA 为模板合成双链±DNA，再以新合成的－DNA 为模板转录 mRNA。

③ 双链 RNA 病毒，是以±RNA 双链中的－RNA 为模板，合成 mRNA。

④ 单链－RNA 病毒，这类病毒核酸上碱基的互补性与 mRNA 相反，可直接以－RNA 链为模板，合成 mRNA。

⑤ 有些单链正 RNA（＋RNA）病毒，当它们的核酸（＋RNA）进入宿主细胞后，可直接以其＋RNA 作为 mRNA 进行翻译，合成 RNA 聚合酶，然后在新合成的 RNA

聚合酶的作用下，由＋RNA 复制出－RNA，进而再以新合成的－RNA 为模板转录出 mRNA。

⑥ 有些单链正 RNA（＋RNA）病毒，被称为逆转录病毒，含有一种很特殊的酶——逆转录酶。在这种酶的作用下，能以病毒的＋RNA 为模板，反转录出－DNA。再以－DNA 为模板合成双链±DNA。由此方式合成的±DNA 不但可以作为模板转录 mRNA，而且还能与宿主细胞的 DNA 连接起来，成为宿主细胞 DNA 的一部分。

4. 装配

装配是把已合成的病毒粒子的各个部件装配成完整的病毒粒子。

5. 释放

释放是病毒感染宿主细胞周期的最后环节，有的病毒是通过宿主细胞溶解或局部破裂而释放出来，如腺病毒。有的则通过与吞饮相反的过程以"出芽"方式释放，如痘病毒。有的是通过沿核周与内质网相通的渠道，从细胞内逐渐释放出来。有的病毒是通过细胞之间的接触或通过宿主细胞之间的"间桥"而扩散到新宿主细胞内。释放出来的病毒再去感染寄主组织其他未感染的敏感细胞。

五、病毒的群体特征

当病毒大量聚集并使寄主细胞发生病变时，可形成具有一定形态构造并能用肉眼或在光镜下加以识别的特殊群体，在动植物细胞中可形成病毒包含体（inclusion body）；在植物叶片上可形成枯斑（lesion）；在微生物细胞中可形成噬菌斑（plaque）。病毒的这些特殊群体形态，有助于对病毒进行分离、纯化、鉴别和计数。

第二节　噬菌体

一、噬菌体的形态与构造

通常将微生物病毒称为噬菌体（phage），其形态有蝌蚪形、球形和丝状等。但大多数噬菌体为蝌蚪形，包括"头部"和"尾部"。头部呈球状或多角体形，直径最大的约为 100nm，最小的约 20nm。尾部的长度和宽度随噬菌体的类型不同而异。有的噬菌体无尾部常呈球形，有的噬菌体无头部常呈丝状。噬菌体由核酸和蛋白质组成，核酸为 DNA 或 RNA，大多数为双股 DNA。常见大肠杆菌噬菌体的形态及其核酸特性如表 3-1 所示。

二、噬菌体的增殖

（一）烈性噬菌体的增殖

凡在短时间内能连续完成吸附、侵入、增殖、装配和释放这 5 个阶段而实现其繁殖的噬菌体，称为烈性噬菌体（virulent phage）。烈性噬菌体所经历的繁殖过程称为裂解性周期（lytic cycle）。

一般大肠杆菌的噬菌体感染细胞之后，便在菌体内繁殖，经过一二十分钟或较长时间后，噬菌体将释放出来。烈性噬菌体的吸附和侵入（如 T_4）是以其末端尾鞘吸附于细菌细胞壁表面，同时尾丝展开，黏附在细菌细胞壁上。噬菌体的特异性在大多数情况下决定于吸附作用。例如大肠杆菌的噬菌体不能吸附于其他肠杆菌，甚至某一型大肠杆菌的噬菌体不能吸附于另一型大肠杆菌。有人认为噬菌体粒子吸附于细菌是由于噬菌体尾部和细菌细胞表面的受体（或受点）相结合。细菌的受体广泛分布在细菌细胞表面。据测定，一个大肠杆菌能同时吸附 250～360 个噬菌体粒子（图 3-7）。

表 3-1　大肠杆菌噬菌体的形态及其核酸特性

类型	形　态	描　述	大肠杆菌噬菌体
1		蝌蚪形收缩性长尾噬菌体,具六角形头部及可收缩的尾部,DNA双链	T_2 T_4 T_6
2		蝌蚪形非收缩性长尾噬菌体,具六角形头部及长的无尾鞘的不能收缩的尾部,DNA双链	T_1 T_5 λ
3		蝌蚪形非收缩性短尾噬菌体,有六角形头部和短而不能收缩的尾部,DNA双链	T_3 T_7
4		六角形大顶壳粒噬菌体,有六角形头部,12个顶角各有一个较大的壳粒,无尾部,DNA单链	$\Phi X174$ S13
5		六角形小顶壳粒噬菌体,有六角形头部,无尾部,RNA单链	f_2 $Q\beta$ MS_2
6		丝状噬菌体,无头部,蜿蜒如丝,DNA单链	fd f_1 M_{13}

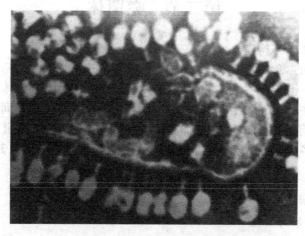

图 3-7　T_4 噬菌体的感染

　　噬菌体吸附后,其尾丝展开,暴露出尾轴的一部分。由于尾部存在一种酶,可作用于细菌细胞壁。此时,噬菌体内的核酸注入细菌细胞,蛋白质外壳残留在细胞外,如图3-8所示。

　　噬菌体的核酸进入被感染的细菌细胞后,噬菌体立即控制细菌细胞的代谢,使细菌正常的全部合成反应受到抑制,整个细胞的代谢被噬菌体的核酸控制,并借助细菌细胞,指导合成噬菌体的各个组成部分。大约在噬菌体入侵后的8min,即可能出现新子代噬菌体。这已在大肠杆菌T偶数噬菌体的核酸成分分析中得到证实。

　　噬菌体成熟时,将已合成的子代噬菌体的各个部件装配成完整的子代噬菌体粒子(图3-9),同时翻译出能溶解细胞壁的溶菌酶,溶解寄主细胞的细胞壁,使细胞裂解,释放出大量的子代噬菌体,进一步感染邻近的正常寄主细胞。

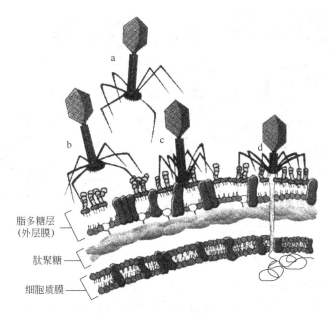

图 3-8　T₄ 噬菌体颗粒对大肠杆菌细胞壁的附着和 DNA 的注入

a—未吸附的颗粒；b—长的尾丝与核心多糖相互作用吸附在细胞壁上；

c—尾针接触细胞壁；d—尾鞘收缩和 DNA 注入

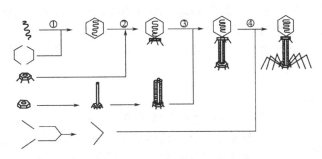

图 3-9　T 偶数噬菌体的组装过程

　　定量描述烈性噬菌体增殖规律的实验曲线，称为一步生长曲线（one-step growth curve），可分三个时期，即潜伏期（latent phase）、裂解期（rise phase）和平稳期（plateau）。潜伏期指噬菌体的核酸侵入宿主细胞后至第一个成熟噬菌体粒子装配前的一段时间；潜伏期后的宿主细胞迅速裂解，溶液中噬菌体粒子急剧增多的一段时间为裂解期；感染后的宿主细胞已全部裂解，溶液中噬菌体效价达到最高点的时期为平稳期。烈性噬菌体的一步生长曲线反映了每种噬菌体潜伏期、裂解期的长短和裂解量（burst size）的大小，这是噬菌体重要的特征参数。

　　（二）温和噬菌体的增殖

　　噬菌体感染寄主细胞后，将其基因组整合到寄主细胞的基因组上，并随着寄主细胞基因组的复制而同步复制（图 3-10）。因此，这种噬菌体不使寄主细胞破裂，这种现象称为溶源现象或溶源性。凡能引起溶源性的噬菌体称为温和噬菌体（temperate phage），而其宿主称为溶源性细菌（lysogenic bacteria），已整合到寄主细胞基因组上的噬菌体核酸称为前噬菌体（prophage）。在自然界中，各种细菌、放线菌等都有溶源菌存在，如 *E. coli* K12（λ）就表示一株带有 λ 前噬菌体的大肠杆菌 K12 溶源菌株。

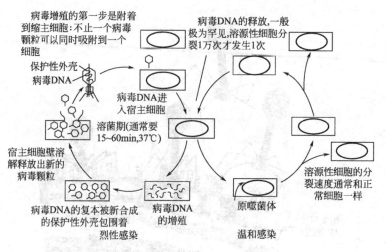

病毒增殖的第一步是附着到缩主细胞:不止一个病毒颗粒可以同时吸附到一个细胞

病毒DNA的释放,一般极为罕见,溶源性细胞分裂1万次才发生1次

保护性外壳
病毒DNA

病毒DNA进入宿主细胞

溶菌期(通常要15~60min,37℃)

宿主细胞壁溶解释放出新的病毒颗粒

病毒DNA的复本被新合成的保护性外壳包围着
烈性感染

病毒DNA的增殖

原噬菌体

溶源性细胞的分裂速度通常和正常细胞一样

温和感染

图 3-10　噬菌体烈性感染和温和感染

溶源性是一种稳定的遗传特性,在一个溶源性细菌中,几乎每一个细菌都是溶源性的。一般在 $10^2 \sim 10^5$ 个细菌中才有一个细菌自然地破裂而释放噬菌体。可是由于这一品系的每一个细菌原来就含有噬菌体,并且对于外来的同一种噬菌体不敏感,所以虽然在培养物中经常存在着少数游离的噬菌体,但是,溶源性可以长久不被察觉。只有和指示菌(即敏感性的菌株)相接触时,才能发现其溶源性。现已知芽孢杆菌属、假单胞杆菌属、葡萄球菌属、棒状杆菌属、沙门菌属、弧菌属、变形杆菌属、埃希菌属、链球菌属、梭状芽孢杆菌属和分枝杆菌属等很多细菌都有溶源性现象存在。

也可以人为地诱发溶源性细菌释放噬菌体,已知有诱导作用的理化因素有紫外线、电离辐射、氮介子气、乙烯亚胺等。

三、噬菌体的效价

当把噬菌体粒子加入对数期生长的敏感菌体的液体培养基中时,该噬菌体就吸附在细菌

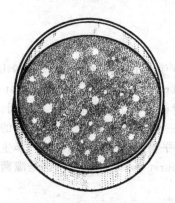

图 3-11　噬菌斑

细胞上,在细菌内繁殖,最后使被感染的细菌裂解,释放出大量的子代噬菌体,这样就完成了第一个"生长循环"。这些子代噬菌体又感染另一些细菌,引起第二个"生长循环"。第二个"生长循环"的子代噬菌体又感染另一些细菌引起第三个"生长循环",如此类推。这样的过程以指数速率继续下去,直到所有感染的细菌全部裂解,培养液变为清亮,这种现象称为"溶菌"。若把含有噬菌体粒子的液体滴加于涂有敏感菌体的固体琼脂平板上,这些噬菌体就吸附到细菌上而感染菌体,并使菌体裂解,出现第一个溶菌循环。第一个循环的子代噬菌体又感染附近的细菌引起第二个溶菌循环。这样在该细菌菌苔上形成肉眼可见的、具有一定形态、大小、边缘和透明度的斑点,称为噬菌斑 (图 3-11)。

温和噬菌体对于敏感细菌所形成的噬菌斑是浑浊的,这是因为中央有溶源性细胞生长的缘故。在一定条件下,每个噬菌体可产生一个溶菌斑。从溶菌斑的计数可以知道接种到平板上噬菌体粒子的相对数目。在实践中可采用平板法测定每毫升试样中所含有的具有侵染性的噬菌体粒子数,又称为噬菌斑形成单位数(plaque-forming unit, pfu),即噬菌体的效价。

第三节 亚 病 毒

只含有蛋白质或核酸一种成分的病毒称为亚病毒（subvirus），包括类病毒、拟病毒和朊病毒三类。

一、类病毒

类病毒（viroid）是一类只含有 RNA 一种成分、专性寄生在活细胞内的分子病原体。目前只在植物体中发现，所含的核酸为裸露的环状 ssRNA，但形成的二级结构却像一段末端封闭的短 dsDNA 分子，通常由 246~375 个核苷酸分子组成，相对分子质量 $(0.5\sim1.2)\times10^5$。典型的类病毒是马铃薯纺锤形块茎病类病毒，呈棒状结构，是一个裸露的闭合环状 ss-RNA 分子，其相对分子质量为 1.2×10^5。

二、拟病毒

拟病毒（virusoid）又称类类病毒或卫星病毒等，是指一类包裹在真病毒粒子中的有缺陷的类病毒。一般由 RNA 或 DNA 组成。被拟病毒"寄生"的真病毒称为辅助病毒（helper virus），拟病毒则成了它的"卫星"。拟病毒的复制必须依赖辅助病毒的协助。同时拟病毒也可干扰辅助病毒的复制和减轻其对寄主的病害。因此，可将它们用于生物防治。目前，在动、植物中均发现了拟病毒，如丁型肝炎病毒（hepatitis D virus，HDV），就是一种含ssRNA 的拟病毒，它的"寄生"即辅助病毒是乙型肝炎病毒（hepatitis B virus，HBV）。

三、朊病毒

朊病毒（prion）或称蛋白质侵染子（protein infection），是一类不含核酸的传染性蛋白质分子，约由 250 个氨基酸组成，因能引起宿主体内现成的同类蛋白质分子发生与其相似的构象变化，从而可使宿主致病。

朊病毒由美国学者 S. B. Prusiner 于 1982 年研究羊搔痒病时发现的。至今已发现与哺乳动物脑部相关的多种疾病都是由朊病毒引起的，如羊搔痒病（scrapie in sheep）、牛海绵状脑病（bovine spongiform encephalitis，BSE），俗称"疯牛病"（mad cow disease）。这类疾病的共同特征是潜伏期长，对中枢神经的功能有严重影响。初步研究表明，朊病毒侵入大脑的过程为借食品进入消化道，再经淋巴系统侵入大脑。

第四节 病毒的危害及其应用

人类和脊椎动物病毒的寄主主要是人类、哺乳动物、禽类、爬行类、两栖类和鱼类。其种类繁多，目前已知的病毒 1200 多种，与人类健康有关的病毒 300 多种。在人类传染病中有约 80% 是由病毒引起的，常见的病毒病有流行性感冒、疱疹、流行性肝炎、狂犬病和艾滋病等。人类恶性肿瘤中约 15% 是由病毒感染而诱发的。畜、禽等动物的病毒病也非常普遍，且危害极其严重，如禽流感、口蹄疫、鸡瘟、猪瘟、牛瘟等。更值得注意的是有许多病毒是人畜共患病，能相互传染，危害更大。

植物病毒大多为 ssRNA 病毒，基本形状为杆状、丝状和球状，一般无包膜。其感染寄主后的症状主要表现为叶片发生花叶、黄化或红化，植株矮化、丛生或畸形，形成枯斑或坏死。

噬菌体对发酵工业的危害很大，如谷氨酸、丙酮丁醇、抗生素、酶制剂、细菌农药等发酵工业中常会因被噬菌体感染而出现异常发酵，异常发酵常表现为发酵缓慢、含菌数下降、发酵液变清、pH异常、菌体出现畸形、发酵产物难以形成等，严重的造成倒灌、停产甚至危及工厂命运。因此，应加以防治。防治措施主要是对发酵设备、管道、用具、地面、墙壁、下水道及车间周围环境进行彻底消毒，发酵废液应经灭菌后排出。并及时更换菌种，选育抗噬菌体菌株。还可采用适宜的药物进行防治。

目前病毒研究主要应用于基因工程、动植物遗传育种、菌种鉴定及防治害虫上。而噬菌体由于有着强大的溶菌效力，人们很早就应用某些噬菌体来预防和治疗传染性疾病，在创伤感染时应用葡萄球菌、链球菌和绿脓杆菌噬菌体取得了良好的效果。由于噬菌体有高度特异性，因此也可用于诊断疾病及鉴定菌种。在卫生学上可用噬菌体的检查来判定水源、土壤被相应病原性细菌污染的情况。在微生物育种工作上，可以利用温和噬菌体把寄主细胞的遗传物质带入另一品系寄主细胞体内，而导致受体菌子代细胞中出现重组合子。

第四章　微生物的营养与培养

微生物在生命活动过程中，需要不断从环境中摄取营养物质，合成新的细胞物质，进行生长、繁殖，并从中获得能量，同时排除代谢废物。能够满足微生物生长、繁殖和完成各种生理代谢活动所需的物质称为营养物质，微生物吸收和利用营养物质的过程称为营养。微生物营养是微生物生理学研究的重要内容。学习微生物的营养与培养知识，有助于更好地掌控微生物的生长、繁殖及其代谢活动，这对科学研究和生产实践都有重要的意义。本章主要介绍微生物的营养需要、营养类型、营养物质的转运、微生物培养基、微生物培养技术及其生长规律等方面的基本知识。

第一节　微生物的营养物和营养类型

一、微生物的营养物

微生物的营养需要既不同于动物，也不同于植物，其之间的差异如表 4-1 所示。

表 4-1　微生物和动物、植物营养物的比较

营养物	动物（异养）	微　生　物		绿色植物（自养）
		异　养	自　养	
碳源	糖类、脂类	糖、醇、脂、有机酸等	二氧化碳、碳酸盐	二氧化碳
氮源	蛋白质或其降解物	蛋白质或其降解物、有机氮化物、无机氮化物、氮气等	无机氮化物、氮气	无机氮化物
能源	与碳源同	与碳源同	氧化无机物或利用日光能	利用日光能
生长因子	维生素等	一部分需要维生素等生长因子	不需要	不需要
无机元素	无机盐	无机盐	无机盐	无机盐
水分	水	水	水	水

可见，微生物的营养类型既有类似于动物的异养型，也有类似于植物的自养型。绝大多数微生物的营养类型为异养型，它们需要的营养物包括碳源、氮源、能源、无机元素、生长因子及水分。

（一）碳源

凡能提供微生物所需的碳元素（碳架）的营养源称为碳源（carbon source）。碳素营养除构成微生物细胞的结构成分外，也是微生物获取能量的主要来源。碳源包括二氧化碳、有机酸、单糖、双糖、多糖、脂肪、醇类、脂、石油及其馏分等一切含碳化合物，可以说凡是自然界存在的或人工合成的含碳化合物，都能找到相应能分解或利用它的微生物。在食品与发酵工业中，培养异养型微生物常用的有机碳化物主要有糖类（如单糖、双糖、淀粉、纤维素、糖蜜等）、氨基酸、牛肉膏、蛋白胨等。

（二）氮源

凡能提供微生物生长繁殖所需氮元素的营养源称为氮源（nitrogen source）。这些含氮物质主要是用于合成微生物细胞的结构成分，一般不用于作为能源。微生物需要的氮源也很复杂，与碳源一样，凡是自然界存在的或人工合成的含氮化合物，都能找到相应能分解或利

用它的微生物。但不同的微生物种类，对氮源的要求不一样。如固氮菌能利用游离的氮，大多数微生物可利用无机和有机的含氮化合物，而大多数病原菌则需要有机含氮化合物。在食品与发酵工业中，培养异养型微生物常用的含氮化合物主要有铵盐、硝酸盐、尿素、氨基酸、蛋白胨、蛋白质、牛肉膏、花生饼粉、豆饼粉、蚕蛹粉、麸皮等。实验室常用的有机氮源有蛋白胨、牛肉膏、酵母膏等，其中蛋白胨是许多微生物良好的氮源，尤其是对于那些必须补充有机氮源（如氨基酸、嘌呤、嘧啶）的微生物来说，更为重要。

最常用的无机氮是硝酸盐和铵盐。在以硝酸盐为氮源时，由于 NO_3^- 易被微生物吸收，引起培养基 pH 值升高；相反，以铵盐为氮源时，由于 NH_4^+ 易被吸收，引起培养基 pH 值降低。前者称为生理碱性盐，后者称为生理酸性盐。为了避免由于无机氮源引起培养基 pH 值的剧烈变化，常用硝酸铵作为氮源。但 NH_4^+ 和 NO_3^- 并非等速地被微生物吸收，一般对 NH_4^+ 吸收较快，随后才吸收 NO_3^-。因此，在用硝酸铵作无机氮源时，仍会出现微生物生长初期 pH 值下降，后期 pH 值上升。

（三）能源

能源（energy source）是指能为微生物的生命活动提供最初能量来源的营养物或辐射能。微生物的能源可来自有机物、无机物和辐射能。

（四）无机盐类

无机盐类是微生物生命活动不可缺少的物质。其主要功能是构成菌体成分；作为酶活性基团的组成部分或维持酶的活性；参与调节渗透压、pH 值、氧化还原电位等；作为自养菌的能源。

根据微生物对无机元素需求量不同，可分为两类。凡是生长所需浓度在 $10^{-4} \sim 10^{-3}$ mol/L 范围内的元素称为大量元素，如 P、S、K、Mg、Ca、Na、Fe 等；凡是生长所需浓度在 $10^{-8} \sim 10^{-6}$ mol/L 范围内的元素，则称为微量元素，如 Cu、Mn、Zn、Co、Mo 等。

一般来说，微生物对磷的需要量较高，适合浓度一般在 0.005～0.01mol/L。微生物主要从无机磷化物中获得磷，如 K_2HPO_4、KH_2PO_4、NaH_2PO_4 等。培养基中磷酸盐缺乏可引起某些代谢紊乱，尤其是葡萄糖利用的速度降低。

大多数微生物利用无机硫化物作为硫源，常用的有硫酸镁、硫酸亚铁、硫酸锰等。微生物需要无机硫化物主要用于合成含硫氨基酸（如胱氨酸、半胱氨酸、甲硫氨酸）、辅酶的活性基（如辅酶 A、谷胱甘肽、硫辛酸等）以及某些维生素（如硫胺素、生物素等）。在以有机营养物为主要成分的培养基中，不需要另外补充硫源。在无机合成培养基中，常需要供给硫酸镁，其浓度一般为 0.001mol/L。镁主要是维持某些酶的活性，如磷酸化酶、烯醇化酶等。

钾和钠不参与微生物细胞的成分结构，但可作为一些酶的激活剂，对碳水化合物的代谢有促进作用，还可以维持细胞质的胶体状态及细胞的渗透压。培养基中常用 K_2HPO_4、NaCl、KNO_3 等来补充钾和钠，一般浓度为 0.001～0.004mol/L。

铁主要参与细胞色素氧化酶和过氧化氢酶的活性基铁卟啉的组成，培养基中常用 $FeSO_4$ 来补充铁，一般浓度为 0.001mol/L。

其他元素，如钴是维生素 B_{12} 的成分，锰是多种酶的激活剂，铜是多元酚氧化酶的活性基，锌是乙醇脱氢酶和乳酸脱氢酶的活性基等。微生物需要的微量元素的浓度一般不大于 0.1g/kg。

（五）生长因子

生长因子（growth factor）是一类对微生物正常代谢必不可少且不能用简单的碳源或氮源自行合成的有机物，如维生素、氨基酸、碱基、甾醇等。如乳酸菌，营养要求很高，在正常生长和代谢过程中，需要硫胺素、核黄素、泛酸、吡哆醇、对氨基苯甲酸、叶酸、维生素 B_{12}、生物素等多种生长因子，因此一般培养基成分较复杂。

（六）水

微生物细胞含水量占细胞湿重的 70%～90%。其中一部分水以游离状态存在，能被微生物利用；另一部分水以结合状态存在，不易蒸发，不冻结，也不能渗透，占水分总量的 17%～28%，不能被微生物利用。因此，通常用水分活度（water activity，a_w）来表示在天然或人为环境中微生物可实际利用的游离水的含量。其定义为在同温同压下，某溶液的蒸气压（P）与纯水蒸气压（P_0）之比。即：

$$a_w = P/P_0$$

其中 a_w 为水分活度（water activity），P 为溶液中水的蒸气压，P_0 为纯水的蒸气压。因此，不含任何物质的纯水的 $a_w = 1$。无水的产品，水蒸气压为零，则 $a_w = 0$。所以 a_w 的最大值为 1，最小值为 0。各类微生物生长繁殖的 a_w 范围值为 0.600～0.998。

一般在配制微生物培养基时，用的水为去离子水或蒸馏水，必要时要用重蒸馏水。

二、微生物的营养类型

微生物的营养类型，即生物需求的营养范围，实质上是代谢类型。不同种类的微生物，有着不同的酶系统，要求不同类型的营养物质，进行着不同类型的物质代谢。微生物的营养类型一般分为两类，即自养型和异养型。这两种类型划分的主要依据是所需的碳源和能源。

（一）自养型微生物

自养型微生物具有很完备的酶系统，能够在完全以无机物为营养的培养基上生长繁殖。这类微生物可以利用二氧化碳或碳酸盐作为碳源，以铵盐或硝酸盐作为氮源，来合成细胞的有机物质。根据还原二氧化碳时能量的来源不同，又可分为光能自养型和化能自养型。

1. 光能自养型

以日光为能源，以 CO_2 为碳源，以无机物为供氢体，将 CO_2 还原成有机物质。这类微生物都含有光合色素，能进行光合作用，在无机物环境里生长。如紫色硫细菌，含有菌紫素及类胡萝卜素，这些色素均可吸收不同的光谱，利用光能把二氧化碳还原为碳水化合物，反应式如下。

$$2CO_2 + H_2S + 2H_2O \xrightarrow[\text{菌紫素}]{\text{光能}} 2(C \cdot H_2O) + H_2SO_4$$

2. 化能自养型

这类微生物不含光合色素，不进行光合作用，但能同化 CO_2。其能量来源不是日光，而是来自氧化有关无机物释放出的化学能。如亚硝酸细菌，以空气中的氧氧化氨，生成亚硝酸，释放能量，同化 CO_2。反应式如下。

$$2NH_3 + 2O_2 \longrightarrow 2HNO_2 + 4H^+ + 能量$$

$$CO_2 + 4H^+ \longrightarrow [C \cdot H_2O] + H_2O$$

细菌浸矿就是利用化能自养菌产生的酸，如 H_2SO_4、HNO_3 等作为矿物的溶剂，把金属溶浸出来。

（二）异养型微生物

这类微生物只能以自然界中有机化合物作为供氢体，以 CO_2 或有机化合物作为碳源，而氮源则可来自无机含氮化合物（如硫酸铵、硝酸铵），亦可来自有机含氮化合物（如蛋白胨、氨基酸）。其所需的能量，可从分解有机物的过程中获得，也可利用光能。根据异养型微生物碳源和能源的不同，又可分为光能异养型和化能异养型。

1. 光能异养型

这类微生物也含光合色素，利用日光能，进行光合作用，同化 CO_2 为有机物，但需有机物为供氢体。如红螺细菌进行光合作用，还原 CO_2 的氢来自异丙醇。

$$CO_2 + 2CH_3CHOHCH_3 \xrightarrow[\text{光合色素}]{\text{光能}} (C \cdot H_2O) + H_2O + 2CH_3COCH_3$$

2. 化能异养型

这类微生物不含光合色素，不氧化无机物，不同化 CO_2，需用的能量和碳源均来自有机物。这类微生物包括有绝大部分细菌、全部的放线菌与真菌。它们的种类多、数量大、分布广、作用强，同人们生活及工、农业生产的关系密切。如需从生活有机体取得营养的寄生菌多是病原菌，它们感染人及动、植物，消耗寄主养料，破坏寄主组织、器官，引起病变。又如需从死亡的有机体取得养料的腐生性微生物，能使谷物、食物腐败、变质、受损，腐解动、植物遗体，产生有效养分和形成支配土壤肥力的腐殖质，发酵有机物产生有机酸、醇、抗生素及生长刺激素等。

第二节　微生物营养物质的转运

微生物从外界吸取营养物几乎都是通过细胞膜的渗透和选择性吸收作用进行的，其营养物质的转运方式有两种，即不耗能转运和耗能转运。

一、不耗能转运

又称被动转运，此过程仅仅是由于被转运物质自身的扩散作用，不需供给能量。

1. 简单扩散

这种扩散是某些离子或某些物质（主要是脂溶性物质）利用自身的动能，从高浓度区向细胞膜内部扩散，渗透到低浓度区。微生物的细胞膜，对各种溶质的通透性与这些溶质的分配系数、电离度及分子大小有关。①在油/水中分配系数较大的物质易于进入；②电离度愈大，亲水性愈强，通过脂质双层膜的能力愈差；带电荷愈多，愈难通过细胞膜，如 Ca^{2+}、Mg^{2+}、SO_4^{2-}、PO_4^{3-} 比 K^+、Na^+、Cl^- 更难通过细胞膜；③细胞膜上的微孔直径平均为 8Å，水分子直径为 3Å，Na^+ 直径为 5.5Å，K^+ 直径为 4Å，乳酸、甘油、戊糖分子的直径在 8Å 以下，能通过微孔。但细胞膜是一种可塑性的流动结构，微孔大小是可变的。因此，有些较大的分子也可能通过，只是速度缓慢，阻力较大。

2. 复杂扩散

这种扩散的基本原理与简单扩散相似，但需要有镶嵌在细胞膜上的蛋白质载体，帮助进行扩散，所以又称为帮助扩散。

这种扩散作用是由于细胞膜上有大量的专一性转运蛋白（即载体蛋白）。它可以加速被转运物质的扩散。转运蛋白对被运转的物质具有识别能力和特异性亲和力。一经识别，转运蛋白即起变构作用。这种转运蛋白也称为透性酶（permease）。

大多数亲水性强的物质，甚至一些小于细胞膜微孔直径的小分子，也要靠细胞膜上的转运蛋白的帮助而进、出细胞内外。这就是细胞膜与其他半渗透膜的本质差别。事实上，在扩散作用中，复杂扩散起着主要作用。

不少有关物质转运的特殊的嵌入蛋白质已经纯化。例如，大肠杆菌的 β-半乳糖透性酶已分离出来，并已证明它是结合在细胞膜上的一种嵌入蛋白质，相对分子质量 50000。据报道，大肠杆菌有几十种这样的转运系统，转运各种分子，如氨基酸、核苷酸等。

二、耗能转运

耗能转运又称为主动转运或主动吸收，这种转运需要消耗能量。其主要特点是不受细胞内外营养物质浓度差的影响，此转运的主要方式有三种。

1. 依靠 ATP 的转运

以调节细胞内外 K^+、Na^+ 浓度梯度的钠泵（$Na^+\sim K^+$-pump）为例来加以说明。钠泵指的是细胞膜中存在的一组特殊蛋白质，它能逆浓度梯度把 Na^+ 从细胞内泵出细胞外，把 K^+ 从细胞外泵入细胞内，细胞在进行 $Na^+\sim K^+$ 交换时，需要消耗 ATP。实际上，钠泵即为 $Na^+\sim K^+$-ATP 酶。此酶相对分子质量 25 万，必须在有 Na^+、K^+ 和 Mg^{2+} 存在时才有活性。当 ATP 与它接触时，ATP 分解为 ADP 与磷酸，释放出能量供钠泵利用。

钠泵由四个亚单位组成。当钠泵内侧亚单位与 ATP 分解出来的带高能的磷酸根结合时，便引起其构型变化。此时，对 Na^+ 的亲和力低，对 K^+ 的亲和力高。结合后的磷酸根很快就解离，内侧亚单位的构型即恢复到原来的状态。就这样四个亚单位不断地发生连续构型变化，泵出钠，泵入钾。

钠泵每分解一个 ATP，可排出 3 个 Na^+，吸进 2 个 K^+，每秒钟大约可进行这种构型变化 1000 次。$Na^+\sim K^+$-ATP 酶的作用是单相的。它只能被 Na^+ 和 ATP 从膜内激发，K^+ 在膜外起作用。

2. 依靠烯醇式磷酸丙酮酸高能键基团的转运作用

此种转运作用是转磷酸酶系将磷酸基团供体的高能键磷酸根转移给细胞外的糖。磷酸糖在底物代谢能的推动下，进入细胞内。细菌即用这种方式摄取糖分。在此转运中，磷酸烯醇式丙酮酸是磷酸供体。参与这一过程的蛋白质有磷酸载体组蛋白及转磷酸酶系的三种酶（E-Ⅰ、E-Ⅱ、E-Ⅲ）。E-Ⅰ，E-Ⅱ 是催化糖磷酸化的酶，对糖的识别力很高，是膜的嵌入蛋白，与膜结合很紧，属于诱导酶。细菌细胞在含糖的培养基上可因诱导作用，自行合成 E-Ⅱ。E-Ⅱ 有变构作用，它的变构使磷酸化的糖进入细胞。E-Ⅱ 的活性需要有 Mg^{2+} 及磷脂酸甘油存在。

3. 依靠呼吸作用的转运

在这种转运作用中，转运蛋白是结合在膜上的乳酸脱氢酶，并起催化作用。转运所需的能量是来自 D-乳酸盐脱氢氧化过程。电子传递系统参与这一过程。偶联部位在乳酸脱氢酶与细胞色素 B_1 之间。电子传递体系中产生的电子流，使膜内外产生电位差，电位差引起载体蛋白发生变构而推动物质从细胞外转运至细胞内。大肠杆菌依靠这种转运方式将 α-半乳糖苷、半乳糖、阿拉伯糖、葡萄糖醛酸、6-磷酸己糖、氨基酸、丙酮酸、二羧酸、核苷酸等物质转运到细胞内。

第三节　微生物培养基

一、培养基的定义及种类

（一）培养基的定义

培养基（medium，media，culture medium）是指按照各种微生物的需要，将多种营养成分混合配制成的一类人工混合营养料，供微生物生长、繁殖或产生代谢产物。可用于微生物的分离、培养、鉴定、研究以及生产等。在微生物的培养中，培养基占有非常重要的位置，了解培养基的有关知识对根据微生物的种类不同，选择最适宜的培养基，有着重要的理论与实际意义。

（二）培养基的种类

1. 根据培养基的物理状态可以分为三种。

（1）液体培养基（liquid medium）　呈液体状态，一般作各种生理代谢研究、获得大量菌体及发酵工业生产之用。

（2）固体培养基（solidified medium）　在培养基中加入凝固剂，呈固体状态。通常加1.5％～2％琼脂作为凝固剂。可广泛用于菌种分离、鉴定、菌落计数、检验杂菌、选种、育种、菌种保藏、抗生素等生物活性物质的生物测定等。

（3）半固体培养基（semi-solid medium）　在液体培养基中加入凝固剂，呈半固体状态，可用于细菌的运动性观察、噬菌体效价测定、菌种选育等。通常加 0.5％～1％琼脂作为凝固剂。

2. 根据培养基的性质可以分为三种。

（1）合成培养基（defined medium）　培养基的成分完全是用已知化学成分的药品配制的，各成分的量都确切知道，一般仅用于作营养、代谢、生理、生化、遗传、育种、菌种鉴定和生物测定等定量要求较高的研究工作上。

（2）天然培养基（complex medium）　指一些利用动物、植物、微生物体或其提取物制成的培养基。无法确切知道其中的成分。如麦芽汁、酵母膏、蛋白胨、糖蜜、米饭等。

（3）半合成培养基（semi-defined medium）　即在天然培养基的基础上，适当加入某些无机盐成分。实验室所用培养基大多属于半合成培养基。

3. 根据培养基的用途分类，种类很多，常见的有以下类型。

（1）普通培养基　是指适合于大多数微生物生长繁殖的经常使用的一些培养基，如通常用于培养大多数细菌用的肉汤培养基、营养琼脂培养基。用于培养一般真菌用的麦芽汁培养基、察氏培养基、葡萄糖蛋白胨酵母膏培养基、米饭培养基等。

（2）鉴别培养基（differential medium）　培养基中加有能与某一菌的无色代谢产物发生显色反应的指示剂，从而用肉眼就能使该菌菌落与外形相似的它种菌落相区分的培养基。此类培养基主要用于鉴别微生物的某些生理生化特性。如细菌和酵母菌的糖发酵培养基，用于测定细菌是否产生硫化氢的硫酸亚铁琼脂培养基，用于大肠杆菌鉴别的远腾氏琼脂和伊红美蓝琼脂培养基等。

（3）选择培养基（selected medium）　这类培养基对微生物的生长繁殖具有选择性，只适合于某种或某一类微生物生长，而抑制另一些微生物生长繁殖，可有效地应用于微生物的分离。如仅含有石蜡油为唯一碳源的石油脱蜡酵母增菌培养基，只含纤维素作为唯一碳源的纤维素酶生产菌筛选用的培养基等。

（4）基础培养基　此类培养基具有某一类微生物生长繁殖的基础营养成分。使用时，还需要加入某种特殊营养成分。如测定细菌、酵母碳源同化及氮源同化用的无碳（无氮）基础培养基等。

（5）孢子培养基　是实验室和生产上专门用于繁殖孢子用的培养基，能产孢子的微生物在这种培养基上菌体生长快、产孢子多、孢子质量好。一般来说，这类培养基的基质浓度要低，特别是有机氮源含量要低，有利于孢子形成。如酵母菌在麦芽汁琼脂上不形成子囊孢子，但在含有机氮源少的醋酸钠琼脂上易形成孢子。灰色链霉菌在含葡萄糖、硝酸盐及其他无机盐类的培养基上孢子形成良好，但在加入有机氮源的培养基上完全不产生孢子。

（6）种子培养基　是生产上供孢子发芽、生长、繁殖菌体或菌丝体用的培养基。此类培养基要求含有丰富的有机碳源、氮源及维生素，使孢子发芽快，生长迅速，菌体、菌丝生长粗壮。

（7）发酵培养基　也称生产培养基，是供菌体迅速生长繁殖和代谢发酵用的一类培养基。一般是前期要求营养丰富，有利于菌体生长繁殖，中后期有利于积累代谢产物。

（三）常用培养基举例

1. 营养琼脂培养基

成分：蛋白胨	10g	蒸馏水	1000mL
牛肉膏	3g	pH	7.2～7.4
氯化钠	5g	121℃高压灭菌	15～20min
琼脂	15～20g		

此培养基是一种应用最广泛的细菌固体培养基。不加琼脂时，则为营养肉汤液体培养基。

2. 伊红美蓝培养基（EMB）

成分：蛋白胨	10g	琼脂	15～20g
乳糖	10g	蒸馏水	1000mL
$K_2HPO_4 \cdot 3H_2O$	2g	pH	7.1
2%伊红 Y 溶液	20mL	121℃高压灭菌	15～20min
0.65%美蓝	10mL		

此培养基是一种最常见的鉴别性培养基，是用来鉴别大肠菌群的。

3. 高氏 1 号培养基

成分：可溶性淀粉	20g	$FeSO_4 \cdot 7H_2O$	0.01g
NaCl	0.5g	琼脂	15～20g
KNO_3	1g	蒸馏水	1000mL
$K_2HPO_4 \cdot 3H_2O$	0.5g	pH	7.4～7.6
$MgSO_4 \cdot 7H_2O$	0.5g		

广泛用于培养和观察放线菌形态特征的合成培养基。

4. 察氏培养基

成分：蔗糖	30g	$FeSO_4 \cdot 7H_2O$	0.01g
KCl	0.5g	琼脂	15～20g
$NaNO_3$	3g	蒸馏水	1000mL
$K_2HPO_4 \cdot 3H_2O$	1g	pH	自然
$MgSO_4 \cdot 7H_2O$	0.5g		

广泛用于培养和观察真菌形态特征的合成培养基。

5. 马铃薯葡萄糖琼脂培养基（PDA）

成分：马铃薯（去皮切块）	300g	蒸馏水	1000mL
葡萄糖	20g	pH	自然
琼脂	15～20g		

广泛用于培养和观察真菌形态特征的合成培养基，尤其适合培养蕈菌。

6. 分离培养酵母菌常用的培养基

（1）麦芽汁培养基　15^0Bx 的麦芽汁在 55.16kPa（8 磅压力/英寸^2），灭菌 30min 后可以直接用作液体培养基，培养酵母菌。

（2）YM 培养基

成分：酵母提取物	3g	葡萄糖	10g
麦芽提取物	3g	蒸馏水	1000mL
蛋白胨	5g	pH	自然

（3）YPD 培养基

成分：酵母提取物	10g	蒸馏水	1000mL
蛋白胨	10g	pH	自然
葡萄糖	20g		

二、选用和设计培养基的原则

培养基不仅对微生物生长产生重要影响，而且对微生物的代谢类型及其代谢产物也起重要作用。同一种微生物在不同营养组成的培养基中会产生不同的代谢产物。因为在同一种微生物细胞内的酶系能适应多种营养成分，动用不同的代谢途径，而不是一成不变地运用一种代谢模式形成某些代谢产物。当然，这种改变不涉及基因的变更，而只是根据条件的变化，哪些基因活化，哪些基因暂时受到抑制的问题。如大肠杆菌只有在含蛋白胨或色氨酸的培养基中才能形成吲哚；产生硫化氢的微生物必须在加有含硫氨基酸时，才能形成硫化氢。在生产上培养基营养成分的组成对发酵产物的是否形成及其产量高低，有着重要意义。如青霉素发酵培养基中，葡萄糖含量对青霉素形成影响显著，当培养基中葡萄糖浓度较高时，只生长菌丝体，不产生青霉素，只有当滴加葡萄糖使其浓度降低，青霉菌在缓慢利用葡萄糖的情况下，才开始形成并积累青霉素。另外，在青霉素发酵过程中，只有当培养基中含有合成青霉素的前体物质苯乙酸或苯乙酰胺时，青霉素才形成。因此，在生产过程中培养基成分的组成直接影响代谢产物的形成和积累，是有关食品发酵工业降低成本和提高产量的重要研究课题。一般在选用和设计培养基时可以遵循以下原则。

（1）按培养的菌种选择　根据不同的微生物类型、不同的菌种，选择不同的培养基。

（2）按用途选择　根据不同用途，选择不同的培养基，如保存大肠杆菌菌种，可用营养琼脂培养基；测定大肠杆菌的糖发酵特性时，则要选用糖发酵培养基。

（3）营养协调　一般微生物所需的营养要求顺序为 $H_2O > C +$ 能源 $> N$ 源 $> P$、$S >$ K、$Mg >$ 生长因子。

（4）理化条件适宜　微生物所需的理化条件主要有 pH、氧化还原电位（E_h）和水分活度（a_w）等。

（5）经济节约　尽量选用物美价廉的原料。

第四节　微生物的培养

微生物培养是微生物研究和应用中的一项重要内容。凡是从事与微生物有关的工作，如从事食品、发酵工作的人，都应该了解和掌握微生物培养的基本理论与方法，以便更好地掌控微生物。

一、微生物的生长

微生物在适宜的环境条件下，不断地吸取营养物质，进行自身的代谢活动。当同化作用大于异化作用，则细胞物质的量不断增加，体积得以加大，于是表现为生长。因此，生长就是有机体的细胞组分与结构在量方面的增加。

单细胞微生物（如细菌），生长往往伴随着细胞数目的增加。当细胞增长到一定程度时就以二等分裂方式产生子细胞，子细胞又重复以上过程。在单细胞微生物中，由于细胞分裂而引起的个体数目的增加，称为繁殖。在多细胞微生物中，如某些霉菌，细胞数目的增加并不伴随着个体数目的增加，只能叫生长，不能叫繁殖。如丝状细胞的不断延伸或分裂产生同类细胞均属生长，只有通过形成无性孢子或有性孢子使得个体数目增加的过程才叫做繁殖。

在一般情况下，当环境条件适合，生长与繁殖始终是交替进行的。从生长到繁殖是一个由量变到质变的过程，这个过程就是发育。微生物处于一定的物理、化学条件下，生长、发育正常，繁殖速率也高；如果某一或某些环境条件发生改变，并超出了微生物可以适应的范围时，就会对机体产生抑制乃至杀灭作用。

二、测定微生物生长繁殖的方法

（一）测生长量

1. 直接法

（1）测体积　将微生物菌体离心后，通过测量其所占有离心管的体积，粗略估算微生物生长量。

（2）测干重　将培养的微生物菌体收集，并在一定温度条件下烘干，即得其生长量。

2. 间接法

（1）比浊法　可用分光光度计对无色的微生物菌悬液进行测定，一般选用 $450\sim650nm$ 波长段。

（2）生理指标法　如通过测含碳量、含氮量、含磷量、RNA、DNA、ATP、产酸、产气、产 CO_2、耗氧、黏度、产热等来间接反映菌体生长情况。

（二）计繁殖数

1. 直接法

用计数板（常用血球计数板），如图 4-1 所示。在光学显微镜下直接观察细胞并进行计数的方法。此法只适宜于单细胞状态的微生物或丝状微生物所产生的孢子。

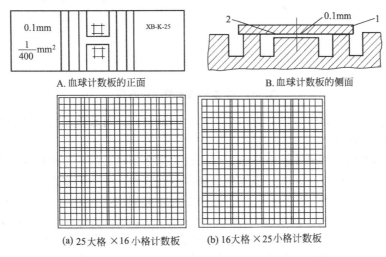

图 4-1　血球计数板构造

1—盖片；2—计数室

2. 间接法

间接法是根据活菌在液体培养基中会使其变浑浊或在固体培养基中能形成菌落的原理而设计的一种活菌计数法。最常用的方法有两种，即平板菌落计数法和液体稀释法。

（1）平板菌落计数法　利用活菌在固体培养基中能形成菌落的原理进行活菌计数。其操作步骤分五步，即样品稀释、倒平皿、培养、菌落计数和结果统计。活菌数测定结果的单位以 1mL 或 1g 试样中所含有的菌落形成单位数（colony forming unit，cfu）表示。

（2）液体稀释法　将待测样品作一系列稀释，一直稀释到该稀释液的少量接种到新鲜培养基中没有或极少出现生长繁殖。根据没有生长的最低稀释度与出现生长的最高稀释度（即临界级数），再用"或然率"理论，可以计算出样品单位体积中细菌数的最近似值（most probable number，MPN）。如某一细菌在用液体稀释法测定时，其生长情况如下：

稀释度	10^{-3}	10^{-4}	10^{-5}	10^{-6}	10^{-7}	10^{-8}
重复管数	5	5	5	5	5	5
出现生长的管数	5	5	5	4	1	0

根据上述实验结果，其数量指标值为"541"，再根据稀释法测数统计表可知，其近似值为 17，然后乘以数量指标第一位数对应的稀释倍数（10^{-5} 的稀释倍数为 100000）。那么，原

菌液中的活菌数即为 17×100000，即每毫升原菌液中含活菌数为 1.7×10^6 个。

三、微生物生长规律

以单细胞微生物在液体培养基中的生长为例，介绍微生物的群体生长规律。

（一）典型生长曲线

将单细胞微生物接种在液体培养基中，进行培养，在其生长过程中，定时取样测定单位容积中单细胞微生物的细胞数。然后以微生物细胞数的对数作纵坐标，以生长时间作横坐标，绘制曲线，即为微生物的典型生长曲线（图 4-2）。

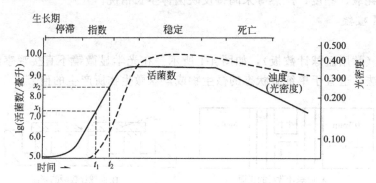

图 4-2 微生物的典型生长曲线

微生物的典型生长曲线可以分为四个时期，即调整期、对数生长期、平稳期和衰退期。

1. 调整期或缓慢期

从微生物接种到新的培养基中开始，到以正常速度繁殖之前，称调整期或缓慢期。在此阶段内，微生物开始适应新环境，菌体数目基本上不增加，菌体形态增大，例如，巨大芽孢杆菌于接种后 3.5h，菌体长度由 $3.4\mu m$ 到 $9.1\mu m$，5.5h 达 $19.8\mu m$。代谢机能逐步增强，对理化因素的抵抗力增强。如在调整期的大肠杆菌，用 53℃ 热处理 25min，结果是菌龄为 50min 的大肠杆菌经处理后仅存活 1%，而菌龄为 3～7h 的菌体，经同样处理，则几乎不受影响。菌种不同，调整期长短各异，一般细菌和酵母菌的调整期为数小时，霉菌则需 10 多个小时。

2. 对数生长期

微生物在适应新环境以后，进入以最快速度繁殖的阶段，即对数生长期。在对数生长期中，微生物细胞数呈几何级数增加，$2^1\rightarrow2^2\rightarrow2^3\rightarrow2^4\longrightarrow2^n$。指数"$n$"代表繁殖世代数。由图 4-2 可以得出：

$$x_2=x_1\cdot2^n$$

以对数表示：

$$\lg x_2=\lg x_1+n\lg 2$$

得：

$$n=\frac{\lg x_2-\lg x_1}{\lg 2}=3.322(\lg x_2-\lg x_1)$$

则生长速率常数（growth rate constant，R，即指每小时分裂次数）

$$R=\frac{n}{t_2-t_1}=\frac{3.322(\lg x_2-\lg x_1)}{t_2-t_1}$$

细胞每分裂一次所需的时间，即世代时间（generation time，G）应为：

$$G=\frac{1}{R}=\frac{t_2-t_1}{3.322(\lg x_2-\lg x_1)}$$

世代时间长短受菌种、营养物及其浓度、培养温度等多种因素影响。如伤寒杆菌在蛋白胨为 0.125% 时，世代时间为 80min，含 1% 蛋白胨时，世代为 40min。又如大肠杆菌，当培养温度为 21.5～21.8℃ 时，世代时间为 62.2min；在 37～44℃ 时，世代时间为 20～20.8min；37.5℃，世代时间为 17min；50℃便停止生长。

3. 平稳期

又称稳定期，此时活细胞数目达最高峰，死亡率和繁殖率达到平衡，活细胞数保持相对稳定。这是因为营养物质大量消耗，有害代谢产物积累。平稳期的长短因菌种而异，长的可达几天，短则几小时。此阶段细胞增长速度虽然减慢，但代谢活动仍继续进行，可以大量积累发酵代谢产物。

4. 衰退期或死亡期

此期细胞增殖世代时间加长，死亡率增加，最后直至不再分裂繁殖，菌体内出现液泡，菌体出现畸形，染色不均匀等。这一阶段可延续 2～3 天，有些菌种可延续几个月。

（二）同步生长

使微生物群体中的所有细胞尽可能都处于同样生长和分裂周期中的培养称为同步培养（synchronous culture）。这种通过同步培养而使细胞群体处于分裂步调一致的状态称为同步生长（图 4-3）。

可见，同步培养是指微生物群体的全部或大多数细胞处于同一生理阶段，如同时处在分裂状态。在微生物群体培养中，群体细胞可以在一定时期内，或在一定条件下保持恒定的生长速率，但是，不可能都同时分裂。如果我们从一个单细胞开始培养，跟踪其子代细胞的分裂情况就会发现，起初子代细胞的分裂是同步的，但是，随培养时间的分裂所需时间的随机变动，同步生长状态逐渐消失。实际上，在普通条件下，对数生长期的任何时间内只有少部分细胞处在同一分裂阶段。在同步生长中，群体的大部分以大约相同的时间分裂。而在随机生长中，即使每个细胞分裂所需的时间大致相同，不同细胞仍处于不同的时间发生分裂，同步的群体并不能无限地保持着同步，而是逐渐转变为随机生长的群体。在微生物的遗传学和生理学方面的研究工作中，往往需要获得同步生长的群体细胞。

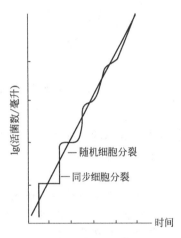

图 4-3 同步生长和随机生长

最普通的同步培养方法，是从群体中选择刚刚完成分裂的部分细胞，可以认为这部分细胞是同步的，这些细胞的特点是细胞最小，可以用过滤法或离心法把它们选择出来，然后接种到培养基中，会出现几次同步分裂，即几个世代出现同步生长。

（三）分批培养

分批培养是指在一个固定容积的培养基中，从接种开始，不停培养，根据实验或生产等培养目的需要，定时收获。即培养一批，收获一批。这种培养方式即为分批培养。例如，保存菌种或活化菌种时，一般要求在活细胞数达最大量、菌体活力最旺盛、而死亡的菌细胞很少的时期收获，一般在稳定期前期或稳定期的中期收获。大多数细菌菌种以在最适温度下培养 24～48h 收获为佳，培养时间过短或过长，均不宜作菌种用。生产上的分批培养情况更复杂一些，如以收获菌体细胞为目的的食用、饲料用酵母的生产，是以活酵母细胞达最大限度时收获。以代谢产物为目的的收获时间应是产量达最高峰时的培养时间，如生产酒精是以发酵液中酒精含量达最高产量时收获。采用分批培养时，每批生产时间一般几天至几周。

（四）连续培养

连续培养（continuous culture）是当微生物以分批培养的方式培养到指数期的后期时，一方面以一定速度连续流进新鲜培养基，并立即搅拌均匀；另一方面，利用溢流的方式，以同样的流速不断流出培养物。这样，培养物就达到动态平衡，其中的微生物可长期保持在指数期的平衡生长状态和稳定的生长速率上。这种培养方式即为连续培养。

通常采用恒浊连续培养和恒化连续培养（图4-4）的方法达到连续培养的目的。这是一种细胞数量和营养条件处于恒定状态的平衡系统。为了消除微生物群体生长中稳定期的有害变化，微生物群体密度保持在比稳定期低得多的水平。

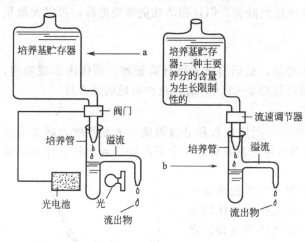

图 4-4　恒浊器和恒化器的比较
a—恒浊器；b—恒化器

1. 恒浊器

恒浊器（turbidostat）是一种根据培养器内微生物的生长密度，并借助光电控制系统来控制培养液流速，以获得生长速率恒定的微生物细胞的连续培养器。在这个系统中，培养物的浊度借光电效应进行测定，用电信号来控制阀门，以调节培养基的流入速率，使其刚好处于平衡微生物生长繁殖引起的浊度的增加。这种装置可以调节到保持任何一种浊度。如需要低浊度，则增大培养基的流速；要求高浊度，则减慢培养基的流速。所用的培养基保持过量的全部必需的养料，使微生物群体按对数期生长。在这种装置中，群体的密度通过光电池装置加以任意控制。

2. 恒化器

恒化器（chemostat，bactogen）是指通过控制限制性养分的浓度，使微生物细胞生长速率恒定的连续培养器。在这种装置中，群体密度被限制性养分所控制，生长速度被流速所控制，而流速可以任意调节。所谓限制性养分是指当其处于较低浓度范围时可影响生长速率和菌体产量的某营养物。

（五）固定化细胞培养

固定化细胞的基本含义是将微生物细胞包埋在特定的载体内，把微生物细胞固定起来［图4-5(a)］，然后把它置于发酵液中，微生物细胞在载体内的孔隙中生长繁殖［图4-5(b)］，并对基质进行发酵，形成发酵产物。固定化细胞是20世纪60～70年代发展起来的一种用于发酵工业的新技术。目前在食品与发酵中已经得到了一定的应用。

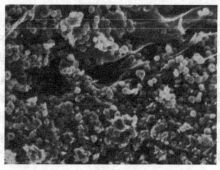

(a) 固定后酵母菌在载体内的分布(600×)　　(b) 培养124h后酵母菌在载体内的增殖情况(2000×)

图 4-5　葡萄酒酵母固定在海藻酸钠载体内扫描电镜图片

已往的发酵方法是把曲种或菌种接种到醪液中，使微生物细胞在其中呈自然分散状态。发酵终结后，必须采用一定的方法除去发酵液中的微生物细胞。每次发酵均需重新接种。固定化细胞恰好能克服上述缺点。经固定化以后的微生物细胞基本上不能自由分散到发酵液中，始终被包埋在载体内，固定一次，可发酵多批，适于自动化连续发酵。发酵工业如酒精发酵、啤酒发酵、果酒发酵等均可应用固定化细胞培养技术。

固定化细胞最常用的载体有琼脂、明胶、K-卡拉胶、海藻酸钠、海藻酸钙、戊二醛、醋酸纤维素等。

利用固定化酵母笼架生物反应器连续发酵啤酒，已取得了较满意的成果。其酵母的固定化方法是用 2％海藻酸钠和泥状啤酒酵母细胞搅拌混合，将混合物用酵母造粒器注入 2％氯化钙溶液中成形为直径 2mm 球形颗粒。再将成形颗粒移入 10％氯化钙溶液中，于 4℃硬化 1h。然后将固定化酵母放入由 4 级组成的铝合金板笼架生物反应器中进行发酵。酵母菌在载体内经过两批发酵后，一直能保持恒定的快速发酵状态。反应器可稳定地发酵 25 批，持续 55 天。把传统啤酒前发酵工艺 7 天缩短为 1.5 天。后发酵不加固定化酵母，而利用载体中由于酵母增殖扩展到发酵液中的游离酵母菌体。

另外，固定化酵母还可用于提高酱油风味上，用聚乙烯醇做载体，固定耐高盐的鲁氏酵母，制成凝胶颗粒，浸泡于米曲汁培养基中 30℃活化 2 天，再用于普通酱油后发酵，可使普通酱油增香。

四、微生物培养方法

微生物培养方法很多，根据微生物对氧气需求情况不同，可分为好氧培养和厌氧培养。好氧培养中必须提供微生物所需的足够氧气；而厌氧培养中必须根据微生物对氧的敏感性，来调节氧分压，如果是严格厌氧菌，因氧气对其有毒害，故培养时必须除尽氧，才能确保其菌体正常生长。以下仅介绍几种常用的微生物培养方法。

（一）试管斜面培养

将固体培养基装入试管，装量高度一般为 5cm 左右，塞上棉塞，经灭菌后，趁热，倾斜一定角度，使成斜面，将定量微生物接种于此斜面上，一定条件下培养，即为试管斜面培养。此法广泛用于微生物分离、纯化、鉴定、保藏等。

（二）琼脂平板培养

将灭菌并融化的固体培养基倾入培养皿，装量一般为 15～20mL，用倾注或涂抹或划线等方法接种微生物，一定条件下培养，即为琼脂平板培养。此法广泛用于微生物分离、纯化、鉴定、保藏、计数等。

（三）试管液体培养

将液体培养基装入试管，经灭菌后，接种定量微生物，一定条件下进行培养。装液量可根据微生物对氧气的需要而定。一般此法在培养兼性厌氧菌时效果较好。

（四）三角瓶浅层液体培养

将液体培养基装入三角瓶，经灭菌后，接种定量微生物，一定条件下静置培养。其通气量与装液量和通气塞关系密切。此法一般适用于培养兼性厌氧菌。

（五）摇瓶培养

摇瓶培养又称振荡培养。将定量液体培养基装入三角瓶，瓶口用 8 层纱布包扎，以利于通气和防止杂菌污染。经灭菌后，接种定量微生物，一定条件下，在往复式摇床上作有节奏地振荡培养的方法。此法主要用于好氧菌的培养。振荡是为了提高溶氧量，同时要减少装液量。此法已被广泛用于菌种扩培、菌种筛选、生理生化检测、食品发酵工业等众多领域。

大多数丝状真菌在液体培养基中进行摇瓶培养时，往往会产生菌丝球的特殊形态（图

4-6)。这时，菌丝体相互紧密缠绕形成颗粒状菌丝球，均匀地悬浮于培养液中，有利于氧的传递以及营养物和代谢物的输送，对菌丝的生长和代谢产物形成有利。

图 4-6　金针菇摇瓶培养时所产生的菌丝球

（六）发酵罐培养

发酵罐是发酵工业中最常用的一种生物反应器。一般为钢制圆筒形直立容器，底部和盖为扁球形，高与直径之比一般为 1：（2～2.5）。容积可大可小，大型发酵罐一般为 50～500m³。其主要作用是为微生物生长和代谢提供丰富、均匀的营养，良好的通气和搅拌，适宜的温度和酸碱度，并能消除泡沫和确保防止杂菌的污染等。因此，除了罐体有相应的各种结构外，还有一些必要的附属装置，如培养基配制系统、蒸气灭菌系统、空气压缩和过滤系统、营养物添加系统、传感器和自动记录系统、调控系统以及发酵产物的后处理系统等。随着对微生物发酵机理的深入研究，现代化的生物反应器将更加完善，以实现微生物指标的全方位和自动化控制。

五、影响微生物生长的因素

影响微生物生长的因素很多，除了培养基之外，还有众多理化因素。这些理化因素对微生物的影响，有几个相关的名词，经常提及，介绍如下。

（1）灭菌（sterilization）　采用强烈的理化因素使任何物体内外部的一切微生物永远丧失其生长繁殖能力的措施，称为灭菌。是指杀死一切病原菌和非病原菌及其芽孢和孢子，使物体上无任何存活的微生物。

（2）消毒（disinfection）　采用较温和的理化因素，仅杀死物体表面或内部一部分对人体有害的病原菌，而对被消毒的物体基本无害的措施。而另一些微生物芽孢、孢子并不严格要求全部杀死。用于消毒的化学物质，称为消毒剂。

（3）防腐（antisepsis）　利用某种理化因素完全抑制霉腐微生物的生长繁殖，从而达到防止食品等发生霉腐的措施。防腐的措施很多，如低温、缺氧、干燥、高渗、高酸度、防腐剂（化学物质）等。

以下分别就温度、氧气、干燥、辐射、超声波、化学因素、化学疗剂以及生物活性物质等诸多因素对微生物生长的影响作一简要介绍。

（一）温度

温度是微生物生长发育的最重要因素之一。在适当的温度范围内，微生物能进行正常的生命活动；相反，过低或过高的温度，可使其生命活动大大降低或停止，乃至死亡。

1. 微生物的生长温度范围

通常将微生物的发育温度分为最适温度、最高温度和最低温度。在最适温度范围，微生物生长繁殖迅速；在最高或最低温度范围内，生长繁殖缓慢；超过最高或最低温度，则生长停滞，甚至引起死亡。所谓最适生长温度是指某菌分裂代时最短或生长速率最高时的培养温度。各种类型的微生物均有各自最适宜的生长温度，如酵母菌和霉菌的最适温度大多为25～28℃；腐生性细菌一般在30～35℃生长发育最好，而寄生于人和动物体内的微生物为37℃；嗜热菌需要更高的温度。其温度要求如下。

$$
微生物
\begin{cases}
最低生长温度：一般为-10～-5℃，极端为-30℃ \\
最适生长温度
\begin{cases}
嗜冷菌：<20℃ \\
中温菌：20～45℃
\begin{cases}
室温菌：25℃ \\
体温菌：37℃
\end{cases} \\
嗜热菌：>45℃
\end{cases} \\
最高生长温度：一般80～95℃，极端105～300℃
\end{cases}
$$

培养微生物时温度的控制除了考虑微生物种类以外，还应考虑不同的用途和不同的发酵工艺。如传统的啤酒发酵工艺发酵池温度多选用7～8℃，而现代啤酒生产工艺是采用密闭式露天发酵罐，发酵温度可提高至18℃。乳酸菌增殖培养温度宜控制在35～37℃，而生产发酵乳制品的发酵温度则要求在40～46℃。

2. 低温对微生物的影响

温度对微生物的生长、繁殖影响很大，温度越低，它们的生长与繁殖速率也越低。大多数腐败菌适宜的繁殖温度为25～37℃，低于25℃，繁殖速率就逐渐减缓。当温度处于其最低生长温度时，绝大多数微生物的新陈代谢已减弱到极低的程度，呈休眠状态。微生物对低温有较强的抵抗力，特别是在形成芽孢或孢子的情况下抵抗力更强。微生物对低温的抵抗力因菌种、菌龄、培养基、污染量和冻结等条件而有所不同。

大多数细菌对低温不敏感，在其最低生长温度以下时，代谢活动降低到最低水平，繁殖停止，但仍可长时间保持活力。所以，一般细菌菌种可在5～10℃低温下较长时间保存。但有些细菌对低温特别敏感，在低温下比在高温下死亡更快，另一些细菌对低温有更强的适应能力，如嗜冷菌在冰箱和冰库中仍可生长繁殖。

噬菌体、病毒对低温的抵抗力很强，温度愈低保存活力的时间愈长。所以病毒的保存必须维持在-20℃以下，有的病毒需要在-50℃或-70℃下保存。

反复冰冻与融化对任何微生物都具有很大的破坏力。在保存病毒时，要避免反复冻融。在实验中，也可以用反复冻融法裂解微生物细胞。

迅速冷冻时，溶液和菌体内的水分不形成结晶，而呈不定形的玻璃状结构。这样可以避免菌体原生质受水分结晶的挤压、穿刺和破坏，使细菌活力得以长久保存。冷冻真空干燥法保藏菌种，就利用了这一原理。即将需要保存的物质（如细菌、病毒悬液、生物制品、各种蛋白质等）放在玻璃器皿内，在低温下迅速冷冻，然后再抽出容器内的空气，使已经冷冻的物品的水分因升华作用而干燥，最后在抽真空条件下，焊封于安瓿内。这样处理后，可保存数月、数年甚至几十年而不丧失其活性。

3. 高温对微生物的影响

当温度超过微生物的最高生长温度时，可致死微生物，其主要原因是与蛋白质和酶变性失活有关（表4-2）。当微生物受高温加热时，蛋白质、酶和核酸间的氢受到破坏，致使其结构破坏、变性或凝固，失去其生物学活性，导致微生物死亡。因此，常利用高温进行消毒与杀菌。

（1）微生物热致死作用的几个基本概念

① TDT值　热力致死时间（thermal death time）。即在特定的温度条件下，杀死一定数量的微生物所需要的时间（min），用TDT值表示，一般在右下角标上杀菌温度。以这种

表 4-2　细菌最高生长温度与某些酶类的最低破坏温度

细菌种类	最高生长温度/℃	酶最低破坏温度/℃		
		细胞色素氧化酶	过氧化氢酶	琥珀酸脱氢酶
蕈状芽孢杆菌	40	41	40	40
蜡样芽孢杆菌	45	48	46	50
巨大芽孢杆菌	46	48	50	47
枯草芽孢杆菌	54	60	56	51
嗜热芽孢杆菌	76	65	67	59

方式，在温度保持恒定的情况下，可以确定杀死所有微生物所需的时间。热力致死温度是指在固定的时间内（通常是 10min）杀死一定数量的微生物所需要的杀菌温度（min）。

②D 值　又称 DT 值，即指数递减时间（decimal reduction time），或指杀灭 90％微生物所需要的时间。D 值在数值上等于微生物残存曲线横过一个对数周期所需的时间（min）（图 4-7），或者是热力致死曲线斜率的负倒数，是表示某种微生物死亡速率的一种方法，反映的是一种微生物在特定温度下的耐热性。通常将 121.1℃下的 D 值表示为 D_r。由于热力致死速率曲线是在一定的热处理（致死）温度下得出的，为了区分不同温度下微生物的 D 值，一般热处理的温度 T 作为下标，标注在 D 值上，即为 D_T。

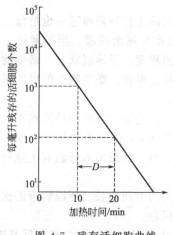

图 4-7　残存活细胞曲线

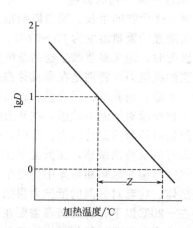

图 4-8　热致死时间曲线

③Z 值　当热力致死时间减少 1/10 或增加 10 倍时所需提高或降低的温度值。Z 值是衡量温度变化时，微生物死亡速率变化的一个尺度，反映的是微生物在不同致死温度下的相对耐热性（图 4-8）。

④F 值　F 值又称杀菌值，是指在一定的致死温度下将一定数量的某种微生物全部杀死所需的时间（min）。

（2）高温灭菌法　高温灭菌方法很多，常用的方法简表如下。

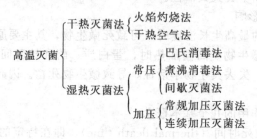

① 干热杀菌法（dry heat sterilization）

a. 火焰灭菌法　主要用于接种针、玻璃棒、试管口等的灭菌。在医学和兽医学上对传染病动物和实验感染动物的尸体及某些污染材料，常用焚烧法灭菌。

b. 干热空气法　即用干热空气进行灭菌的方法，主要用于干燥的玻璃器皿，如试管、吸管、烧瓶、离心管、玻璃注射器、培养皿等的灭菌。干热灭菌时，热的穿透力低（表4-3、表4-4），对细菌的繁殖体100℃需要1.5h才可杀死，芽孢140℃需要3h才能死亡，真菌的孢子100～115℃ 1.5h可死亡。这种灭菌法是在一种特制的电热干燥器内进行。灭菌时，使温度逐渐上升到160℃维持2h，可以杀死全部微生物及其芽孢和孢子。

表 4-3　干热与湿热空气对几种细菌的杀菌作用

细菌名称	死　亡　时　间		
	在98℃的干热空气作用下	在90℃的湿热空气下,相对湿度为	
		20%	80%
白喉杆菌	24h	2h	2min
痢疾杆菌	3h	2h	2min
伤寒杆菌	3h	2h	2min
葡萄球菌	3h	3h	2min

表 4-4　干热与湿热穿透能力的比较

加热种类	温度/℃	加热时间/h	通过布层的温度/℃			结　果
			20层	40层	100层	
干热	130～140	4	86	72	70以下	灭菌不完全
湿热	105	3	101	101	101	灭菌完全

② 湿热杀菌法　湿热杀菌法（moist heat sterilization）是采用湿热的水蒸气进行灭菌的方法。灭菌效力较强，应用广泛。常用的有以下几种。

a. 煮沸消毒　煮沸时温度接近100℃，煮沸10～20min可以杀死所有细菌的繁殖体；若在溶液中加入1%碳酸钠或2%～5%石碳酸，则灭菌效果更好。小件器械、注射器、针头、食品用具等多用此法灭菌。

b. 流通蒸气灭菌　此法是利用蒸笼或流通蒸气进行灭菌，通常100℃的蒸气维持30min，这样足以杀死细菌的繁殖体，但不能杀死所有的芽孢。故常将第一次灭菌后的物品放于室温内，待其芽孢萌发，再用同法进行一次灭菌。如此连续三次，即可杀死全部细菌及其芽孢。这种连续多次流通蒸气灭菌法，称为间隙灭菌法。此法常用于易被高温破坏的物品（如糖培养基、牛乳培养基等）的灭菌。发酵工业及食品工业中的设备、管道等亦常用此法灭菌。

c. 巴氏消毒　此法常用于葡萄酒、啤酒、牛乳及果汁等的消毒，其特点是它可以杀死病原菌和其他细菌的繁殖体，而又不损失营养物质。如消毒牛奶常用61～63℃加热30min（低温维持法，low temperature holding method，LTH），或71～72℃加热15min，然后迅速冷却到10℃以下作短时间保存。这样，可使其中总细菌数减少90%以上，并杀死其中的常见病原菌。工业中常用连续高温瞬时法（high temperature short time，HTST），如转鼓式或管式巴氏消毒器，杀菌条件为85～95℃杀菌14s，每小时可消毒1.2t。超高温瞬时杀菌法，135～140℃杀菌1～2s，每小时可消毒1至数吨。

d. 高压蒸汽灭菌　在正常情况下，水的沸点是100℃，压力愈大，水的沸点随之上升。这样就可以在一个密闭的金属容器内，通过加热来加大蒸汽压力，以提高温度，达到在短时间内完全灭菌的效果。通常是以121.3℃维持20～30min，即103.4kPa（表4-5）灭菌20～30min，这样可以保证杀死全部细菌及其芽孢。培养基、生理盐水、某些缓冲液、针剂、玻璃器皿、金属器械、纱布、工作服等均可用此法灭菌。食品工业中的肉类罐头灭菌和发酵工业中种子罐、发酵罐的培养液灭菌也常采用高压灭菌法。所需压力与温度视灭菌材料的性质和要求决定。应用此法灭菌，一定要充分排除灭菌器内原有的冷空气（见表4-6）。同时还要注意灭菌物品不要互相挤压过紧，以保证蒸汽通畅，使所有物品的温度均匀上升。这样才能达到彻底灭菌的目的。

表 4-5　蒸汽压力与蒸汽温度的关系

蒸　汽　压　力		蒸汽温度/℃	蒸　汽　压　力		蒸汽温度/℃
kgf·cm^{-2}	MPa		kgf·cm^{-2}	MPa	
0.00	0.00	100.00	1.00	0.100	121.0
0.25	0.025	107.0	1.50	0.150	128.0
0.50	0.050	112.0	2.00	0.200	134.5
0.75	0.075	115.5			

表 4-6　高压蒸汽灭菌时冷空气排除程度与温度的关系

压力表读数/MPa	灭菌锅内的温度/℃			
	排除全部空气	空气排除2/3	空气排除1/2	空气排除1/3
0.035	109	100	94	90
0.070	115	109	105	100
0.105	121	115	112	109
0.140	126	121	118	115
0.175	130	126	124	121
0.210	135	130	128	126

（3）影响高温杀菌作用的因素

① 灭菌物体含菌种类、数量及其发育阶段　各种微生物对热的抵抗力不同，这和它们的生物学与物理化学特性有关。嗜热菌相对地对高温抵抗力强，细菌的芽孢和真菌的孢子均比其繁殖体耐高温，特别是芽孢往往能耐受较长时间的煮沸，如细菌芽孢可耐煮沸几分钟至几小时。非芽孢细菌、真菌和细菌的繁殖体以及病毒对热力的抵抗力较弱，一般在 60～70℃下短时间内即可死亡。通常制品中微生物的浓度愈大，杀死最后一个菌体所需要的时间愈长。

② 灭菌容器内空气排除程度　由表4-6可知，在加压蒸汽灭菌中，要注意的一个问题是，在恒压之前，一定要排尽灭菌锅中的冷空气，否则表上的蒸汽压与蒸汽温度之间不具有在排除全部空气时的关系，这样会大大降低灭菌效果。

③ 灭菌物体的性质　水分由于它的导热性能良好，能促进加热时菌体蛋白质的凝固，使细菌死亡。在一定范围内，水分越多，杀菌所需的温度越低。芽孢之所以耐热，其主要原因是由于它含水分比繁殖体要少。芽孢在非水介质中对热的抵抗力较大。在干热空气条件下，杀菌所需温度要高，时间要长。在浓糖溶液中细菌脱水，对热的抵抗力增强。一般情况下，菌体在纯水中的热抵抗力最弱，随着营养物种类和浓度的增加，热抵抗力越来越强。因此，碳水化合物、蛋白质、脂肪等对微生物均有一定的保护作用。

④ 灭菌物体的pH　一般情况下，pH越低，微生物热抵抗力越差（表4-7），在pH6～8时，微生物不易死亡；pH小于6时，较易死亡。

表 4-7　pH 对灭菌时间的影响

温度/℃	芽孢数/个·mL^{-1}	时间/min				
		pH6.1	pH5.3	pH5.0	pH4.7	pH4.5
120	10000	8	7	5	3	3
115	10000	25	25	12	13	13
110	10000	70	65	35	30	24
100	10000	740	720	180	150	150

⑤ 灭菌物体的体积　一般来说，灭菌物体的体积越大，装量越多，杀死最后一个细菌所需的时间愈长（表 4-8）。因此，实验室或生产上所制定的杀菌参数，是在一定条件下确定出来的。

表 4-8　不同容量的液体在加压灭菌锅内的灭菌时间

容器/mL		在 121～123℃下所需灭菌时间/min
三角瓶	50	12～14
	200	12～15
	500	17～22
	1000	20～25
	2000	30～35
血清瓶	9000	50～55

⑥ 加热与散热速度　加压蒸汽灭菌全部过程应包括"上磅"前的预热、预定参数下的维持、"下磅"后的冷却。"上磅"前的预热速度有快有慢，"下磅"后的散热速度也有快有慢。这都对灭菌物体的性质及其所含有的微生物死亡率有重要影响。

（二）氧气对微生物的影响

依据微生物和氧的关系，可将其分为 5 类，即好氧菌、兼性厌氧菌、微好氧菌、耐氧菌和厌氧菌。

1. 好氧菌

好氧菌（aerobes）细胞内存在超氧化物歧化酶和过氧化氢酶，有完整的呼吸链，以分子氧作为最终氢受体，在正常大气压下（氧分压 20kPa）进行好氧呼吸产能。因此必须在较高氧浓度下才能生长。绝大多数真菌和多数细菌、放线菌都是专性好氧菌。

2. 兼性厌氧菌

兼性厌氧菌（facultative anaerobes）细胞内存在超氧化物歧化酶和过氧化氢酶，它们在有氧时靠呼吸产能，无氧时则以发酵或无氧呼吸产能。许多酵母菌和不少细菌都属于兼性厌氧菌。如酿酒酵母菌、肠杆菌科的各种常见细菌，包括 *E.coli* 等。

3. 微好氧菌

微好氧菌（microaerophilic bacteria）指只能在较低的氧分压（1～3kPa）下才能正常生长的微生物，也是通过呼吸链，以分子氧作为最终氢受体而产能，如霍乱弧菌（*Vibrio cholerae*）等。

4. 耐氧菌

耐氧菌（aerotolerant anaerobes）细胞内存在超氧化物歧化酶和过氧化物酶，但缺乏过氧化氢酶。它们生长不需要任何氧，但分子氧对它们也无毒害。它们不具有呼吸链，仅依靠专性发酵和底物水平磷酸化而获得能量。如乳酸菌多为耐氧菌。

5. 厌氧菌

厌氧菌（anaerobes）细胞内缺乏超氧化物歧化酶和细胞色素氧化酶，大多数还缺乏过氧化氢酶。通过发酵、无氧呼吸、循环光合磷酸化或甲烷发酵等方式产生能量。分子氧对其有毒害，必须在无氧条件下生活。如常见的有梭菌属（*Clostridium*）、双歧杆菌属（*Bifidobacterium*）、产甲烷菌（methanogens）等。

关于氧对厌氧菌的毒害作用的解释，1971 年 J. M. Mccord 和 I. Fridovich 提出了 SOD 学说，认为厌氧菌因缺乏超氧化物歧化酶（superoxide dismutase，SOD），故易被生物体内极易产生的超氧阴离子自由基（O_2^-）而毒害致死。其氧毒害机理如下：

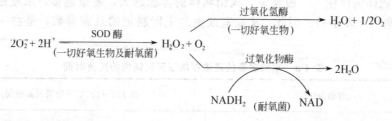

$$2O_2^- + 2H^+ \xrightarrow[\text{（一切好氧生物及耐氧菌）}]{\text{SOD 酶}} H_2O_2 + O_2$$

过氧化氢酶（一切好氧生物）→ $H_2O + 1/2O_2$

过氧化物酶 → $2H_2O$

$NADH_2$ （耐氧菌） NAD

（三）干燥对微生物的影响

微生物细胞在整个生命活动过程中需要不断地从细胞外摄取营养物质，并向外界排出代谢产物，这些都需要水作为溶剂或传递介质。因此，水是微生物生长活动的必需物质。任何一种微生物都有其适宜生长的水分活度范围，这个范围的下限称为最低水分活度，即当水分活度低于这个极限值时，该种微生物就不能生长、代谢和繁殖，最终可能导致死亡。在食品储藏过程中，如果能有效地控制水分活度，就能抑制或控制食品中微生物的生长。

大多数细菌在 a_w 降至 0.91 以下时停止生长，大多数霉菌在 a_w 降至 0.88 以下停止生长。尽管有一些适合在干燥条件下生长的真菌可在 a_w 为 0.65 左右生长，但一般把 0.70～0.75 的 a_w 作为微生物生长的下限。

不同种类的微生物对干燥的抵抗力差异很大，例如，淋球菌在干燥的环境中仅能存活几天；结核杆菌能耐受干燥 90 天；乳酸菌能保持活力几个月至一年以上；干酵母保存活力可达两年之久；细菌的芽孢对干燥的抵抗力更强，如炭疽杆菌和破伤风梭菌的芽孢在干燥条件下可存活几年甚至十几年不死。霉菌的孢子对干燥也有很强的抵抗力，如有些霉菌的孢子能存活 10 年以上。但在干藏过程中微生物的总数会慢慢下降，因为微生物发生了"生理干燥现象"，即微生物长期处于干燥环境，周围环境的溶液浓度高于微生物内部溶液浓度，微生物细胞内的水分通过细胞膜向外渗透，最终导致细胞内水分减少，生命活动减弱，渐渐导致死亡。但干制品复水后，残存的微生物能复苏并再次生长。

严格地讲，干制并不能将微生物全部杀死。干制过程中，食品及其污染的微生物均同时脱水，干制后，微生物就长期处于休眠状态，环境一旦适宜，微生物又会重新吸湿恢复活性。尤其自然干燥、冷冻升华干燥、真空干燥这样一些干燥温度较低的干制方法更是难以杀死微生物，事实上我们往往把升华干燥用于一些微生物干粉制品的制备，如活性干酵母、活性乳酸菌干粉等。因此，若干制品污染有致病菌等微生物时，因它们能忍受不良环境，就有对人体健康构成威胁的可能，应在干制前先行杀灭。

利用高浓度的盐溶液或浓糖溶液保存食品，是由于浓盐或浓糖溶液可夺取菌体内的水分，造成微生物的生理干燥而达到抑菌目的。这种现象称为胞浆分离。与此相反，如果把细菌置于低渗溶液中，菌体吸收水分，最终使菌体膨大甚至破裂，叫胞浆压出。这就是说微生物所处环境中过高或过低的渗透压均影响着微生物的生命活动，乃至死亡。

（四）辐射对微生物的影响

大多数微生物生长不需要辐射，辐射往往对微生物有一定杀灭作用，且随波长的降低而递增，如紫外线、X 射线、γ 射线均有较强的杀菌力，而可见光线、红外线等则对微生物的作用较弱。

1. 可见光线的影响

可见光线波长为 397～800nm，对微生物一般没有太大影响，但长时间暴露于可见光线中的细菌，其代谢与繁殖均可受到影响。故培养细菌和保存菌种应置于阴暗处。如果将某些染料（如美蓝、伊红、沙黄等）加入培养基中，能增强可见光线的杀菌作用，伊红和美蓝仅作用于革兰阳性菌，而沙黄仅作用于革兰阴性菌。这种现象称为光感作用。光感作用对原生动物、细菌、毒素、病毒和噬菌体等均有灭活作用。革兰阳性菌对光感作用比革兰阴性菌敏感。

2.日光的影响

日光波长为 $10^4 \sim 10^7$ nm，是有力的天然杀菌因素，许多微生物在日光的直接照射下易于死亡。细菌在直射日光下照射半小时至数小时后死亡。日光的杀菌效力因时因地而异，烟尘严重污染的空气、玻璃、有机物的存在都能减弱日光的杀菌能力。此外，空气中水分的多少、温度的高低以及微生物本身抵抗力强弱等均影响日光杀菌作用的效果。

3.紫外线的影响

紫外线波长为 $100 \sim 400$ nm，其中 $200 \sim 300$ nm 均有杀菌作用，而以 $265 \sim 266$ nm 的杀菌力最强，实验室及生产中通常使用的紫外线杀菌灯的波长为 253.7nm。紫外线对微生物的作用主要是作用于 DNA，使 DNA 分子结构遭到破坏。如最常见的是形成胸腺嘧啶二聚体，使 DNA 分子碱基缺失和码组移动。严重的破坏可导致菌体蛋白质和酶的合成障碍，微生物细胞最终死亡；适度的破坏可引起微生物发生变异，生产上，普遍应用紫外线照射微生物来诱变育种，筛选高产菌株。紫外线的穿透力不强，即使是薄的玻片也不能通过。因此，它的作用仅限于照射物体的表面。微生物经紫外线短时间照射后即可灭活。在实践中常利用紫外线消毒微生物工作室以及无菌室的空气。

4.X 射线的影响

X 射线为电离辐射线（包括宇宙射线、γ 射线和 X 射线，波长小于 100nm），波长极短，而含能量较大，在它的作用下，水能被电离成氢氧根，氢氧根活性很大，能与微生物细胞中的 DNA 分子作用，而破坏 DNA 结构，引起微生物死亡或突变。它对微生物的杀害作用比紫外线强。在其波长范围内，波长愈短，其杀菌力愈强。X 射线在距离 $10 \sim 20$ cm 照射 $20 \sim 30$ min 可杀死琼脂平板上的大肠杆菌、葡萄球菌等，但对液体培养基中的菌体杀伤力不够显著。X 射线也可以使酶、噬菌体和病毒失去活性。X 射线还可用于微生物诱变育种，如用 X 射线照射青霉菌，可获得高产青霉素的菌株。

5.放射性同位素的影响

一种元素的原子中，质子带正电荷，中子不带电荷。其中子数并不完全相同，若原子具有同一质子数，而中子数不同就称此为同一元素的同位素。有些同位素是不稳定的，它们按照一定规律衰变。自然界存在着一些天然的不稳定同位素，有些不稳定同位素可用原子反应堆及粒子加速器等人工制造。不稳定同位素衰变过程中伴有各种辐射线产生，这些不稳定同位素称为放射性同位素。放射性同位素能发射 α、β 及 γ 射线，具有较高的能量。在这三类射线中，以 α 射线穿透物质的能力最小，一张纸就能挡住它，但电离能力很强。β 射线穿透物质的能力比 α 射线强，可以穿透数毫米的铝箔，但电离能力不如 α 射线。γ 射线穿透物质的能力最强，但电离能力较 α、β 射线小。由于 α、β、γ 射线辐射的结果能使被辐射体产生电离作用，故又称电离辐射。

放射性同位素目前已广泛应用于微生物诱变育种和食品辐射保藏，其允许使用的辐射源有 ^{60}Co, ^{137}Cs。在诱变育种时，常用的剂量是以微生物 $80\% \sim 90\%$ 死亡的剂量，照射时，一般用菌悬液，也可以用平皿上的菌落。如中国科学院微生物研究所用 ^{60}Co 照射红曲霉，使糖化酶活力提高 40%。在食品辐射保藏中，最适合用的辐射是电子束、γ 射线和 X 射线。据报道，γ 射线还可用于培养基、食品的消毒与灭菌，不破坏营养成分，比高温灭菌效果好。

（五）超声波对微生物的影响

每秒 9000 周以下的声波为可听声波，每秒 9000 周以上的声波称为超声波。超声波具有一定的杀菌作用，细菌、酵母菌、噬菌体和病毒在超声波作用下细胞均可以受到不同程度的破坏。因此，超声波可用于食品或器皿的消毒灭菌。还可采用超声波破碎法，破碎微生物细胞，研究其构造、化学组成等。超声波还可以引起微生物发生变异，可用于诱变育种。

（六）化学因素对微生物的影响

1. 酸类的影响

微生物正常生长需要一定的酸碱度，多数细菌适合中性至微碱性（pH 7 左右）；多数放线菌适合偏碱性（pH 8 左右）；多数真菌适合偏酸性（pH 5 左右）。

酸类主要是以氢离子显示其杀菌和抑菌作用的。无机酸的杀菌作用与电离度有关，即与溶液中氢离子浓度成正比。氢离子可以影响细菌表面两性物质的电离程度，这种电离程度的改变直接影响着细菌的吸收、排泄和代谢的正常进行。高浓度的氢离子可以引起微生物蛋白质和核酸的水解，并使酶类失去活性。因此，可用酸类进行消毒或防腐。常用的酸类消毒剂有如下两大类。

（1）无机酸类　如硝酸、盐酸、硼酸等。2%硝酸或盐酸具有很强的杀菌和抑菌作用。硼酸的杀菌力较弱，医学上常用1%～2%浓度的硼酸消毒黏膜。

（2）有机酸类　如甲酸、乙酸和乳酸等均具有抑菌或杀菌作用。甲酸具有杀伤真菌的作用；3%～4%乙酸可以杀死大肠杆菌，9%乙酸可杀死金黄色葡萄球菌；1mol/L乳酸对肠道杆菌、葡萄球菌、链球菌有杀害作用；乳酸蒸气和乳酸溶液喷雾对细菌和病毒都有很强的杀伤力。

在培养微生物时，微生物在其生命活动过程中，会不断改变环境的pH值，如培养基内添加糖类、脂肪、$(NH_4)_2SO_4$ 等营养物时，由于微生物的发酵、氧化和选择吸收利用，结果使培养基变酸；相反，培养基内添加蛋白质、$NaNO_3$ 等氮源时，由于微生物的脱羧和离子选择吸收，结果使培养基变碱。因此，在微生物学实验或发酵工业生产实践中，当培养基过酸时，可通过添加 NaOH、Na_2CO_3 等碱中和；或加适当氮源，如尿素、$NaNO_3$、氨水或蛋白质等缓冲；或提高通气量等方法调节。而过碱时，可通过加 H_2SO_4、HCl 等酸中和；或加适当碳源，如糖、乳酸、油脂等缓冲；或降低通气量等方法调节。

2. 碱类的影响

碱类的杀菌力决定于氢氧离子的浓度，浓度越高，杀菌力越强。氢氧化钾的电离度最大，杀菌力最强；氨水的电离度较小，杀菌力较弱。氢氧离子在室温下可水解蛋白质和核酸，使细菌的结构和酶受到损害。病毒、革兰阴性杆菌对于碱类较革兰阳性菌和芽孢杆菌敏感。5%～10%石灰乳剂可用作地面、墙壁等的消毒。

3. 重金属的影响

所有重金属盐类对细菌都有毒性，能与细菌酶蛋白的—SH基结合，使其失去活性，菌体蛋白变性或沉淀。其杀菌力随着温度的增高而增强，温度每升高10℃，杀菌力可提高2～3倍。升汞具有强大的杀菌力，（1∶100000）～（1∶200000）溶液在37℃于2h内可杀死金黄色葡萄球菌和绿脓杆菌。链球菌对升汞十分敏感。升汞对人有毒，使用时应注意安全。

4. 氧化剂的影响

氧化剂的杀菌能力，主要是由于其氧化作用。医学上常用的有高锰酸钾（0.1%）、过氧化氢（3%）、过氧乙酸（0.2%～0.5%）和臭氧（1mg/L左右）。可进行皮肤、黏膜、地面、空气、环境、器具等消毒。

5. 卤素的影响

卤素及其化合物对细胞膜、蛋白质和酶均具有显著的破坏作用。常用于饮水、地面、空气、环境、器具、皮肤等的消毒与杀菌。常用的有 0.2～0.5mg/L 氯气、10%～20%漂白粉、0.5%～1%漂白粉、0.2%～0.5%氯胺、2%的碘酒等。其中，漂白粉常用于饮水的消毒，漂白粉的杀菌作用是由于次氯酸钙分解为次氯酸，在水中最后释放出新生态氧和氯，使菌体受到强烈的氧化作用而死亡。

6. 酚类的影响

酚能抑制和杀死大部分细菌的繁殖体，3%～5%石炭酸于数小时内可杀死细菌的芽孢。但对真菌、病毒不太敏感。对位、间位、邻位甲酚的杀菌力强。来苏儿是用肥皂乳化的甲酚，其杀伤力比酚更强，一般细菌的繁殖体在2%来苏儿溶液中经5～15min即可死亡。

7. 醇类的影响

醇的杀菌力主要是由于它的脱水作用，使菌体蛋白质凝固和变性。广泛使用的醇是乙醇，无水酒精杀菌力低。加水稀释为70%（质量）或75%（体积）的酒精杀菌力最好。

8. 染料的影响

染料的抑菌作用主要是与蛋白质的羧基结合，使其失活变性。如常用的有2%～4%的龙胆紫。染料的抑菌作用是有选择性的，如果于培养基中加入一定浓度的某种染料，可能抑制某些类型细菌的发育，而有利于另一些细菌的分离。例如，孔雀绿和煌绿可抑制革兰阳性菌和大肠杆菌，有利于沙门菌的分离；伊红、美蓝能有效抑制革兰阳性菌，而有利于大肠杆菌的分离等。

9. 表面活性剂的影响

表面活性剂又称为去污剂或清洁剂，分阳离子表面活性剂、阴离子表面活性剂和不游离的表面活性剂。主要通过蛋白质变性和破坏细胞膜致使菌体死亡。常用的阳离子表面活性剂有0.05%～0.1%新洁尔灭和杜灭芬等，一般用于消毒皮肤、黏膜、器械、污染的工作服等。

10. 胆汁和胆酸盐的影响

胆汁和胆酸盐具有降低表面张力的作用，使细菌的细胞膜损坏，原生质中一部分内容物渗出，促使菌体崩解。细菌学上被广泛用作选择性培养基的成分，如乳糖胆酸盐发酵培养基，它能抑制革兰阳性菌的生长，有利于肠道革兰阴性菌的分离。有些细菌特别是肠道益生菌群对胆汁和胆酸盐有一定的耐受性。

（七）化学疗剂对微生物的作用

用于化疗目的的化学物质称为化学疗剂（chemotherapeutant）。化疗（chemotherapy）是指利用具有高度选择毒力（selective toxicity），即对病原菌具有高度毒力而对宿主无显著毒力的化学物质来抑制宿主体内病原微生物的生长繁殖，借以达到治疗该传染病的一种措施。按其作用与性质可分为抗代谢物和抗生素等。

1. 抗代谢物

抗代谢物的结构与生物体必需的代谢物很相似，可以和特定的酶结合阻碍酶的功能，干扰代谢的正常进行。抗代谢物可和正常代谢物竞争性地与相应的酶结合。因此，只有当正常代谢物量少或不存在时，抗代谢物才起作用。

磺胺类药物是叶酸对抗物，抗菌谱较广，能抑制大多数革兰阳性菌和某些革兰阴性菌的生长繁殖，是常用的化疗剂，能治疗多种传染性疾病。如由链球菌和葡萄球菌引起的呼吸道感染，由志贺痢疾杆菌引起的痢疾等。磺胺类药物都是氨基苯磺胺的衍生物，分子中含一个苯环、一个对位氨基和一个磺酰氨基，其结构和对氨基苯甲酸极为相似，磺胺可以夺取对氨基苯甲酸在叶酸中的位置，从而中断细菌细胞重要成分叶酸的合成，使细菌不能生长。叶酸是一种辅酶，在氨基酸、维生素合成中起重要作用。人和动物可以利用现成的叶酸生活。而许多细菌需要自己合成叶酸才能生长，因此磺胺可以抑制细菌的生长。

异烟肼是吡哆醇抗代谢物，它能渗入机体细胞，并作用于细胞中的结核杆菌，是最有效的抗结核杆菌的药物之一。

抗代谢物种类较多，除磺胺、异烟肼外，还有6-巯基嘌呤（嘌呤对抗物）、5-甲基色氨酸（氨基酸对抗物）等。

2. 抗生素

低浓度抗生素就可抑制或杀死微生物，是一类重要的化疗剂，在临床上广泛使用。从青霉素发现至今，已命名的抗生素有几千种，临床经常使用的有几十种。这些实用的抗生素能治疗人类绝大多数的细菌性和真菌性传染病。

抗生素的作用对象有一定的范围，即抗菌谱。能抑制或杀死多种微生物的抗生素称为广谱抗菌素，只能抑制或杀死部分微生物的抗生素称窄谱抗菌素。

抗生素的种类、浓度不同，其作用方式也不同。或者是抑菌可逆，或是杀菌不可逆。它们的抗菌作用主要是干扰微生物的新陈代谢，钝化某些酶的活性，特别是干扰主要的生物合成途径，封锁细胞内的大分子（如蛋白质、核酸）或结构物质的生物合成，而导致细胞死亡。抗生素对细胞所起的作用，有以下几种。

(1) 抑制细胞壁的形成　细胞壁有维持细胞外形和保护细胞的功能，因此抑制细胞壁的合成和功能，最终将导致细胞死亡。能抑制细胞壁合成的抗生素有青霉素、头孢菌素、杆菌肽、环丝氨酸等。青霉素主要抑制细胞壁的重要成分——肽聚糖的合成，从而对革兰阳性菌的细胞壁合成起干扰作用。如金黄色葡萄球菌，细胞壁中 D-丙氨酸的末端结构和青霉素 β-内酰胺环结构很相似，后者可占据前者的位置与转肽酶结合并将酶灭活，使肽链彼此之间无法连接；另一方面，青霉素可以破坏肽聚糖中的 β-1,4 糖苷键，因而抑制了细胞壁的合成，这种失去细胞壁的菌体在低渗环境中易溶解死亡。这类抗生素对生长旺盛的细胞有明显效果，而对静息的细胞作用不明显。这是因为这些抗生素对完整的细胞壁影响不大。

(2) 影响细胞膜的功能　细胞膜控制营养物质吸收和代谢废物的排出以及细胞壁合成。某些抗生素，尤其是多肽抗生素，如多黏菌素、短杆菌肽、缬氨霉素等，主要引起细胞膜损伤，导致细胞物质的泄漏。这种抗生素对人和动物毒性较大，常作外用药。

多烯类抗生素主要作用于真菌细胞膜，它们和膜中的固醇结合而破坏膜结构。这类抗生素对已存在的细胞质膜起作用，因此其抗菌效能和细胞的生长状态无关。细菌细胞膜不含固醇，因此，多烯类抗生素对细菌不起作用。

(3) 干扰蛋白质的合成　干扰蛋白质合成的抗生素种类较多，它们都能通过抑制蛋白质的合成来抑制微生物的生长，最终导致微生物死亡，而不是直接杀死微生物。不同的抗生素其作用位点不同，如链霉素可改变核糖体 30S 亚单位的构型；四环素影响核糖体 30S 亚单位并封锁与核糖体的联系等。

(4) 阻碍核酸的合成　核酸可传递遗传信息，是合成蛋白质的基础。某些抗生素可通过抑制 DNA 或 RNA 的合成来抑制微生物细胞的正常生长繁殖。不同抗生素作用机制不同，如丝裂霉素通过与核酸的碱基结合，形成交叉连接的复合体以阻碍双链 DNA 的解链，从而影响 DNA 复制；利福霉素能与 RNA 合成酶结合，抑制它催化的起始过程；放线菌素则可干扰 RNA 聚合酶的转录过程，使 RNA 停止延长。

(5) 影响产能　有的抗生素可作用于呼吸链，影响能量的产生，从而妨碍微生物生长。如抗菌素是呼吸链的抑制剂等。

(八) 生物活性物质对微生物的作用

某些生物活性物质可以破坏微生物的结构物质而抑制其生长。如溶菌酶可破坏细菌细胞壁，蜗牛酶可破坏酵母菌细胞壁等。这些特点可用来制备原生质体，用于原生质体融合等方面。

第五章　微生物的代谢

新陈代谢是生命体最本质的特征之一，它包括细胞内所发生的一切生物化学反应过程，这个过程极其复杂。微生物代谢分为分解代谢和合成代谢，分解代谢是生物大分子分解为生物小分子的过程，是产能代谢；而合成代谢则是生物小分子合成为生物大分子的过程，是耗能代谢。生物体本身总是在随时随地调节着全部代谢，使其有条不紊地进行，以维持正常的生命活动过程。

有关微生物的代谢知识涉及生物化学的内容，因此，必须在具有生物化学基本知识的基础上才能真正理解有关微生物的代谢。本章所介绍的微生物代谢，仅仅是与本课程关系较密切的一部分内容，如产能代谢、大分子物质的降解、糖的发酵作用、氨基酸的合成、次级代谢等，以便把生物化学知识和食品微生物代谢进一步联系起来。

第一节　微生物的能量代谢

一、生物氧化作用

微生物在细胞内酶的催化下，氧化基质、释放能量的过程称为生物氧化作用。在生物氧化反应中，一种物质被氧化，另一种物质被还原，氧化还原是同时存在的两个反应。

$$AH_2 \longrightarrow 2H^+ + 2e + A（氧化）$$
$$B + 2H^+ + 2e \longrightarrow BH_2（还原）$$
$$AH_2 + B \longrightarrow A + BH_2（氧化还原）$$

在氧化还原反应中，凡是失去电子的物质，叫电子供体，脱去氢的物质叫供氢体；获得电子的物质叫电子受体，获得氢的物质叫受氢体。上式反应中的 AH_2 是电子供体，也是供氢体；B 是电子受体，也是受氢体。在生物氧化过程中，凡是以氧为受氢体，必须在有氧条件下生长繁殖的微生物称为需氧性微生物（或好氧性微生物）；凡是以无机氧化物作为最终电子受体，必须在无氧条件下生长繁殖的微生物，称为厌氧性微生物；在有氧和无氧条件下都能生长繁殖的微生物，称为兼性厌氧性微生物。

生物氧化过程包括底物脱氢和失去电子、氢和电子的传递以及受氢体接受氢和电子的过程。

二、生物氧化类型

根据生物氧化过程中最终电子受体的性质不同，将生物氧化作用分为有氧呼吸作用、无氧呼吸作用和发酵作用三种类型。

（一）有氧呼吸作用

有氧呼吸作用（aerobic respiration）是指基质彻底氧化时，以分子氧为最终电子受体的生物氧化作用。这种呼吸作用脱下的氢要通过完整的呼吸链或电子传递链（图5-1），最终被外源分子氧接受，生成水，并释放出 ATP 形式的能量。这是需氧性微生物和兼性厌氧性微生物在有氧存在的条件下的主要产能方式。需氧性微生物可以将葡萄糖彻底氧化，产生二氧化碳和水，同时产生能量，反应式如下。

$$C_6H_{12}O_6 + 6O_2 \longrightarrow 6CO_2 + 6H_2O + 2878.6kJ$$

一分子葡萄糖彻底氧化时，可产生 38 分子的 ATP。

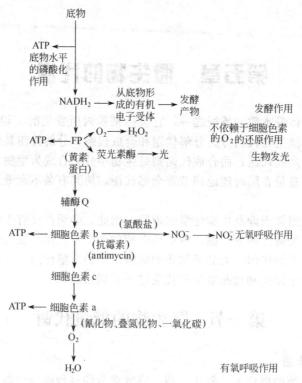

图 5-1　有氧呼吸、无氧呼吸和发酵作用过程中的电子流动
注：垂直箭头表示有氧呼吸过程从底物至 O_2 的电子流动。有些细菌在缺氧时利用 NO_3^-
（无氧呼吸），而在缺乏任何外源电子受体时，可能利用底物形成的电子受体（发酵作用）。图中
表示有 ATP 形成部位和抑制剂的作用部位。生物发光一个支路，引向发光而不是形成 ATP。
图中所示各个电子流动分支途径不是全部存在于单独一种微生物体中

（二）无氧呼吸作用

无氧呼吸作用（anaerobic respiration）又称厌氧呼吸，是以外源无机氧化物作为最终电子受体的生物氧化过程。这是一类在无氧条件下进行的产能效率较低的呼吸作用。一些厌氧菌和兼性厌氧菌在无氧条件下，可进行这种氧化作用。常见的最终电子受体有 NO_3^-、NO_2^-、SO_4^{2-}、$S_2O_3^{2-}$ 等。根据受氢体的不同，无氧呼吸作用有多种类型，如硝酸盐呼吸、硫酸盐呼吸等。

在无氧呼吸过程中，从底物脱下的氢和电子也要经过呼吸链传递氢，但经过部分呼吸链（图 5-1），并伴随有磷酸化作用，产生 ATP。底物也可被彻底氧化，但和有氧呼吸相比，产生的能量较少。一分子葡萄糖彻底氧化时，产生多少能量和 ATP，与伴随的无机物还原时所消耗的能量有关。如在反硝化作用过程中，葡萄糖彻底氧化时，一部分能量随电子转移到 NO_3^-，使其还原成 NO_2^-，最终可产生 1793.226kJ 的能量，反应式如下。

$$C_6H_{12}O_6 + 12NO_3^- \longrightarrow 6CO_2 + 6H_2O + 12NO_2^- + 1793.226kJ$$

（三）发酵作用

广义的发酵作用（fermentation）是指任何利用好氧或厌氧微生物来生产有用代谢产物的一类生产方式。

狭义发酵作用是指在无氧条件下，底物脱氢后所产生的还原 [H]，不经过呼吸链传递，而直接交给某一内源氧化性中间代谢产物的一类低效率产能反应。

在发酵过程中，一般由底物脱下的电子和氢交给 NAD（P）（辅酶Ⅰ和辅酶Ⅱ），使之还原成 NAD(P)H$_2$，再由 NAD(P)H$_2$ 将电子和氢交给有机的最终电子受体，完成氧化还原反应。电子的传递不经过细胞色素等中间电子传递体，而是分子内部的转移（图 5-1）。这种氧化作用不彻底，最终形成还原性产物，只释放出一部分能量。例如，酵母菌利用葡萄糖进行酒精发酵时，仅释放出 226kJ 能量，其中 96kJ 储存于 ATP 中，一部分能量以热散失，而大部分能量还储存在酒精中，其反应式如下。

$$C_6H_{12}O_6 + 2ADP + 2Pi \longrightarrow 2C_2H_5OH + 2CO_2 + 2ATP + 热能$$

各种微生物都能进行发酵作用。好氧性微生物在进行有氧呼吸过程中，也要先经过糖酵解阶段产生丙酮酸，然后进入三羧酸循环，将底物彻底氧化成 CO_2 和 H_2O。除了能进行专性无氧呼吸作用的厌氧菌以外，许多厌氧菌主要靠发酵作用取得能量。

第二节　微生物的分解代谢

微生物的分解代谢包括碳水化合物、蛋白质、脂类、核酸等的分解代谢，内容繁多，较为复杂，本节主要介绍与食品关系相对密切的几种生物大分子的降解过程，即淀粉的降解、蛋白质的降解和脂肪的降解。

一、淀粉的降解

淀粉（starch）是植物中最重要的贮藏多糖，是禾谷类和豆科种子、马铃薯及甘薯块根和块茎的主要成分，它是人类粮食及动物饲料的重要来源，也是微生物的重要碳源。

淀粉分为直链淀粉（amylose）和支链淀粉（amylopectin）。直链淀粉的相对分子质量 10000～50000 之间，每个直链淀粉分子只含有一个还原性端基和一个非还原性端基，所以它是一条长而不分支的直链，是由 1,4-糖苷键连接的 α-葡萄糖残基组成的，当它被淀粉酶水解时，可产生大量的麦芽糖，所以直链淀粉又可以说是由许多重复的麦芽糖单位组成的。直链淀粉溶于水，以碘液处理产生蓝色。支链淀粉的相对分子质量 50000～1000000 之间，分子量巨大，每 24～30 个葡萄糖单位含有一个端基，因而必定具有支链结构。每一直链由 α-1,4-糖苷键连接，每个分支由 α-1,6-糖苷键连接。可见，支链淀粉的葡萄糖残基，不仅连接在 C$_4$ 上，而且也连接在 C$_6$ 上。

微生物对淀粉的水解，主要靠淀粉酶（amylase）来完成。淀粉酶有以下三种。

① α-1,4-葡聚水解酶，又称 α-淀粉酶，是一种内淀粉酶，能以一种无规则的方式水解直链淀粉内部的键，生成葡萄糖及麦芽糖的混合物；如果底物是支链淀粉，其水解产物为含有支链和非支链的寡聚糖类的混合物。

② α-1,4-葡聚糖基-麦芽糖水解酶，又称 β-淀粉酶，是一种外淀粉酶，它作用于多糖的非还原性端而生成麦芽糖，当底物为直链淀粉时能生成定量的麦芽糖；当底物是支链淀粉时，其水解产物为麦芽糖和多支糊精，因为此酶仅作用于 α-1,4-糖苷键而不能作用于 α-1,6-糖苷键。

③ 葡萄糖淀粉酶，也称为淀粉 α-1,4-葡萄糖苷酶或糖化酶。可自非还原性末端将葡萄糖逐个切下，且能越过分支点分解完全，因此水解产物全部为葡萄糖。但对 α-1,6-键作用慢，不水解麦芽糖。

由于 α-淀粉酶和 β-淀粉酶只能水解淀粉的 α-1,4-糖苷键，所以它们只能使支链淀粉水解 54％～55％，剩下的分支组成了一个淀粉酶不能作用的糊精，称为极限糊精。极限糊精中的 α-1,6-糖苷键可被脱支酶（debranching enzyme）水解，脱支酶（糊精酶）只能分解支链淀粉外围的分支，却不能水解支链淀粉内部的分支。当 β-淀粉酶和脱支酶共同作用时可将支链淀粉完全水解生成麦芽糖及葡萄糖。麦芽糖在麦芽糖酶的作用下进一步水解为葡萄糖，葡萄糖的进一步发酵作用，将在后续介绍。在微生物体内淀粉酶和麦芽糖酶同时存在。

二、蛋白质的降解

蛋白质（protein）是动、植物和微生物细胞中最重要的有机物质之一，是细胞中最重要的组成成分。因此，自然界中存在的各种动、植物和微生物来源的蛋白质均是微生物的重要氮源。蛋白质是以氨基酸为基本单位的生物大分子，蛋白质中存在的氨基酸有 20 多种，它们全部都含有 C、H、O、N 元素，大部分含有 S、Fe、Zn 和 Cu 元素。

微生物对蛋白质的水解，主要靠蛋白酶（proteinase）来完成。蛋白酶种类繁多，结构复杂，性质各异。按水解蛋白的方式不同，可分为内肽酶和端肽酶。内肽酶又称肽链内切酶，作用于肽链内部。端肽酶又称肽链端解酶，只作用于多肽链的末端，将氨基酸一个一个地或两个两个地从多肽链上分解出来。根据蛋白酶作用的最适 pH，可分为酸性蛋白酶（最适 pH3 左右）、碱性蛋白酶（最适 pH9.5～10.5）和中性蛋白酶（最适 pH7 左右）。蛋白质在蛋白酶的作用下水解为氨基酸和多肽。多肽还可进一步水解为氨基酸。

微生物对氨基酸的进一步利用主要是通过脱氨基作用、脱羧基作用和转氨基作用。

脱氨方式随微生物种类、氨基酸种类以及环境条件的不同而异，主要有氧化脱氨、还原脱氨和水解脱氨，举例如下。

D-丙氨酸的氧化脱氨：

$$CH_3\underset{\underset{NH_2}{|}}{C}HCOOH + 1/2O_2 \longrightarrow CH_3CH_2COOH + NH_3$$

谷氨酸的氧化脱氨：

$$HOOCCH\underset{\underset{NH_2}{|}}{}(CH_2)_2COOH + 1/2O_2 \longrightarrow HOOCCO(CH_2)_2COOH + NH_3$$

天冬氨酸的还原脱氨：

$$HOOCCH_2\underset{\underset{NH_2}{|}}{C}HCOOH + 2H \longrightarrow HOOCCH_2CH_2COOH + NH_3$$

色氨酸的水解脱氨：大肠杆菌和变形杆菌等某些细菌，可水解色氨酸生成吲哚、丙酮酸和氨。

色氨酸　　　　　　　　　　吲哚　　丙酮酸　氨

大肠杆菌、变形杆菌和枯草杆菌可水解半胱氨酸生成丙酮酸、NH_3 和 H_2S。

$$HSCH_2\underset{\underset{NH_2}{|}}{C}HCOOH + H_2O \longrightarrow CH_3COCOOH + H_2S + NH_3$$

氨基酸脱羧基作用是由微生物产生的脱羧酶作用的，其产物为胺类，反应式为：

$$R\underset{\underset{NH_2}{|}}{C}HCOOH \longrightarrow RCH_2NH_2 + CO_2$$

有些微生物可以将某种氨基酸的氨基转移给某种有机酸，使这种有机酸转变成氨基酸，而该氨基酸转变成另一种有机酸，如 L-谷氨酸的氨基转移给草酰乙酸，生成 α-酮戊二酸和 L-天冬氨酸，α-酮戊二酸可以按照有机酸的降解过程进行。

某些腐败性微生物利用脱氨作用和脱羧作用分解氨基酸，形成一些有不良气味或特殊臭味的物质，使食品发生腐败变质。

三、脂肪的降解

脂类（lipids）是不溶于水或微溶于水而溶于有机溶剂的生物大分子，由不同化合物组成。其中，含脂肪酸和甘油的脂类主要有中性脂肪和磷脂；不含甘油的脂类主要有神经鞘脂类、固醇、蜡等。脂类化合物的主要成分为脂肪酸（fatty acids），脂肪酸有饱和脂肪酸（saturated fatty acids）和不饱和脂肪酸（unsaturated fatty acids），如常见的饱和脂肪酸有月桂酸、豆蔻酸、棕榈酸、硬脂酸等；常见的不饱和脂肪酸有油酸、蓖麻酸、亚油酸、亚麻酸、桐酸、花生四烯酸、芥子酸等。

微生物对脂类的水解，主要靠脂酶（lipase）来完成。脂类在脂酶的作用下，水解为甘油和脂肪酸。甘油在甘油激酶作用下产生 3-磷酸甘油，再在磷酸甘油脱氢酶作用下，生成磷酸二羟丙酮，然后通过糖酵解转变为丙酮酸，进入三羧酸循环，彻底氧化分解为 CO_2 和 H_2O。

脂肪酸的生物氧化作用主要靠 β-氧化作用。β-氧化作用是脂肪酸在一系列酶作用下，在 α-碳原子和 β-碳原子之间断裂，β-碳原子氧化成羧基，生成含两个碳原子的乙酰-CoA 和较原来少两个碳原子的脂肪酸。继续重复进行 β-氧化，便可将含偶数碳原子的饱和脂肪酸分解成多个乙酰-CoA。乙酰-CoA 进入三羧酸循环，进行彻底氧化分解。

第三节　糖的发酵作用

多糖经酶水解后，产生的葡萄糖在无氧条件下经糖酵解途径产生丙酮酸，这是大多数厌氧菌和兼性厌氧微生物进行葡萄糖无氧分解的共同途径。丙酮酸以后的酵解，不同种类的微生物有多种发酵类型，可形成不同的发酵产物。本节主要讲述与食品发酵工业关系密切的几种类型，即 EMP 途径、HMP 途径、ED 途径、TCA 循环，以及由这些途径产生的主要发酵产物，如酒精、乳酸、丁酸、丙酸、柠檬酸、谷氨酸等。

一、EMP 途径

EMP 途径（Embden-Meyerhof-Parnas pathway）又称糖酵解途径或己糖二磷酸途径，是绝大多数微生物所共有的一条主流代谢途径。其反应过程如图 5-2。

EMP 途径以葡萄糖为起始底物，丙酮酸为其终产物，整个代谢途径历经 10 步反应，分为两个阶段。

第一阶段为耗能阶段。在这一阶段中，不仅没有能量释放，还在以下两步反应中消耗 2 分子 ATP，即在葡萄糖被细胞吸收运输进入胞内的过程中，葡萄糖被磷酸化，消耗了 1 分子 ATP，形成 6-磷酸葡萄糖；6-磷酸葡萄糖进一步转化为 6-磷酸果糖后，再一次被磷酸化，形成 1,6-二磷酸果糖，此步反应又消耗了 1 分子 ATP。而后，在醛缩酶催化下，1,6-二磷酸果糖裂解形成 2 个三碳中间产物，即 3-磷酸甘油醛和磷酸二羟丙酮。在细胞中，磷酸二羟丙酮为不稳定的中间代谢产物，通常很快转变为 3-磷酸甘油醛而进入下步反应。因此，在第一阶段实际是消耗了 2 分子 ATP，生成 2 分子 3-磷酸甘油醛。这一阶段为第二阶段的进一步反应做准备，故一般称为准备阶段。

第二阶段为产能阶段。在这第二阶段中，3-磷酸甘油醛被进一步磷酸化，此步以 NAD^+ 为受氢体发生氧化还原反应，3-磷酸甘油醛转化为 1,3-二磷酸甘油酸；同时，NAD^+ 接受氢（$2e + 2H^+$）被还原生成 $NADH_2$。二磷酸甘油酸中的 2 个磷酸键为高能磷酸键，在 1,3-二磷酸甘油酸转变成 3-磷酸甘油酸及随后发生的磷酸烯醇式丙酮酸转变成丙酮酸的 2 个反应中，发生能量释放与转化，各生成 1 分子 ATP。

综上所述，EMP 途径以 1 分子葡萄糖为起始底物，历经 10 步反应，产生 4 分子 ATP，由于在反应的第一阶段消耗 2 分子 ATP，故净得 2 分子 ATP。同时生成 2 分子 NADH 和 2 分子丙酮酸。其总反应式为：

$$C_6H_{12}O_6 + 2NAD^+ + 2ADP + 2Pi \longrightarrow 2CH_3COCOOH + 2NADH + 2H^+ + 2ATP + 2H_2O$$

EMP 途径是连接其他几个重要代谢途径的桥梁，包括 HMP 途径、ED 途径和 TCA 循

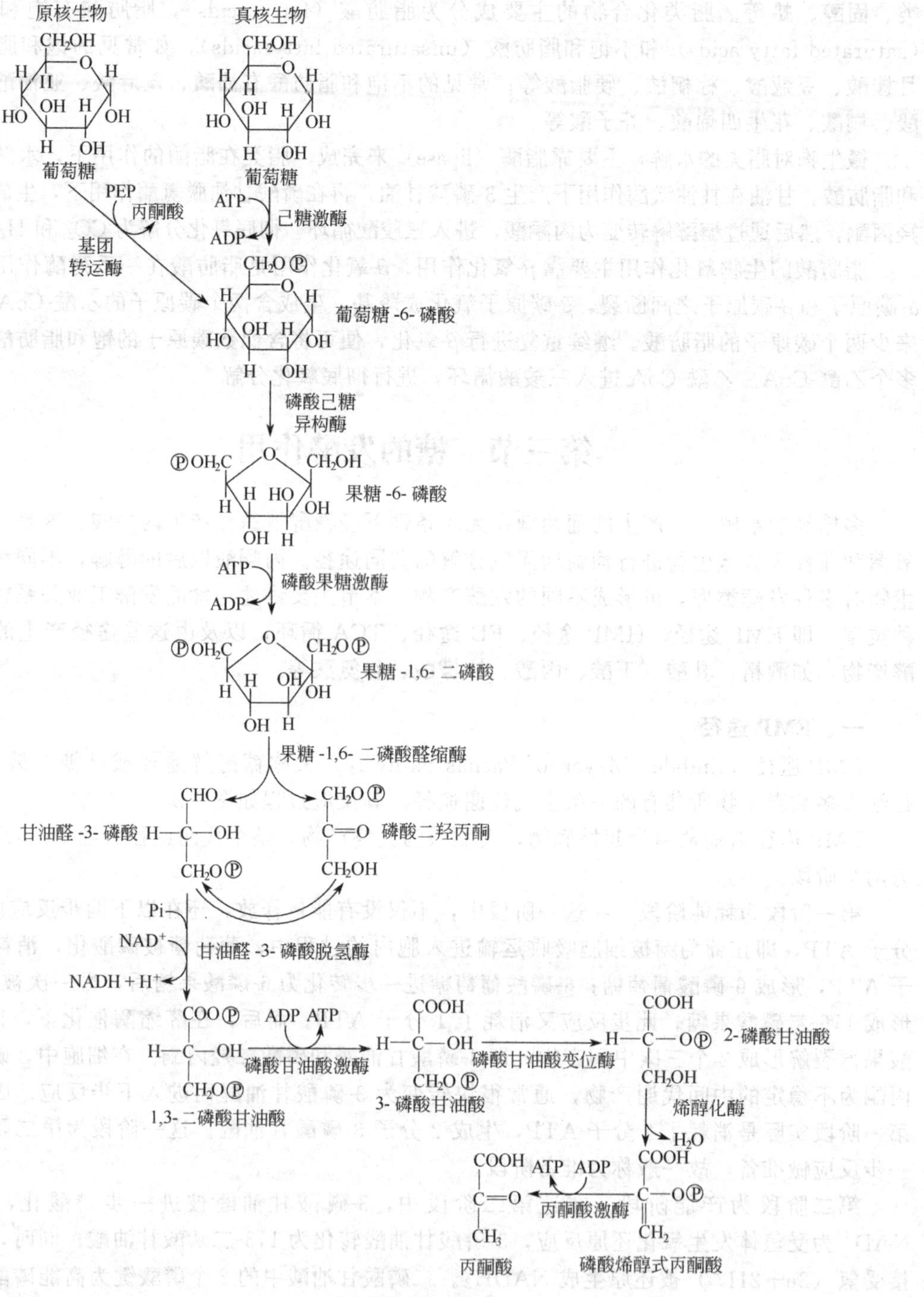

原核生物　　　　真核生物

葡萄糖　　　　葡萄糖

PEP　丙酮酸　　　　ATP ADP　己糖激酶

基团转运酶

葡萄糖-6-磷酸

磷酸己糖异构酶

果糖-6-磷酸

ATP ADP　磷酸果糖激酶

果糖-1,6-二磷酸

果糖-1,6-二磷酸醛缩酶

甘油醛-3-磷酸　　　磷酸二羟丙酮

Pi　NAD$^+$　NADH+H$^+$　甘油醛-3-磷酸脱氢酶

1,3-二磷酸甘油酸　　ADP ATP　磷酸甘油酸激酶　　3-磷酸甘油酸　　磷酸甘油酸变位酶　　2-磷酸甘油酸

烯醇化酶　H$_2$O

磷酸烯醇式丙酮酸

ATP ADP　丙酮酸激酶

丙酮酸

图 5-2　EMP 途径

环等,同时也为生物合成提供了多种中间代谢物。

由 EMP 途径中的关键产物丙酮酸出发有多种发酵途径,并可产生多种重要的发酵工业产品。以下介绍常见的几种类型。

（一）酵母菌的酒精发酵

① 第一型发酵　酵母菌在无氧条件下,将葡萄糖分解为丙酮酸;丙酮酸再由脱羧酶催化形成乙醛和 CO_2;乙醛在乙醇脱氢酶的作用下,被 $NADH_2$ 还原为乙醇,反应式如下。

$$CH_3COCOOH \longrightarrow CH_3CHO + CO_2$$
$$CH_3CHO + NADH_2 \longrightarrow CH_3CH_2OH + NAD$$
$$\text{总反应式：} C_6H_{12}O_6 + 2ADP + 2Pi \longrightarrow 2CH_3CH_2OH + 2CO_2 + 2ATP$$

以上是酵母酒精发酵的第一型发酵，是在正常条件下进行的。如果改变发酵条件，还会出现下面几型发酵。

② 第二型发酵　是在有 $NaHSO_3$（亚硫酸氢钠）的情况下进行的。亚硫酸氢钠和乙醛结合成复合物，使乙醛不能作为受氢体，乙醛不能还原成乙醇，而以葡萄糖降解为丙酮酸的中间产物磷酸二羟丙酮作为受氢体，生成 α-磷酸甘油。

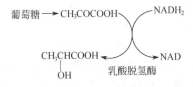

磷酸二羟丙酮　　　　　　　　　　　　α-磷酸甘油

α-磷酸甘油在 α-磷酸甘油脱氢酶的催化下水解，脱去磷酸，生成甘油。

实际上在甘油发酵过程中，仍会产生少量乙醇，这是因为亚硫酸氢钠不可能加得过多，否则会使酵母菌中毒。

③ 第三型发酵　是在碱性条件下，乙醛不能作为受氢体将乙醛全部还原成乙醇，而是两分子间发生歧化反应，1分子乙醛氧化成乙酸，另1分子乙醛还原成乙醇。在此情况下，还是需要磷酸二羟丙酮作为 $NADH_2$ 的受氢体，磷酸二羟丙酮还原为 α-磷酸甘油，再脱去磷酸，形成甘油。

$$2 \text{葡萄糖} \longrightarrow 2 \text{甘油} + \text{乙酸} + \text{乙醇} + 2CO_2$$

用此法生产甘油必须在发酵液中加碳酸钠，保持碱性，否则由于酵母菌产酸使发酵液 pH 降低，使第三型发酵回到第一型发酵。

（二）同型乳酸发酵

凡是葡萄糖经发酵后只单纯产生2分子乳酸的乳酸发酵称为同型乳酸发酵；而葡萄糖经发酵后除了主要产生乳酸外，还有乙醇、乙酸和 CO_2 等多种产物产生的乳酸发酵称为异型乳酸发酵。

同型乳酸发酵是乳酸菌在厌氧条件下分解葡萄糖的代谢过程。其过程是葡萄糖先降解为丙酮酸，丙酮酸在乳酸脱氢酶的催化下，被还原为乳酸。反应式为：

葡萄糖 $\longrightarrow CH_3COCOOH$　　　$NADH_2$

$CH_3CHCOOH$　　　NAD
$\quad\quad\ |$
$\quad\quad OH$　　　乳酸脱氢酶

总反应式为：　　　$C_6H_{12}O_6 + 2ADP + 2Pi \longrightarrow 2CH_3CHOHCOOH + 2ATP$

进行同型乳酸发酵的微生物主要有：干酪乳杆菌（*Lactobacillus casei*）、保加利亚乳杆菌（*L. bulgaricus*）、嗜酸乳杆菌（*L. acidophilus*）、嗜热链球菌（*Streptococcus thermophilus*）等乳酸菌。

（三）乙酸发酵

葡萄糖先降解成丙酮酸后，由丙酮酸产生乙酰-CoA，乙酰-CoA 被磷酸分裂成乙酰磷酸和辅酶 A。乙酰磷酸是高能化合物，在乙酸激酶的催化下，生成乙酸，并将磷酸转移给 ADP 形成 ATP。其反应式为：

$$CH_3COSCoA + H_3PO_4 \longrightarrow CH_3COOPO_3H_2 + CoASH$$
$$CH_3COOPO_3H_2 + ADP \longrightarrow CH_3COOH + ATP$$

乙酸型发酵的代表菌是醋酸杆菌。

（四）丁酸发酵

2分子丙酮酸在 CoASH 和 NAD 的作用下，有 FAD 参加，生成2分子乙酰 CoA，再缩合成乙酰乙酰辅酶 A，乙酰乙酰辅酶 A 进一步还原成 β-羟丁酰-CoA，经脱水产生乙烯基乙酰辅酶 A，再经还原生成丁酰辅酶 A，最后形成丁酸。其反应式如下。

$$2CH_3COCOOH \xrightarrow[\quad]{CoASH} 2CH_3COSCoA + CO_2 + H_2 \xrightarrow[-CoASH]{缩合} CH_3COCH_2COSCoA \xrightarrow{2H} CH_3CHOHCH_2COSCoA$$

$$乙酰乙酰辅酶 A \qquad\qquad \beta\text{-}羟丁酰 CoA$$

$$\xrightarrow{-H_2O} CH_2=CHCH_2COSCoA \xrightarrow{2H} CH_3CH_2CH_2COSCoA \xrightarrow[-CoASH]{+2H} CH_3CH_2CH_2COOH$$

$$乙烯基乙酰辅酶 A \qquad\qquad 丁酰辅酶 A$$

丁酸型发酵是由梭状芽孢杆菌进行的一类发酵，代表菌是丁酸梭状芽孢杆菌，发酵产物主要是丁酸、乙酸、CO_2 和 H_2。

这一类型的发酵还有由丙酮丁醇梭菌（*Clostridium acetobutylicum*）等菌引起的丙酮-丁醇发酵，发酵产物有丁醇、丙酮、乙醇、乙酸、丁酸及二氧化碳和氢等；由丁醇梭菌（*Cl. butylicum*）引起的丁醇-异丙醇发酵，发酵产物有丁醇、异丙醇、丁酸、乙酸、二氧化碳、氢等。因为发酵产物中都有丁酸，故称为丁酸型发酵。

（五）丙酸发酵

葡萄糖经 EMP 途径产生丙酮酸，丙酮酸羧化产生草酰乙酸，草酰乙酸还原为苹果酸，苹果酸脱水还原生成琥珀酸，琥珀酸脱羧，形成丙酸。此反应的产物除了丙酸外，还有乙酸、CO_2。其反应式为：

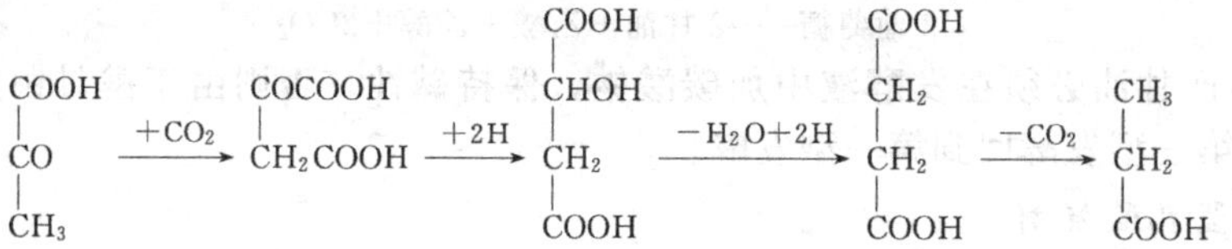

丙酸细菌除了利用葡萄糖产生丙酸外，还可利用甘油和乳酸进行丙酸发酵，反应式为：

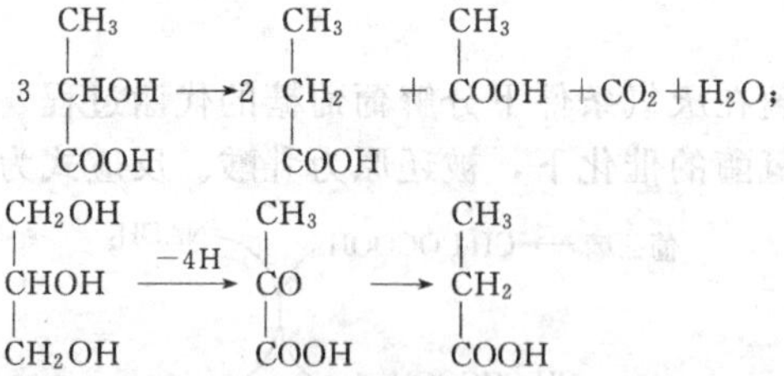

丙酸型发酵是由丙酸细菌产生的，典型的丙酸细菌是厌氧菌或微需氧菌，常存在于乳制品和动物肠道中。常见的丙酸细菌有傅氏丙酸细菌（*Propionibacterium freudenreichii*）、薛氏丙酸细菌（*Pr. shermanii*）、戊糖丙酸杆菌（*Pr. pentosaceum*）等。

（六）混合酸发酵

有些微生物，如大肠杆菌，发酵葡萄糖产生丙酮酸后，丙酮酸经酵解可以产生甲酸、乙酸、乳酸和琥珀酸等多种有机酸，并产生少量的 2,3-丁二醇、乙酰甲基甲醇、甘油等，这类发酵称为混合酸发酵。

二、HMP 途径

HMP 途径（hexose monophosphate pathway）是从 6-磷酸葡萄糖为起始底物，即在一磷酸己糖基础上开始降解，故称为己糖一磷酸途径。HMP 途径与 EMP 途径密切相关，因为 HMP 途径中的 3-磷酸甘油醛可以进入 EMP。因此，该途径又可称为磷酸戊糖支路。HMP 途径的反应过程见图 5-3。HMP 途径分为两个阶段。

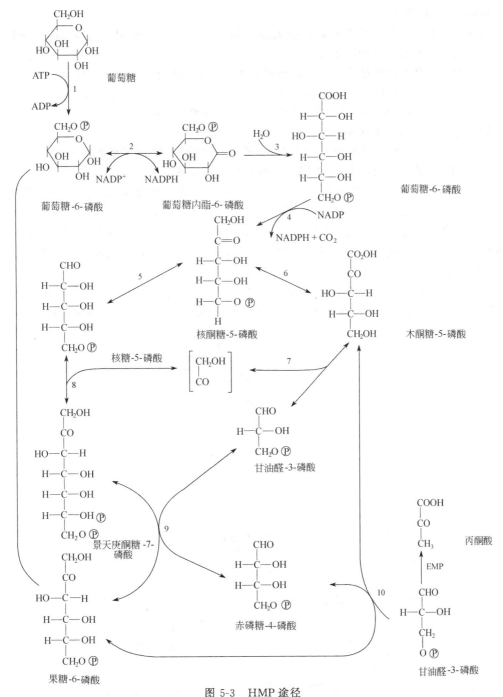

图 5-3 HMP 途径

1—己糖激酶；2—磷酸葡萄糖脱氢酶；3—内酯酶；4—磷酸葡萄糖酸脱氢酶；5—磷酸核糖差向异构酶；
6—磷酸核酮糖差向异构酶；7、8、10—转酮醇酶；9—转醛醇酶

氧化阶段：从 6-磷酸葡萄糖开始，经过脱氢、水解、氧化脱羧生成 5-磷酸核酮糖和二氧化碳，即图 5-3 中 1～4 的阶段。

非氧化阶段：为磷酸戊糖之间的基团转移、缩合（分子重排），使 6-磷酸己糖再生，即图 5-3 中 5～10 的阶段。

HMP 途径的一个循环的结果是 1 分子 6-磷酸葡萄糖最终转变成 1 分子 3-磷酸甘油醛、3 分子 CO_2 和 6 分子 $NADPH_2$。

HMP 途径的特点如下。

① HMP 途径是从 6-磷酸葡萄糖酸脱羧开始降解的，这与 EMP 途径不同，EMP 途径是在二磷酸己糖基础上开始降解的。

② HMP 途径中的特征酶是转酮酶和转醛酶。转酮酶催化下面 2 步反应：

$$5-磷酸木酮糖＋5-磷酸核糖 \longrightarrow 3-磷酸甘油醛＋7-磷酸景天庚酮糖$$

$$5-磷酸木酮糖＋4-磷酸赤藓糖 \longrightarrow 3-磷酸甘油醛＋6-磷酸果糖$$

转醛酶催化下面一步反应：

$$7-磷酸景天庚酮糖＋3-磷酸甘油醛 \longrightarrow 4-磷酸赤藓糖＋6-磷酸果糖$$

③ HMP 途径一般只产生 $NADPH_2$，而不产生 $NADH_2$。

HMP 途径为生物合成提供了多种碳骨架。其中 5-磷酸核糖可以合成嘌呤、嘧啶核苷酸，进一步合成核酸；5-磷酸核糖也是合成辅酶［NAD(P)，FAD(FMN) 和 CoA］的原料；4-磷酸赤藓糖是合成芳香族氨基酸的前体；HMP 途径中的 5-磷酸核酮糖可以转化为 1,5-二磷酸核酮糖，在羧化酶催化下固定二氧化碳，这对于光能自养菌和化能自养菌具有重要意义；HMP 途径为生物合成提供还原力（$NADPH_2$）。

大多数好氧和兼性厌氧微生物中都具有 HMP 途径，而且在同一种微生物中，EMP 和 HMP 途径常同时存在，单独具有 EMP 或 HMP 途径的微生物较少见。EMP 和 HMP 途径

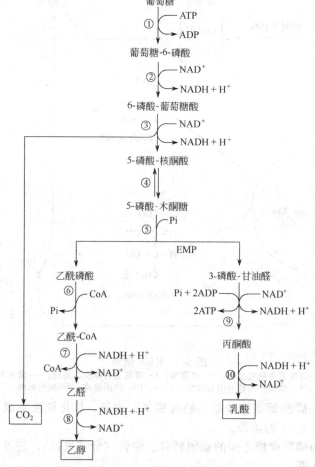

图 5-4　异型乳酸发酵途径

①己糖激酶；②葡萄糖-6-磷酸脱氢酶；③6-磷酸葡萄糖酸脱氢酶；④5-磷酸核酮糖异构酶；
⑤磷酸转酮酶；⑥磷酸转乙酰酶；⑦乙醛脱氢酶；⑧醇脱氢酶；⑨同 EMP 途径相应酶；⑩乳酸脱氢酶

的一些中间产物也能交叉转化和利用,以满足微生物代谢的多种需要。

细菌的异型乳酸发酵(heterolactic fermentation)就是通过 HMP 途径进行的,其反应过程见图 5-4。

进行典型异型乳酸发酵的乳酸菌主要有肠膜明串珠菌(*Leuconostoc mesenteroides*)、乳脂明串珠菌(*L. cremoris*)、发酵乳杆菌(*Lactobacillus fermentum*)等。

三、ED 途径

ED 途径(Entner-Doudoroff pathway),又称 2-酮-3-脱氧-6-磷酸葡萄糖酸(KDPG)途径,是恩纳(Entner)和道特洛夫(Doudoroff,1952)在研究嗜糖假单胞菌(*Pseudomonas saccharophila*)时发现的。

在这一途径中,6-磷酸葡萄糖先脱氢产生 6-磷酸葡萄糖酸,6-磷酸葡萄糖酸在脱水酶的作用下产生 2-酮-3-脱氧-6-磷酸葡萄糖酸,再在醛缩酶作用下裂解生成 1 分子 3-磷酸甘油醛和 1 分子丙酮酸。3-磷酸甘油醛随后进入 EMP 途径转变成丙酮酸。1 分子葡萄糖经 ED 途径最后产生 2 分子丙酮酸、1 分子 ATP、1 分子 NADPH 和 1 分子 NADH(图 5-5),其特点如下。

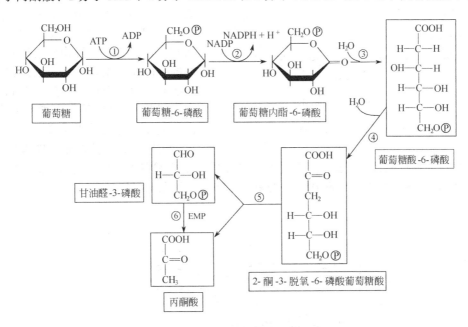

图 5-5 ED 途径

①己糖激酶;②磷酸葡萄糖脱氢酶;③内酯酶;④磷酸葡萄糖酸脱水酶;⑤醛缩酶;⑥经过 EMP 途径

① 2-酮-3-脱氧-6-磷酸葡萄糖酸裂解为丙酮酸和 3-磷酸甘油醛是有别于其他途径的特征性反应;

② 2-酮-3-脱氧-6-磷酸葡萄糖酸醛缩酶是 ED 途径特有的酶;

③ ED 途径中最终产物,即 2 分子丙酮酸,其来历不同,1 分子是由 2-酮-3-脱氧-6-磷酸葡萄糖酸直接裂解产生,另 1 分子是由磷酸甘油醛经 EMP 途径获得;

④ 1mol 葡萄糖经 ED 途径只产生 1mol ATP,从产能效率而言,ED 途径不如 EMP 途径。

经 ED 途径产生的丙酮酸,在有氧时进入 TCA 循环;在无氧时进行酒精发酵,即丙酮酸脱羧成乙醛,乙醛又可被 NADH_2 进一步还原为乙醇(如运动发酵单胞菌,*Zymomonas mobilis*),这种经 ED 途径发酵产生乙醇的发酵称为细菌的酒精发酵(bacterial alcoholic fermentation)。

ED 途径是少数 EMP 途径不完整的细菌所特有的利用葡萄糖的替代途径。由于它与EMP 途径、HMP 途径和 TCA 循环等代谢途径相连,故可以相互协调,满足微生物对能

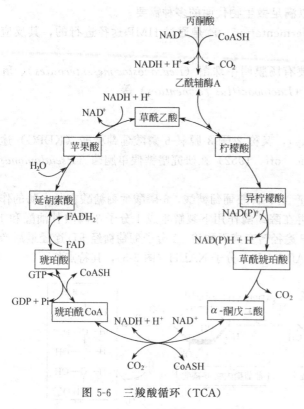

图 5-6 三羧酸循环（TCA）

量、还原力和不同中间代谢产物的需要。具有 ED 途径的细菌有嗜糖假单胞菌（*Pseudomonas saccharophila*）、铜绿假单胞菌（*Ps. aeruginosa*）、荧光假单胞菌（*Ps. fluorescens*）等。

四、TCA 循环

TCA 循环（tricarboxylic acid cycle）是糖酵解的最终产物丙酮酸，在有氧条件下，通过一个包括三羧酸和二羧酸的循环逐步脱羧脱氢，彻底氧化分解的过程（图 5-6）。它是所有生物体获得能量的有效途径。TCA 循环的起始物为乙酰 CoA，乙酰 CoA 不仅是糖代谢的中间产物，也是脂肪酸和某些氨基酸的代谢产物。因此，TCA 循环是糖、脂肪、蛋白质三大类物质的彻底氧化分解的共同氧化途径，又可通过代谢中间产物与其他代谢途径发生联系和相互变。因此，TCA 循环在微生物代谢中占有重要的地位（图 5-7）。

由图 5-7 可以看出，TCA 循环与微生物发酵产物如柠檬酸、谷氨酸、苹果酸、琥珀酸、延胡索酸等的生产密切相关。下面主要介绍由 TCA 循环产生的两个有代表性的发酵产物——谷氨酸和柠檬酸。

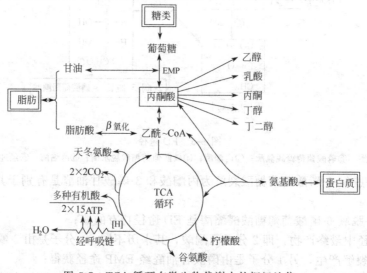

图 5-7 TCA 循环在微生物代谢中的枢纽地位

① 谷氨酸发酵 TCA 循环中产生的 α-酮戊二酸经过转氨基作用，即可生成谷氨酸。发酵工业中，以糖质为发酵原料时，谷氨酸的生物合成途径包括 EMP、HMP、TCA、乙醛酸循环、Wood-Werkman 反应（CO_2 的固定作用）等多个途径。

② 柠檬酸发酵 1917 年第一次报告由黑曲霉浅盘培养生产柠檬酸，1938 年首次发表深层培养论文。如今柠檬酸液体深层培养技术已经成熟，并规模化生产，我国已成为液体深层

发酵生产柠檬酸的大国。

一般认为柠檬酸形成机理为葡萄糖经 EMP 途径产生丙酮酸，丙酮酸氧化为乙酸和 CO_2，继而形成乙酰辅酶 A，经 TCA 循环，在柠檬酸合成酶的作用下和草酰乙酸合成柠檬酸。生物化学反应过程如图 5-8 所示。

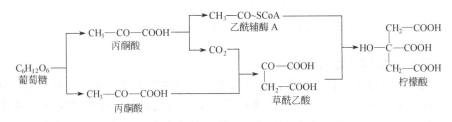

图 5-8　黑曲霉产生柠檬酸的生物化学反应

能产生柠檬酸的微生物以霉菌为主，如黑曲霉、淡黄青霉、桔青霉等。以黑曲霉产柠檬酸能力最强，是生产上常用的菌种。

第四节　微生物的合成代谢

微生物的合成代谢包括（碳水化合物、脂类、蛋白质、氨基酸、核酸等）初级代谢物的合成代谢和次级代谢物（如毒素、色素、抗生素等）的合成代谢。本节简要介绍氨基酸的合成和微生物的次级代谢物的合成。

一、氨基酸的合成

氨基酸的合成包括碳架的合成以及氨基的合成与连接两个方面。碳架主要来自 EMP 途径、HMP 途径和 TCA 循环中的中间代谢物或终产物。除了组氨酸以外，其他氨基酸的氨基均来自转氨基作用。常见氨基酸的碳架及其简要合成路线如下。

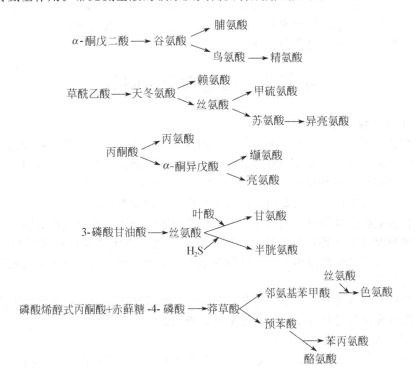

组氨酸分子中的五个碳原子来自核糖，其他 C、N 原子的来源如箭头所示：

$$HC = C - CH_2 - CH - COOH$$

（来自谷氨酰胺的酰胺氮　C、N 来自 ATP　来自转氨作用的氮）

二、微生物次级代谢物的合成

在微生物新陈代谢中，把产生维持微生物生命活动的物质和能量的代谢过程称为初级代谢，如糖代谢、TCA 循环、脂肪代谢、蛋白质、氨基酸代谢等。在初级代谢的基础上，主要合成次级代谢产物的过程称为次级代谢。次级代谢并没有一个十分严格的定义，它是相对于初级代谢提出来的，核心是次级代谢产物的合成。

次级代谢产物是指某些微生物在生长繁殖到后期，以结构简单、代谢途径明确、产量较大的初级代谢物作前体，通过复杂而独特的代谢途径合成的各种结构复杂、产量较低、生理功能不明确的高分子有机化合物，其种类繁多、结构复杂，主要种类有内酯、大环内酯、多烯类、多炔类、多肽类、四环类和氨基糖类等。有些与食品工业关系密切，如色素、毒素、生物碱等。

次级代谢物与初级代谢物密切相关，根据微生物次级代谢物合成的特点，可将次级代谢分为四条途径。

① 与糖代谢有关的途径　由糖类转化、聚合产生的多糖类、糖苷类和核酸类化合物进一步转化而形成核苷类、糖苷类和糖衍生物类抗生素。

② 与莽草酸有关的途径　由莽草酸分支途径产生氯霉素等。

③ 与氨基酸有关的途径　由各种氨基酸衍生、聚合形成多种含氨基酸的抗生素，如多肽类抗生素、β-内酰胺类抗生素、氨基酸衍生物类等。

④ 与乙酰 CoA 有关的途径　分两种，一是经缩合后形成聚酮酐，进而合成大环内酯类、四环素类、灰黄霉素类抗生素和黄曲霉毒素；二是经甲羟戊酸而合成异戊二烯类，进一步合成萜类，如赤霉素类、真菌毒素等。

第五节　微生物代谢调节

一、微生物代谢调节类型

微生物在其生活过程中，不断地进行着各种各样的代谢过程，这些过程极其复杂，而生命本身总是随时地在有条不紊地调节着全部代谢。主要原因就是在微生物体内，存在着一整套可塑性极强和极精确的代谢调节系统，在这个调控系统中，基因决定酶，酶决定代谢途径，代谢途径决定代谢产物；与此同时，代谢产物又可以反馈地调节酶的合成或活性以及基因的活化。在微生物生命的整个代谢过程中，指令系统是基因，作用系统是酶，调控系统是代谢产物，影响因素是外界环境条件。在细胞内，上述各系统之间任何时候都处于相互统一、相互矛盾、高度协调和制约之中，以确保上千种酶能准确无误、有条不紊地进行极其复杂的新陈代谢反应。

微生物的代谢调节可分为酶活性调节和酶合成的调节两个方面，在正常代谢途径中，酶活性调节和酶合成调节同时存在，且密切配合，协调进行。

1. 酶活性的调节

酶活性的调节是指在酶分子水平上的一种代谢调节，它是通过改变现成酶分子活性来调节新陈代谢的速率，包括酶活性的激活和抑制两个方面。酶活性的激活是指在分解代谢途径中，后面的反应可以被较前面的中间产物所促进；酶活性的抑制主要是反馈抑制（feedback inhibition），它主要表现在某代谢途径的末端产物过量时，这个产物可反过来直接抑制该途径中第一个酶的活性，促进整个反应过程减慢或停止，从而避免了末端产物的过量累积。其类型很多。

2. 酶合成的调节

酶合成的调节是一种通过调节酶的合成量进而调节代谢速率的调节机制。这是一种在基因水平上的代谢调节。凡能促进酶生物合成的现象叫诱导（induction），该酶称为诱导酶，它是细胞为适应外来底物或其结构类似物而临时合成的一类酶。如 *E.coli* 在含乳糖的培养基中能产生β-半乳糖苷酶和半乳糖苷渗透酶等。能促进诱导酶产生的物质称为诱导物（inducer），它可以是该酶的底物，也可以是难以代谢的底物类似物或底物的前体物质。如诱导β-半乳糖苷酶除了其正常底物乳糖外，不能被其利用的异丙基-β-D-硫代半乳糖苷（ZPTG）也可诱导，且诱导效率比乳糖高。能阻碍酶生物合成的现象叫阻遏（repression），阻遏可分为末端产物的阻遏和分解代谢物的阻遏两种。末端产物的阻遏是指某代谢途径末端产物的过量累积而引起的阻遏；分解代谢物的阻遏是指细胞内同时存在两种分解底物（碳源或氮源）时，利用快的那种分解底物会阻遏利用慢的底物的有关酶合成的现象。换句话说就是指在反应链中，某些中间代谢物或末端代谢物的过量累积而阻遏代谢途径中一些酶合成的现象。

二、微生物代谢调节在食品与发酵工业中的应用

微生物自身的代谢调节类型繁多，目的在于有条不紊地进行极其复杂的新陈代谢反应。在食品与发酵工业中，为了提高微生物某种代谢产物的产量，可以采用一定的措施人为地控制代谢途径，包括合成代谢和分解代谢、初级产物和次级产物等。最经常采用的有效途径是控制末端代谢产物或阻遏物的浓度和选育具有特异性能的突变菌株。举例说明如下。

例1：利用营养缺陷型菌株高浓度地积累中间产物。

营养缺陷型菌株是指野生型菌株通过理化因素诱变后，该菌株丧失了某一种或几种必需的有机营养物合成的能力，也就是说合成某些有机营养物质的酶缺失。在人工培养这类缺陷型菌株时，必须在基本培养基中供给它们所缺失的有机营养成分或者用完全培养基培养，否则就不生长。发酵工业中常用的营养缺陷型有氨基酸缺陷型、维生素缺陷型和核苷酸缺陷型等。

如图 5-9 所示，在 A 到 E 的代谢途径中，若要积累中间产物 C，必须获得缺失酶 c 的营养缺陷型菌株，这种突变菌株必须供给 E 才能生长。在生产过程中，如果供给低浓度的 E，控制 E 的浓度，不让其积累到抑制或阻遏水平，则酶 a 和酶 b 将不会受反馈调节的阻碍，A→B→C 的代谢继续进行，这样就可以在发酵液中积累高浓度的 C 物质。

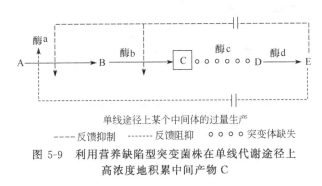

单线途径上某个中间体的过量生产

- - - - 反馈抑制　　- - - - - - 反馈阻遏　　○○○○突变体缺失

图 5-9　利用营养缺陷型突变菌株在单线代谢途径上
高浓度地积累中间产物 C

如利用这种方法，能使枯草杆菌的精氨酸营养缺陷型积累 16g/L 的胍氨酸；使谷氨酸

棒状杆菌的精氨酸缺陷型菌株能积累 26g/L 的鸟氨酸。

同理，也可以利用营养缺陷型菌株和控制末端产物的浓度在分支途径上积累某个中间产物。如使用谷氨酸棒状杆菌和产氨短杆菌的腺嘌呤营养缺陷型，使肌苷酸的积累可高达 13g/L（5′肌苷酸钠是一种强力助鲜剂）。如图 5-10 所示。

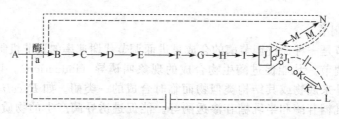

图 5-10　分支途径上中间产物的积累

注：在亲本菌株内，末端产物 L 反馈抑制（－－－）酶 a 和 J_1，并反馈阻遏（----）酶 a；末端产物 N 抑制并反馈阻遏酶 a 和 J_2。L 和 N 对酶 a 的反馈作用是累加型的，突变体缺失（oooo）酶 J_1，需供给 L 才能生长，如果加入的 L 维持在限制生长的低浓度，则 L 的反馈调节被切断（╫），使 J 过量产生，本图代表了需腺嘌呤突变体的肌苷酸过量生产

原亲本菌株的末端产物 L 能反馈抑制酶 a 和 J_1，并反馈阻遏酶 a；末端产物 N 反馈抑制并反馈阻遏酶 a 和 J_2，L 和 N 对酶 a 的反馈作用是累加型的。原亲本菌株为腺嘌呤缺陷型，缺失酶 J_1，因此必须供给 L 才能生长。如果加入的 L 维持在抑制生长的低浓度以下，则 L 的反馈调节被切断，使中间产物 J 积累。

例 2：利用抗反馈突变菌株与降低末端产物浓度结合起来，提高大肠杆菌苏氨酸的产量（图 5-11）。

先筛选出抗 α-氨基-β-羟基戊酸的抗反馈突变大肠杆菌菌株，得到产苏氨酸 1.9g/L 的突变体，随后再突变为异亮氨酸缺陷型，限量供给低浓度的异亮氨酸，使苏氨酸产量达 4.9g/L，其后，将异亮氨酸缺陷型又进一步突变为蛋氨酸缺陷型，使苏氨酸产量达 6g/L。

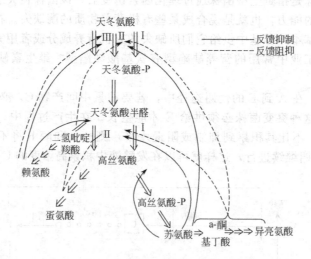

图 5-11　大肠杆菌苏氨酸合成代谢的调节

第六章 微生物的生态

生态学（ecology）是研究生命系统与其环境系统间相互作用规律的科学。微生物生态学则是以微生物为对象，研究其群体与其周围生物和非生物环境条件间相互作用的规律。本章主要介绍微生物在自然界中的分布、微生物与生物环境间的相互关系、微生物在自然界物质循环中的作用以及微生物在污水处理中的作用等方面内容。

第一节 微生物在自然界中的分布

自然界中微生物种类繁多，分布广泛，在各处都有微生物的存在，如土壤、水域、空气、人、动物、植物及其他各个角落。由于生态条件不同，各有其特征性的微生物生长、发育与分布，并不断改变其周围环境；反之，被改变的环境又促使微生物发生相应的变化。双方长期相互作用，最终形成微生物与环境紧密相连的生态体系。因此，研究微生物生态，能更好地发挥微生物的作用。在食品与发酵工业中，有助于寻找和开发自然界的微生物资源，生产有用产品，建立无菌操作概念以及食品卫生观念等；在医学和农业上，有利于预防人和动植物的传染性疾病，开发新的微生物农药、微生物肥料和微生态制剂等。

一、土壤中的微生物

土壤是微生物的天然培养基，它具备着大多数微生物正常发育所必需的一切条件，如土壤中经常含有一定量的有机物和无机物、适当的水分、一定的酸度、一定的渗透压、较稳定的温度以及好气和厌气条件等。加之，土壤表层的阻挡作用，能保护微生物免受直射日光的损害。因此，土壤就成了微生物良好而广阔的天然培养基，是自然环境中微生物种类最多、数量最大的场所。

土壤中微生物种类极其繁多，有细菌、放线菌、霉菌、藻类、原生动物和噬菌体等。其中，以细菌为最多，一般为 10^8 cfu/g，依次为放线菌、霉菌、藻类、原生动物、噬菌体，其数量以 10 倍递减。若每克土壤以含有 50 亿个细菌计算，则每亩深 25cm 的上层土中将含有 200kg 活的细菌体。它们的活动对土壤中有机物的转化、土壤肥力和植物生长，都起着重要的作用。

微生物在各层土壤中的分布是不均匀的。表层土壤由于受日光照射和干燥影响，微生物数量一般不多；在离地面 10～20cm 的上层耕土中，微生物数量最多。愈往深处则微生物愈少，特别是在农业上有着重要意义的细菌，如硝化细菌、纤维素分解细菌和固氮菌在比较深层的土壤中数量显著减少。离地面 4～5m 深的土层由于通气不良，并缺乏微生物可以利用的有机物质，几乎呈无菌状态。

土壤中微生物的组成直接受植物种类、土壤性质、地理条件、有机物和无机物的种类和含量等的影响。例如豆科植物的根瘤菌，在种植豆科植物的土壤中，根瘤菌是该土壤中主要的微生物菌群；乳酸细菌和酵母菌主要存在于蔬菜区、果园以及含糖较多的土壤中；纤维素分解细菌则主要存在于含纤维素丰富的地区，沙漠中很少或没有此类微生物；分解淀粉的微生物，主要存在于富含淀粉的土壤中，如红薯地、洋芋地等；土壤中还存在着由植物带来的根际微生物和腐生微生物。土壤中的人类病原微生物主要以产芽孢的一些病原菌为主，某些暂时污染土壤的病原微生物主要存在于城市附近或有该病流行的地区，它们是随病人的分泌物、排泄物等进入土壤中的。

二、水体中的微生物

江、河、湖、海、池塘和水库等各水域的水中，都溶解或悬浮有多种有机和无机养料，也具有一定的酸碱度、溶氧、渗透压、温度等环境条件，所以它们也是微生物生活的重要场所。因各个水域条件的不同，在其中栖息的微生物的种类、数量与分布便有显著差异。

海水含盐量很高，温度低，且很深，其中的微生物多为嗜盐菌，并能耐高静压和低温。在海水表层，好氧性有机营养型菌多；底层水中盐度大，有机物多，硫化氢含量较高，厌氧性腐生菌及硫酸还原细菌多；两层之间多为紫硫细菌。在近海岸和河流入海处，则含有较多的土壤与淡水微生物。此外，海洋里还有繁多的藻类和原生动物。

陆地的深层水，如井水、泉水，很少受土壤、空气、污物等污染，微生物含量极少，十分清洁，是饮用水的主要来源。相反，地面的河流、湖泊、池塘和水库，常受土壤、空气、污水和腐物的污染，含有较多的微生物，长此以往，就形成了淡水水生微生物区系。按生态特点可区分为两类，即清水型微生物区系和腐败型水生微生物区系。

(1) 清水型微生物区系　清水含无机物和少量有机物，其中典型的微生物有硫细菌、铁细菌、鞘杆菌、蓝细菌、绿硫细菌、紫硫细菌等，它们多是化能或光能自养菌。此外，还有一些水生腐生菌，如色杆菌属（Chromobacterium）、无色杆菌属（Achromobacter）和微球菌属（Micrococcus）等属中的一些种类，霉菌中的水霉属（Saprolegnia）和棉霉属（Achlya）等。在水面发育的有藻类和原生动物，构成浮游生物群。此种水因营养不足，微生物生长发育量较小。

(2) 腐败型水生微生物区系　有机污物进入清水，腐生细菌与原生动物大量繁殖，水质腐败，微生物区系发生变化。如含有机物较多的湖泊中，在溶氧量高的 10m 深的表层水体中，主要有假单胞菌、丙杆菌、噬纤维菌等属中的菌种和浮游球衣菌等好氧细菌，以及真菌与藻类；20～30m 水层中主要有着色菌和绿菌属的光合细菌；30m 以下及湖泥中主要为脱硫弧菌、产甲烷球菌和产甲烷杆菌等属的厌氧细菌，以及原生动物和鞘细菌。

池塘水、受污染河水及污沟水中富含有机物，微生物种类与数量特别多。其中主要为腐生性细菌、真菌和原生动物。常见的细菌有变形杆菌、大肠杆菌、粪链球菌、生孢梭菌、弧菌和螺菌等；在流动缓慢的浅水中，常有丝状藻类、丝状细菌和真菌；在流动水体的上层只有单细胞藻类与细菌；底层淤泥中多为厌氧细菌，淤泥表层有原生动物。

自然界清洁水被污染后，营养丰富，微生物大量繁殖，其中往往还含有某些引起人和动物病变的病原微生物，如病原性大肠杆菌、沙门菌、霍乱弧菌、志贺菌等，对人类危害很大。这些致病微生物均来自人与动物的粪便。为此，目前我国应用细菌总数和大肠菌群（Coilforms group）作为水污染的指示菌，大肠菌群包括了许多生化及血清学上特性不同的属，其中有埃希菌属（Escherichia）、柠檬酸杆菌属（Citrobacter）、肠杆菌属（Enterobacter）和克雷伯杆菌属（Klebsiella）。我国制定的生活饮用水卫生标准中规定，每 100mL 水中大肠菌群最近似值<3 个，每毫升水中细菌总数不得超过 100cfu。

一般认为在每毫升自然水中，细菌总数在 10～100cfu 之间属于最清洁水，100～1000cfu 为清洁水，1000～10000cfu 为不太清洁水，10000～100000cfu 为不清洁水，大于1000000cfu 为极不清洁水。作为食品工业用水应符合饮用水的标准。

由于自然界水体的污染，出现营养富集化，导致鱼、虾等死亡，恶化环境。因此，对人为排出的各种污水，均应进行净化处理，达标后，再排入江河湖泊。

三、空气中的微生物

（一）空气中微生物的分布

空气中由于缺乏营养物质、干燥以及直射日光的作用，大部分微生物都遭到死亡。但在空气中确有微生物存在，其原因是随着飞扬的灰尘暂时飘浮在空中，然后又落在地面，所以在接近地表面的空气层中，常含有一定数量的微生物。

被带到空气中的微生物主要为真菌的孢子、细菌的芽孢和某些耐干性球菌（如葡萄球菌、四联球菌等）。空气中微生物的数量直接决定于空气中尘埃和地面微生物的多少，一般大城市上空微生物最多，乡村次之，森林、草地和田野上空比较清洁，海洋、高山以及冰雪覆盖的地面上空微生物数量更为稀少。

空气中微生物的垂直分布也随着高度有所改变，离地面愈高空气愈清洁，含菌数愈少，2000m以上的高空，细菌很少。

空气中微生物的数量，亦因季节不同而有很大变化，冬季地面若为冰雪所覆盖，空气中微生物很少，多风时期（干燥气候）细菌最多，雨后空气特别新鲜，微生物很少。

室内空气的微生物数量一般较室外为多，特别是在公共场所，如电影院、医院、学校等。

室外空气中的微生物主要有各种球菌、芽孢杆菌、产色素细菌及对干燥和射线有抵抗力的真菌孢子等。室内空气中的微生物含量更高，尤其是医院的病房、门诊间的空气，因经常受病人的污染，故可找到多种病原菌，例如结核分枝杆菌（*Mycobacterium tuberculosis*）、白喉棒杆菌（*Corynebacterium diphtheriae*）、溶血链球菌（*Streptococcus haemolyticus*）、金黄色葡萄球菌（*Staphylococcus aureus*）、若干病毒（麻疹病毒、流感病毒等）以及多种真菌孢子等。

（二）空气中微生物的来源

1. 尘埃

尘埃是空气中微生物的重要载体。室内的尘埃主要来自衣服、鞋袜、不断脱落的皮屑、头发和地面，直径为 $1\mu m$ 或小于 $1\mu m$ 的颗粒可长久地保持悬浮状态。扫地、拂尘、抖衣服、叠被、人或动物的活动均能使原有大颗粒粉碎成细微颗粒，或扬起已落下的尘埃而污染空气。刮风、车辆、行人等常是造成室外空气尘埃污染的主要原因，特别是干旱少雨的季节和地区。

2. 飞沫

微生物还存在于从呼吸道喷出来的飞沫中，当说话、咳嗽和打喷嚏时，空气受到来自气管、喉、鼻咽部和唇齿间的冲力，在一定压力下，将上呼吸道分泌的液体爆破成飞沫。一个喷嚏可以喷出一百万个或更多的飞沫，它落下的初速可达 45.72m/s（150ft/s）；污染环境严重（表6-1、表6-2）。

表6-1 喷嚏和咳嗽所产生的飞沫滴大小

颗粒的直径/μm	颗粒的数量/个		颗粒的直径/μm	颗粒的数量/个	
	喷嚏	咳嗽		喷嚏	咳嗽
<1	800000	66000	4~8	16000	700
1~2	689000	21300	8~15	1600	38
2~4	101000	2800			

表 6-2 不同大小飞沫在空气中的沉降速度

飞沫直径/μm	沉降速度/$m \cdot h^{-1}$	飞沫直径/μm	沉降速度/$m \cdot h^{-1}$
1	0.109	10	10.973
2	0.439	50	274.320
5	2.743	100	1097.280

（三）空气中微生物的检测

1. 沉降平板法

这是郭霍氏的经典方法。将琼脂平板盖移开，使平皿中琼脂暴露于空气中若干分钟，然后盖上，置一定温度中培养48h，琼脂表面将出现许多菌落，每一菌落代表一个落于培养基的细菌或真菌。此法较粗糙，因为只有一定大小的颗粒在一定时间内降落到培养基上，而且也无法测定空气量。反复利用此法，将平板暴露一定时间，可以粗略地估计空气污染的程度以及一定区域内尘埃污染的微生物类型和相对数量（表6-3、表6-4），以说明空气的污染程度。

表 6-3 空气中落下菌的菌群类别分布

实验次数	球菌	杆菌	芽孢杆菌	放线菌	霉菌	酵母	总菌数
1	87.3	61.7	29.7	1.0	3.0	5.3	188.0
2	189.0	63.0	59.0	1.4	9.2	5.4	327.0
3	190.0	12.0	15.0	1.0	18.0	4.0	240.0
4	111.0	18.0	26.0	5.0	6.2	3.0	169.8
总计	577.3	154.7	130.3	8.4	36.4	17.7	924.8

注：营养琼脂平板，开放20min，37℃培养48h。

表 6-4 室内空气的卫生细菌学标准（沉降平板法）

菌落数/个	30以下	31～74	75～100	151～299	300以上
评价	清洁	一般	界限	轻度污染	严重污染

注：营养琼脂平板，开放5min，37℃培养48h。

2. 液体撞击法

使定量的空气通过无菌生理盐水，空气传播的微粒被液体捕获，然后取此液体一定量（一般为1mL），稀释或不稀释（视空气清洁度而定），加入已融化并冷却到45～50℃的琼脂培养基作混合培养，计菌落数，即可测知单位体积空气中的微生物数量。

（四）空气的净化与消毒

1. 物理方法

（1）紫外线照射　有各种型号的紫外杀菌灯，波长250～260nm是有效的杀菌光波，但是它的穿透力弱，必须直接照射才有效。可用于无菌室、手术室、车间的空气消毒。

（2）过滤除菌　一般用棉花、玻璃纤维或其他纤维材料制成的滤过板，将空气中的微生物除去。多用于发酵工业。

2. 化学方法

某些化学药品蒸发或喷射到室内空气中，可以减少微生物。因为化学药品可以分散成气溶胶，使其与带微生物的颗粒接触，以达到杀菌目的。化学药品应具下列特性：①高度杀菌；②容易成气溶胶，而且在此状态下保持较长时间；③在常温常湿下有效；④在常用浓度时应对人体无毒性、无刺激性；⑤不具有染色性、退色性或损害物品。常用的化学药品有乳酸、过氧乙酸、次氯酸、β-丙酸内酯等。

四、植物体表和体内的微生物

植物体表上存在的微生物叫附生微生物。这些微生物可引起自然发酵，如黄瓜、甘蓝、萝卜等多种蔬菜上附着的乳酸菌可引起乳酸发酵，附着的酵母菌可引起酒精发酵。还有引起果蔬腐败变质的微生物病原菌等。正常果蔬组织内部一般为无菌状态或菌数很少。常分离到的微生物是一些酵母菌和假单胞菌属的菌。有关果蔬中的微生物将在第十章讲述。

五、动物体表和体内的微生物

通常情况下，动物体表和体内存在有一定量的不同种类的微生物。以下仅简要介绍人体中的微生物。人体各部位分布的正常微生物群见表 6-5。

表 6-5　人体各部位常见的正常微生物群

部　位	常　见　的　微　生　物
皮肤	葡萄球菌、类白喉杆菌、链球菌、芽孢杆菌、分枝杆菌、假丝酵母、非致病性丙酸杆菌、某些真菌
口腔和咽腔	葡萄球菌、绿色链球菌、奈氏菌、类白喉杆菌、肺炎链球菌、乳酸杆菌、梭形杆菌、放线菌、嗜血杆菌、螺旋体、假丝酵母
胃	链球菌、葡萄球菌、乳酸杆菌
小肠	乳酸杆菌、拟杆菌、梭菌、分枝杆菌、肠道球菌、肠杆菌
大肠	拟杆菌、梭形杆菌、梭菌、链球菌、大肠杆菌、葡萄球菌、变形杆菌、肠道球菌、乳酸杆菌、分枝杆菌、假单胞菌、放线菌
鼻	葡萄球菌、绿色链球菌、奈氏菌、肺炎链球菌
外耳道	葡萄球菌、类白喉杆菌、绿脓杆菌、假单胞菌
眼结膜	葡萄球菌、嗜血杆菌、链球菌
尿道	葡萄球菌、类白喉杆菌、链球菌、分枝杆菌、拟杆菌、梭形杆菌
阴道	葡萄球菌、乳酸杆菌、链球菌、类白喉杆菌、梭菌、拟杆菌、大肠杆菌、假丝酵母

人在自然活动中能不断向周围环境散发粒子（表 6-6）。粒子中大部分是皮屑和细菌（表 6-7）。

表 6-6　人体所散发的粒子数 （≥0.3μm）

体　态	散发粒子数/个·min^{-1}	体　态	散发粒子数/个·min^{-1}
站	10 万	走	500 万～1000 万
坐	50 万	爬楼梯	1000 万
坐站起	100 万～250 万	运动	1500 万～3000 万

表 6-7　人体所带的细菌和皮屑数

名称	部　位	数　量	名称	部　位	数　量
细菌	手	10～100 个/cm²	细菌	唾液	约 10 亿个/g
	前额	1000～10000 个/cm²		粪便	710 亿个/g
	头发	约 100 万个/cm²	皮屑	皮肤表面积	约 1.75m²
	腋窝	约 1 万～1000 万个/cm²		皮肤更替	约 5 天一次
	鼻内分泌物	约 100 万个/g		皮屑脱落数	≥1000 万个/d

因此，《食品卫生法》中规定，对食品从业人员要经常保持个人卫生，例如要保持双手清洁，正确的洗手程序是用水湿润双手后擦肥皂，至充分起泡，用刷子刷指甲剔除污秽，用流水充分冲洗手上的肥皂泡，在 3‰ 的漂白粉液中浸泡 2min，或用 75% 的酒精消毒，最后用一次性餐巾或用经消毒的毛巾擦干，或用暖风吹干。

保持衣帽整洁，重视操作卫生。直接与食品原料、半成品和成品接触的人员不允许戴手套、戒指、手镯、项链和耳环，以免妨碍清洗、消毒或落入食品中。进入车间前不要浓艳化妆、涂抹指甲油、喷洒香水，以免沾污食品。上班前不许酗酒，工作时不得吸烟、饮酒、吃零食，不抓头皮、揩鼻涕、挖耳、挠腮，不要用勺直接品尝或用手抓食品销售，不接触不洁物品。生产车间不得带入或存放个人生活用品，如衣物、食品、烟酒、药品、化妆品等。进入生产加工车间的其他人员（包括参观人员）均应遵守各项规定。

培养良好卫生习惯，做到"四勤"，即勤洗手和勤剪指甲、勤洗澡和理发、勤洗衣服和被褥、勤换工作服。经常保持个人卫生，努力克服一些不好习惯，如手拿着东西、无意识地拢头发、接触鼻部和嘴周围等。随地吐痰也是不良习惯，痰中含有多种病原微生物，危害更大。

另外，还要做好健康检查，要检查有碍食品卫生的传染病，其主要特征如表6-8。

表6-8　有碍食品卫生的传染病的主要特征

病名	病原体	潜伏期	主要症状	危害情况
痢疾	痢疾杆菌	1～2d	腹痛、发热，初期水样便，以后大便带脓血，里急后重	治疗不及时，可转为慢性痢疾或带菌者，不断排出痢疾杆菌
伤寒和副伤寒	伤寒杆菌	7～14d	持续性发热，出现玫瑰疹，脾脏肿大，腹泻或便秘，严重的可出现肠出血或肠穿孔	经治疗症状虽有消失，但大便里还经常排出病原菌，除恢复期带菌者外，有些接触过病人的人自己不发病，却携带着病菌，为健康带菌者
甲型肝炎	甲肝病毒	2～6周	高热、畏寒乏力，食欲不振，厌油食、恶心、呕吐等，有的病人出现黄疸，眼睛、皮肤发黄，尿如浓茶，肝肿大	病人污染的食品、用具等，健康人使用或接触后也会被传染，常称"粪-口"传染
乙型肝炎	乙肝病毒	6周～6月	乏力，食欲不振，厌油食，肝脏肿大，严重者出现肝坏死或肝昏迷等	可通过输血和注射感染。病人的唾液污染食品、餐具或通过接触，均是主要的传播途径
肺结核	结核杆菌	不定，一般较长	咳嗽、盗汗、午后发热，恶心、呕吐、消化不良，有的肺部坏死，形成空洞，长期吐血	活动性或开放性肺结核病人，在谈话、咳嗽、打喷嚏时，病菌便污染空气和食品
化脓性皮肤病	葡萄球菌或链球菌	不定，一般较短	小片红斑、水疱、脓疱、破裂出疮面，面上有稀薄的黄色液体	患者在操作或接触食品时，污染食品
渗出性皮肤病	细菌、真菌等	不定，一般较短	有皮疹、发红、水肿、水疱、糜烂、渗液等，自觉瘙痒，反复发作，甚至多年不愈	患者在操作或接触食品时，污染食品

六、工农业产品中的微生物

微生物常可引起工业产品发生霉变（由霉菌引起的）、腐烂（由细菌、酵母菌引起的，使物体变软、发臭性的劣化）、腐朽（主要由酶降解有机质使其劣化的现象，如担子菌腐朽木材）、腐蚀（由碳酸盐还原菌、铁细菌、硫细菌引起金属的劣化）和变质（产品质量下降）等。引起各种农业产品，如粮食、各类食品等的腐败变质详见第十章。

七、极端环境中的微生物

通常把在高盐、高碱、高温、低温、高酸、高酸热、高干旱、高压、高辐射以至高浓度重金属离子和低营养等极端环境下生存的微生物称为极端环境微生物，常见的有以下类型。

（1）嗜热微生物（thermophiles）　嗜热菌最高生长温度可达113℃，最适生长温度高于45℃。广泛分布于草堆、厩肥、煤堆、温泉、火山地、地热区以及海底火山口附近。常见的有蓝细菌、乳酸菌、甲烷菌、硫氧化菌、硫还原菌、假单胞菌等。

（2）嗜冷微生物（psychrophiles）　最适生长温度为15℃或更低，最高生长温度低于20℃，而最低生长温度为0℃或更低的微生物。主要分布在极地、深海、高山、冰窖和冷库等处。嗜冷微生物是引起低温保藏食品腐败变质的主要菌群。

（3）嗜酸微生物（acidophiles）　只能生活在低pH（<4）条件下，如硫细菌等。通常

在酸性土壤、矿石或食品中存在。

（4）嗜碱微生物（alkalinophiles） 只能生活在高 pH（10~11）的碱性条件下，如芽孢杆菌属等。通常存在于盐湖或盐土、碱湖、盐碱土或碱土中。

（5）嗜盐微生物（halophiles） 只能生活在高盐（3%~32%）条件下，如海洋微生物、盐杆菌等。通常存在于海洋、死海、晒盐场、海产品、盐腌制品中。

（6）嗜压微生物（barophiles） 必须在高静水压（1~60.78MPa）环境中生长的微生物，主要是海洋微生物。主要菌群有无色杆菌、假单胞菌、芽孢杆菌及弧菌等。

第二节　微生物与生物环境间的相互关系

微生物与生物环境间的相互关系复杂多样，以下仅介绍较典型的 5 种关系。

一、互生

互生（metabiosis）是指两种可以单独生活的生物，当它们生活在一起时，通过各自的代谢活动而有利于对方，或偏利于一方的一种生活方式。如益生菌是维持动物肠道微生物平衡的有机体，是存在于自然界的有益微生物，已被广泛应用于饲料、农业、医药、保健、食品等领域。在发酵工业中，利用微生物与微生物间的互生关系，可以进行混菌发酵。

二、共生

共生（symbiosis）是指两种生物共居在一起，相互协作，相依为命，甚至达到合二为一的一种相互关系。如根瘤菌和豆科植物、天麻与蜜环菌、反刍动物与其瘤胃微生物的共生关系。

三、寄生

寄生（parasitism）是指一种小型生物生活在另一种较大型生物的体内，从中取得营养和进行生长繁殖，同时使后者蒙受损害甚至被杀死的现象。前者称为寄生物，后者称为宿主或寄主。如噬菌体与细菌间等。

四、拮抗

拮抗（antagonism）是指由某种生物产生的某种代谢产物可抑制他种生物的生长发育甚至杀死它们的一种相互关系。如青霉菌产生的青霉素可以抑制细菌的生长，泡菜和青贮饲料的发酵就是利用乳酸菌对腐败菌的拮抗作用，才保证了泡菜和青贮饲料的风味、质量和良好的保藏性能，是一种典型的生物保藏食品的方法。

五、捕食

捕食（predatism）一般指一种较大型的生物的直接捕捉、吞食另一种生物以满足其营养需要的相互关系。如自然水体具有自净能力，在其复杂的食物链中，原生动物以捕食细菌和藻类为生。

第三节　微生物在自然界物质循环中的作用

自然界中物质的循环包括两个方面，即物质的生物合成作用和物质的矿化分解作用，这两个过程既矛盾又统一，构成了自然界的物质循环。微生物在此循环里起着决定性的作用，靠此循环得以繁衍和进化发展，靠此循环维持着自然界的生态平衡。本节主要讲述微生物在碳、氮、磷、硫四种元素循环过程中的降解作用。

一、碳素循环

自然界中几乎所有的初级有机产物，都是绿色植物在光合作用过程中合成的，并构成了植物的根、茎、叶、花、果实等组织与器官。其中含有大量的碳元素可作为动物和微生物的碳源被利用。如有些可以直接食用或饲用；有些可以作为农副产品原料被微生物发酵，生产有用产品，如酒精、酿造酒、味精、乳酸、柠檬酸、酱油、食醋、抗生素、核苷酸等；有些利用秸秆、壳皮等农业废弃物，蔗渣、酒渣、纸浆等工业废弃物，以及石油、天然气等培养微生物，获取微生物单细胞蛋白，供药用、食用或饲用等；有些利用农业废弃物与粪便进行沼气发酵，制取燃料；利用微生物处理垃圾、废料、废水、残留农药，以减轻对环境的污染等。所有这些都促使大量有机物分解转化，参与碳素循环。以有机物直接作燃料，也是空气中 CO_2 的一个补充源。

尽管上述有机物中的碳源被利用，但是由于分解不彻底，仍有相当一部分遗留于地面，如秸秆、粪便、尸体、废渣等，这些有机物可以进入土壤，被土壤微生物再度利用，形成土壤有机质或腐殖质，培肥土壤，并进一步分解矿化，产生植物的有效养分。因此，土壤又是各类有机物最终分解矿化的巨大场所。通过这个场所释放出大量的 CO_2，成为空气中 CO_2 的主要补充源。由此可知，微生物在自然界碳素循环中所承担的主要作用是有机物的矿化分解。且通过有机物的矿化分解，有效地改善了生态环境。

综上所述，自然界碳素循环过程可以简单概括为如图 6-1 所示。

二、氮素循环

自然界氮素循环如图 6-2 所示。由图可知，除了植物利用无机氮转变为有机氮外，其他转变过程均由微生物引起。氮素循环中的主要反应有氨化作用、硝化作用、反硝化作用、生物固氮作用等。

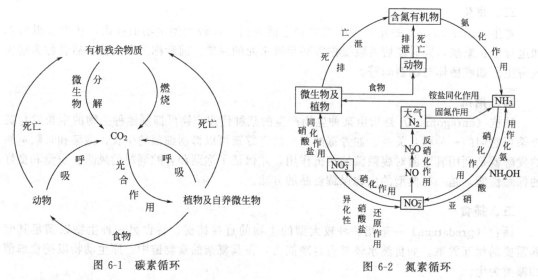

图 6-1 碳素循环　　　　　图 6-2 氮素循环

1. 氨化作用

氨化作用主要为蛋白质和尿素的氨化作用。蛋白质氨化作用是指蛋白质在微生物作用下，先水解为肽，再水解为氨基酸，氨基酸经不同的脱氨基方式分解产生氨及其他产物。尿素的氨化作用是在尿细菌的脲酶作用下，先水解生成碳酸铵，碳酸铵在碱性环境下不稳定，迅速自解为氨和 CO_2。

2. 硝化作用

氨或铵盐可被微生物氧化为硝酸，包括两个阶段，分别由两类菌完成。第一阶段是在亚硝酸细菌作用下，将氨氧化为亚硝酸；第二阶段是在硝酸细菌的作用下，将亚硝酸氧化为硝酸。

3. 反硝化作用

硝酸盐在通气不良的环境中，可被反硝化细菌还原成 N_2O 或 N_2，弥散于空气中，引起土壤氮素的损失，故又称为脱氮作用。

4. 生物固氮作用

微生物还原空气中的 N_2 为氨的过程称为生物固氮作用。全球每年生物固氮的数量约为工业固氮的两倍。因此，生物固氮对农业生产有重要意义。生物固氮是由固氮菌完成的，固氮菌为原核微生物。

三、磷素循环

微生物在自然界磷素循环中的作用主要表现在有机磷化物的分解、不溶性无机磷化物的转化和有效磷的微生物固定与磷酸盐还原等三个方面。

1. 有机磷化物的分解（解磷作用）

自然界中主要的有机磷化物有核酸、植酸、卵磷脂及各种磷脂酸，它们可被细菌、放线菌、真菌的酯酶作用，释放出磷酸。

2. 不溶性无机磷化物的转化（溶磷作用）

土壤中的不溶性磷酸盐和磷矿中的不溶性磷矿石，在微生物代谢过程中产生的碳酸、硝酸、硫酸以及其他有机酸的作用下，可以转变为水溶性的磷酸盐，被植物或微生物利用。

3. 磷的微生物固定与磷酸盐还原

无机磷化物可被微生物或植物同化利用，转变为有机磷，在细胞死亡后，方可释放。

四、硫素循环

微生物在自然界硫素循环中的作用主要表现在含硫有机物的分解、硫化作用、反硫化作用等三个方面。

1. 含硫有机物的分解

含硫有机物主要有蛋白质、含硫氨基酸等，可被多种微生物分解为 NH_3 和 H_2S。

2. 硫化作用

在通气条件下，无机硫化物 H_2S、S、SO_2 等被微生物或化学作用氧化为 SO_4^{2-}。

3. 反硫化作用

在厌氧条件下，硫酸盐还原为 H_2S 的过程。引起该反应的微生物是一些兼性厌氧菌或厌氧菌，如脱硫弧菌属（*Desulfovibio*）、脱硫弯杆菌属（*Desulfotomaculum*）等。

第四节　微生物在污水处理中的作用

一、微生物处理污水的原理

自然界中的污水来源很多，如生活污水、工业有机污水（如屠宰、造纸淀粉和发酵工业等）、工业有毒污水（农药、炸药、石油化工、电镀、印染、制革等）等。其中含有高浓度的有机物或各种有毒物质，如农药、炸药、多氯联苯、多环芳烃、酚、氰、丙烯腈等。

通常用于表示污水中有机物含量的指标有两个，即 BOD（biochemical oxygen demand）和 COD（chemical oxygen demand）。BOD 为生化需氧量，是一种表示水中有机物含量的间接指标，常用 BOD_5，即"五日生化需氧量"来表示，指在 20℃下，1L 污水中所含的有机物（主要是有机碳源），在进行微生物氧化时，5 日内所消耗的分子氧的毫克数；COD 为化学需氧量，指的是使用强氧化剂使 1L 污水中的有机物进行化学氧化时，所消耗氧的毫克数。使用的氧化剂一般为 $KMnO_4$ 或 $K_2Cr_2O_7$，$KMnO_4$ 氧化力较弱，只能使 60% 左右污物氧化，而污水中含量较高的低级脂肪酸盐类等却不易被氧化，因此测得的值较低。$K_2Cr_2O_7$ 的氧化能力极强，氧化率高达 80%～100%，只有少数长链脂肪族有机物、芳香烃和吡啶等环式化合物才不易被氧化。因此常用 $K_2Cr_2O_7$，并把测得的数值称为 COD_{Cr}。

污水种类虽然很多，但在自然界中存在着各种能分解相应污染物的微生物类型。因此，微生物在污水处理中发挥着主要的作用。并且在各种污水处理方法中，最根本、有效和简便的方法就是利用微生物学方法处理污水，即生物处理法。生物处理法是指依据水体自净原理，在一定设置条件下，充分利用微生物及其酶的作用，强化对污物的好氧或厌氧分解转化过程，使污水得到净化，再行排放。当高的 BOD 污水进入污水处理系统后，使污水中的有机物或毒物不断被降解、氧化、分解、转化或吸附、沉淀，进而达到消除污染和降解、分层效果。

微生物处理污水的方法通常有两种，即需氧处理法及厌氧处理法。

二、微生物处理污水的方法

（一）需氧处理法

需氧处理是在有氧情况下，污水中有机物被微生物氧化分解，使碳原子生成二氧化碳，氮原子生成氮气、亚硝酸离子和硝酸离子等。目前应用较广的是活性污泥法及生物滤膜法，在此主要介绍活性污泥法。

活性污泥法（activated sludge process）又称生化曝气法。最早由英国人 Ardern 和 Lockett 创建于 1914 年，一直使用至今，活性污泥是一种由细菌、原生动物和其他微生物群体与污水中的悬浮有机物、胶状物和吸附物质在一起构成的凝絮团（絮状体），在污水处理中具有很强的吸附、分解和利用有机物或毒物的能力。

活性污泥去除污水的能力是极高的，它对生活污水的 BOD_5 去除率可达 95% 左右，悬浮固体去除率也可达 95% 左右，污水中的病原菌和病毒的去除率均很高。活性污泥法是通过悬浮在水中的活性污泥，对污水进行净化。

在污水处理中分解有机物的菌主要是细菌及真菌，其次是原生动物、线虫及昆虫的幼虫等。活性污泥中的细菌大多以菌胶团形式存在，少数为游离状态。

菌胶团是由许多细菌（主要为短杆菌）及其分泌的多糖类物质黏合在一起的团块，能黏附污水中悬浮的颗粒。菌胶团开始形成时胶质薄而透明，以后胶质增厚，吸附能力增强，能吸附大量颗粒，原生动物及丝状细菌也栖息其上，使活性污泥絮状化。菌胶团有很强的分解有机物的能力。

活性污泥中常见的细菌有分枝芽殖动胶菌属（*Zoogloearamigera*）、芽孢杆菌属、诺卡菌属、黄杆菌属、棒状杆菌属、产碱杆菌属、假单胞菌属以及大肠菌群的细菌等。分枝芽殖动胶菌为革兰阴性杆菌，大小 $1×(2～4)\mu m$，单极鞭毛，运动活泼，生长的最适 pH7.0～7.4，不能发酵糖类，不形成吲哚，不产生色素，硫化氢阴性，除此菌以外，在活性污泥中尚有多细胞的丝状菌，主要有球衣细菌（*Sphaerotilus*）、白硫细菌（*Beggiatoa*）及硫丝细菌（*Thiothrix*）。它们与菌胶团交织在一起，是活性污泥的骨架。但是，丝状菌过度生长会引起污泥膨胀，使污水处理的效果下降。

活性污泥中还栖居着原生动物，原生动物虽有吞食有机物及细菌的能力，但在净化污水中所起的作用远不及细菌。活性污泥中的原生动物以纤毛虫（ciliates）占最多数，还有变形虫（amoebas）、鞭毛虫（flagellates）。纤毛虫按运动方式不同可分为固着型、匍匐型及游泳型。原生动物的种类及数量变化，常能反映活性污泥好坏情况。当固着型和匍匐型纤毛虫占优势而鞭毛虫和变形虫很少时，活性污泥良好，净化效果佳；当游泳型纤毛虫占优势，鞭毛虫及变形虫也增多时，说明污泥净化能力不强。

在生物处理污水过程中，微生物需要一定的营养物，其中碳源是必需的成分之一。污水中的蛋白质、糖类、有机酸等均含有碳，异养菌能以这些有机物作为碳源，自养菌能以无机的二氧化碳为碳源。

氮源在生活污水中一般是不缺少的，处理工业污水时如果氮含量不足，可适当投加粪便等以增加氮源。细菌生长也需要无机盐，如磷及硫等。生活污水中因含有粪便，故含磷丰富。工业污水含磷少，可用掺入生活污水的方法补充磷。

活性污泥可用人工培养。培养方法是在气温较暖时，在曝气池中投入粪便，用生活污水加以稀释，经过曝气逐渐形成活性污泥。随着活性污泥的形成，游离的细菌减少，菌胶团不断增多。

在活性污泥应用中，遇到一个重要问题是污泥膨胀。污泥膨胀是指活性污泥的正常絮状化被破坏，沉降速度减慢的现象。污泥膨胀原因是由于菌群、pH、温度、溶解氧等的变化引起。一般正常活性污泥的 pH 应为 6.0～8.0，溶解氧保持在 1mg/L 以上，水温 20～40℃。解决污泥膨胀问题的主要办法是设法抑制丝状细菌生长，造成不利其生长的条件。具体措施是停止外加营养、提高 pH 值、交换污泥等。

活性污泥还可驯化，驯化目的是使它能具有更大的处理污水能力，驯化时营养物质逐渐减少，污水添加量逐渐增加，这样使能适应于污水的微生物得以增长，而使不能适应者淘汰。经驯化后，污泥中细菌对有毒物质的耐受性增强。

（二）厌氧处理法

厌氧处理法也叫沼气发酵。沼气（marsh gas 或 swamp gas）是一种混合可燃气体，其中除含主要成分甲烷外，还含少量 H_2、N_2、CO_2 等。厌氧处理法是在厌氧条件下，微生物（包括专性厌氧及部分兼性厌氧微生物）将有机物分解为甲烷及氢，使污水净化，且有大量甲烷等可燃气体产生。

甲烷发酵过程中有机物分解可分为三个阶段，即液化阶段、产酸阶段和产甲烷阶段。

（1）第一阶段是液化阶段　微生物将纤维素、淀粉、蛋白质、脂类等大分子有机物降解产生单糖、丙酮酸、氨基酸、有机酸氨、甘油和脂肪酸、并进而形成丙酸、乙酸、丁酸、琥珀酸、乙酸、H_2 和 CO_2 的过程。参与的细菌主要有兼性厌氧菌，少数是专性厌氧菌。如芽孢杆菌属、梭状芽孢杆菌属、变形杆菌属、葡萄球菌属等。

（2）第二阶段是产酸阶段　在不产甲烷细菌和产甲烷菌的作用下，将第一阶段产生的有机酸进一步分解为丙酸、乙酸、甲酸、乙醇、甲醇等。同时还有 H_2、CO_2、NH_3 等多种气体产生，为产甲烷阶段作准备。

（3）第三阶段是产甲烷阶段　由严格厌氧的产甲烷菌群来完成，这类细菌只能利用一碳化合物（CO_2、甲烷、甲酸、甲基胺、CO）、乙酸和氢气形成甲烷。参与的细菌有甲烷球菌属（*Methanococcus*）、甲烷八叠球菌属（*Methanosarcina*）、甲烷杆菌属（*Methanobacterium*）及甲烷螺菌属（*Methanospirillum*）等。甲烷细菌属于化能自养菌，它能在厌氧条件下推动 H_2 和 CO_2 合成甲烷，细菌从分子氢的氧化过程中获得能量，利用二氧化碳作为碳源。甲烷细菌也能转化甲醇、甲酸、乙酸形成甲烷。其产甲烷的主要反应有以下类型。

① $$4H_2 + CO_2 \longrightarrow CH_4 + 2H_2O$$
② $$CH_3COOH \longrightarrow CH_4 + CO_2$$
③ $$4HCOOH \longrightarrow CH_4 + 3CO_2 + 2H_2O$$
④ $$4CH_3OH \longrightarrow 3CH_4 + CO_2 + 2H_2O$$

⑤ $$2CH_3CH_2OH + CO_2 \longrightarrow 2CH_3COOH + CH_4$$

甲烷细菌生长的 pH 以 7.0～8.0 为宜，最适温度为 36～38℃和 51～53℃，前者为中温发酵菌，后者为高温发酵菌。高温发酵处理有机物的能力比中温发酵强几倍。厌氧处理法主要用于有机物含量高的污水的处理。我国根据各地具体条件不同，因地制宜地采用了多种需氧处理方法和厌氧处理法净化污水。近年来，随着专性降解有毒有害的特异性菌株的选育，对今后污水、垃圾净化将起重要的推动作用。

第七章　微生物遗传变异与育种

遗传（heredity）是生物体最本质的属性之一，是生物的亲代传递给其子代一套遗传信息的特性。一种微生物适应什么环境，利用哪些营养物质，形成哪些代谢产物，细胞的形态结构和繁殖特性等全部形态学特征，以及所有生理学特性均具有相对的稳定性，即子代细胞与亲代细胞常具有相同的特征和特性，这就是遗传。它是保证微生物"种"世世代代保持其固有特征特性的一种重要的生物学性状。而变异（variation）则是指生物体在某外因或内因的作用下所引起的遗传物质结构或数量的改变，即遗传型的改变，也是稳定的、可遗传的。由于生物体的变异，使得其子代与亲代出现了差异。正是由于变异，使育种成为可能。

第一节　遗传变异的物质基础

一、证明遗传变异物质基础的三个经典实验

（一）转化实验

1928 年 F. Griffith 用肺炎链球菌做了一个转化实验，其供试菌种——肺炎链球菌有两个型：一种是粗糙型（rough，简称 R 型），无荚膜，菌落粗糙，无毒性；另一种是光滑型（smoth，简称 S 型），有荚膜，菌落光滑，有毒性，会使小鼠致死。实验分以下四组进行：

① 将无毒性的 R 型活细胞注射到小鼠体内，结果小鼠不死亡；

② 将有毒性的 S 型活细胞注射到小鼠体内，结果小鼠患败血症死亡；

③ 将加热杀死的 S 型细菌注射到小鼠体内，结果小鼠不死亡；

④ 将无毒性的 R 型活细菌与加热杀死后的 S 型细菌混合后，注射到小鼠体内，结果小鼠患败血症死亡。

Griffith 通过转化实验，证明了在细胞内可能存在一种具有遗传转化能力的物质，即转化因子。

其后于 1944 年，O. T. Avery 等做了另一个实验，即从 S 型活菌中分离提取荚膜多糖、脂类、蛋白质、DNA 和 RNA 等可能的转化因子，分别将它们和 R 型活菌混合后，注射到小鼠体内，结果只有 DNA 引起 R 型转化，将无毒的 R 型转化成了有毒的 S 型，结果导致小鼠死亡。从而证实了决定生物遗传变异的物质是 DNA。

（二）噬菌体感染实验

1952 年，A. D. Hershey 和 M. Chase 把 *E. coli* 培养在以放射性 $^{32}PO_4^{3-}$ 或 $^{35}SO_4^{2-}$ 作为磷源或硫源标记的组合培养基中，从而制备出含 ^{32}P-DNA 核心的噬菌体或含 ^{35}S-蛋白质外壳的噬菌体。用这两种噬菌体分别做了两组实验（图 7-1）。从两组实验可以看出，在噬菌体感染过程中，其蛋白质外壳根本未进入宿主细胞，进入宿主细胞的只有噬菌体 DNA，尚因释放出的子代噬菌体粒子具有同亲代一样的蛋白质外壳，故可以肯定，仅只有 DNA 携带有全部遗传信息。

（三）植物病毒的重建实验

1956 年 H. Fraenkel-Conrat 在植物病毒领域做了一个著名的植物病毒重建实验，实验

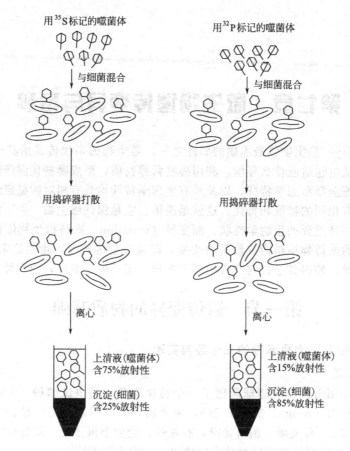

图 7-1 *E. coli* 噬菌体的感染实验

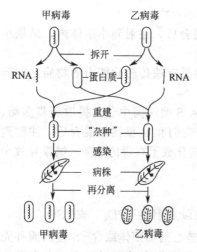

图 7-2 病毒的重建实验

过程如图 7-2 所示。实验时先将两株烟草花叶病毒（其中，甲病毒为 TMV 病毒，乙病毒为与 TMV 病毒近缘的霍氏车前花叶病毒，Holmes ribgrass mosaic virus，HRV）的蛋白质外壳和 RNA 核心拆开，在体外将一株病毒的 RNA 和另一株病毒的蛋白质重组，再用之分别感染烟草，并从病株分离病毒。结果发现，病毒的蛋白质取决于相应的 RNA。为此证明该病毒的遗传物质为 RNA，蛋白质外壳对其仅起保护作用。

二、核酸的结构与功能

除少数病毒的遗传物质为 RNA 外，绝大多数生物的遗传物质均为 DNA。

1953 年 Watson 和 Crick 提出了 DNA 分子的双螺旋结构，即 DNA 是由两个多核苷酸长链组成的一个双螺旋（图 7-3、图 7-4）。每个单链的骨架由磷酸和脱氧核糖连接而成，侧链为腺嘌呤（A）、鸟嘌呤（G）、胞嘧啶（C）和胸腺嘧啶（T）四种碱基。两条单链以碱基对（A：T 和 G：C）互补，通过氢键相互连接、盘旋成双螺旋。因组成 DNA 分子四种碱基对的排列方式很多，故能赋予生物以极多的遗传性状。

DNA 是通过半保留复制机制实现其自体复制的（图 7-3），DNA 分子上携带着生物体所

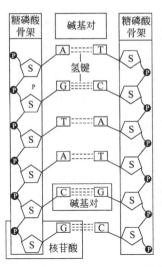
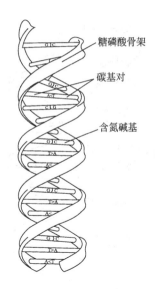

(a) DNA的结构

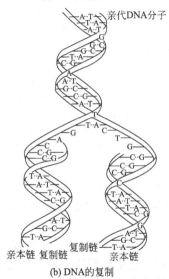

(b) DNA的复制

图 7-3　DNA 的结构和复制方式

S—脱氧核糖；P—磷酸；A—腺嘌呤；G—鸟嘌呤；C—胞嘧啶；T—胸腺嘧啶

拥有的所有基因（gene），这些遗传信息通过转录和翻译过程完成其表达。因此子代和亲代具有相似的遗传性状。但是 DNA 分子的结构和碱基可发生改变，从而引起生物的变异。

三、微生物的基因组

基因（gene）是生物体内一切具有自主复制能力的最小遗传功能单位，其物质基础是一条以直线排列、具有特定核苷酸序列的核酸片段。每个基因大体在 1000～1500bp 的范围，相对分子质量约为 6.7×10^5。由众多基因构成了染色体。把某个生物体所含有的全部遗传因子称为基因组。据报道，到 2004 年底，有 150 多种微生物基因组序列已经测定完成，还有上百种正在测序当中。

（一）真核微生物的基因组

真核微生物的基因组包括染色体 DNA 和染色体外的 DNA。染色体 DNA 大多与蛋白质结合成染色体，存在于细胞核中，其种类不同，染色体数目各异；染色体外的 DNA 主要存

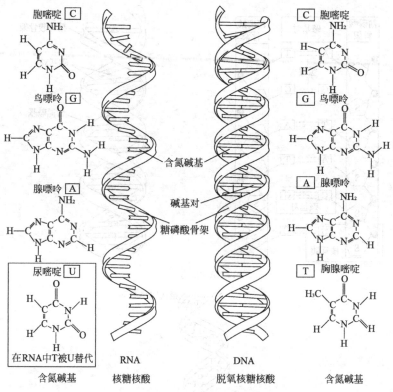

胞嘧啶 C

鸟嘌呤 G

腺嘌呤 A

尿嘧啶 U

在RNA中T被U替代

含氮碱基

RNA

核糖核酸

含氮碱基

碱基对

糖磷酸骨架

DNA

脱氧核糖核酸

C 胞嘧啶

G 鸟嘌呤

A 腺嘌呤

T 胸腺嘧啶

含氮碱基

图 7-4　DNA 和 RNA 的结构比较

在于细胞器中，如线粒体 DNA、叶绿体 DNA 等，可称之为真核微生物的质粒。

（二）原核微生物的基因组

原核微生物的基因组包括核基因组 DNA 和染色体外的 DNA。核基因组 DNA 游离于细胞质中，大多为环状 DNA，具有真核染色体 DNA 的全部功能。染色体外的 DNA，称之为质粒（plasmid）。质粒是游离于原核微生物核基因组以外，具有独立复制能力的小型共价闭合环状 dsDNA 分子。若质粒复制行为与核基因组的复制同步，称为严紧型复制控制（stringent replication control）；若不同步，则称为松弛型复制控制（relaxed replication control）。以功能不同，质粒有很多种类型，常见的有以下几种。

① 抗药性质粒（R 因子）　对某些抗生素或其他药物具有抗性。

② 致育因子（F 因子）　与细菌有性接合有关的质粒。

③ 产细菌素质粒　是一种与细菌素合成有关的质粒，如大肠杆菌素质粒（col 因子）。

④ 降解性质粒　是一类可产生相应酶类、降解难分解化合物（如樟脑、二甲苯、萘、水杨酸等）的质粒。

⑤ 其他质粒　如对某些重金属、紫外线、X 射线等具有抗性的质粒。

原核生物质粒仅占核基因组 DNA 的 1%，可自体复制，一般不是细胞必需的结构，许多质粒能通过细胞接触自动地由一细菌转移到另一细菌中。质粒一旦消失，子细胞不再出现。

第二节　基因突变与诱变育种

一、基因突变

（一）几个基本概念

（1）突变（mutation）　是由于遗传物质结构的突然变化，导致生物性状的改变而引起

116

的可遗传变异，包括基因突变和染色体畸变。

（2）基因突变（gene mutation）　是指 DNA 分子上某一点的遗传物质的改变，也称点突变，涉及一对或少数几对碱基的改变。把发生基因突变的菌株叫作突变菌株（mutant）。

（3）突变率（mutation rate）　指每一个细胞在每一世代中发生某一性状突变的概率。也可用单位群体在繁殖一代过程中形成突变体的数目表示。如突变率为 10^{-8}，即表示该细胞在 1 亿次分裂过程中，会发生一次突变。也表示 1 个含 10^8 个细胞的群体，当其分裂成 2×10^8 个细胞时，可平均发生一次突变。

（4）回复突变（back mutant）　由野生型变为突变型的过程叫正向突变（forward mutation）；而从突变型经过又一次突变，成为与野生型有相同表型的突变叫回复突变（back mutation）。

（5）自发突变（spontaneous mutation）　是指自然发生的突变，其频率较低，一般为 $10^{-10} \sim 10^{-5}$。

（6）诱发突变（induced mutation）　又称诱变，是指应用人工诱变剂（mutagens）引起的基因突变。诱变剂是指能显著提高突变率的各种理化因素。如紫外线、高温、辐射及化学药物（如碱基类似物、亚硝酸盐、各种烷化剂等）。诱发突变率一般比自发突变率提高 $10 \sim 10^4$ 倍。

（二）基因突变引起的表型效应

基因突变引起的个体表型改变有以下几种类型。

1. 形态突变型

形态突变型即个体形态改变的突变型，包括细胞形态突变型、菌落形态突变型、噬菌斑形态突变型等。细胞形态突变型表现为细胞形状改变、孢子形状及颜色改变、鞭毛有无的改变等；菌落形态突变型表现在菌落形状、大小、颜色、表面光滑或粗糙以及菌落的干湿度等方面的变异；噬菌斑形态突变型表现为噬菌斑大小、清晰度等方面的改变。

2. 条件致死突变型

条件致死突变型即在某一条件下具有致死效应，而在另一条件下没有致死效应的突变型为条件致死突变型（conditional lethal mutant）。得到广泛应用的一类是温度致死条件突变型（temperature sensitive mutant，Ts 突变株），这类致死突变型在某一温度下能够存活，在另一温度下却可致死。

3. 生化突变型

生化突变型是指发生某种生化特性改变的突变型。其中营养缺陷型（auxotroph）在微生物遗传学和发酵工业生产实践中应用最为广泛，其次是抗性突变型。营养缺陷型也可以认为是一类条件致死突变型，因为在没有给它们补给其缺陷的营养物质的培养基上就不能生长。实际上，所有的突变型都与生化特性突变有关。因此，这些突变型分类仅仅是为了应用上的方便而言。

4. 抗性突变型

由于基因突变而使原始菌株产生了对某种化学药物或致死物理因子抗性的变异类型叫抗性突变型（resistant mutant）。它们可从含相应药物或用相应物理因子处理的培养基平板上选出。

5. 产量突变型（高产突变株）

通过基因突变而获得的在有用代谢产物产量上高于原始菌株的突变株，称为产量突变型（high producing mutant）。

不管是自然突变还是人工诱变，微生物所出现的变异不外乎是形态学和生理学方面的变异。但是微生物在不同生理阶段或在不同的外界环境条件下，在形态学和生理学方面往往会出现未涉及遗传型改变的表型变化，叫饰变（modification）。饰变不属于变异范围。例如，醋酸杆菌在 37℃时，菌体形态较短，相互连接，当培养温度升高时，菌体细胞伸长，培养温度降低时，菌体细胞呈柠檬形；炭疽杆菌在普通培养基上不形成荚膜，在人和动物体内则可形成荚膜，当再次回到普通培养基上又失去形成荚膜的能力；啤酒酵母在通气培养下，以繁殖菌体细胞为主，不产生或只产生少量酒精，而在厌氧条件下，菌体细胞繁殖速度减慢，但酒精发酵速度与强度明显提高；G^+ 菌的老龄培养物形态异常，并呈现 G^- 染色特性等。这些变化，均未涉及基因的任何改变，仅仅是环境条件不同而引起的形态学和生理学方面的变化。这些变化与变异是有本质区别的，真正的变异是指微生物在基因组成与结构上发生的改变，哪怕是一个核苷酸的改变，都有可能打乱该基因局部碱基的排列顺序，继而影响遗传密码和肽链上氨基酸的组成，最终改变蛋白质和酶的性质，改变了其遗传性状。这种基因型的变异，有可能形成新的稳定的特性。对育种工作来说，重要的生理学特性的改变，尤其是代谢方面的改变，将有利于生产。

（三）基因突变的特点

以细菌抗性突变为例，说明基因突变的一般规律。

1. 自发性与不对称性

自发性与不对称性即突变的性状与引起突变的原因无直接对应关系。如细菌在有青霉素的环境中出现抗青霉素突变株，不是因与青霉素接触发生的，而是在此之前已自发产生抗性细胞，青霉素只是起了淘汰敏感细胞的作用。

2. 稀有性

稀有性指自发突变的频率很低，一般为 $10^{-10}\sim10^{-5}$。

3. 独立性

独立性指抗性突变的发生是独立的。即在微生物群体中可发生抗链霉素突变，也可发生其他抗药性或其他类型的突变，并且某一基因的突变对其他基因的突变无影响。例如，巨大芽孢杆菌对异烟肼的抗性突变率是 5×10^{-5}，抗对氨基柳酸的突变率是 1×10^{-6}，而同时兼抗此两种药物的突变率是 8×10^{-10}。因此，基因突变一般都是个别发生的，突变的发生不仅对于细胞来说是随机的，对于基因来说也是随机的。

4. 稳定性

基因突变所造成的抗药性和生理适应所造成的抗药性的一个重要区别，是前者当药物不存在时，抗药性保持不变。突变基因和野生型基因一样，是一种稳定的结构，可以遗传给子代细胞。

5. 可逆性

抗性菌株的突变基因是稳定的，但这种稳定同样是相对的。在抗性突变菌株中，也可以在个别细胞中出现回复突变，即由抗性细胞变成敏感细胞。抗性突变型的回复突变也是以很低的频率发生的。

6. 诱变性

抗药性的突变率可以通过某些理化因素的处理而提高，一般可提高 $10\sim10^5$ 倍。该理化因素称为诱变剂。

（四）基因突变自发性和不对称性的实验证明

1. 变量实验（fluctuation test）

1943 年 S. E. Luria 和 M. Delbrück 根据统计学原理，设计了一个波动实验，也称为波动实验或彷徨实验（图 7-5）。该实验的做法是取对噬菌体 T_1 敏感的大肠杆菌液（10^3 个/mL），分装于两只大试管中，每管 10mL。将其中一管分装于 50 支小试管中，每管 0.2mL，保温培养 24～46h，分别倒入涂有噬菌体 T_1 的培养皿上，培养后计各皿上的抗噬菌体的菌落数；另一大试管直接保温培养，然后与上述小管一样，涂 50 个培养皿，计算其抗噬菌体的菌落数。实验原理为若细菌抗药性由细菌与药物接触而引起，则分装在许多小试管中的样品，将出现大致相同的抗性细菌；若抗性细菌的出现任何时间都可能发生，与接触的环境无关，则在一系列小管中，抗药性细菌数目就有波动。因此，只要观察一系列小管中抗药性细菌数目的波动情况，即可推断细菌抗性的原因。实验结果表明，来自大试管的若干培养皿中的抗性菌落比较接近，而来自小试管中的抗性菌落数则相差极大。这就证明了大肠杆菌抗噬菌体性状的突变，不是由噬菌体诱发而产生的，而是在接触噬菌体之前，在某一次细胞分裂过程中随机自发产生的。

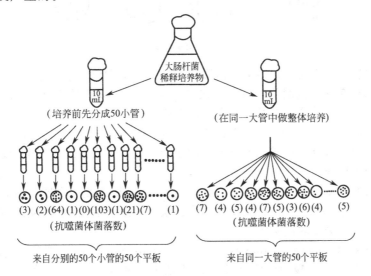

图 7-5　变量实验

2. 涂布实验

1949 年，H. B. Newcombe 设计了一个与变量实验的原理相似的实验，称为涂布实验。其方法更为简单。先在两组共 12 个培养皿上涂以等数的大量敏感细菌（5×10^4 个/mL），培养 5h，待长出大量微菌落后，在一组 6 个培养皿中喷噬菌体，另 6 个培养皿则用无菌的玻璃棒将微菌落重新涂布后，再喷噬菌体。经培养观察，重新涂布的一组抗性菌落数比未涂布的要高得多。这就说明，该抗性突变的发生是在未接触噬菌体前，否则两组皿中菌落数应该相等。在此，噬菌体只起鉴别抗噬菌体突变有无发生的作用，而不是诱导突变的因素。

3. 影印平板培养实验（replica plating）

1952 年 J. Lederberg 夫妇设计了一个影印平板培养实验（图 7-6），证明了微生物的抗药性突变是在接触药物前自发产生的，且这一突变与相应的药物无关。其实验程序为：①先把对链霉素敏感的 *E. coli* K12 涂布到不含链霉素的平板 1 上培养；②待长出小菌落后，用影印法影印到不含链霉素的平板 2 和含有链霉素的平板 3 上培养；③平板 3 上长出了个别抗链霉素菌落，同平板 2 比较，在平板 2 上找出相应位置的抗性菌落，经用前法影印培养后，可在平板 7 上长出更多的抗链霉素菌落，再在平板 6 上找出抗性菌落做影印培养；④这样，经过平板 2、6、10，可以在完全不接触链霉素的条件下获得纯的抗链霉素的菌株。由此更直接地说明了抗药性与接触药物无关。

影印培养法在微生物遗传育种理论研究与实践中有很大的应用价值。

（五）基因突变的机理

1. 诱变机理

突变包括基因突变和染色体畸变。基因突变是细胞 DNA 分子的微小损伤。而染色体畸

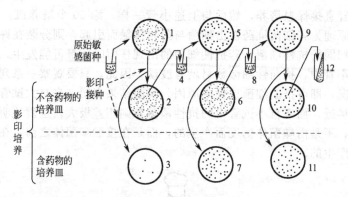

图 7-6 影印培养实验

变是细胞染色体较大的损伤，包括染色体数目的改变（如单倍体、双倍体、多倍体的变化）和染色体结构的改变（包括倒位、易位、缺失、重复等）。基因突变中 DNA 上碱基对的变化有三种情况，即碱基转换、碱基颠换和移码突变。

（1）碱基转换（transition） DNA 链中的一个嘌呤被另一个嘌呤或是一个嘧啶被另一个嘧啶的置换。即 A-T→G-C 或 G-C→A-T 的改变，称为转换，是在 DNA 受诱变因素作用后的复制过程中出现的。

（2）碱基颠换（transversion） 一个嘌呤被另一个嘧啶或是一个嘧啶被另一个嘌呤的置换。即 T-A→A-T 或 G-C→C-G 的改变，称为颠换，它是由于在 DNA 复制过程中嘧啶被嘌呤取代或者是嘌呤被嘧啶取代所致。

（3）移码突变（frame-shift mutation 或 phase-shift mutation） 指诱变剂使 DNA 分子中的一个或少数几个核苷酸的增添（插入）或缺失，从而使该部位后面的全部遗传密码发生转录和翻译错误的一类突变（图 7-7 和表 7-1）。由移码突变所产生的突变株称为移码突变株（frame shift mutant）。吖啶类染料，包括吖啶黄、吖啶橙等都是移码突变的有效诱变剂。

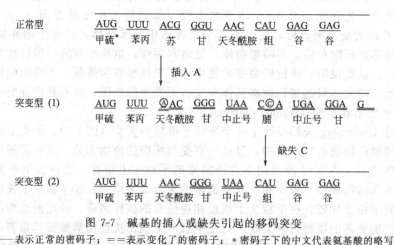

图 7-7 碱基的插入或缺失引起的移码突变
——表示正常的密码子；＝＝表示变化了的密码子；* 密码子下的中文代表氨基酸的略写

（1）物理诱变剂引起的基因突变 物理诱变剂种类很多，常用的有紫外线、X 射线、γ 射线等。在此以紫外线为例，说明其诱变机理。

微生物在紫外线照射下，会发生光化学反应，其产物主要是嘧啶二聚体和嘧啶水合物，引起 DNA 结构发生改变（图 7-8、图 7-9）。从而导致微生物死亡或由于碱基的转换或移码突变引起微生物发生突变。

120

表 7-1 mRNA 上的三联密码

第一碱基	第二碱基				第三碱基
	U	C	A	G	
U	苯丙氨酸 苯丙氨酸 亮氨酸 亮氨酸	丝氨酸 丝氨酸 丝氨酸 丝氨酸	酪氨酸 酪氨酸 * *	半胱氨酸 半胱氨酸 * 色氨酸	U C A G
C	亮氨酸 亮氨酸 亮氨酸 亮氨酸	脯氨酸 脯氨酸 脯氨酸 脯氨酸	组氨酸 组氨酸 谷氨酰胺 谷氨酰胺	精氨酸 精氨酸 精氨酸 精氨酸	U C A G
A	异亮氨酸 异亮氨酸 异亮氨酸 甲硫氨酸或 甲酰甲硫氨酸	苏氨酸 苏氨酸 苏氨酸 苏氨酸	天冬酰胺 天冬酰胺 赖氨酸 赖氨酸	丝氨酸 丝氨酸 精氨酸 精氨酸	U C A G
G	缬氨酸 缬氨酸 缬氨酸 缬氨酸	丙氨酸 丙氨酸 丙氨酸 丙氨酸	天冬氨酸 天冬氨酸 谷氨酸 谷氨酸	甘氨酸 甘氨酸 甘氨酸 甘氨酸	U C A G

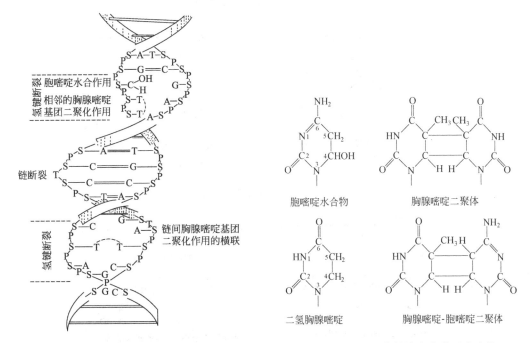

图 7-8 紫外线照射后引起的 DNA 结构改变　　图 7-9 嘧啶的紫外线光化学反应产物

（2）化学诱变剂引起的基因突变　化学诱变剂种类很多，常用的有碱基类似物、烷化剂、亚硝酸盐及吖啶类等。

① 碱基类似物的置换作用　碱基类似物是指在化学结构上与 DNA 中的四种碱基相似的一类化合物。如 5-溴尿嘧啶（BU）、5-溴脱氧尿核苷（BD）是胸腺嘧啶的类似物；2-氨基嘌呤（AP）是腺嘌呤的类似物（图 7-10、图 7-11、图 7-12 和图 7-13）。BU 和 BD 能置换 DNA 中的胸腺嘧啶，其条件是在 DNA 复制时缺乏胸腺嘧啶，使 BU 和 BD 取代 T。

在诱变时，一般是将细菌同抑制胸腺嘧啶合成的抑制物一起培养处理，也可以用胸腺嘧啶的营养缺陷型来消耗游离的胸腺嘧啶。在无胸腺嘧啶存在的条件下，细胞在合成 DNA 的

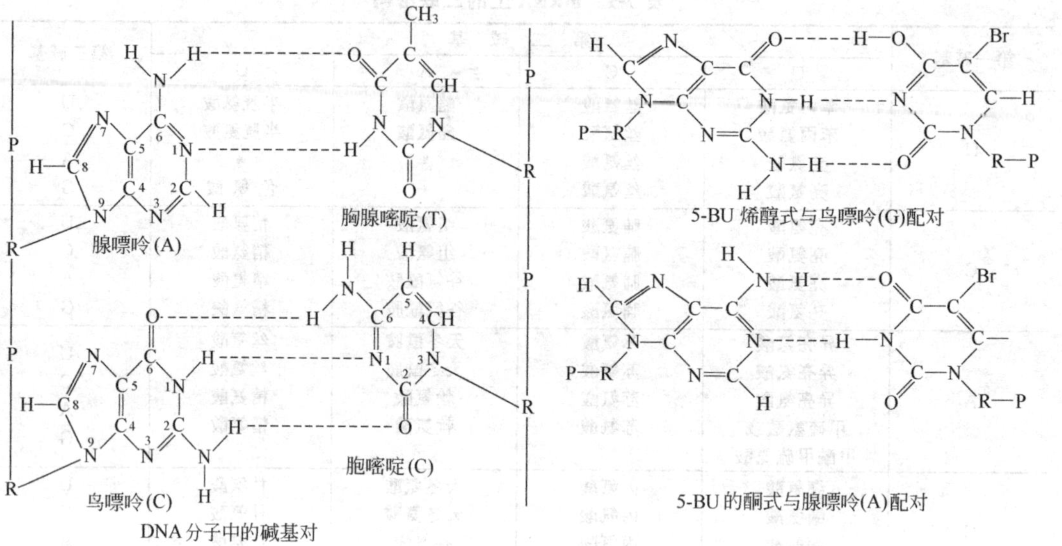

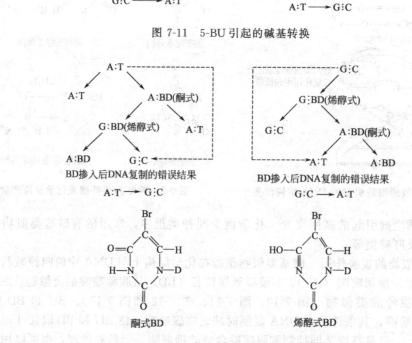

腺嘌呤(A)
胸腺嘧啶(T)
鸟嘌呤(C)
胞嘧啶(C)
DNA 分子中的碱基对
5-BU 烯醇式与鸟嘌呤(G)配对
5-BU 的酮式与腺嘌呤(A)配对

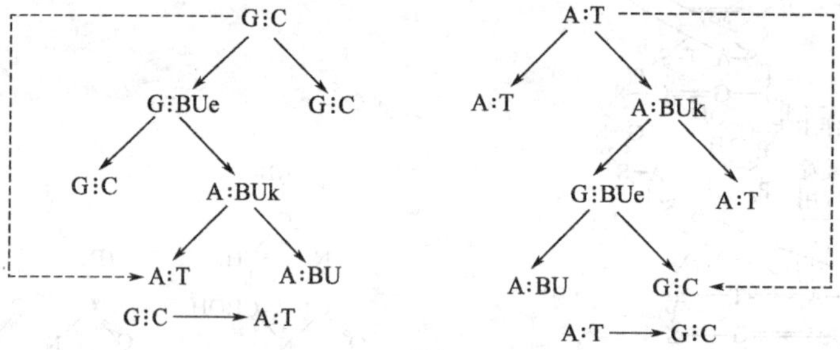

(a) DNA 分子中的碱基对(碱基正常配对)　　(b) 5-BU的酮式与腺嘌呤(A)配对(碱基错误配对)

图 7-10　5-BU 的诱变作用

G:C
G:BUe
G:C
G:C
A:BUk
A:T
A:BU
G:C → A:T
A:T
A:T
A:BUk
G:BUe
A:T
A:BU
G:C
A:T → G:C

图 7-11　5-BU 引起的碱基转换

A:T
A:T
A:BD(酮式)
G:BD(烯醇式)
A:T
A:BD
G:C
BD掺入后DNA复制的错误结果
A:T → G:C
G:C
G:BD(烯醇式)
G:C
A:BD(酮式)
A:T
A:BD
BD掺入后DNA复制的错误结果
G:C → A:T
酮式BD
烯醇式BD

图 7-12　5-BD 引起的碱基转换

过程中，BD 就掺入"T"的位置与腺嘌呤配对。在再次 DNA 复制中，BD 的烯醇式能与鸟嘌呤配对。于是 G 就进入新的 DNA 链上原来 A 的位置，在第三代的 DNA 上 A-T 对就换成了 G-C 对，产生了碱基的转换突变。

2-氨基嘌呤（AP）掺入 DNA 的量少，但能造成比 BD 更多的错误。已知 AP 通过两个氢键优先同"T"配对，偶然可以通过一个氢键同"C"配对。这样，就可以造成 A-T 到 G-C 的转换。在饥饿的细胞里，发生转换的频率更大。

② 烷化剂的诱变作用　烷化剂是一类重要的化学诱变剂。常用的烷化剂有甲基磺酸

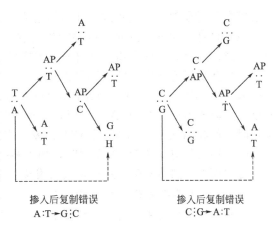

图 7-13　AP 引起的碱基转换

乙酯、乙烯亚胺、亚硝基甲基脲烷、硫酸二乙酯、亚硝基胍等（表 7-2）。这类诱变剂带一个或多个活性烷基，其活性烷基能转移到核酸分子中电子密度极高的位置上去。

表 7-2　烷化剂的主要种类

类　别	典型代表结构式	名　称
硫芥子类	$S(CH_2CH_2Cl)_2$	硫芥
氮芥子气	$CH_3N(CH_2CH_2Cl)_2$	氮芥（NM）
环氧化合物类		环氧乙烷（EO）
		二环氧丁烷（DEB）
脂肪族磺酸酯类	$CH_3SO_2OC_2H_5$	甲基磺酸乙酯（EMS）
	$CH_3SO_2OCH_3$	甲基磺酸甲酯（MMS）
乙烯亚胺类		乙烯亚胺（EI）
硫酸酯类	$SO_2(OC_2H_5)_2$	硫酸二乙酯（DES）
β-内酯		β-丙酸丙酯
重氮烷类	$CH_2\!=\!N\!=\!N$	重氮甲烷
亚硝基化合物		N-亚硝基-N-甲基脲烷（NMU）
		二乙基亚硝胺
		N-甲基-N′-硝基-N-亚硝基胍（NTG 或 NG 或 MMNG）

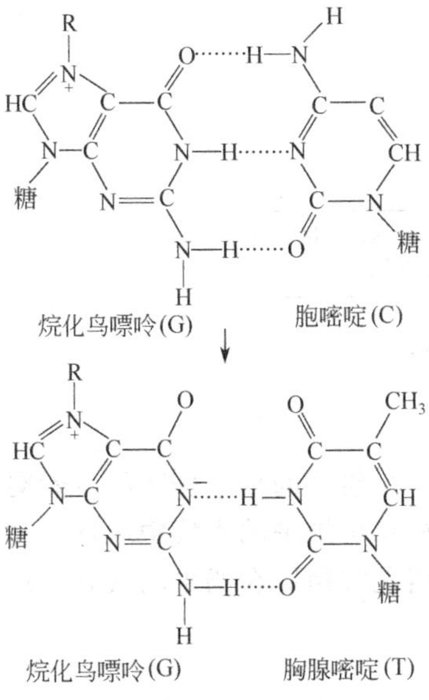

烷化剂是通过烷化 DNA 上的磷酸基、嘌呤、嘧啶而作用于 DNA。特别是鸟嘌呤最易起烷化作用，最易形成烷基鸟嘌呤；腺嘌呤的烷化作用只占整个能被烷化嘌呤的 5%～10%；嘧啶的烷化作用更小。

烷化剂诱变作用的机理一般认为与碱基结构类似物相似，即引起碱基配对错误，G-C→A-T（图 7-14），甚至可以发生颠换 A-T→T-A 或 G-C→C-G。这是由于烷化鸟嘌呤同"T"配对而代替 A。

③ 吖啶类诱变剂　吖啶类化合物（如吖啶橙、吖啶黄）能同 DNA 相互作用，并能插入两个相邻碱基对之间，使 DNA 分子长度增加，螺旋伸展或解开一定程度。这类化合物主要是引起移码突变而导致突变。

2. 自发突变机理

自发突变是在无人工参与下发生的突变。其原因可能有以下几种。

（1）背景辐射和环境诱变　自然界普遍存在高温、强

图 7-14　烷化剂引起的碱基转换

辐射等多种诱变剂，在这些诱变剂的作用下，对微生物遗传物质产生综合的诱变效应。

（2）自身代谢产物诱变　有些微生物在其代谢过程中，能产生与诱变剂作用相同的产物，如过氧化氢，这些产物对其自身或周围的生物起一定的诱变作用。

（3）互变异构效应　已知四种碱基 A、T、G、C 的第六位上，一般都以酮基（G、T）或氨基（A、C）形式出现，因此，在 DNA 双链中，一般总是 A∶T 和 G∶C 配对。但偶尔 T 也以烯醇式出现，在 DNA 复制时，其相对位置不再是 A，而是 G；同样 C 以亚氨基形式出现时，就和 A 配对。这样，就使基因发生突变，造成自发突变。

（4）环出效应　在 DNA 复制时，如果某一单链偶尔产生一小环，那么会因其上的基因越过复制而发生遗传缺失，从而造成自发突变。

（六）自然界突变菌株的分离与筛选

自然界微生物的种类是非常繁多的，它们广泛存在于土壤、水、空气，植物的根、茎、叶、花、果以及有机物存在的一切场所。由于地理条件、水土、植物组成等的差异，不同地区、不同场所的微生物区系也是不同的。这样，人们就可以从不同的微生物区系中去寻找需要的菌种。在同种微生物内，也由于自然突变的存在，以及种内不同菌株之间的优存劣亡的相互竞争，使得某些局部地方可能存在一些具有特殊性能的优良菌株，或形成的新种。这就是有可能从自然界筛选出某些优良的突变菌株或新菌种的理论依据。实践已经证明，从自然界中已经筛选出了柠檬酸高产菌株、红曲霉优良菌株、糖化能力强的黑曲霉菌株、产酒精度高的葡萄酒酵母等自然突变菌株。自然突变菌株的分离与筛选的一般程序如图 7-15。

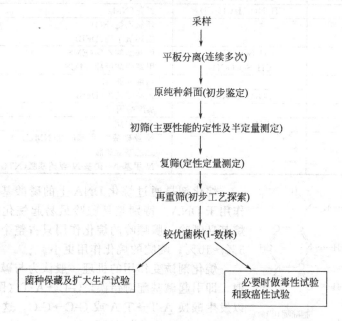

图 7-15　自然突变菌株分离筛选程序

1. 采样

采什么样品，要根据所分离的目的菌考虑，如欲分离产生淀粉酶的枯草杆菌的自然突变菌株，就应考虑在含淀粉较多的场所，如洋芋地、红薯地、淀粉房周围的土壤中取样；欲分离果汁发酵的酵母就要在果园土壤和水果上取样分离；欲分离乳酸菌应在奶牛场或乳品加工厂周围取样。

2. 增殖培养

增殖培养的目的，是使样品中需要分离的目的菌增数，便于分离。因此，选择增殖培养基和培养条件，必须符合目的菌生长繁殖的最适条件，包括营养条件。此外，还应考虑抑菌条件，即采用样品预处理或在增殖培养基中加入某些抑制其他杂菌的物质，而对目的菌无害。例如，分离枯草杆菌的样品可预先经80℃的水浴处理5～10min，将不产芽孢的杂菌全部杀死，留下该样品的芽孢，包括枯草杆菌的芽孢；分离酵母菌和霉菌时，应选用酸化的培养基，同时还可添加适量的能抑制细菌的抗生素，如青霉素和链霉素等。

  3. 分离培养

  常应用平板划线分离或平板倾注分离法。分离培养时同样要注意选择培养基和最适宜的培养条件，必要时可加入抑菌剂。如分离枯草杆菌，选择普通琼脂平板，或应用以淀粉为唯一碳源的培养基。在分离霉菌时，尤其是菌丝体极易蔓延的根霉、毛霉等，它们的菌落往往连成一片，不易挑选出单个菌落。为此，应在培养基中添加0.1%左右的去氧胆酸钠或低浓度蔗糖，使其形成单个菌落。此外，还应根据目的菌培养条件，控制培养温度、需氧或厌氧条件、pH值、渗透压等。这些措施的目的是使欲分离的微生物易于生长并形成单个菌落，而其他杂菌不能生长或不易生长。

  4. 菌落选择

  分离培养后，要从其中挑选出疑似目的菌的菌落，即所谓典型菌落。如枯草杆菌的典型菌落较大、边缘不整齐、灰白色、表面粗糙、较干，镜检时菌体呈链，有芽孢等。挑选酵母菌要符合酵母菌菌落的特征，分离乳酸菌要符合乳酸菌菌落的特征，分离根霉要符合根霉的菌落特征等。每份样品要做三个以上平板分离，然后从每个平板上挑选出一定数量的菌落，每个菌落再进行多次平板分离、纯化后分别移植于琼脂斜面作原菌种保存。

  5. 筛选

  一般分初筛、复筛、再复筛，即筛选三次。最常用的筛选方法，是摇瓶培养。初筛一般是一株一瓶，一株几瓶当然更好，但工作量太大。初筛可以淘汰80%～90%的菌株，例如，分离500个菌株，经初筛后只剩下50～100个菌株。

  复筛和再复筛一般是1株3～5瓶，经复筛后再淘汰80%～90%的菌株。剩下5～10个菌株再复筛，可以用摇床培养，也可以用实验用的小型发酵罐，按生产条件筛选。

  再复筛选出的菌株（1～3株）再进行全面测定和生产试验，必要时做毒性试验和致癌性试验。在筛选过程中，如果是筛选厌氧菌，则需在厌气条件下培养。

二、诱变育种

  诱变育种是最常用的一种有效育种手段，它的基本程序是先应用诱变剂人为地诱发变异，提高突变概率，增加筛选优良菌株的机会。然后，从诱发变异的细胞中筛选出需要的较优良的菌株，并采用多次诱变筛选方法，最后获得变异菌株。诱变育种成功的典型事例是产青霉素菌株的诱变，青霉素1943年开始生产时，其效价为20单位/mL，1955年为8000单位/mL，1969年为15000单位/mL，1977年为50000单位/mL。这些高产菌株都是通过一系列的诱变育种形成的。诱变育种的一般工作程序如图7-16。

  （一）出发菌株的选择

  作为诱变育种的出发菌株应符合以下条件。

  ① 必须是纯种；

  ② 已经选育过的自发突变菌株，这类菌株对诱变剂敏感，易发生正突变；

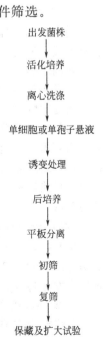

出发菌株
↓
活化培养
↓
离心洗涤
↓
单细胞或单孢子悬液
↓
诱变处理
↓
后培养
↓
平板分离
↓
初筛
↓
复筛
↓
保藏及扩大试验

图7-16 诱变育种的工作程序

③ 具有优良的性状，如生产速度快、营养要求低、产孢子早而多、产量高等；

④ 对诱变剂较敏感，这类菌株易产生突变，从而提高获得突变菌株的概率；

⑤ 选多个出发菌株，以利挑选。

（二）菌悬液的制备

诱变育种的菌悬液应尽可能是单细胞、单倍体、处于同步培养的菌悬液。一方面可以均匀地接触诱变剂，另一方面又可避免长出不纯菌落。但是，在某些微生物中，即使用这种菌悬液来处理，还是很容易出现不纯的菌落。这是由于许多微生物细胞内同时含有几个核的缘故。即使单核的细胞或孢子，由于诱变剂一般只作用于 DNA 双链中的某一条单链，故某一突变还是未反映在当代的表型上。只有经过 DNA 的复制和细胞分裂后，这一变异才会在表型上表达出来，于是出现了不纯菌落，这就叫表型延迟（phenotypic lag）。因此，对霉菌、放线菌等多核进行诱变时，应处理它们的孢子，对芽孢杆菌则应处理其芽孢，因芽孢一般只有一个核质体，而营养体一般却有两个或两个以上核质体。细菌、酵母菌一般以指数期为最好，霉菌、放线菌的孢子稍加萌发后则可提高诱变效率。

获得处于同步培养的单细胞悬液的方法是将稳定期的菌细胞接种到新鲜的培养基中，在低温条件下（2～6℃）放置 1h，使所有的活菌细胞适应新环境，并处于静止状态。然后，置最适温度培养 20～60min，使之同步生长。或者在培养基中限制碳源，使菌细胞只能处于一次分裂状态。

在有些情况下，先将处理前的菌细胞培养在补给了嘌呤、嘧啶或酵母膏等营养丰富的培养基中，再去作诱变处理，可以明显地提高诱变率。这种方法称前培养。前培养是在碱基丰富的培养基中，为菌细胞在诱变处理后，复制被诱变了的遗传物质时提供丰富的碱基。

菌悬液的浓度对于真菌孢子和酵母菌一般要求在 $10^6 \sim 10^{10}$ 个/mL，细菌和放线菌孢子要求在 $10^8 \sim 10^{10}$ 个/mL。计数方法可用平板菌落计数法计数，也可用血球计数器或光密度法计数。菌悬液应用生理盐水或缓冲液配制。为了使细胞高度分散，常用的方法是先用玻璃珠振荡分散，再过滤。

（三）诱变剂的选择

诱变剂的选择包括诱变剂的种类和剂量的选择。诱变剂的种类很多，常用的物理诱变剂有紫外线、X 射线、γ 射线、快中子等；常用的化学诱变剂种类更多，且效果较好，如烷化剂、亚硝酸盐、吖啶类及碱基类似物等。尤其以 N-亚硝基-N-甲基尿烷（NMU）和 N-甲基-N′-硝基-N-亚硝基胍（NTG）最为突出，常被称之为"超级诱变剂"。

诱变剂的剂量因其表示方式不同而不同。在实际育种工作中，常用杀菌率来表示诱变剂的相对剂量。要确定一个合适的诱变剂量，一般要经过多次试验。一般来说，突变率随剂量的提高而提高，但达到一定程度后，则可能呈反比关系，加之死亡率过高。因此育种实践研究发现，高的正突变率较多地出现在偏低的剂量中，而负突变较多地出现在偏高的剂量中。所以，目前较多地采用较低的诱变剂量，即杀菌率为 70%～75%，甚至更低（30%～70%）时的剂量。

（四）诱变处理

诱变处理可采用同一诱变剂重复处理；两种或两种以上诱变剂先后处理和两种或两种以上诱变剂同时处理等方法，均可获得较好的诱变效果。在诱变处理时，诱变剂种类不同其具体操作方法各异。以下介绍几种常用的诱变剂的诱变处理方法。

1. 紫外线诱变

在暗室中安装 15W 紫外线灯管，将 5mL 菌悬液放在 9cm 培养皿中，置电磁搅拌器上，培养皿中的液面距灯臂 30cm，照射前，紫外线灯光开灯预热 20～30min，以预热稳定。照射时开电磁搅拌器，使其照射均匀。一般微生物的营养细胞在此条件下照射几十秒至几分钟即可死亡。在正式试验前，应做预备试验，做出照射时间与死亡率和照射时间与突变率的曲线，以选择适当的剂量。紫外线的强度单位为 erg/mm^2（$1erg = 1 \times 10^{-7}J$）。在诱变工作中实际应用时，为方便起见，常用间接法测定其强度，即用紫外线的照射时间和致死率作为相对剂量单位。一般采用致死率为 70%～90% 或更低时的照射时间。

2. X 射线和 γ 射线诱变

各类微生物对 X 射线和 γ 射线的敏感程度差异很大，可以相差几百倍。引起最高诱变率的剂量也随着菌种不同而异。照射时，大多用菌悬液，也可用固体培养基上的菌落。照射剂量一般用 4 万～10 万伦琴（1 伦琴等于 1cm^3 空气在 0℃、101kPa 气压下产生 1 静电单位或产生 2.1×10^9 电子时所需的能量）。

3. 快中子诱变

快中子可以通过回旋加速器或静电加速器产生。中子不直接产生电离，它被物质吸收后，可以从物质的原子核中撞击出质子，发生电离作用，起生物学效应。快中子可引起基因突变和染色体畸变，快中子的生物学效应比 X 射线和 γ 射线要大。应用时，把菌悬液放在安瓿中，或用培养皿中的菌落照射。一般使用的剂量为 100～1500mGy。

4. 5-BD 诱变

取培养在一定培养基中过夜的菌液 0.1mL，接入 30mL 补给了 200μg/mL 氨基嘌呤和 200μg/mL 胸腺核苷的同一培养基中，37℃ 振荡培养 7h，使菌细胞浓度达 2.3×10^8 个/mL。然后加入 BD，至最终浓度为 50μg/mL，连续振荡培养 10h 左右，平板分离。

5. 烷化剂诱变

以亚硝基胍处理黑曲霉为例，先用 0.1mol/L pH6.0 磷酸缓冲液（PBS）制取黑曲霉孢子悬液，孢子浓度为 10^6 个/mL。用 0.1mol/L 的 PBS 配制 0.1% 的亚硝基胍溶液，于暗处振荡溶解。取亚硝基胍溶液 1mL 和孢子悬液 1mL 混合，30℃ 振荡 30min，立即稀释 1000 倍终止作用。然后进行分离培养，筛选。使用烷化剂时，要注意烷化剂有毒，大多有致癌性，活性很高，应用时必须随配随用。羟胺、亚硝酸等也有和烷化剂类似的作用。

（五）诱变处理后菌悬液的后培养

诱变处理后的菌悬液，在加有酪素水解物和酵母膏等营养丰富的培养基中，培养数小时后，有利于表现出高的诱变频率，这是因为诱变菌必须在复制后才能表现出来。但在有些情况下不经后培养，直接在完全培养基上分离也是可行的。

（六）突变菌株的分离与筛选

变异菌株的筛选可采用同自然变异菌株的筛选步骤，即平板分离、初筛、复筛、再复筛等。在筛选过程中，也可以根据需要，采用下面一些特殊的初筛方法。

① 根据形态变异淘汰低产菌株。

② 根据平皿反应直接挑取高产菌株。如测定产酸能力，可以把溴甲酚紫或溴甲酚绿指示剂，按 0.015%～0.02% 加入培养基中，倒成平皿，再涂上处理菌，根据菌落周围变色圈的大小挑选产酸能力强的菌落。

③ 透明圈法。将产蛋白酶的菌涂布到加有酪素的培养皿上，根据菌落周围透明圈的大小，挑选出高产菌株。此法也可用于产淀粉酶、纤维素酶和果胶酶等突变菌株的筛选，只是所添加的底物各异。

④ 浓度梯度法。在培养基内加入一定量的抗生素，用重叠法做成浓度梯度平板。然后，在其上涂布经处理的菌液。凡能在高浓度区生长的菌株，即高产突变菌株。此法常用于抗药性菌株的筛选。

⑤ 噬菌体筛选法。如需筛选抗噬菌体的变异菌株，则可将噬菌体与经诱变处理的菌悬液混合，涂布到平板上，如能长出菌落者，即为抗噬菌体突变菌株。

⑥ 营养缺陷型菌株的筛选。以下作重点介绍。

（七）营养缺陷型菌株的筛选

营养缺陷型是指出发菌株通过理化因素诱变后，丧失了某一种或几种必需的有机营养要素合成的能力，也就是合成某些有机营养物质的酶缺失。在人工培养这类缺陷型菌株时，必须在基本培养基中供给它们所缺失的有机营养成分或者用完全培养基培养，否则就不生长。经常出现的缺陷型有氨基酸缺陷、嘌呤嘧啶缺陷、维生素缺陷等，如苏氨酸缺陷型、脯氨酸缺陷型、赖氨酸缺陷型、腺嘌呤缺陷型、胞嘧啶缺陷型、维生素 B_1 缺陷型等。上述缺陷型也可以从另一个角度称之为需苏氨酸突变株、需脯氨酸突变株等。这类缺陷型菌株可表现为单一营养物质缺陷；也可以呈双因子或三因子缺陷，如苏氨酸赖氨酸缺陷型、脯氨酸鸟嘌呤缺陷型等。

营养缺陷型是由于基因突变在营养需要方面缺失的表现，是可以采用一定的方法测定出来的。因此，人们就把它当作一类标记信号，称之为营养标记，也可以称为遗传标记或基因标记。这类标记常用于杂交育种和基因重组的研究工作中。此外，诱变获得的营养缺陷型菌株的营养缺失突变，仅仅是该菌株突变的一个方面。实际上，完全有可能同时在另一些方面如生理生化性能和生产性能方面也发生突变。营养缺陷型可直接用于生产，有利于积累某个中间代谢产物。

在营养缺陷型菌株筛选过程中，常见有三种遗传型个体和三类主要培养基。

三类主要培养基如下。

① 基本培养基（minimal medium，MM） 仅能满足某微生物的野生型菌株生产需要的最低成分组合培养基，用"［－］"表示。

② 完全培养基（complete medium，CM） 凡可满足一切营养缺陷型菌株营养要求的天然或半组合培养基，用"［＋］"表示。一般可在 MM 中加入一些富含氨基酸、维生素和碱基之类的天然物质（如蛋白胨、酵母膏等）配制而成。

③ 补充培养基（supplemental medium，SM） 凡只能满足相应的营养缺陷型生产需要的组合培养基。它是由基本培养基再添加对某一微生物营养缺陷型的不能合成的代谢物构成的。补充培养基的符号要根据加入的是 A 或 B 代谢物质而分别用［A］或［B］等来表示。

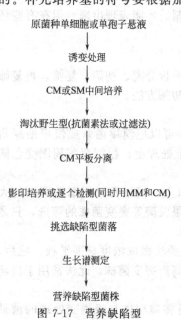

原菌种单细胞或单孢子悬液
↓
诱变处理
↓
CM或SM中间培养
↓
淘汰野生型(抗菌素法或过滤法)
↓
CM平板分离
↓
影印培养或逐个检测(同时用MM和CM)
↓
挑选缺陷型菌落
↓
生长谱测定
↓
营养缺陷型菌株

图 7-17 营养缺陷型菌株的筛选程序

三类遗传型个体如下。

① 野生型（wild type） 即从自然界中分离到的任何微生物在其发生营养缺陷突变前的原始菌株均称该微生物的野生型，用［A^+B^+］表示。

② 营养缺陷型（auxotroph） 即野生型菌株经诱变处理后，由于发生了丧失某种酶合成能力的突变，因而只能在加有该酶合成产物的培养基中才能生长，这类突变菌株称为营养缺陷型突变菌株（简称营养缺陷型），用［A^+B^-］或［A^-B^+］表示。

③ 原养型（prototroph） 一般指营养缺陷型突变株经回复突变或重组后产生的菌株，其营养要求在表型上与野生型相同，也用［A^+B^+］表示。

营养缺陷型菌株的筛选程序如图 7-17。

1. 中间培养

中间培养与诱变处理后菌悬液的后培养原理相同，只是培养时用的培养基为完全培养基（CM）或补充培养基（SM）。

2. 淘汰野生型

中间培养后的细胞中除有营养缺陷型之外，还含有大量野生型菌细胞。为了淘汰野生型细胞，常采用浓缩法来挑选缺陷型细胞。其方法之一是抗生素法，即把中间培养后的菌液加入基本培养基（MM）中，再加入一定量的抗生素培养 1～2h。由于缺陷型在基本培养基中不生长繁殖，不被抗生素杀死，而野生型则被抗生素杀死，从而淘汰野生型；另一方法是过滤法，常用于产生菌丝的微生物。野生型丝状菌在基本培养基上能长成菌丝体，而缺陷型不生长，仍为孢子状态。然后通过过滤，除去菌丝体，收集缺陷型孢子。

3. 检出营养缺陷型

（1）逐个检出法　用淘汰野生型后得到的菌细胞，营养缺陷型的比例较大，但还含有野生型菌体，需进一步检出。逐个测定法是把上述浓缩法处理液在 CM 平板上某一位置分离，然后将平板上出现的菌落，逐个按一定次序分别点种到 MM 和 CM 一定位置的平板上。经培养后，逐个对照，如果发现在 CM 上某一位置长出菌落，而在 MM 的相应位置上不生长，可以初步认为该菌落（图 7-18）是营养缺陷型菌株。

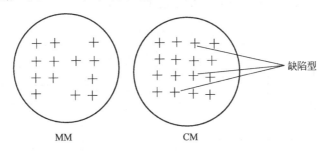

图 7-18　点植法检出营养缺陷型

（2）限量补充培养基检出法　经过处理的菌悬液，在含有微量（0.01%或更少）蛋白胨的 MM 培养基上，野生菌迅速生长成大菌落，而营养缺陷型仅缓慢地生长成小菌落。同理，假如需要筛选特定的营养缺陷型，可在 MM 中微量补充某种单一的营养物质，再接种诱变处理的菌悬液，培养后，挑选菌落。

（3）影印培养法　此法是用一种影印工具将一个平板上长出的菌落，按原位置全部影印到 MM 和 CM 上。经过培养后，分别观察在平板上相应位置的菌落。如果在 CM 上长，在 MM 上不长，可初步认定为营养缺陷型。

常用的影印工具为一块 15cm^2 的天鹅绒布和一个直径为 8cm、高 10cm 的圆柱形影印筒，用圆形金属卡子将绒布固定在影印筒一端的圆形平面上，绒面朝上。影印时，将已长出菌落的平板翻转，轻轻压在影印筒的绒布面上；然后，将 MM 平板在绒面上轻轻压印接种，再将 CM 平板在绒面上轻压接种。分别记录相应的位置，再进行培养观察。

4. 缺陷型营养类别的确定

将筛选出的营养缺陷型菌株斜面培养物分别用无菌生理盐水洗下，并离心沉淀，沉淀物用生理盐水洗涤制成浓度为 $10^5 \sim 10^8$ 个/mL 的悬浮液。取 0.1mL 菌悬液涂布在 MM 上，或取 0.1mL 菌悬液与已融化并冷却到 50℃ 的 MM 混合均匀，倒在平皿内（即倾注培养）。

在上述平板上按一定位置放置少量下列四种类型的营养液，或者用直径 0.5cm 的滤纸片蘸取各溶液，用镊子放到平板的四个相应位置。经培养后，观察其生长情况，确定缺陷的营养类别（图 7-19）。四种滤纸片分别代表下列营养物：①不含维生素的酪素水解液或氨基酸混合液或蛋白胨溶液，代表氨基酸类；②维生素混合液，代表维生素类；③0.1%碱水解酵母核酸，代表嘌呤、嘧啶类；④酵母浸出液，其中氨基酸、维生素、嘌呤、嘧啶均具有。

5. 缺陷型所需生长因子的测定

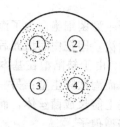
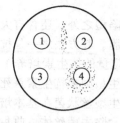
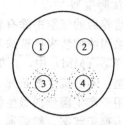

(a) 氨基酸缺陷型　　　　　(b) 氨基酸维生素缺陷型　　　　　(c) 嘌呤嘧啶缺陷型

图 7-19　缺陷型营养类别的确定

当某一营养缺陷型突变株所需要的营养大类确定后，就应确定它需要的是哪一种氨基酸，或者是哪一种维生素等。应该了解缺失的营养因子是一种、两种或三种。

首先进行营养因子编组，例如若要确定氨基酸缺陷型时，可采用 15 种氨基酸，配成 5组溶液，其组合如表 7-3。营养因子添加的浓度如表 7-4。

表 7-3　营养成分编组

溶液组合编号	组合的营养因子				
一	1	2	3	4	5
二	2	6	7	8	9
三	3	7	10	11	12
四	4	8	11	13	14
五	5	9	12	14	15

表 7-4　营养因子添加的浓度

氨基酸/mg·L^{-1}	细菌	放线菌	真菌	氨基酸/mg·L^{-1}	细菌	放线菌	真菌
赖氨酸	10	50	70	天冬氨酸	10	50	70
精氨酸	10	50	20	丙氨酸	10	50	40
蛋氨酸	10	50	70	甘氨酸	10	50	40
胱氨酸	50	50	120	丝氨酸	10	50	50
亮氨酸	10	50	70	羟脯氨酸	10	50	70
异亮氨酸	10	50	70	核酸碱基/mg·L^{-1}			
缬氨酸	10	50	60				
苯丙氨酸	10	50	80	腺嘌呤	10	15	70
酪氨酸	10	50	90	次黄嘌呤	10	15	80
色氨酸	10	50	100	黄嘌呤	10	15	70
组氨酸	10	50	80	鸟嘌呤	10	15	80
苏氨酸	20	50	60	胸腺嘧啶	10	10	60
谷氨酸	10	50	90	尿嘧啶	10	10	60
脯氨酸	10	50	60	胞嘧啶	10	10	60

注：如用水解干酪素作为混合氨基酸，则需添加胱氨酸 50mg·L^{-1}和色氨酸 10mg·L^{-1}。

分别将吸附有各组合营养液的滤纸片放在涂有试验菌的 MM 培养基的平板上，经培养后观察生长情况。由图 7-20 和表 7-5 可知，a 缺营养 13，b 缺营养 2，c 则是由于需要一、二组合中的两个或多个营养因子。若出现 d 的情况，是由于营养物质浓度过高，产生的抑制圈，在离滤纸片稍远的稀浓度处，仍可生长。这是一株缺营养 1 的缺陷型。

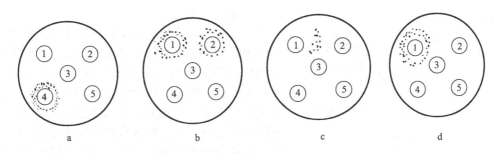

图 7-20 营养缺陷型生长谱的测定

表 7-5 缺陷的营养因子

生长组合	缺陷的营养因子	生长组合	缺陷的营养因子
一	1	一、五	5
二	6	二、三	7
三	10	二、四	8
四	13	二、五	9
五	15	三、四	11
一、二	2	三、五	12
一、三	3	四、五	14
一、四	4		

第三节 基因重组与杂交育种

凡是把两个不同性状个体内的遗传基因转移到一起，经过遗传分子间的重新组合，形成新遗传型个体的方式称为基因重组（gene recombination）。通过基因重组可以获得不同于亲代遗传性状的重组体（重组子），出现生物的新性状和创建新物种。本章所要介绍的基因重组是微生物典型的有性生殖以外的基因重组方式，包括原核微生物的转化、转导、接合，真核微生物的准性重组以及原生质体融合和基因工程等。

一、原核微生物基因重组与育种

（一）转化

1. 概念

转化（transformation）是指受体菌（receptor）直接吸收了来自供体菌（donor）的DNA片段，通过交换，把它整合到自己的基因组中，从而获得供体菌部分遗传性状的现象。转化后的受体菌称为转化子。

转化过程可使营养缺陷型菌株和原养型菌株、抗性菌株和敏感菌株等互相转变，还可以引入新的基因。转化过程在自然界以低频率发生，它有利于细菌的进化。但由离体DNA引起的转化，并不是在所有的种属中都已发现。即使在已发现的种属中，能转化的菌株也很少，这是目前在育种中应用遗传转化的障碍。尽管如此，现已知在细菌、放线菌、酵母菌、真菌以及藻类中都发现有遗传转化现象。有些不仅可引起种内不同菌株的转化，还可在种间或属间进行转化。转化不涉及两个亲本细胞融合问题，也不是两套染色体组的结合重组，而仅仅是供体细胞提供部分DNA片段（1个或少数几个基因），给能够接收该基因片段的受体细胞，并在受体细胞中出现基因重组，从而使受体菌出现新的遗传性状。研究发现，凡能发生转化，其受体菌必须处于感受态。感受态是指受体细胞最易接受外源DNA片段并能实现转化的一种生理状态。大多数细菌出现在指数期后期或稳定期前期。

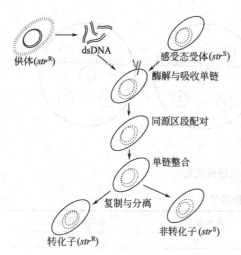

供体(str^R)　dsDNA　感受态受体(str^S)

酶解与吸收单链

同源区段配对

单链整合

复制与分离

转化子(str^R)　非转化子(str^S)

图 7-21　转化过程示意

2. 转化过程

首先供体菌的双链 DNA 片段与受体菌感受态细胞表面特定位点结合，存在于细胞壁上的核酸内切酶将其切成相对分子质量约为 1×10^7 的片段，再由细胞膜上的另一核酸酶把一个单链 DNA 切除，而使另一单链进入细胞，进入细胞的单链 DNA 与受体菌染色体上的同源区段配对成为杂合 DNA 区段，受体菌染色体组的相应单链片段被切除，受体菌 DNA 进行半保留复制，当细胞分裂后，此染色体发生分离，于是形成转化子（图 7-21）。

3. 利用转化进行育种

其操作程序一般为将供体菌培养至对数期，离心法收集菌体，溶解菌体，离心，取上清液，加 95% 乙醇使 DNA 絮状沉淀，收集备用；将受体菌培养至对数期后期约 2h，成为感受态，收集菌体，感受态受体菌细胞加新鲜培养基振荡培养 0.5～2h，加入供体 DNA 溶液，继续振荡培养 0.5～2h 后，最后进行转化子的检出。

（二）转导

1. 概念

通过缺陷噬菌体（defective phage）为媒介，把供体细胞的 DNA 片段携带到受体细胞中，通过交换与整合，使受体菌获得了供体菌的遗传性状的现象，称为转导（transduction）。能转导供体细胞 DNA 片段的噬菌体称为转导噬菌体。其来源有二：①噬菌体裂解敏感菌后释放出来；②溶源性菌内的原噬菌体诱导而释放出来。转导噬菌体在噬菌体群中仅占 $10^{-6} \sim 10^{-5}$。

在转导过程中，供体菌和受体菌并不直接接触，也不是受体菌从培养液中吸收供体菌的基因片段，而是通过转导噬菌体的感染过程，把供体菌的 DNA 片段带入受体菌细胞内。

转导现象是 1951 年由 Zinder 和 Lederberg 在研究鼠伤寒沙门菌（*S. typhimurium*）重组时发现的。他们用该菌的两个营养缺陷型 LT-2（Met⁻）及 LT-22（Phe⁻）加入到一特制的"U"型管的二臂，管下有滤片隔开。两个菌株生长数小时后，发现在 LT-22 这一端有大量不需要任何氨基酸的原养型出现（其频率约为 1×10^{-6}）。这表明遗传交换不需要在互补基因型的细胞之间的直接接触，而实际情况是 LT-22 为一种溶源性菌株，携带有名为 P₂₂ 的原噬菌体，而 LT-2 对 P₂₂ 噬菌体来说为敏感菌。当溶源性菌 LT-22 的原噬菌体自发诱导释放出 P₂₂，通过玻璃滤片至 LT-2 这一端，将 LT-2 菌（供体）裂解，并携带 LT-2 的遗传因子后，再进入 LT-22 这一端，完成了转导过程，产生了原养型细菌。

转导现象自发现以来，已在细菌、放线菌等多种菌体内发现。不仅有种内转导，而且还包括了种间、甚至于属间转导。

2. 转导类型

（1）普遍转导（generalized transduction）　通过完全缺陷噬菌体（完全不含有自身 DNA 的缺陷噬菌体）对供体菌基因组上任何小片段 DNA 进行"误包"，而将其遗传性状传递给受体菌的转导现象，称为普遍转导。它能转导供体菌的所有遗传性状，根据被转导的遗传信息在子代传递的情况又可分为两种。

① 完全普遍转导（完全转导）（complete transduction）　经转导噬菌体转导后，导入的外源 DNA 片段与受体细胞染色体组上的同源区段配对，再通过双交换而整合到染色体组上，从而使受体菌成为一个遗传性状稳定的重组体。

② 流产普遍转导（abortive transduction）

经转导噬菌体转导后，导入的外源 DNA 片段只是位于受体细胞染色体组的同源区段，即不进行交换、整合和复制，也不迅速消失，而仅进行转录、转译和性状表达，这种现象称为流产转导。

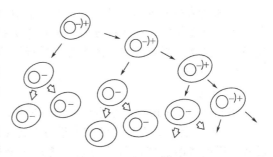

图 7-22　流产转导示意

流产转导的特点是转导的遗传物质呈单线遗传（图 7-22）。在这种情况下，由噬菌体带来的供体遗传物质在受体中既不复制，也不重组入细胞染色体中，但仍起功能作用，在每一次细胞分裂时，它遗传给两个子细胞中的一个子细胞。因此在任何时候，在后代中只有一个细胞含有这个转导基因。一旦这单线转导建立，可以保持数代，但很少变为稳定性重组子。

（2）局限转导（restricted 或 specialized transduction）　指通过部分缺陷的温和噬菌体，把供体菌的少数特定基因携带到受体菌中，并与后者的基因组整合、重组，并获得表达的转导现象。其特点是：①只能转导供体菌的个别特定基因（一般为噬菌体整合位点两侧的基因）；②该特定基因由部分缺陷的噬菌体携带；③缺陷噬菌体是由于其形成过程中以发生的低频率（约 10^{-5}）"误切"或由于双重溶源菌的裂解而形成。

局限转导最初于 1954 年在 *E. coli* K12 中发现。当 λ 噬菌体感染供体菌后，其染色体会开环，并以线状形式整合到染色体的特定位置上，从而使宿主细胞发生溶源化，并获得对相同温和噬菌体的免疫性。若该溶源菌因诱导而发生裂解时，获得极少数（10^{-5}）的前噬菌体发生不正常切离（abnormal excesion），其结果会将插入位置两侧之一的少数宿主基因连接到噬菌体 DNA 上，通过"误切"就形成一种特殊的噬菌体叫部分缺陷噬菌体。对 λ 噬菌体来说，有两种缺陷类型，一种是 λdgal，指带有供体菌 gal（半乳糖）基因的 λ 缺陷噬菌体，其中"d"表示缺陷"defective"；另一种是 λdbio，指带有供体菌 bio（生物素）基因的 λ 缺陷噬菌体（图 7-23）。

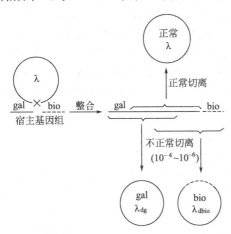

图 7-23　*E. coli* K12 的 λ 噬菌体的不正常切离

用紫外线诱导带有 λ 前噬菌体的大肠杆菌的溶源性菌株 K12（λ），使其释放噬菌体。然后把各种营养缺陷型、乳糖发酵突变型菌株和噬菌体混合接触一段时间以后，接种在各种选择性培养基上。实验结果发现，大约在 10^6 个被感染的 gal⁻ 细菌中只出现一个 gal⁺ 转导子，使 gal⁻ 菌株变成了 gal⁺ 菌株。这一事实说明大约 10^6 个噬菌体中，只有一个噬菌体带有乳糖发酵基因。这些转导噬菌体所进行的转导频率很低，因此称为低频转导（low frequency transduction，LET）。如果把双重溶源菌（同时感染有正常噬菌体和缺陷噬菌体的受体菌）再用紫外线诱导，可以得到大约 50% 的局限性转导噬菌体，用这些转导噬菌体进行的转导，可以获得高达 50% 左右的转导子，因此称为高频转导（high frequency transduction，HFT）。

进行普遍性转导的噬菌体可以通过细胞裂解反应得到，也能通过诱导溶源性细胞得到，但局限性转导噬菌体只能通过诱导溶源性细菌获得。

3. 利用转导育种

转导是借噬菌体进行遗传物质传递的一种方式，由于所传递的片段较小，所以常用它作为基因细微结构分析的工具。分子遗传学中也成功地通过转导来分离基因，它在遗传学理论研究中有重要作用。在育种方面，也有成功的报道，其育种程序一般为：①供体菌裂解液的制备；②供体菌裂解液与受体菌混合进行转导；③筛选转导子。

（三）接合

1. 概念

接合（conjugation）是指供体菌通过其性菌毛与受体菌相接触，前者传递不同长度的单链 DNA 给后者，并在后者细胞中进行双链化或进一步与核染色体发生交换、整合，从而使后者获得供体菌遗传性状的现象。通过接合而获得新性状的受体细胞称为接合子（conjugant）。

1946 年 Lederberg 和 Tatum 应用大肠杆菌 K12 的营养缺陷型，进行细菌的杂交接合试验。将大肠杆菌的苏氨酸、赖氨酸营养缺陷型 A^+、B^+、C^-、D^-（A 代表生物素，B 代表甲硫氨酸，C 代表苏氨酸，D 代表赖氨酸。）菌株和生物素、甲硫氨酸营养缺陷型 A^-、B^-、C^+、D^+ 菌株分别接种到基本培养基上不生长，当把两个营养缺陷型亲本混合培养后，产生了在基本培养基上能生长的原养型 $A^+B^+C^+D^+$ 大肠杆菌菌落（图 7-24）。但其频率很低（*E. coli* K12 约 10^{-6}）。随后，又采用其他试验证实了原养型的出现是由于两亲本的接合而导致的基因重组。

2. 接合过程

研究发现，在细菌接合现象中，细菌有性别分化，决定其性别的是一种质粒，称为 F 因子。它可脱离核染色体组而在细胞质内游离存在，也可插入而整合在染色体组上；它既可经过接合作用而获得，也可通过理化因素处理使其 DNA 的复制受抑制后，从细胞中消除；它是有关细菌性别的决定者，凡有 F 因子的细胞，就有相应的性菌毛存在。根据细胞是否存在 F 因子以及其存在方式的不同，可把接合型 *E. coli* 分成四种类型，其相互关系如图 7-25。

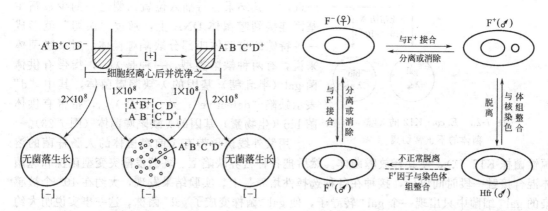

图 7-24　细菌接合方法的基本原理　　图 7-25　四种接合型 *E. coli* 菌株 F 因子的存在方式及其相互关系

F^+（"雄性"）菌株：在 F^+ 菌株的细胞中存在着游离的 F 因子（1～4 个），在细胞表面还有与 F 因子数目相当的性菌毛。

F^-（"雌性"）菌株：在 F^- 菌株中不含 F 因子，细胞表面也无性菌毛。

Hfr（高频重组体，high frequency recombination）菌株：在 Hfr 细胞中，其 F 因子已从游离状态转变成在核染色体组特定位置上的整合状态（产生频率约为 10^{-5}）。Hfr 菌株与 F^- 菌株接合后发生重组的频率要比 F^+ 与 F^- 接合后的重组频率高出数百倍，故得名。

F′菌株：当 Hfr 菌株内的 F 因子因不正常切离而脱离核染色体组时，可重新形成游离的、但携带一小段染色体基因的特殊 F 因子，称为 F′因子。

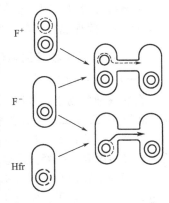

图 7-26　大肠杆菌接合
（杂交）示意

细菌的接合主要发生在 F⁺ 和 F⁻、Hfr 和 F⁻ 以及 F′ 和 F⁻ 之间（图 7-26）。其过程如下。

（1）F⁺ 与 F⁻ 杂交　杂交频率一般为 $10^{-7} \sim 10^{-6}$，对于 E. coli 菌株，约 30min 就有 70% 的 F⁻ 细胞获得了 F 因子而变为 F⁺ 菌株。发生接合时，首先 F 因子的一条 DNA 单链在特定的位置上发生断裂；断裂后的单链逐步解开，同时以另一条留存的环状单链作模板，通过模板的滚动，一方面把上述解开的单链以 5′-端为先导通过性菌毛而推入到 F⁻ 细胞中。另一方面，可在供体细胞内，以滚动的环状 DNA 单链作模板，重新合成一条互补的环状单链，以取代已解开传递至受体菌中的那条单链，这种 DNA 复制机制称为 "滚环模型"（rolling circle model）。在 F⁻ 细胞中，在这条外来的供体 DNA 线状单链上也形成了一条互补的新 DNA 单链，并随之恢复成一个环状的双链 F 因子。从而使 F⁻ 菌株变成了 F⁺ 菌株，而原来的供体菌 F⁺ 菌株仍为 F⁺ 菌株。

（2）Hfr 与 F⁻ 杂交　杂交频率一般为 $10^{-4} \sim 10^{-3}$，当 Hfr 与 F⁻ 菌株发生接合时，通过性菌毛使两个细胞相连，Hfr 的染色体双链中的一条单链在 F 因子连接处发生断裂，由环状变为线状，F 因子则位于线状单链 DNA 的末端，整段线状染色体（单链）也以 5′-末端引导，等速地转移至 F⁻ 细胞。在没有外界干扰的情况下，完成全部这一转移过程的时间约需 100min。实际上在转移过程中使接合中断的因素很多。因此，长的线状单链 DNA 常常在转移过程中发生断裂。使 F⁻ 成为一个部分双倍体，可进行双交换，从而产生稳定的接合子。所以，越是处于 Hfr 染色体前端的基因，进入 F⁻ 的概率越高，这类性状出现在接合子中的时间就越早，反之亦然。由于 F 因子位于线状 DNA 末端，进入 F⁻ 细胞的机会最少，故引起 F⁻ 变成 F⁺（性别转变）的可能性也最小。因此，Hfr 与 F⁻ 结合的结果其重组频率最高，但转性频率却最低。

由于上述 DNA 转移过程存在着严格的顺序性，所在实验中可以每隔一定时间利用强烈搅拌（如用组织捣碎器或杂交中断器）等措施，使接合细胞中断其接合，以获得呈现不同数量 Hfr 性状的 F⁻ 接合子。根据这一原理，就可选用几种特定整合位置的 Hfr 菌株，使其与 F⁻ 菌株进行接合，并在不同时间使接合中断，然后根据 F⁻ 中出现 Hfr 菌株中各种性状的时间早晚（用分钟表示），画出一幅比较完整的环状染色体图（chromosome map），这就是由 E. Wollman 和 F. Jacob（1955）首创的接合中断法（interrupted mating experiment）的基本原理。同时，原核微生物染色体的环状特性也是从这里开始认识的，对早期 E. coli 染色体上的基因定位发挥了很大作用。

（3）F′ 与 F⁻ 杂交　当 Hfr 的 F 因子因不正常切离而脱离核染色体组时，可重新形成游离的但携带一小段染色体基因的特殊的 F 因子，称为 F′因子。携带了 F′因子的菌株，其选择性状介于 F⁺ 与 Hfr 之间，这就是初生 F′菌株（primary F′-strain），通过 F′菌株与 F⁻ 菌株间的接合，就可使后者亦转变成 F′菌株，这就是次生的 F′菌株（secondry F′-strain），它既获得了 F 因子，同时又获得了来自初生 F′菌株的若干新的遗传性状，所以次生 F′细胞是一个部分双倍体。以 F′质粒来传递供体菌基因的方式，称为 F 因子转导（F-duction）。

3. 利用接合进行育种

细菌接合育种过程主要包括：①两个亲本菌株的选择，一般采用 Hfr 和 F⁻ 进行杂交；②Hfr 和 F⁻ 菌株混合培养，发生接合；③接合子的检出。

二、真核微生物基因重组与育种

（一）准性重组的含义

在真核微生物中，基因重组主要有有性杂交（sexual hybridization）和准性杂交（para-sexual hybridization）两种类型。有性杂交一般指性细胞间的接合和随之发生的染色体重组，并产生新遗传型后代的一种育种技术。而准性重组则是指两个体细胞或两个菌丝的细胞质融合和核融合，并经过有丝分裂出现分离、重组和单倍化，是一种较为原始的生殖方式，它可使同种生物两个不同菌株的体细胞发生融合，不以减数分裂的方式而导致低频率的基因重组，并产生重组子。常见于真菌的半知菌类。准性重组不同于有性重组，它不是两个配子的结合，而是两个体细胞的结合。准性重组不像有性重组那样经减数分裂进行重组，而是经过有丝分裂形成分离、重组和单倍化（表7-6）。

表 7-6 准性重组与有性重组的比较

	有 性 重 组	准 性 重 组
不同点	有正常的生活史	无正常生活史
	单倍体的产生是经过合子的减数分裂过程形成的	单倍体的产生是经过有丝分裂的异常形成的
	配子重组	体细胞重组
	二倍体与单倍体（配子）有形态上的差异	二倍体和单倍体无形态上的差异
相同点	通过重组能丰富遗传基础，出现子代的多样性	

（二）准性重组的过程及其特点

准性重组的过程分为三个阶段，即异核体形成、杂合二倍体形成和体细胞重组。如图7-27、图7-28。

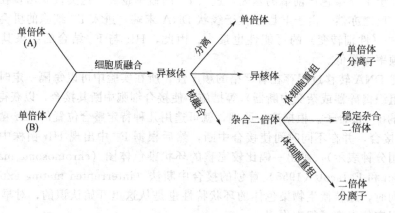

图 7-27　准性重组过程

1. 亲本菌株的选择

亲本菌株的选择包括选择原始亲本和筛选直接亲本。前者主要是根据两亲本有能互补的优良性状，如产量高、稳定、产孢子多、代谢快、发酵液易过滤等。它们可以是生产上使用的菌株，也可以是具有特殊性状的非生产菌株；可以是同种的不同菌株，也可以是同种的不同菌株的野生型；最好还具有形态标记、缺陷型标记、抗性标记或产量标记等。

2. 异核体的形成

异核体（heterocaryon）是指两种基因型不同的体细胞或菌丝经过细胞质融合以后，细

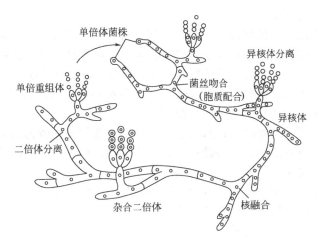

图 7-28　霉菌的准性循环

胞核并不融合，即两种不同遗传性状的核同时并存于一个融合的细胞内，这种细胞叫异核细胞或称异核体（图7-28）。异核体常常具有生长优势，异核体含有两种不同基因型的核，更有利于适应不同的环境，有利于生物生存。

异核体的形成大多发生在孢子萌发初期。因此，常常采用两种不同基因型的孢子混合培养来获得异核体。其次应选择适宜的培养基，其中营养成分要少，一般只需要通常营养的1/10，或用限制培养基，即加入的营养物质只能使孢子发芽，而不允许充分形成菌丝体。异核体形成的方法可采用琼脂平板法，即将两亲本的孢子混悬液涂抹到限量培养基上，一般培养一周后，平板上可长出异核体；也可用试管法，即用限量培养基做成斜面，将两亲本的混悬孢子液接种于斜面上，用玻璃纸包扎好试管上端以防干燥，此法适合于需要长时间（2 周以上）才能形成异核体的情况。

3. 杂合二倍体的形成

真菌在自然界中一般都以单倍体状态存在，但在实验室可以获得稳定的杂合二倍体菌株，而实际上从异核体形成杂合二倍体的频率是极低的。如把构巢曲霉异核体的10^5 个分生孢子接种到基本培养基上，不会出现一个菌落，只有把几百万个异核体的分生孢子接种到基本培养基上才可能出现个别菌落。这种菌落不同于第一次混合接种出现的原养型菌落（即异核体），因为从这种菌落上形成的分生孢子都能在基本培养基上生长，形成菌落，这就是杂合二倍体菌株。它们的细胞核已融合，形成了二倍体细胞核。

二倍体细胞出现的频率可以用某些理化因素处理而提高。例如，用樟脑蒸气处理构巢曲霉的菌丝，可以将杂合二倍体菌株形成的频率提高 10 倍，米曲霉的多核分生孢子经紫外线处理后，同样可以明显地提高二倍体菌落形成频率。

从异核体分生孢子检出二倍体孢子的过程中，应该采用纯净的基本培养基，使两种缺陷型亲本的孢子都不能出芽，这样可避免重新出现异核体菌落。另外，最好采用具有孢子颜色突变型标记的营养缺陷型菌株作亲本，这样可以避免由于亲本的回复突变在基本培养基上形成的菌落误认为是杂合二倍体菌落。例如，构巢曲霉的分生孢子是绿色的，通过诱变可以得到产生黄色孢子的某一营养缺陷型和产生白色孢子的另一缺陷型，通过准性重组后所形成的异核体孢子是绿色的，但是不稳定，很容易产生分离，产生黄色和白色两种孢子颜色，其原因是异核体所产生的孢子就是两个亲本所产生的孢子。而二倍体的孢子虽然也是绿色的，但是只有一种，它是二倍体分生孢子。我们可根据异核体分生孢子不能在基本培养基上生长，而二倍体分生孢子能在基本培养基上生长，并形成绿色分生孢子来检出二倍体菌落。

4. 体细胞交换和单倍体化

上述杂合二倍体的遗传性状极不稳定，在其进行有丝分裂过程中，其中极少数核内染色体会发生交换和单倍体化，从而形成了二倍体、非整倍体和具有新性状的单倍体杂合子。如果杂合二倍体用紫外线、γ射线、氮芥等理化因子处理，则可以促使其发生染色体交换、染色体在子细胞中分配不均、染色体缺失或畸变以及各种不同基因组合形成的单倍体杂合子，从而使分离子进一步增加新性状变异的可能性。

单倍体杂合子的识别和检出可以从二倍体菌落上出现的突变颜色的斑点或扇面上分离出孢子，接种于完全培养基上培养，再经过纯化鉴别得到；还可以利用选择培养基分离出带有抗药性突变标记的分离子。

得到了各种不同的单倍体分离子以后，再分别测定它们的孢子大小、孢子颜色、菌落形态、营养要求、抗药性及其代谢产物等特性。

（三）利用准性重组进行育种

准性重组原理已广泛应用于霉菌的杂交育种，并取得了一定成就。我国在 1956 年成功地获得了产黄青霉（*Penicillum chrysogenum*）与灰黄霉素产生菌荨麻青霉（*Penicillum urticae*）双重营养缺陷型的准性杂交菌株，证明了霉菌种间可以进行杂交。1978 年又通过杂交育种成功地选育出了产黄青霉的高产重组体菌株，提高了青霉素的发酵单位。一般利用准性重组进行育种的过程主要包括亲本菌株选择，异核体的形成与分离，杂合二倍体的形成与分离，分离子的诱发、检出和测定等。

第四节　原生质体融合

一、原生质体融合原理

通过人为的方法，使遗传性状不同的两细胞的原生质体发生融合，并进而发生遗传重组以产生同时带有双亲性状、遗传性稳定的融合子（fusant）的过程，称为原生质体融合（potoplast fusion）。原生质体融合技术除不同菌株间或种间进行融合外，还能做到属间、科间甚至更远缘的微生物或高等生物细胞间的融合，以期达到筛选出性状更为优良的新品种。近年来，还发现用加热或紫外线灭活的原生质体，也可获得很好的效果。有关原生质体融合的遗传机制，目前还在探索之中。

自 1974 年发现聚乙二醇能诱导植物的原生质体融合后，开始把聚乙二醇用于微生物，大大提高了微生物原生质体融合的频率和重组率，一般重组率可提高到 $10^{-3} \sim 10^{-1}$。由于此法能提高杂交过程中基因重组的频率，为开辟新的育种途径、遗传学理论研究等方面提供了有效途径；也由于原生质体融合具有方法简便、有效、重复性强和适用性广等特点，已在育种工作中普遍应用。

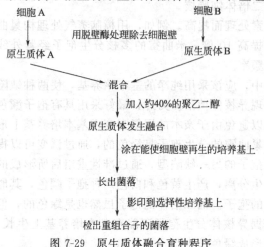

图 7-29　原生质体融合育种程序

二、原生质体融合育种

微生物原生质体融合主要包括酶解法脱去细胞壁，制备原生质体，再用融合剂聚乙二醇（PEG）促进原生质体融合，最后获得重组合子（图 7-29）。

（一）亲本菌株的选择

首先要对两亲本菌株进行遗传标记，因

为融合后所获得的重组体（融合子）的检出，主要依赖于亲本的遗传标记，最好两亲本均具有营养和抗性双重标记；二是两亲本均为单倍体，其遗传性状能互补，亲和力高，以使重组体能获得两亲本的优良性状。

（二）原生质体的制备

微生物细胞壁是细胞融合的最大障碍，现均采用酶法除去细胞壁。一般用裂解酶、纤维素酶除去霉菌和酵母菌的细胞壁，用青霉素或溶菌酶除去细菌细胞壁，用溶菌酶除去放线菌的细胞壁。目前，常用的裂解酶有纤维素酶、硫酸酯酶、几丁质酶、β-葡聚糖酶、昆布多糖酶、蜗牛酶等。

在制备原生质体时，为提高酶的作用，常需对菌体细胞进行预处理。例如，放线菌的培养液中加入 $1\%\sim4\%$ 的甘氨酸进行细胞脱壁预处理，也可用 EDTA-Na$_2$、巯基乙醇或者两者的混合液进行预处理。预处理有利于酶破壁。其原因是巯基乙醇能松动细胞壁蛋白质结构，有利于酶对细胞壁大分子的解聚作用；而 EDTA-Na$_2$ 则能与溶液中多种金属离子形成络合物，从而避免金属离子对酶活性的抑制作用，提高酶的脱壁效果。

酶解时稳定剂的性质和浓度对激活酶的活性和控制原生质体数量是一个重要因素。经研究发现，在含有 $0.3\sim0.5$mol/L 蔗糖、$0.02\sim0.05$mol/L MgCl · H$_2$O 及 $0.02\sim0.05$mol/L CaCl$_2$ · 2H$_2$O 的高渗培养液中，原生质相对稳定。原生质体形成时，最适 pH 值一般为 $5.4\sim5.7$。脱壁处理时，于高渗基础培养液（含 0.5mol/L 蔗糖或 0.8mol/L 甘露醇）中进行。酶的使用浓度一般为溶菌酶 $1\%\sim3\%$、纤维素酶及蜗牛酶 $3\%\sim5\%$。酶解时的最适温度，真菌为 $28\sim30℃$，细菌一般为 $28\sim32℃$。振荡处理 $1\sim4$h。

在啤酒酵母原生质体制备试验中，当加入 $0.25\%\sim0.3\%$ 的巯基乙醇后，纤维素酶浓度在 5% 以下时，对破壁率有较明显的影响；但当酶浓度在 5% 以上时，对破壁率几乎无影响。故认为啤酒酵母破壁时纤维素酶浓度以 $3\%\sim5\%$ 为宜。啤酒酵母破壁处理时，当加有巯基乙醇的情况下，在 $23\sim35℃$ 酶解 4h，破壁率可达 98% 以上。如果不加巯基乙醇，对酶解有严重影响，即使酶浓度在 $5\%\sim7\%$，酶解 7h，其破壁率仅为 20% 左右。在丝状真菌酶解后的原生质体悬浮液中，常混有菌丝断片，影响原生质体再生时长成菌落，应用过滤法除去。最后用离心法离心，将获得的沉淀物，用 0.7mol/L NaCl 高渗溶液离心洗涤两次，最后的沉淀物悬浮在高渗 NaCl 溶液中，即可得到纯净的原生质体悬液。

（三）原生质体的再生

虽然原生质体再生和细胞壁再生均是在再生培养基（一般为高渗 CM 或高渗 MM）上进行，但两者并不是等同的概念，重建细胞壁只是原生质体再生中的一步。在细胞壁再生过程中，细胞核进行分裂，而细胞质并不分裂。在细胞壁重建完成时，就开始了细胞质分裂，最后细胞回复到原来细胞形态。因此，原生质体再生包括细胞壁重建、细胞质分裂直到恢复为正常的细胞形态。这一过程，根据微生物的种类不同而有很大差异，由 15min 到几小时，甚至几天。

在原生质体再生和细胞壁再生完成之后，才开始生长繁殖，形成异核体或杂合二倍体菌落。随后可以形成稳定的杂合二倍体，也可以自然分离或诱发产生单倍体分离子（即单倍重组体）。有营养标记和抗性标记的亲本菌株，融合后的异核体、杂合二倍体及单倍体分离子选择，原则上同前面所述的准性重组育种。

与其他基因重组育种一样，原生质体融合得到的重组菌株，有些可能直接就表现出高的生产能力，有些也可以通过进一步的诱变处理，获得更理想的高产菌株。

（四）原生质体融合

在原生质体制备完后，应尽快作融合处理，以避免细胞壁再生。原生质体融合时 PEG 的浓度以 $30\%\sim40\%$ 为宜（参看表 7-7），PEG 相对分子质量以 $4000\sim6000$ 较好。一般当 PEG 相对分子质量为 6000、浓度为 30% 时，原生质体融合率最高。

表 7-7 PEG 相对分子质量和浓度对原生质体融合率的影响

PEG 浓度/%	融合率/%	PEG 相对分子质量	融合率/%
20	0.015	1000	0.045
25	0.132	4000	0.550
30	0.400	6000	0.592
40	0.377	6000	0.564

在用 PEG 诱导原生质体融合时，加入 Ca^{2+} 能提高其融合率。Ca^{2+} 浓度一般以 $0.01\sim$ 0.1mol/L 为适合。如酵母菌的原生质体融合时，将两亲本的原生质体分别用含 0.8mol/L 甘露醇的 pH7.0、0.1mol/L PBS（磷酸缓冲液）离心洗涤两次，制成原生质体（浓度为 $10^7\sim10^8$ 个/mL），再将两亲本的原生质体悬液按 1∶1 混合，3000r/min 离心 15min，倾去上清液，于沉淀的原生质体中加入 PEG6000 液（终浓度为 30%）和 $CaCl_2$ 溶液（终浓度为 0.01mol/L）至原体积。PEG 和 $CaCl_2$ 均用含 0.6mol/L 甘露醇的 PBS 配制。于 28℃ 微振荡 20min 后，用 pH6.8、0.1mol/L PBS（含 0.8mol/L 甘露醇）作系列稀释，选择适当的稀释度倾注于再生培养基（含 0.8mol/L 甘露醇的琼脂完全培养基），于 28 天培养 5~7 天，即可进行融合子的筛选。

（五）融合子的筛选

融合子（fusant）的筛选方法与诱变育种中突变体的筛选和基因重组中重组体的筛选方法相同。

第五节 基因工程

一、基因工程原理

20 世纪 50 年代以来，由于对遗传物质的存在形式、转移方式以及结构功能等问题的深入研究，促进了分子遗传学的飞速发展。当进入 70 年代后，一个理论与实践密切结合的、可人为控制的育种新领域——基团工程就应运而生了。

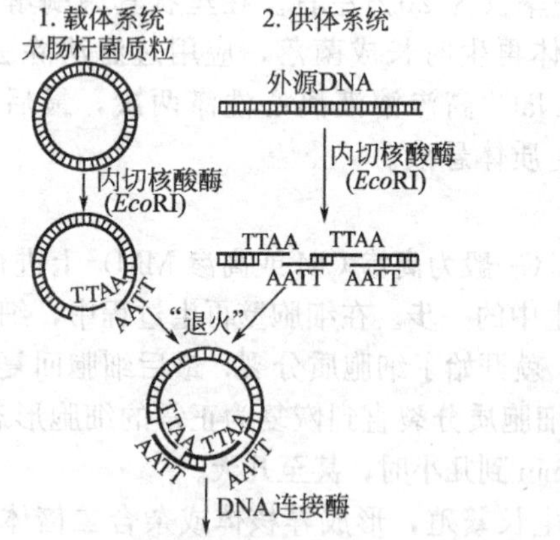

基因工程（gene engineering）是指在基因水平上的遗传工程，是用人为方法将需要的某一供体生物的遗传物质——DNA 大分子提取出来，在离体条件下用适当的工具酶进行切割后，把它与作为载体（vector）的 DNA 分子连接起来，然后与载体一起导入某一更易生长、繁殖的受体细胞中，以使外源遗传物质在其中进行正常的复制和表达，从而获得新性状的一种崭新育种技术。此技术可以完成超远缘杂交的育种新技术，因而必然是一种前景广阔的定向育种新技术。

二、基因工程操作步骤

基因工程操作步骤（图 7-30）主要包括以下 6 个方面。

（一）目的基因的取得

目的基因一般可以通过 4 条途径取得：①从适当的供体细胞（各种动、植物及微生物均可选用）的 DNA 中分离；②通过反转录酶的作用由 mRNA 合成

图 7-30 基因工程的主要原理与操作步骤

cDNA（complementary DNA，即互补 DNA）；③由化学方法合成特定功能的基因；④从基因库中索取。

（二）载体的选择

作为基因工程载体 DNA 分子，应具备以下一些基本特性：①在宿主细胞中具有自主复制和表达能力，即在受体细胞内能大量增殖，有较多的复制率，以达到无性繁殖的目的；②能与外来 DNA 片段结合而不影响本身的复制能力；③载体上应具有两个以上限制性内切核酸酶的单一切点。单一酶切位点越多，就越容易从中选出一种酶，使它在目的基因上没有该切点以保持完整性；④载体上必须有一种选择性遗传标记，以便及时把极少数"工程菌"从"工程细胞"中选择出来；⑤载体本身分子量尽可能的小，这样既可在宿主细胞中复制成许多拷贝，又便于与较大的目的基因结合，也不易受到机械剪切。

到目前为止，基因工程中常用的载体有三种类型，即质粒、λ 噬菌体和柯斯质粒（cosmid）(专门用来克隆大 DNA 片段的人工构建的新载体，克隆极限可达 45kb)。

（三）目的基因与载体 DNA 的体外重组

用专一性很强的限制性核酸内切酶，切割带有目的基因的供体 DNA 及载体 DNA，都有黏性末端（大多数限制酶能在特定的碱基顺序位点对称地切割双股 DNA，切割后的 DNA 片段两端各有一段顺序互补的单股，称为黏性末端）。必要时可以用人工方法合成黏性末端。然后，在低温下将两者混合（"退火"），两个单链末端上碱基互补的片段以氢键作用重新组成双链。此时，再经外加连接酶作用，就可形成一个目的基因和载体重组的重组体，即"杂交质粒"。

（四）重组载体引入受体细胞

重组体一般经由转化作用进入受体细胞，能自主复制扩增，使受体菌表达出供体菌目的基因的遗传性状，而成为"工程菌"。受体细胞可以是微生物细胞，也可以是动物或植物细胞。但是，目前使用最广泛的受体细胞还是微生物中的 *E. coli*。除此以外，还有 *Bacillus subtilis*（枯草杆菌）和 *Saccharomyces cerevisiae*（酿酒酵母）等。

（五）重组受体细胞的筛选和鉴定

重组受体细胞的性状是否为原定目标，以及能否在受体菌中正常繁殖和表达等，还应仔细检查，利用适宜的方法筛选出目的基因得到表达的转化子，进而才可以大规模培养和利用。

（六）"工程菌"的大规模培养

目前，基因工程已在工业、农业、医疗、环保的实践中得到了广泛的应用。在食品工业中的应用主要表现在利用基因工程改变传统发酵工业用菌种的生产性能，以提高产品的质量和产量。如氨基酸工业、有机酸工业、核苷酸工业、维生素工业、酿酒工业、调味品工业、酶制剂工业等；另外，用于果蔬等食品原料品种特性的基因工程改良，生产转基因食品。如选育高蛋白、高必需氨基酸、高必需脂肪酸、高维生素、含功能因子、易保鲜、耐贮藏、外形好、色泽和口感佳、产量高等的新农作物品种。

第六节　菌种的衰退、复壮和保藏

在微生物工作中，选育一株优良菌种实非易事，然而，或因使用不当，或因保藏不善，优良菌种很容易衰退。因此，应做好菌种的复壮和保藏工作。

一、菌种的衰退与复壮

（一）菌种的衰退和防止

任何一种生物总是要发生变异。若变异导致某一或某些遗传性状的减退或消失，则称为衰退（degeneration）。如形态与生理特性的改变、生产性能降低、高产菌株恢复其野生型性状等。菌种的退化是一个从量变到质变的逐步演变过程。起初群体中只有个别细胞发生负变，如未及时发现并采取有效措施，而继续移接传代，则负变个体比例逐步增大，最终占据优势，使整个群体出现严重衰退。因此，初时所谓的"纯"菌，实际上已包含一定程度的不纯；同样，后来整个菌株虽已"退化"，但仍是不纯，因其中尚存有少数未退化个体。

菌种衰退可由基因突变、质粒消失、变异菌株性状分离等引起，也可由环境条件变化引起，如温度、pH、碳源、氮源、微量元素等不适，导致菌体变异、孢子数量减少、孢子颜色变化等。干燥、辐射等均会导致菌体变异。因此，为了防止菌种的衰退，常常采用以下几种方法。

① 控制传代次数。前已提及，微生物自发突变率在 $10^{-10} \sim 10^{-5}$ 之间。由此可知，传代次数越多，菌种的突变率越高，发生退化的概率亦多。所以，应严格控制菌种的移接代数。

② 创造良好的培养条件，从而可抑制退化菌株发育在数量上占优势。

③ 利用不同类型的细胞进行接种传代。放线菌和霉菌的菌丝常含有多个核，甚至是异核体。因此，用其接种易发生不纯和退化。而它们的孢子一般是单核的，故用孢子接种可以减少或防止衰退。

④ 采用有效的菌种保藏方法。

（二）菌种的复壮

菌种的复壮是指在菌种已发生衰退的情况下，通过纯种分离和测定典型性状及生产性能等指标，从已衰退的群体中筛选出尚未退化的个体，以达到恢复原菌株固有性状的相应措施。常用的菌种复壮方法有以下几种。

（1）纯种分离　可用稀释平板法、单细胞或单孢子分离法，将群体中未发生变异的、保持典型性状的原菌株挑选出来，达到纯化目的。

（2）通过宿主体内生长进行复壮　对有寄主性的退化菌株，可回接到相应寄主体内，以恢复或提高其寄主性能。

（3）淘汰已衰退的个体　如用 $-10 \sim 30℃$ 处理 5406 放线菌的孢子 5~7 天，死亡率可达 80% 左右，在抗低温存活的个体中有未退化的健壮个体。

（4）改变营养条件　不良营养条件，常常引起菌种衰退，若适当更换营养成分或培养条件，则可提高其活力，恢复原有生产性能。如 5406 放线菌长期在马铃薯葡萄糖培养基上传代，会出现孢子形成慢、菌苔变白变薄等，若改用淀粉培养基，便能健壮生长。

二、菌种的保藏

微生物菌种和动植物一样，是一个国家极其重要和珍贵的生物资源，对菌种进行妥善保藏（preservation），不仅可以保护国家自然资源，而且也是一项重要的微生物学基础工作。菌种保藏的任务就是将实验室和生产上用的微生物菌种，通过妥善保藏，使之不死、不衰、不杂、不乱，以达到便于研究、交换和使用等目的。为此，各国几乎都有自己的菌种保藏机构。国际上最有代表性的菌种保藏机构是 1925 年美国成立的 ATCC（American Type Culture Collection），即美国典型菌种保藏中心。我国也有自己的菌种保藏机构，即中国微生物菌种保藏委员会（China Committee for Culture Collection of Microorganisms，CCCCM）和中国典型培养物保藏中心（CCTCC）。其下设有多个菌种保藏管理中心，如普通微生物菌种保藏管理中心（CGMCC）、农业微生物菌种保藏管理中心（ACCC）、工业微生物菌种保藏管理中心（CICC）、医学微生物菌种保藏管理中心（CMCC）、抗生素菌种保藏管理中心（CACC）、兽医微生物菌种保藏管理中心（CYCC）、林业微生物菌种保藏管理中心

（CFCC）等。

进行菌种保藏时，首先应选好典型菌种的纯培养物，然后创造条件如低温、干燥、缺氧、避光、缺乏营养以及添加保护剂或酸度中和等，使其代谢活动减弱，生长繁殖受到抑制。可以达到较好的效果。若用孢子和芽孢，则效果更好。目前几种常用菌种保藏方法如表7-8。

表 7-8　几种常用的菌种保藏方法

方法名称	主要措施	适宜菌种	保藏期
冰箱斜面保藏法	低温(4℃)	各大类	约1~6月
麸皮保存法	低温(4℃)、干燥	产孢子的微生物	约6~12月
石蜡油封藏法	低温(4℃)、阻氧	各大类	约1~2年
甘油悬液保藏法	低温(−70℃)、保护剂(15%~50%甘油)	细菌、酵母菌	约10年
沙土保藏法	干燥、无营养	产孢子的微生物	约1~10年
冷冻干燥保藏法	干燥、低温、无氧、有保护剂	各大类	>5~15年
液氮保藏法	超低温(−196℃)、有保护剂	各大类	>20年

（一）冰箱斜面保藏法

用新配制的无菌培养基斜面，接上菌种，培养18~24h或更长时间后移至冰箱中（4℃）保存。一般1~6个月后需重新接种。各大类菌种均可用此法保存。

（二）麸皮保存法

根据传统的制曲方法，适用于霉菌的保存，如青霉、曲霉、根霉、毛霉等能产生大量孢子的菌种。其操作程序是按所需量称取麸皮，根据每种菌种对水分的要求不同，而采用料：水为1:0.8、1:1、1:1.5等，加水后拌匀；将拌匀的麸皮装于试管中，加入量约为试管高度的1.5cm处。要疏松，不要压紧，塞好棉塞，用纸包扎后，1kgf/cm² 灭菌30min（98.0665kPa）；灭菌后待冷却，将要保存的菌种接入麸皮内，放在适温下培养。最适温度因菌种不同而异。培养温度一般28℃、30℃或35℃等。等孢子生长成熟后取出，放入加有氯化钙的干燥器中，在室温下干燥几天，待干后，移至20℃以下进行保存。使用时用接种环挑取少量带菌的麸皮，移至新配制的培养基上，经培养后即可使用。

（三）石蜡油封藏法

将液体石蜡放在三角瓶中，塞上棉塞，用1kgf/cm² 灭菌30min（98.0665kPa）；灭菌后的液体石蜡放在40℃恒温箱中，使灭菌时进入液体石蜡的水蒸气蒸发出去；用无菌吸管吸取已灭过菌的液体石蜡，注入拟培养保存的菌种斜面试管内，其用量以高出斜面上端约1cm为宜。然后将试管直立放在干燥处或冰箱内，使用时，按照无菌操作的要求倒去石蜡，然后从斜面上挑取少许菌体，接种在新鲜培养基上，经培养即可使用。

（四）甘油悬液保藏法

将细菌或酵母菌的斜面培养物，用灭过菌的15%~50%甘油做成菌悬液，然后于低温（−70℃）冰箱中保存。

（五）沙土保藏法

此法适用于霉菌和放线菌等产孢子的微生物及具有芽孢的细菌。将黄沙用40目筛子过筛后，用水洗净烘干，再用10%盐酸浸泡处理，除去其中有机物，浸泡2~4h后，倒去盐酸，用水洗至中性，烘干备用。同时取腐殖质少的下层土，将其晒干、研磨，用100目筛子过筛，加清水浸泡洗涤数次，直至中性，烘干碾碎，通过100目筛去粗粒；把干沙分装试管里，装入量高约1cm，加棉塞，经1kgf/cm²（98.0665kPa）灭菌30min，然后用烘箱烘干。按60%黄沙和40%土，也可按沙：土为4:1的比例掺匀，装入试管灭菌；经灭菌后的沙土取样，以无菌操作移入肉汤培养基中，无微生物生长，方可使用；把要保存的菌种经斜面培养后，注入无菌水 3～5mL，洗下菌体，制成悬浮液，再用无菌吸管移至沙土管中，每管 10 滴，然后用无菌接种针拌匀。把沙土管放在有氯化钙的干燥器中或在干燥器内再放入盛有五氧化二磷无盖平皿，吸收水分，P_2O_5 吸水呈糊状，更换数次，沙土管即干后，取出此小管用喷灯烧化封住管口，即可长期保存。

如果移种斜面培养的微生物孢子，待孢子成熟后，以无菌操作将孢子移入备用沙土管中，用接种针与沙土搅拌均匀。塞好棉塞，放在含有氯化钙的玻璃真空干燥器内，用真空泵在室温下减压抽空，约需 8h，停泵后慢慢放入空气，再打开干燥器，取出沙土管，把棉塞剪平，用石蜡封口即成。

制成的沙土管应检查是否污染杂菌。若无杂菌，净沙土管放在装有生石灰的广口瓶内保持干燥。再在阴暗的地方或 4℃冰箱内保存。

（六）冷冻干燥保藏法

此法手续比较复杂，但一般效果较好，菌种保藏时间长，质量高。其操作程序如下。

① 制备脱脂牛乳。把鲜牛乳煮沸后放凉，静置，用脱脂棉过滤或 3000r/min 的转速离心去掉上层脂肪。如此反复数次，再经 0.5kgf/cm² （49.04kPa）灭菌 30min 备用。

② 用灭菌脱脂牛奶（或其他保护剂）做成细菌、酵母菌和霉菌的菌悬液或孢子悬液。

③ 将悬浮液装入灭菌的安瓿瓶内，约占玻璃管的 1/3 容积，加棉塞将玻璃管中间部在火焰上抽细。

④ 将上述安瓿瓶速冻之后，将安瓿瓶接到抽气机上，需 7～8h。这时液面已成白色块状，振动可使其脱离管壁，再抽气 10min 即可。

⑤ 在抽气过程中，安瓿瓶在酒精灯上熔封。

⑥ 熔封后移至冰箱内保存。

（七）液氮保藏法

操作程序如下。

（1）安瓿管的准备 将安瓿管（通常规格为 75mm×10mm，能容纳 1.2mL 液体）经高压蒸汽灭菌 （0.1MPa，30min）后，编号备用。

（2）冷冻保护剂的准备 添加的冷冻保护剂，通常采用终浓度为 10%（体积分数）的甘油或 10%（体积分数）的二甲亚砜。若用甘油，须经高压蒸汽灭菌；若用二甲亚砜，则采用过滤除菌。

（3）制备菌悬液 在长好的斜面中加入 5mL 10%的甘油液体培养基，制成菌悬液。再用无菌吸管吸取 0.5～1mL 菌悬液分装于无菌安瓿管中，然后用火焰熔封安瓿管口。

（4）预冷冻处理 将已封口好的安瓿管，以每分钟下降 1℃的速度冻结至 −30℃或 −70℃低温冰箱中预冷冻 4h 即可。

（5）液氮保藏 将上述预冷冻处理的安瓿管迅速置于液氮中，于液相 （−196℃）或气相 （−156℃）中进行保藏。

第八章　微生物分类与鉴定

微生物在自然界分布极其广泛，种类十分庞杂。它们之间既存在着差异，也有着共同之处。按照它们系统发育的亲缘关系，根据形态、生理等生物学性状的差异，把它们有次序地、分门别类地排成一个系统，这就是微生物的分类（classification）；而鉴定（indentification）则与分类相反，是对某个未知微生物，根据其生物学特征，与已知的菌种特征进行对比分析，设法从相应的分类检索表中查找出具体的名字。如果是新种，则给以新的名称，即命名（nomenclature），补充到检索表中去。微生物的分类、鉴定与命名对科学研究和生产实践都具有重要意义。

第一节　微生物分类与命名

一、微生物分类单位

和高等动、植物分类一样，微生物的分类单位也依次分为界（kingdom）[拉丁文（以下简称为拉）：Regnum]、门（phylum）（拉：Phylum）或 division（拉：Divisio）、纲（class）（拉：Classis）、目（order）（拉：Ordo）、科（familia）（拉：Family）、属（genus）（拉：Genus）、种（species）（拉：Species）七级分类单位。

属以上的单位都有一定的词尾。门的词尾是-phyta；纲的词尾是-mycetes；目的词尾是-ales；科的词尾是-aceae；亚目的词尾是-ineae；亚科的词尾是-oideae。

（一）种

在上述分类单位中，"种"（species）是最基本的分类单位。什么是微生物的"种"，迄今为止，虽然还没有一个统一的标准，但一般都认为"种"是客观存在的，相对稳定的，种内的个体都是来自共同的祖先，有着相近的亲缘关系，同时在形态、生理等特征上的表现都十分相似。然而由于各个个体所处的环境不同，彼此之间也存在着差异和不同程度的变异。当变异发展到一定程度，就会形成新的种。因此，种是一个基本分类单位，它是一大群类型特征高度相似，亲缘关系极其接近，同属内其他种有明显差异的菌株的名称。

在微生物中，一个种只能用该种内的一个典型菌株（type strain）作为它的具体代表，故这一典型菌株就是该种的模式种（type species）。在种以下还可分为变种、亚种、菌株和型等。

（二）变种（variety，缩写为 var）

我们从自然界中分离得到的某一微生物的纯种，必须与文献上记载的典型种的特征完全一致，才能鉴定为同一个种。实际上有时分离到的纯种，除了大多数指标符合典型种的特征外，还有某一个显然不同的特征，而此特征又是稳定的。我们就把这种微生物称为典型种的"变种"。

例如，巨大芽孢杆菌（*Bacillus megaterium*）是 1884 年命名的，1953 年有人从土壤中分离到一株分解有机磷能力很强的巨大芽孢杆菌，而且性状稳定，因此将它称为巨大芽孢杆菌变种，即巨大芽孢杆菌解磷变种（*Bac. Megaterium* var. phosphaticum）。

（三）亚种（subspecies，subsp.，ssp.）

在微生物学中，通常把在实验室中所获得的变异型菌株称之为亚种。例如，大肠杆菌（*E. coil*）野生型的一个菌株"K$_{12}$"，它不需要某种氨基酸。通过变异，可以从 K$_{12}$ 获得需要某种氨基酸的生化缺陷型菌株，那么该菌株就称为 K$_{12}$ 的亚种。

（四）型（type，form）

在自然界中，同一地区也可能存在着同一种微生物的各种类型。它们彼此之间的区别往往不像变种那样显著，一般表现在菌体的化学组分（抗原等结构）上。例如，伤寒杆菌应用噬菌体反应可分为 20 多个型；结核分枝杆菌以其寄主的不同，可分为人型、牛型和禽型。型常用于变种以下的细分。

（五）菌株或品系（strain）

"菌株"这个名词在实际中应用最广泛。它是指来源不同的同一个种的纯培养物。由于世界上不存在两个相同的个体，因而从自然界中分离到的微生物纯培养物，尽管它们同属于一个种，但由于来源不同，总会表现出细微的差异。为了表现出这些细微差异和工作方便，我们就采用菌株或品系这个名称来代表某个具体的微生物纯培养物。这样，从自然界中分离到的每一个微生物纯培养物都可以称为一个菌株或品系。

一般地讲，自然界中的"种"应是有限的，但菌株是无限的。

菌株的表示方法是常在种名后面写上编号、字母、地址或其他符号等。例如，生产蛋白酶的栖土曲霉，分别有栖土曲霉 1186、栖土曲霉 3374 和栖土曲霉 942 等不同菌株，这些菌株在产蛋白酶的能力上表现出差异。

在微生物研究工作中，有时虽然是相同的种，但是由于所用的菌株不同，其结果往往不完全一样。因此，我们在总结科研生产成果、撰写论文、保藏菌种或索取菌种时，通常不但要写出种名，而且要注明菌株号码。

（六）类群（group）

在微生物学的研究中，还常常碰到"类群"这个名词。类群通常指属以下几个比较近似的集合。具体做法是选一些特征最为明显的典型菌株，再把和它近似的菌株放在一起归为一个类群。例如，抗生素的主要产生菌——链霉菌属，为了筛选新抗生素的方便，把该属中的近似的种，归纳为不同类群；又如，曲霉属内，根据属内近似的种，归纳为不同类群。

有的时候，类群可用来表示两种微生物和介于这两种微生物之间的中间类型。例如大肠菌群就包括埃希菌属、克雷伯菌属、肠杆菌属和柠檬酸杆菌属等与粪便污染有关的细菌。

二、微生物命名原则

同一种微生物在不同的国家或地区常有不同的名称，这就是俗名。俗名在局部地区可以使用，但不便于交流，容易引起混乱。为了在世界范围内便于交流和开展工作，就要求给每一个微生物一个大家公认的科学名称，这就是学名（scientific name）。

微生物的命名同样采用生物学中一贯沿用的林奈氏（Linnaeus）的"双名法"。这种国际命名法的一般规则如下：

① 每一个具有显著区分的微生物，称之为"种"。

② 每一个种给一个名字，其学名通常是用两个拉丁词组成。例如 *Bacillus subtilis*（枯草芽孢杆菌）。

③ 第一个词是属名，属名的第一个字母要大写。属名是拉丁字或希腊字或拉丁化了的其他文字所构成。它是一个名词，用以表示该属的主要特征。例如芽孢杆菌（*Bacillus*）表示能形成芽孢的杆状菌。

属名有时可用人名或地名来表示。例如 *Pasteurella*（巴斯德菌属）、*Shigella*（志贺杆菌属）。

属名在上下文重复出现的情况下，可以缩写。例如 *Bacillus* 可用 *Bac.* 或 *B.* 表示。

④ 学名的第二个词为种名加词，为拉丁语中的形容词，表示微生物的次要特征。例如金黄色葡萄球菌（*Staphylococcus aureus*）中的 *aureus* 是形容词，意思是"金黄色的"。

种名加词也有用人名或地名来表示的。例如巴氏芽孢杆菌（*Bacillus pasteurii*）、保加利亚乳杆菌（*Lactobacterium bulgaricus*）。种名字首字母不大写。

学名在印刷时，要用斜体字表示。例如 *Bacillus subtilis*。

值得注意的是，在属以上的名称，例如门、纲、目、科等，其名称的第一个字母要大写，但不用斜体字。

⑤ 通常在种名的后面还跟着命名这个种的人名以及命名时间。这是由于自然界中的种实在太多了，大家都在命名，容易混淆误解，所以要在正式的拉丁名称之后附上命名人的人名和命名时间。例如 *Saccharomyces cerevisiae* Hansen 中第三个字就是命名者的姓。

如果对以前的命名有所改动，也有一定的规则。例如枯草芽孢杆菌，最早（1838 年）由 Ehrenberg 描述，定名为 "*Vibrio subtilis*（枯草杆菌），1839"。到了 1872 年，Cohn 认为弧状不是它的特征，提出转属，但保留其种名，更名为 "*Bacillus subtilis*（Ehrenberg）Cohn 1872"。用括号把最初定名人保留下来，括号外加上改定人的姓氏和改名时间，借以标明这个种的命名演变过程。

在这里，有一点需要指出，种名后附加的人名，并非完全表示这个人是第一个发现和研究这种微生物的，而是指该人首先给它定名的。

命名人的姓一律用正体字印刷。

综上所述，微生物学名的格式如下：

$$学名 = \frac{属名 + 种名加词}{主要部分} + \frac{（最初定名人）+ 后来定名人 + 改名时间}{次要部分（一般可省略）}$$

有时"种"还需区分为变种，就要在学名后面附加拉丁字表示之。例如枯草芽孢杆菌黑色变种（*Bacillus subtilis* var. *niger*）。

有时，只讲某一属的菌，不讲某一个具体的种，或设有种名时，就在属名后加 sp.（表示单数）或 spp.（表示复数）来表示。例如 *Bacillus* sp. 指芽孢杆菌属中任何一个种，如果是 *Bacillus* spp. 就表示该属中的某几个种。

三、微生物分类系统

（一）原核微生物分类系统

1. 原核微生物分类系统和《伯杰氏手册》

在原核生物的分类历史上，曾有很多分类系统，但是目前最权威、影响最大的分类系统是《伯杰氏鉴定细菌学手册》（Bergey's Manual of Determinative Bacteriology）。此手册最初由美国细菌学教授伯杰（D. Bergey）等人主持编著，自 1923 年（第 1 版）问世以来，分别于 1925 年、1930 年、1934 年、1939 年、1948 年、1957 年、1974 年相继出版了第 2～8 版，编写队伍不断地扩大和并国际化，其内容经过不断地扩充和修改，使分类系统与真正反映亲缘关系的自然体系日趋接近，1994 年已发行第 9 版。目前该手册有 20 多个国家、300 多个细菌学家参加了编写工作，内容丰富，描述详尽，被许多国家的微生物学工作者所采用。现行版本从 1984～1989 年分四卷出版，并改名为《伯杰氏系统细菌学手册》（Bergey's Manual of Systematic Bacteriology）第 1 版，（简称为《系统手册》），其内容有所增加，实用性也有所加强，明确指出了各类细菌间的关系。1994 年又将《系统手册》1～4 卷进行了少量的修改后汇集成一册仍用原来的书名出版。《系统手册》第 2 版从 2000 年起共分五卷陆续出版发行。

2.《伯杰氏系统细菌学手册》第 1 版（1984～1989 年）的分类

《伯杰氏系统细菌学手册》第 1 版是在《伯杰氏鉴定细菌学手册》第 8 版的基础上，根据十多年来细菌分类所取得的进展修订的，其中增加了不少有关核酸杂交、16SrRNA 寡核苷酸序列等系统发育方面的资料。但从总体上看，对纲、门、界水平的分类只提出初步的讨论意见，并且有相当一部分类群未能进行科目等级的划分，因而也就未能按照界、门、纲、目、科、属、种系统分类体系进行安排，而是从实际出发，主要根据表型特征将原核微生物分为 33 组，33 组的划分及其在 4 卷中的安排如下。

第一卷：1～11 组，包括一般的、医学或工农业上重要的革兰阴性细菌。

组 1：螺旋体

组 2：好氧、微好氧、运动、螺旋形或弧形的革兰阴性细菌

组 3：不运动（或罕见运动）的、弯曲的革兰阴性细菌

组 4：革兰阴性好氧的杆菌和球菌

组 5：兼性厌氧的革兰阴性杆菌

组 6：厌氧的、革兰阴性、直、弯曲和螺旋形的杆菌

组 7：异化还原硫酸盐或硫的细菌

组 8：厌氧的革兰阴性球菌

组 9：立克次体和衣原体

组 10：支原体

组 11：内共生菌

第二卷：12～17 组，包括放线菌以外的革兰阳性细菌。

组 12：革兰阳性球菌

组 13：形成芽孢的革兰阳性杆菌和球菌

组 14：规则的无芽孢的革兰阳性杆菌

组 15：不规则的无芽孢的革兰阳性杆菌

组 16：分枝杆菌

组 17：诺卡菌形的细菌

第三卷：18～25 组，包括光合细菌、蓝细菌、古细菌和其他的革兰阴性细菌。

组 18：不产氧光合细菌

组 19：产氧光合细菌

组 20：好氧的化能自养细菌及有关细菌

组 21：出芽的和（或）有附属物的细菌

组 22：鞘细菌

组 23：非光合、无子实体的滑行细菌

组 24：形成子实体的滑行细菌——黏细菌

组 25：古生菌

第四卷：26～33 组，包括能形成菌丝体的放线菌。

组 26：诺卡菌形放线菌

组 27：多腔孢囊放线菌

组 28：游动放线菌

组 29：链霉菌和有关的属

组 30：马杜拉菌

组 31：高温单胞菌和有关的属

组 32：高温放线菌

组 33：其他属

3.《伯杰氏系统细菌学手册》第 2 版的分类

《伯杰氏系统细菌学手册》第 2 版在第 1 版的基础上，更多地采用了 rRNA、DNA、蛋白质序列资料以及依靠系统发育资料对分类群进行了新的修订，陆续分 5 卷出版，其 5 卷大致内容如下。

第一卷：古生菌、最早分支的细菌及光能营养细菌。

古生菌域（Archaea）

泉古生菌门（Crenarchaeota）

热变形菌纲（Thermoprotei）

广古生菌门（Euryarchaeota）

甲烷杆菌纲（Methanobacteria）

甲烷球菌纲（Methanococci）

盐杆菌纲（Halobacteria）

热原体纲（Thermoplasmata）

热球菌纲（Thermococci）

古生球菌纲（Archaeoglobi）

甲烷嗜高热菌纲（Methanopyri）

细菌域（Bacteria）

产液菌门（Aquificae）

产液菌纲（Aquificae）

栖热袍菌门（Thermotogae）

栖热袍菌纲（Thermotogae）

热脱硫杆菌门（Thermodesufobacteria）

热脱硫杆菌纲（Thermodesufobacteria）

异常球菌——栖热菌门（Deinococcus——Thermus）

异常球菌纲（Deinococci）

金矿菌门（Chrysiogenetes）

金矿菌纲（Chrysiogenetes）

绿屈挠菌门（Chloroflexi）

绿屈挠菌纲（Chloroflexi）

热微菌门（Thermomicrobia）

热微菌纲（Thermomicrobia）

硝化螺菌门（Nitrispira）

硝化螺菌纲（Nitrispira）

铁还原杆菌门（Deferribacteres）

铁还原杆菌纲（Deferribacteres）

蓝细菌门（Cyanobacteria）

蓝细菌纲（Cyanobacteria）

绿菌门（Chilrobi）

绿菌纲（Chilrobia）

第二卷：变形杆菌

变形杆菌门（Proteobacteria）

α-变形杆菌纲（Alphaproteobacteria）

β-变形杆菌纲（Betaproteobacteria）

γ-变形杆菌纲（Gammaproteobacteria）

δ-变形杆菌纲（Deltaproteobacteria）

ε-变形杆菌纲（Epsilonproteobacteria）

第三卷：低 G+C 含量的革兰阳性菌

厚壁菌门（Firmicutes）

梭菌纲（Clostridia）

柔膜菌纲（Mollicutes）

芽孢杆菌纲（Bacilli）

第四卷：高 G+C 含量的革兰阳性菌

放线杆菌门（Actinobacteria）

放线杆菌纲（Actinobacteria）

第五卷：浮霉状菌、衣原体、螺旋体、丝状杆菌、拟杆菌和梭杆菌等

浮霉状菌门（Planctomycetes）

浮霉状菌纲（Planctomycetacia）

衣原体门（Chlamydiae）

衣原体纲（Chlamydiae）

螺旋体门（Spirochaetes）

螺旋体纲（Spirochaetes）

丝状杆菌门（Fibrobacteres）

丝状杆菌纲（Fibrobacteres）

酸杆菌门（Acidobacteria）

酸杆菌纲（Acidobacteria）

拟杆菌门（Bacteroidetes）

拟杆菌纲（Bacteroides）

黄杆菌纲（Flavobacteria）

鞘氨醇杆菌纲（Sphingobacteria）

梭菌门（Fusobacteria）

梭菌纲（Fusobacteria）

疣微菌门（Verrucomicrobia）

疣微菌纲（Verrucomicrobiae）

网球菌门（Dictyoglomi）

网球菌纲（Dictyoglomi）

以上原核微生物分组内容参照《微生物学》（第 2 版），沈萍，2006。

（二）真菌分类系统

真菌的分类系统很多，如 G. W. Martin（1950）、R. H. Whittaker（1969）、G. C. Ainsworth（1966）、Margulis（1974）、Leedale（1974）、J. E. Smith（1975）和 C. J. Alexopoulos（1979）等。但是已为真菌分类学者所普遍采用、影响较大的真菌分类系统是 Ainsworth 的分类系统，他将真菌归在菌物界，分为两个门（1983 年第 7 版），即黏菌门（Myxomycota）和真菌门（Eumycota），其中真菌门分为 5 个亚门，即鞭毛菌亚门（Mastigomycotina）、接合菌亚门（Zygomycotina）、子囊菌亚门（Ascomycotina）、担子菌亚门（Basidiomycotina）和半知菌亚门（Deuteromycotina）。

（1）鞭毛菌亚门　营养体单细胞或没有隔膜的菌丝体。孢子或配子，其中之一是可游动的。根据鞭毛的位置，该亚门下分三个纲，即壶菌纲、丝壶菌纲和卵菌纲。

（2）接合菌亚门　营养体是菌丝体，有性繁殖形成接合孢子，没有游动孢子。根据生活习性或生态特征，该亚门分为两个纲，即接合菌纲和毛菌纲。

（3）子囊菌亚门　营养体是有隔膜的菌丝体，极少数是单细胞。有性繁殖形成子囊和子囊孢子。根据是否形成子囊果和子囊果的类型以及子囊的结构，直接分为 37 个目。

（4）担子菌亚门　营养体是有隔膜的菌丝体。有性繁殖形成担孢子，根据担子果的有无以及开裂与否，分为层菌纲、腹菌纲、锈菌纲、黑粉菌纲四个纲。

（5）半知菌亚门　营养体是有隔膜的菌丝体或单细胞，只有无性繁殖阶段，没有或还没有发现其有性繁殖阶段。根据菌丝体有无、发育程度以及分生孢子产生的场所不同，该亚门又分腔孢菌纲和丝孢菌纲两个纲。

在 1995 年出版的第 8 版《安·贝氏菌物词典》中，根据 16SrRNA 碱基序列、DNA 碱基组成、细胞壁组分等分析结果，又把菌物列入真核生物域，分为原生动物界（Kingdom protozoa）、藻界（Kingdom chromista）和真菌界（Kingdom fungi）三个界。其中真菌界包括四个门、一个类，即子囊菌门（Ascomycota）、担子菌门（Basidiomycota）、接合菌门（Zygomycota）、壶菌门（Chytridiomycota）和有丝孢真菌类（Mitosporic fungi），将原来的半知菌改称为有丝孢真菌类。

第二节　微生物鉴定

微生物的鉴定不仅是微生物分类学中的一个重要组成部分，而且也是在具体工作中经常遇到的问题。例如在筛选菌种时，筛到菌种以后，就要给它鉴定命名，这样便于记载和交流。

一、菌种鉴定的条件

① 待鉴定菌种一定要是纯种。如果菌种不纯，所观察到的现象不具典型性，因而无法得出正确的结论。因此，菌体在鉴定之前，首先要将菌种纯化，获得该微生物的纯种培养物（pure culture）。

② 根据鉴定对象，选一本较权威性的鉴定手册，以此为标准，进行鉴定工作。

③ 要有适当的鉴定方法。微生物种类繁多，特征各异，性状有主次之分。因此，在鉴定某种微生物时，要选用适当的鉴定方法，确定主要的测试项目。例如，待鉴定的微生物是霉菌，则认真观察菌落菌体形态是十分重要的。如果是酵母菌，则有性繁殖方式、生理生化反应则是主要指标。

二、菌种鉴定的方法

（一）经典鉴定方法

在传统经典的分类中，微生物的分类依据主要是形态特征、生理生化反应特征、生态学特征以及血清学反应、对噬菌体的敏感性等。在鉴定时，把这些依据作为鉴定项目，进行观察。

1. 形态学特征

（1）细胞形态　在显微镜下观察细胞外形大小、形状、排列等；细胞构造、革兰染色反应；能否运动、鞭毛着生部位和数目；有无芽孢和荚膜、芽孢的大小和位置，繁殖器官的形状、构造；孢子的数目、形状、大小、颜色和表面特征等。

（2）群体形态　群体形态通常是指在一定的固体培养基上生长的菌落，包括外形、大小、光泽、黏稠度、透明度、边缘、隆起情况、正反面颜色、质地、是否分泌水溶性色素；在一定的斜面培养基上生长的菌苔特征，包括生长程度、边缘、隆起、颜色等；在半固体培养基上经穿刺接种后的生长情况；在液体培养基中的生长情况，包括是否产生菌膜、均匀浑浊还是发生沉淀、有无气泡、培养基的颜色等。如果是细菌和酵母菌，还要注意是成醭状、环状还是岛状。

2. 生理生化反应特征

(1) 利用营养物质的能力　包括利用各种碳源的能力（能否以 CO_2 为唯一碳源、各类碳源的利用情况等）、对各种氮源的利用能力（能否固氮、硝酸盐和铵盐利用情况等）、能量要求（光能还是化能，氧化无机物还是氧化有机物等）、对生长因子的要求（是否需要生长因子以及需要哪些生长因子等）。

(2) 代谢产物的特殊性　这方面的鉴定项目非常之多，例如是否产生 H_2S、吲哚、CO_2、醇、有机酸、能否还原硝酸盐、能否使牛奶凝固、冻化等。

(3) 与温度和氧气的关系　测出适合某种微生物生长的温度范围以及它的最适生长温度、最低生长温度和最高生长温度。对氧气的关系，是好氧、微量好氧、兼性好氧还是专性厌氧等。

3. 生态学特征

生态学特征主要包括它与其他生物之间的关系（是寄生还是共生，寄生范围以及致病情况等），在自然界的分布情况以及渗透压情况等。

4. 血清学反应

很多细菌有十分相似的外表结构（如鞭毛等）或有作用相同的酶（如乳酸杆菌属内都有乳酸脱氢酶），虽然它们的蛋白质分子结构各异，但在普通技术下（如显微镜观察或生化反应），仍无法分辨它们。然而利用抗原与抗体的高度敏感的特异性反应，就可用来鉴别相似的菌种，或对同种微生物进行分型。

用已知菌种、型或菌株制成抗血清，然后根据它们是否与待鉴定的对象发生特异性的血清学反应来鉴定未知的菌种、型或菌株。该法常用于病原菌、肠道菌、噬菌体和病毒的分类鉴定。

5. 生活史

生物的个体在生长繁殖过程中，经历不同的发育阶段。这种过程对特定的生物来讲，是重复循环的，常称为该种生物的生活周期或生物史。各种生物都有自己的生活史。在分类鉴定中，可以根据它的生活史作为分类鉴定的依据。

6. 对噬菌体的敏感性

与血清学反应相似，各种噬菌体有其严格的寄主范围，利用这一特异性，可以用某一已知的特异性噬菌体鉴定其相应的寄主，反之亦然。

(二) 现代鉴定方法

1. 遗传分类法

(1) 核酸碱基组成　微生物的遗传物质是 DNA，同种微生物的 DNA 有着共同的碱基组成。表型相似而遗传物质不同的微生物，碱基组成也不相同。亲缘关系越远的种，碱基对排列顺序差别就越大。再者，DNA 碱基组成的排列顺序、数量和比例在细胞中很稳定，一般不受菌龄和外界因素的影响。因此，分析微生物细胞中的 DNA 的碱基组成可以进行微生物的分类，尤其是在属、种程度的分类。这种方法已在微生物分类中成功地得到应用。

在 DNA 分子中，DNA 的碱基组成是指鸟嘌呤（G）和胞嘧啶（C）在全部碱基中所占的摩尔百分数，即：

$$(G+C)\% = \frac{G+C}{G+C+A+T} \times 100\%$$

如果两种微生物的 DNA 的碱基组成差异很大，则分类地位相距甚远；如果相近，则表明它们关系密切。分类学上，用 G+C 占全部碱基的物质的摩尔百分比来表示各类生物的 DNA 碱基组成特征，一般细菌的 G+C 摩尔百分比为 27%～75%，酵母属为 32.4%～60%，假丝酵母为 30%～60%。同种的 G+C 摩尔百分含量是相对恒定的，如产朊假丝酵母的 G+C 含量为 45.8%，解脂假丝酵母的 G+C 含量为 42.4%～43.2%，热带假丝酵母的 G+C 含量为 39.0%～41.0%。放线菌的 G+C 含量在 62%～76% 之间，变化幅度较小，因而用于放线菌的分类有一定的困难，要和其他性状结合比较才行。

（2）核酸分子杂交　G+C 摩尔百分比相同的微生物可能是同种，也可能不属于同种。因为判断微生物亲缘关系和相似程度，不仅取决于 DNA 碱基对的组成，而且与碱基对的排列顺序有关。而核酸分子杂交方法可以弥补分析 DNA 碱基组成方法的不足，进一步帮助判断 G+C 摩尔百分比相同的微生物是否属于同种。因为从理论上讲，如果两条 DNA 单链中的核苷酸顺序完全互补地相对应，则两条单链可以百分之百地发生杂合；如果两条 DNA 单链中的核苷酸，顺序不是完全互补地对应，则两条单链可以按相应的百分比发生杂合，因此可以利用 DNA-DNA 体外杂合程度来测定不同的微生物的 DNA 核苷酸排列顺序的相似程度，从而借以判断各菌种间的亲缘关系。

在核酸分子鉴定方面，还有微生物全基因组序列测定、rRNA 寡核苷酸序列分析等已经作为微生物分类鉴定的重要指标。

2. 细胞组分分析

细胞组分分析已被广泛应用，首先应用于放线菌分类中，根据细胞壁组分分析，把它作为区分"属"的依据之一。它比单纯用形态进行分类更为全面。近年来，对 18 个属的放线菌的细胞壁进行了分析，根据细胞壁的氨基酸组成，分为 6 个细胞壁类型，又根据细胞壁糖的组成，将其分为 4 个糖类型，在此基础上，结合形态特征提出了相应的科属检索表。除此之外，还有氨基酸顺序分析、蛋白质分析、醌类分析等。

3. 红外光谱分析技术用于微生物鉴定

一般认为每种物质的化学结构都有特定的红外光谱，如果两个样品的吸收光谱完全相同，它们应该是同一种物质。如果两个样品的吸收光谱不同，它们应该是不同的物质。因此，红外光谱技术可应用到微生物的分类中。它先后用于芽孢杆菌、乳酸菌、大肠杆菌、酵母菌等的分类中。近年来，在放线菌的分类中又得到应用。这种方法简便、快速、样品少、结果较好。它不仅可以初步了解各属菌的细胞成分的化学性质，而且也有助于对微生物间系统发育关系的探索。但是它也有不足之处，因为仅借助于红外光谱分析技术是无法区分属内的种和菌株的。

目前随着计算机、分子生物学、物理、化学等先进技术在微生物学中的广泛应用，许多快速、准确、敏感、简易、自动化的分析鉴定技术在微生物鉴定工作中得到了应用，如较有代表性的自动化鉴定系统有鉴定细菌用的"API"系统、"Enterotube"系统和"Biolog"系统等，大大节省了人力、物力、时间和空间，推动了微生物学的迅速发展。

4. 数值分类法

数值分类法（taxonometrics）与传统经典分类法相反，利用电子计算机计算的数值进行分类的方法，即借助计算机技术对拟分类的微生物对象按大量表型性状的相似性程度进行统计、归类的方法，是用菌株间的总相似性来分类的。它与传统经典的分类方法的主要差别在于所采用的原则方面。传统经典的分类方法对特征的处理有主次之分，然后根据主次列出双歧式检索表。而数值分类法对特征的处理是采用"等重要原则"，即对所有的分类性状不分主次地一律同等看待，然后两两进行对比，求其相似值而进行分类。应用此法时，为了尽量减少人为因素，要制定很多特征，一般不少于 60 个，多的可达 150 个。由于测定特征很多，而且要两两进行比较，因此实际工作量较大。在实践中，使用电子计算机进行处理，方便准确。

这种方法得出的结果与用传统经典分类法得出的结果往往一致，而且还可以解决一些传统经典方法中的疑难问题，因而在分类研究中，不断得到应用。

（三）查阅检索表进行定名

为了便于认识、鉴别和查找各种生物种类，人们把各种生物按其形态特征及生理生化特征等差异进行归类，分别列入表中。这种表称为检索表（key）。

检索表是鉴定生物种类的"钥匙"。凭借它可以使人提纲挈领地查找一种生物的归属或名称，所以在鉴定菌种时，是离不开检索表的。

使用检索表的具体方法是将观察到的鉴定项目的结果，与检索表上所描述的特征进行对照检索。根据符合的特征，沿着门、纲、目、科、属、种的顺序，查找到该菌种的学名。如果你已经知道它是哪个科或哪个属的，就可直接在科或属下面去查该科分属的检索表或该属分种的检索表。

如果检索表上找不到其菌种的位置和学名，而鉴定项目的结果又是正确的话，该种可能是个新种。对于新种，要根据它的典型特征，给予命名，并需要权威部门进行认定。

第九章　微生物与食品制造

目前，微生物在食品、生物工程、医药卫生、化工、农业、畜牧业、纺织、皮革、造纸、能源、石油、环保等方面日益发挥着重要的作用。其中，微生物用于食品制造，已有悠久的历史，并积累了丰富的经验，制造的食品种类繁多、营养丰富、风味独特。本章主要介绍微生物在常见发酵食品中的应用。

第一节　微生物与酿酒

酒是人们喜用的饮料和调味品，也有药用与保健价值。我国酿酒历史悠久，酿技完善，创造的制曲和以曲酿酒的有关技术经验还沿用至今。代表性的酿造酒有白酒、黄酒、啤酒和葡萄酒。

一、微生物与酿酒中的生化反应

酿造酒在酿制过程中，在诸多微生物的参与下，将淀粉质原料酿制成酒，生化反应复杂，代谢产物种类繁多。酒的种类不同，其作用的微生物组成及数量、酿造工艺各异，从而造就了酿造酒各自的风味。但其进行的生化反应有其共同之处，主要有以下几类。

（一）淀粉糖化

在酿制过程中，淀粉类原料受热糊化后，在微生物产生的各种淀粉酶的作用下水解成糖的过程即为淀粉糖化。微生物分泌的主要淀粉酶有 α-淀粉酶、β-淀粉酶、葡萄糖淀粉酶、糊精酶等。产淀粉酶的微生物往往是产生几种或几类酶，但是菌种不同，产生的主要酶差异显著，水解效果不一。工业生产中除了通过纯种或自然制曲，培养糖化能力强的菌群以外，还可添加淀粉酶制剂以提高糖化率。常用的糖化菌主要有米曲霉（As. oryzae）、黑曲霉（Asp. niger）、甘薯曲霉（As. batatae）、米根霉（Rh. oryzae）、华根霉（Rh. chinensis）等。

（二）酒精发酵

酿酒酵母菌的正常酒精发酵（称第一型发酵）是经 EMP 途径，在偏酸性条件下，将葡萄糖降解生成丙酮酸，丙酸酸在脱羧酶的作用下产生乙醛，乙醛在乙醇脱氢酶作用下还原为乙醇。但若有亚硫酸盐存在或在 pH7.6 以上的碱性环境条件时，又有第二型和第三型发酵存在。因此，酒精发酵除了主要产物酒精外，还有甘油、乙酸、CO_2、杂醇油等其他副产物产生。常用的酒精发酵菌种有酿酒酵母（S. cerevisiae）和葡萄汁酵母（S. uvarum）。一般酿酒用酵母菌种应具有繁殖速度快、耐醪液浓度、适宜温度为 30～33℃、适宜 pH4～6、发酵力强、产香好等特点。

（三）产酸菌与有机酸的形成

1. 乳酸菌、醋酸菌与乳酸、醋酸的形成

酿酒中有不少乳酸菌与醋酸菌，分别发酵糖产生乳酸与醋酸（见第五章）。若条件控制欠佳，两者发酵过盛，对酿酒有危害。

2. 丁酸菌与丁酸的形成

酿酒中有丁酸细菌，能发酵糖产生丁酸。丁酸细菌为梭状芽孢杆菌。菌种不同发酵产物各异，除丁酸外，尚有丙酮、丁醇等产物产生。代表菌是丁酸梭菌（*Cl. butyricum*），细胞直或稍弯曲，两端圆，单生、双生，短链或长链，芽孢卵圆形，近中央至偏端生，膨大使细胞呈梭状，周生鞭毛，严格厌气性，G^+菌后期转阴性，多分布于土壤和污泥中。丁酸梭菌中有能产生己酸的克氏梭菌（*Cl. kluyveri*），不发酵葡萄糖和乙酸为碳源时，能产生丁酸或己酸。该菌常与其他细菌共栖，是酿制浓香型和茅香型白酒不可缺少的菌种。我国已分离出多株该菌，称为己酸菌。

3. 其他有机酸的形成

原料与酿酒中各微生物均含有脂肪，受脂肪酶作用水解产生甘油和脂肪酸，如棕榈酸、亚油酸、油酸等。

植物与菌体的蛋白质被蛋白酶水解产生各种氨基酸。

丙酸菌发酵葡萄糖或利用乳酸、甘油产生丙酸。

大肠杆菌发酵糖产生丙酮酸，丙酮酸经混合发酵可转变为甲酸、乙酸、乳酸、琥珀酸等有机酸。许多霉菌分解糖均产生有机酸，如一些毛霉、青霉、曲霉等形成柠檬酸，一些根霉等产生延胡索酸，多数霉菌产生草酸，米曲霉、黄曲霉等产生苹果酸，一些曲霉产生曲酸等。

（四）杂醇油的形成

杂醇油的主要成分为异戊醇及 2-甲基丁醇、异丁醇、丁醇、丁二醇、丙醇、庚醇、甲醇和甘油等。酵母菌杂醇油的形成可经糖代谢产生，亦可通过氨基酸合成途径生成，如由苏氨酸可以产生丙醇，异亮氨酸途径产生戊醇，亮氨酸途径产生异戊醇等，通常在氨基酸含量多时，杂醇油生成量较大，故常认为杂醇油的形成与氨基酸代谢密切相关。酵母菌种不同，杂醇油产量差别甚大。一般酒精产量高的，杂醇油产量少；反之，则多。

除酵母菌的酒精发酵可产生甘油外，脂肪水解也产生甘油，肠杆菌科的某些菌和枯草芽孢杆菌的一些菌株，也能发酵葡萄糖形成 2,3-丁二醇及甘油。

甲醇不是酒精发酵产物，主要来自霉菌对原料中果胶质的分解，其反应如下。

$$[RCOOCH_3]_n + nH_2O \longrightarrow [RCOOH]_n + nCH_3OH$$

甲醇对人毒性大。通常薯类和过熟果类的果胶质含量较高。

（五）酯类与醛类的形成

酯有特殊香味，对酒颇重要。其形成是有机酸经酰基-辅酶 A（RCO～SCoA）与醇作用生成，反应通式如下：

$$RCO\sim SCoA + R'OH \Longleftrightarrow RCOOR' + CoA\sim SH$$

产生的酯类主要是乙酯类，如乙酸乙酯（为清香型汾酒的主体香成分）、己酸乙酯（为浓香型泸州大曲酒的主体香成分）和乳酸乙酯等。

酯类在酵母细胞内生成，然后分泌出来。能形成酯类的酵母叫产酯酵母或生香酵母，如汉森酵母和球拟酵母属中有该菌种。酯化作用主要在发酵中进行，温度高时有利于形成酯。

醛类中以乙醛（具刺激性气味）和乙缩醛（有愉快清香感）为主，前者是酒精发酵的中间产物，是由丙酮酸不可逆脱羧形成，也可由丙氨酸形成。见下列反应。

$$
\begin{array}{ccccc}
& & C_6H_{12}O_6 & & \\
CH_3 & \xrightarrow[-NH_2]{\frac{1}{2}O_2} & CH_3COCOOH & \xrightarrow{-CO_2} & CH_3CHO \\
| & & & & \\
CHNH_2 & & & & \uparrow{\scriptstyle -2H} \\
| & & & & \\
COOH & \xrightarrow[+H_2O]{-CO_2,\ -NH_2} & & & CH_3CH_2OH
\end{array}
$$

乙缩醛由乙醇与乙醛通过生物合成或化学合成（在贮酒中）生成，反应如下：

$$CH_3CHO+2CH_3CH_2OH \longrightarrow CH_3CH(OCH_2CH_3)_2+H_2O$$
乙缩醛

（六）双乙酰和乙偶姻的生成

两者同属羰基化合物，性质亦相似，皆具一定味道。现认为，两者是酵母合成氨基酸与高级醇的平行副产物。见下列反应。

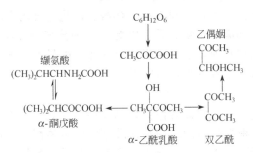

在发酵后期，两者可转变为2,3-丁二醇，无异味。

另外，在微生物的作用下，含硫氨基酸如蛋氨酸、半胱氨酸等分解产生 H_2S、甲硫醇（CH_3SH）、乙硫醇（CH_3CH_2SH）等，具有不良气味；单宁与木质素分解产生丁香酸、香草醛、香草酸、阿魏酸等，也是呈味物质。

综上所述，传统酿造酒，尤其是白酒和黄酒，由于参与的微生物种群较多，所生成的产物种类也很多，据报道至少有百余种，其中醇类有30种以上，除乙醇外，尚有以异戊醇为主的包括有正丙醇、丙三醇、正丁醇、异丁醇、己醇、庚醇和苯乙醇等，俗称为杂醇油；酸类有30多种，含量较多的是乙酸、乳酸，此外还有甲酸、丙酸、丁酸、己酸、辛酸等挥发性酸，和苹果酸、酒石酸、琥珀酸、葡萄糖酸、棕榈酸、油酸、十六碳酸等非挥发性酸；酯类有40余种，同酒的香型有密切关系，重要的有己酸乙酯、乳酸乙酯、乙酸乙酯和丁酸乙酯等；醛类有十多种，同酒的香气关系密切，主要有乙醛、乙缩醛、异戊醛、糠醛、甲醛、苯甲醛等；芳香族化合物有20多种，含量很少，如苯酚、丁香酸、香草醛、阿魏酸等。这些物质共同赋予了传统酿造酒各自的风味特色。

二、各类酒的制曲与酿造

（一）白酒

一般把以固态酒醅发酵和固态蒸馏所得之酒称之为白酒。生产用曲种类不同，常见的有大曲酒、小曲油和麸曲酒三类。

1. 大曲酒

大曲酒指以大曲为糖化发酵剂酿制的酒。大曲多用小麦或大麦与豌豆为原料制成大块（2～3kg）曲。大曲中微生物种类繁多，变动也大。酵母菌类主要有酵母菌、汉森酵母、假丝酵母、拟内孢霉、白地霉等属菌种；霉菌主要有根霉、梨头霉、毛霉、米曲霉群、黑曲霉群、红曲霉等属菌种；细菌中有乳酸菌、醋酸菌、芽孢杆菌和产气杆菌等。

2. 小曲酒

小曲酒是以小曲为糖化发酵剂，采用半固态发酵法酿制的蒸馏酒。小曲种类很多，制法各异。目前，小曲酒酿制已采用扩大培养纯种根霉和酵母菌，以提高糖化发酵能力，提高产品产量和质量。

3. 麸曲酒

麸曲酒是以培养的纯麸曲和酒母为糖化及发酵剂酿制的蒸馏酒。纯麸曲是以麦麸为原料培养黑曲霉或米曲霉而制成。以液体深层发酵法培养酒母菌。

(二) 黄酒

黄酒是以谷物为原料，以培养的自然微生物区系为糖化发酵剂而酿制成的酒精饮料，因其色黄而称之。各地黄酒酿制法虽各有特点，但多大同小异。黄酒酿制用的传统糖化发酵剂为麦曲（草包曲、挂曲、快曲）和药曲。麦曲是以碎的生小麦为原料（或加入少量优质陈曲），加水拌匀，踏成块状，或包裹、堆放、挂起，保温养曲长菌，然后干燥而成。药曲（或酒药）是用米粉和辣蓼草等中草药为原料制作的。

制曲实际上是微生物种类消长，即去劣、存需、优化组合的自然培菌过程。其微生物区系的组成同原料、工艺和环境有密切关系。因此，各种传统制曲法要求均很严格。据分析，曲中有占优势的各种根霉和其他霉菌、相当数量的酿酒酵母和其他酵母，还有多种细菌。如今，制曲中已逐渐采用人工培养的根霉与酵母的优良菌种。

(三) 啤酒

酿制啤酒要先培育大麦芽，并以其作糖化剂制备麦芽汁，然后接入扩大培养的酵母菌，在发酵罐中经发酵而成。根据啤酒酵母菌在发酵液中发生的情况，可区分为下面酵母和上面酵母。另按发酵中细胞凝聚与否，可区分为凝聚酵母与粉状酵母。

酵母菌的扩大培养一般按下列顺序进行：斜面菌种→富氏瓶培养→巴氏瓶培养→卡氏罐培养→汉森罐培养→种子罐培养→主发酵。

主发酵又称前发酵，我国均采用下面发酵法。于 $11\sim12°Bx$ 麦芽汁中加入酒花后，澄清，冷却至 $6.5\sim8℃$，入发酵罐，调 pH$5.2\sim5.7$，接入 0.6% 左右的酵母泥。保持室温 $5\sim6℃$ 发酵，此期结束，发酵液应透明，可发酵性糖含量通常为 $0.8\%\sim1\%$，$11°$酒的外观糖度为 $3.6\sim4.0°Bx$，$12°$酒的外观糖度为 $4\sim4.5°Bx$。

主发酵后的酒液叫新啤酒，含 CO_2 少，口味不成熟，沉淀不完全，酒液欠澄清，需经贮藏期，称之为后发酵。将主发酵后的酒液从贮酒罐底引入后发酵罐，避免吸氧过多和减少 CO_2 损失及罐沫，并利于缩短澄清时间。入罐时上面应留 $10\sim15cm$ 空隙，然后先开口发酵，$2\sim3$ 天后封口。初期室温为 $2.8\sim3.2℃$，渐降至 $0\sim1℃$，不能忽高忽低。罐压也不能忽高忽低。该期为 $35\sim90$ 天。若入罐后 $3\sim4$ 天仍不起发，CO_2 少，很可能是主发酵过头、残糖少、酵母少，应加 $5\%\sim10\%$ 的旺盛主发酵液，促其起发。$7\sim14$ 天酵母下沉，应防细菌污染。

经后发酵贮酒后，可过滤、装瓶、灭菌、出售。

(四) 葡萄酒

以葡萄汁为原料，经酵母菌发酵酿制成的果酒。

1. 酵母菌扩大培养

纯种葡萄酒酵母扩大培养过程为：

斜面菌种→葡萄汁培养→20L 葡萄汁扩大培养→200～400L 酒母罐葡萄汁扩大培养

2. 调制葡萄汁

葡萄先去梗、破碎，得葡萄汁，进行调制。

(1) 糖分　葡萄汁必须含 17% 的糖，才能酿成含酒精 10%（体积分数）的酒，若低于 10% 为弱酒，不易保存。所以，对含糖低、酸度不超过 1.1% 的葡萄汁可加砂糖提高糖分。

(2) 酸度　酸度不足，有害细菌易发育，对酵母有危害，酿出的酒质量欠佳。一般认为，酸度应在 $4\sim4.5g/L$，相当于 pH$3.3\sim3.5$ 较合适。

(3) 加 SO_2　葡萄汁均不实行加热灭菌。为了控制杂菌，允许加用 SO_2，并有澄清、溶解、增酸、抗氧等作用。一般在葡萄醪下池时一次加入 SO_2 $20\sim50g/kg$。

3. 发酵

调制好的葡萄汁送入发酵池，加量为池深的 3/4 处，经数小时，接入为投料总量的

2%～3%的酒母或用上次酒脚，开始主发酵。大部分糖发酵成酒精与CO_2，醪液沸腾，皮糟上浮，升温快，须搅罐三次，使醪液循环流动，控制温度不高于32～33℃，醪液相对密度下降至1.020时，可下酒分离皮糟，使含有5%残糖的新葡萄酒入后发酵罐发酵。如发酵正常，发酵液相对密度有规律地下降，相对密度达0.993～0.998时，糖分已全部转化，残糖含量少于2g/L，发酵完全。此期需4～5天，酒度高的需6～8天或更长。后发酵产生热量少，一般不至达到危险温度，所以一般不需冷却降温。

后发酵完毕，酒液自然澄清，需换罐除渣。第一次换罐应在后发酵后8～10天，再经1.5～2个月进行第二次换罐，此时酒液已澄清透亮，可引入贮酒罐保持满罐，然后密闭贮存。贮存中尚需换罐两次，除尽酒脚。至出酒时，尚须经脱色、过滤、离心，然后装瓶，灭菌，成为产品。

第二节　微生物与酿造调味品

酿造调味品的代表产品是酿造酱油和酿造食醋，均是以农副产品为原料，经微生物发酵酿制而成，历史悠久，风味独特，是人们一日三餐必备的调味料。

一、酿造酱油

酿造酱油（fermented soy, sauce）是指以大豆和（或）脱脂大豆（豆粕或豆饼）、小麦和（或）麸皮为原料，经微生物发酵制成的具有特殊色、香、味的液体调味品。按发酵工艺不同分为两大类，即高盐稀态发酵酱油和低盐固态发酵酱油。高盐稀态发酵酱油是以大豆和（或）脱脂大豆（豆粕或豆饼）、小麦和（或）小麦粉为原料，经蒸煮、曲霉菌制曲后与盐水混合成稀醪，再经微生物发酵制成的酱油。低盐固态发酵酱油是以大豆及麦麸为原料，经蒸煮、曲霉菌制曲后与盐水混合成固态酱醅，再经微生物发酵制成的酱油。

（一）参与的微生物

酿造酱油多为开放式制曲和酿制，所以在酿制过程中，除接入人工培养的纯菌外，尚杂有其他多种微生物。人工培养的纯菌主要是水解蛋白质能力强的米曲霉，生产上应用较多的是沪酿3.042、AS3.867等，选择菌种的依据是不产生黄曲霉毒素和其他真菌毒素，蛋白酶及糖化酶活力强，生长繁殖快，对杂菌抵抗力强，发酵过程中形成的香味浓郁等。

传统酿造酱油的制曲是酿造酱油的关键，制曲中可感染的微生物种类繁多，主要有多种毛霉、根霉、青霉等霉菌；微球菌、乳酸菌、芽孢杆菌、四联球菌、片球菌等细菌；鲁氏酵母、球拟酵母、毕氏酵母、产膜酵母等酵母菌。它们的生长有的能影响米曲霉繁殖，有的对制醅发酵有益，有的具异味，使产品质量难以控制，故应尽量避免此类微生物的污染，以保证制曲质量。曲成后加食盐水制成酱醅，入缸（池）发酵，渗透压升高，厌气性增强，霉菌、一些细菌和不耐渗透压的酵母菌难增殖或死亡，仅以其菌体含有酶系促使发酵，或以芽孢残留在酱醅中，保持稳定数量。随之发育起来的是耐盐性乳酸细菌，如嗜盐片球菌、酱油片球菌、植物乳杆菌；耐盐性酵母，如鲁氏酵母、球拟酵母与假丝酵母等。不同深度酱醅的微生物组成及数量亦有变化，造就了酱油的不同口味。

（二）酿制原理

酱油酿制过程中，在各种微生物的不同酶系作用下，原料中各种有机物发生复杂的生物化学反应，形成酱油的多种成分。其中原料中的蛋白质在蛋白酶和肽酶相继作用下，经一系列水解过程，生成分子量不同的肽。蛋白酶与肽酶作用的适温为40～45℃。植物蛋白含有18种氨基酸，谷氨酸与天冬氨酸具鲜味，甘氨酸、丙氨酸和色氨酸具甜味，酪氨酸具苦味，肽也有一定鲜味与口味。在成品酱油中氨基酸态氮约占总氮量的50%。若加盐少或混拌盐水不均，酱醅中易有腐败细菌发育，分解氨基酸生成氨与胺，失去鲜味，产生臭味与恶臭味，因此应注意预防。腐败细菌生长适温为 30℃ 左右，适宜环境为中性或微碱性。

淀粉酶系水解淀粉生成糖，为发酵性细菌（如乳酸细菌）提供营养，可渐繁殖并进行乳酸发酵，环境变为微酸性与酸性，有效地抑制腐败细菌，为酵母菌生长、发酵创造良好条件。蛋白质则在酸性蛋白酶作用下继续水解。与此同时，也有其他类型发酵进行，各产生相应产物，如有机酸和醇类等。

发酵中，原料中的纤维素、半纤维素、果胶质、脂肪等，亦在酶促下发生变化，形成各自分解产物。

产物中，有机酸与醇经酯化反应形成各种酯化物。

除氨基酸产物外，酱油中的糖类有糊精、麦芽糖、葡萄糖、戊糖；有机酸类有乳酸、乙酸、柠檬酸、琥珀酸、丙酸、苹果酸等；醇类有乙醇、甲醇、丙醇、丁醇、戊醇、己醇等；酯类有乙酸乙酯、乳酸乙酯、乙酸丁酯、丙酸乙酯等。各赋予酱油特有的滋味。

酱油酿制中还发生褐变反应，即生色。褐变有酶褐变与非酶褐变两种。前者是在微生物酚羟基酶和多酚氧化酶催化下，酪氨酸氧化成棕色黑色素，这主要发生在发酵后期。后者无酶直接能参与，是发酵产物葡萄糖类物质与氨基酸经美拉德（Maillard reaction）反应生成类黑素。延长发酵期，提高温度，能强化此反应，但影响酶发酵。所以，只在发酵后期可采用此褐变反应。上述褐变仅生成淡色酱油，如需要黑褐色酱油，须加入酱色，即焦糖色素（糖在 150～200℃ 下焦化而成，酱油发酵中无此过程）。

因此，将制成的曲与盐水混合，在保温发酵过程中，能加速各种酶在适宜温度下的化学变化，产生鲜味、甜味、酒味、酸味与盐水的咸味混合，而变成酱油特有的色、香、味、体。酱油香气成分的形成则更加复杂，已发现有多达 80 余种微量香味成分，主要有酯类、醇类、羟基化合物、缩醛类及酚类等，它们的来源主要有由原料成分生成、由曲霉的代谢产物所构成、由耐盐性乳酸菌类的代谢产物所生成以及由化学反应所生成等。

（三）酿制工艺

目前酱油酿制多采用低盐固态发酵法，其工艺流程如下：

米曲霉种曲
↓
大豆或豆饼或豆粕＋麸皮→润水→蒸煮→冷却→制曲→成曲→制醅→入池（缸）发酵→
↑
（加 12～13°Bé 食盐水）

前发酵 ——翻醅—→ 后发酵→成熟→盐水浸提→淋油→配制→巴氏灭菌→成品
（42～45℃）　　（30～35℃）

1. 种曲与制曲

种曲即为经三级扩大培养的菌种，其过程如下：

斜面试管菌种→麸皮管→麸皮瓶→麸皮曲盘→种曲

曲盘麸皮培养制曲为开放式制曲，受外界感染。因此，种曲中除米曲霉孢子外，还含有相当量的细菌。优质种曲质量要求是新鲜黄绿色，无根霉、青霉等异色，无夹心、孢子数在 60 亿个/克干基以上，孢子发芽率达 90% 以上，细菌数不超过 10^7 个/克。

制曲是将良好种曲接入蒸煮后蛋白质与淀粉已变性、糊化降温的原料中，经培养，菌丝生长繁茂，形成丰富多样的酶系，主要是蛋白酶与淀粉酶，促使原料发酵。按照米曲霉在曲料上生长状况，可分为以下四个时期。

（1）孢子发芽期　为接种最初 4～5h。此期孢子吸水膨胀，体积增大 2～6 倍，呼吸渐增。米曲霉发芽适宜温度为 30℃ 左右，低于 25℃ 发芽缓慢，若含水分较多，小球菌易繁殖，高于 38℃ 对发芽不利，却适于枯草芽孢杆菌繁殖，影响米曲霉生长。

（2）菌丝生长期　在接种后 3～12h，孢子萌发生出芽管，芽管伸长、分枝形成菌丝，料面发白、结块，呼吸强度增大，料温随之上升。故应适时松曲，降温通气，否则菌丝生长量少，酶活亦低。若过早松曲，又易受杂菌污染，此期料温保持在 35℃ 左右。

（3）菌丝繁殖期　松曲后，气、温条件改善，菌丝发育愈加旺盛，呼吸产热更多，曲温上升迅速，水分减少，曲料表层出现裂缝，应进行第二次松曲。此期在接种后 12～17h，生长特点是料面全部发白，温度应严控在 35℃ 左右。

（4）孢子着生期　此期在接种 18h 后。宜保持曲温在 30～34℃，使菌丝继续大量繁殖，开始产生孢子，约经 24h，孢子渐成熟，料面显淡黄色至嫩黄绿色。此期蛋白酶分泌量最多，即为成曲，可供应用。若再延期，形成孢子多，产生的酶量减少。

制曲有浅层曲盘、竹圆（或竹帘）与厚层通风制曲等方式，后者较先进。厚层通风制曲时，将拌种曲料混匀，疏松平整一致地装入曲池，厚约 30cm，分三层插入温度计，开动通风机调节温度为 32℃。静置约 6h，孢子萌发开始升温，至 37℃ 时应通风降温，培养 11～12h，菌丝渐多，曲料结块，通风受阻，应进行第一次翻曲。维持料温在 34～35℃，继续培养，菌丝大量增殖，约 4～5h 应进行第二次翻曲，仍保持料温 35℃。此后，视情况可进行第三次翻曲或铲曲。至 18h，开始着生孢子，22～24h 显淡黄绿色，即可出曲。

2. 制醅

成曲须先粉碎，低盐固态发酵者需加入 12～13°Bé、温度为 55℃ 的盐水，用量宜控制在酱醅发酵适宜含水量的 57%，含盐量在 10% 以下，否则有不良影响。加盐目的主要在于抑制腐败细菌，而不影响有益微生物（如嗜盐片球菌、酱油四联球菌、鲁氏酵母菌、球拟酵母菌等）的生长。有食盐时，渗出酶增加，对酶作用有一定影响，为此需延长发酵期。加盐水拌匀制成酱醅后可入池（缸）发酵。

3. 发酵

入池（缸）的酱醅应松紧适度均一，以池（缸）外热水保温发酵，发酵分为前期和后期。前期为水解阶段，后期为发酵阶段。

酱醅入池温度宜在 38～40℃ 先不踏实，待次日醅温升至 48～49℃ 将表面干皮层翻动后，再踏实，撒上 1～2cm 厚的食盐，防止酸败和形成氧化层，维持醅温 42～45℃，经 12～15天，蛋白质与淀粉水解基本完成，倒醅一次，混匀，松散，增大接触空气面积。倒醅后，加浓盐水使酱醅含盐量达 15% 左右，同时迅速降至 30～35℃，达安全发酵、提高发酵质量和增进风味等目的，再经 15天，后发酵完成，及时浸淋酱油。

发酵中还可采用循环吸取池底酱汁，均匀淋浇于醅面，使发酵更匀、更好。成曲中加大量盐水，使含盐量达 18% 以上，制成醪液，自然日晒发酵六个月至一年，亦可抽出或压滤出优质酱油。无盐固态发酵要求条件高，一般不易做到。

二、酿造食醋

食醋是酸性调味品。把单独或混合使用各种含有淀粉、糖的物料或酒精，经微生物发酵酿造而成的液体调味品称为酿造食醋（fermented vinegar）。按发酵工艺不同分为两大类，即固态发酵食醋和液态发酵食醋。固态发酵食醋是以粮食及其副产品为原料，采用固态醋醅发酵酿造而成的食醋。液态发酵食醋是以粮食、糖类、果类或酒精为原料，采用液态醋醪发酵酿造而成的食醋。

（一）酿造原理

食醋生产的原料很多，有糖蜜、高粱、糯米、大米、玉米、甘薯、糖糟、麸皮、梨、柿、枣等干鲜果品以及野生含糖或含淀粉的果实等。一般著名的食醋仍以糯米、大米、高粱、麸皮等原料为主。我国生产的食醋品种很多，如陈醋、香醋、麸醋、玫瑰醋、红曲醋、白醋以及果醋等。它们在选料、发酵工艺及调配等方面都有各自的特点。但它们的主要过程和参与的微生物基本一致。食醋酿造多以淀粉质农副产品为原料，经加热糊化，糖化剂（曲）糖化，再经酵母菌的酒精发酵（酒化），最后由醋酸细菌氧化酒精为醋酸（醋化）而成。也可用果汁、糖液只经酒化和醋化酿成。

食醋不仅有酸味，而且还有一定的鲜味、甜味和香味。这些色香味的来源，主要是由于原料中的淀粉经微生物分泌的酶所引起的生物化学反应，产生酒精转变为醋酸，以及原料中蛋白质等转变为其他复杂的有机物，但其主要成分为醋酸。制醋工艺一般包括三个发酵过程，即淀粉水解成糖、糖发酵成酒精、酒精氧化成醋酸。

淀粉水解为糖的糖化作用主要靠曲子中的黑曲霉作用。为了提高淀粉的水解率，目前糖化作用多采用淀粉酶法。淀粉水解后所生成的葡萄糖，大部分被酵母菌细胞吸收后，在细胞内通过 EMP 途径产生酒精；一部分糖分发酵生成其他有机酸；还有一些残留在醋醅内，作为食醋中一部分色香味的基础。糖发酵生成的酒精，大部分由醋酸菌氧化为醋酸，一部分与有机酸结合为酯类，这些产物均为食醋的香味来源。

酿造食醋以含淀粉质多的粮食为原料，但是其中也有蛋白质成分。这些蛋白质经蒸煮后，由曲霉所分泌的蛋白酶的作用，在糖化、酒精发酵及醋酸发酵各阶段中，逐步分解成各种氨基酸。这些氨基酸是食醋鲜味的来源，也是部分色素生成的基础。

此外，在食醋酿造过程中，还存在使有机酸和醇类结合成芳香酯类的酯化作用。使食醋具有特殊的清香，尤其是经陈酿的食醋，其酯类更多。另外，醋酸菌还能氧化甘油产生二酮，二酮具有淡薄的甜味，使食醋风味更为浓厚。

目前，在食醋的工业化生产中，为了提高产量和质量，避免杂菌污染，采用人工纯接种的方式进行醋酸发酵。用于食醋生产的醋酸菌主要有纹膜醋酸菌（*Acetobacter aceti*）、恶臭醋杆菌（*A.rancens*）浑浊变种（*As* 1.41）、巴氏醋酸菌（*A. pasteurianus*）巴氏亚种（沪酿 1.01）等。

酿醋用大曲、小曲、麸曲和酒母的制备及糖化和酒化过程见本章第一节，在此仅介绍醋母的制备及制醋过程。

（二）醋母的培养

酿醋用醋酸细菌种类较多，在分类上分属醋酸杆菌（*Acetobacter*）与葡萄糖杆菌（*Gluconobacter*）两属。醋酸杆菌属中的主要菌种有巴氏醋杆菌、许氏醋杆菌、醋化醋杆菌、生黑醋杆菌、木醋杆菌等。葡萄糖杆菌属中的主要菌种有氧化葡萄糖杆菌、弱氧化葡萄糖杆菌等。

醋酸细菌氧化代谢产乙酸的途径是葡萄糖降解成丙酮酸，丙酮酸在脱羧酶的作用下产生乙醛，乙醛氧化为乙酸，乙酸可进入 TCA 循环，被彻底氧化。葡萄糖杆菌氧化代谢产乙酸途径与醋酸细菌相同，只是乙酸不能进入 TCA 循环而被氧化。木醋杆菌（*A. xylinum*）含两种解酮酶和转醛酶、转酮酶，在无氧条件下发酵葡萄糖产生醋酸。我国封缸酿制糖醋，主要利用的就是此菌，它能在液面形成很厚的菌膜。在醋酸发酵中，因菌种不同，发酵产物除醋酸外，尚有乳酸、酒石酸、琥珀酸等。

醋母培养时，先将斜面醋酸菌移接于三角瓶中扩大培养。每 1000mL 三角瓶盛 100mL 培养液，在 75.845kPa 下灭菌 30min，加 95％含量的酒精 4mL，接入斜面菌种，摇匀，30℃静置培养 5～7 天，液面长有薄膜，嗅之有清香醋酸味即成。若用振荡培养，需镜检无杂菌方可。再转入大缸固态醋醅培养，方法是将新制醋醅放于具假底及开孔加塞的大缸中，于醅面均匀拌入纯醋酸菌液，接入量为原料的 2％～3％，加盖，培养 1～2 天，待品温升至约 38℃时，拔塞，放出液体，回浇在醋面上，控制温度不超过 38℃，至汁液酸度达 40g/L 以上，即可用于大量生产醋醅中。

（三）食醋酿制

1. 固态酿制法

大曲醋、小曲醋、麸曲醋多用此法酿制，其工艺流程如下：

碎米、玉米、薯干→粉碎
细谷糠 } →混合→润水→蒸熟→摊冷→接种拌匀（水）（曲、酒母）→

入缸（池）（边糖化、边发酵）→倒醅→制醋醅→倒醅→醋酸发酵→倒醅→成熟→压实陈酿→淋醋→（醋母、粗谷糠、食盐、水）

澄清→配制→消毒→装瓶→成品

上述工艺流程多处与固态法酿制白酒相似，其原理亦相同。两者主要差异在于酿酒忌醋酸发酵，须在踏实密封条件下进行；制醋须好气条件，利于酒精氧化为醋酸，故应有较多疏松填充料和实行倒醅。

固态法酿醋时，当醅料拌曲与酒母入缸（池）或堆置后，须覆盖保温，促进糖化与酵母增殖。由于醋醅的上、中、下层的温度与通气情况差异较大，故当表面醅温达 38℃时（达 40℃以上易引起烧醅），要及时倒醅，力求发酵均匀，产酒渐多。约经五天，醅温降至 33～35℃不再上升，酒味已浓，表明糖化与酒精发酵基本完成，醋醅酒精含量约达 8％，应拌入填充料与醋母（或自然感染），保持疏松，利于醋酸发酵。此后醅温宜保持在 39～41℃，一般不超过 42℃。每天都必须倒醅调温通气。经 12～15 天。醅温降至 36℃以下，不再回升，醋味强大，表示醋酸发酵基本完成，醋酸含量应达 7％～7.5％，立即拌入 1％的食盐，抑制醋酸细菌活动，防止过度氧化。加食盐后，要压实严封醋醅，促进后熟与酯化，增色增香。在此酿制过程中，糖化、酒化与醋化三个阶段并无明显界线。此外，因醋醅中微生物种类多，所以，尚伴随有乳酸发酵、蛋白质水解等作用。

在固态法制醋中，也可先将蒸煮料加适量水与曲及酒母制成醪，进行液态糖化与酒化，然后再加入大量填充物制成醅，进行固态醋酸发酵。

2. 液态酿制法

传统的液态酿制法有下列两种。

（1）回流法　将已糖化与酒化的醋醪，拌入醋母，移置于设有通风孔及假底池的竹箅上，保持疏松状态，表面加大醋母量，覆盖塑料薄膜，借通风孔自然进风，促使全层醋醅均进行醋酸发酵，醋汁经箅子流入下池。当表层醅温升至 40℃时，须松醅一次，使醅温均匀一致，每逢醅温达 40℃，用泵将下池醋汁打入架于池上的喷淋管，淋浇在醅面上，使醅温降至 36～38℃。如升温很快，可塞通风孔予以调控。这样，每天回流多次，共回流百余次，醅中酒精已很少，酸度不再上升，发酵即告完毕，醋液酸度达 65～70g/L，加适量食盐，抑制醋酸菌氧化醋酸。

回流制醋亦可先将原料浸泡磨浆，浓度为 18～20°Bé，调 pH6.2～6.4，加 α-淀粉酶与氯化钙，充分拌匀，送入液化池（罐），保温 85～90℃，维持 10～15min，以碘液检查显棕黄色，表示液化完毕，升温至 100℃，保持 10min，达灭菌目的。再将液化醪送入糖化罐，冷至 43℃，加麸曲糖化 3h，冷至 27℃，送入酒精发酵缸（罐），调 pH4.2～4.4，接酵母菌，在 33℃下进行酒精发酵约 64h，酒度（乙醇含量）达 8.5％（体积分数）左右，酸度为 3～4g/L，即可用麸皮、砻糠及醋母混拌制成醋醅，移入回流池进行醋酸发酵。

回流制醅法设备条件要求高，技术性强，原料利用充分，生产周期短，劳动强度小，生产效率高，但其醋味尚待研究改进。

（2）液态厌气酿醋　糖醋与封缸醋多用此法酿制。主要工序是先浸料蒸料，冷至65～70℃时，拌入糖化剂大麦芽浆，移入温度为55～60℃有假底的缸中，松散均匀，料面洒少量大麦芽浆，覆盖，加热保温60～70℃，7～8h，糖化基本完毕，加热水（70℃左右）浸泡约2h，从假底下侧管放出糖液。也可用饴糖或蔗糖制糖液，盛于清洁缸内，调整为11～12°Bé，冷却至30℃左右，加入酒母及少量麸曲或大曲、搅匀，保温发酵，至无气泡发生，酒味甚浓时，立即用荆条盖与泥土封缸，在20～30℃下发酵100天左右即可成熟。此种制醋法主要利用的是木醋酸杆菌的作用，但在上层液中也有进行氧化代谢的其他醋酸杆菌。

目前，规模化生产液态食醋，均采用液体深层发酵制醋法，此法完全可实现大罐连续发酵，具有省时、省力、自动化程度高、条件易控制、效率高、产量高、产品质量稳定等特点，但是醋的风味比固态法差。

第三节　微生物与有机酸

许多有机酸是食品工业的重要原料或添加剂，如柠檬酸、乳酸、醋酸、苹果酸等。其中柠檬酸和乳酸被广泛用于食品工业中。

一、柠檬酸

柠檬酸又称枸橼酸，具有令人愉快的酸味，它入口爽快，无后酸味，安全无毒，是发酵法生产中最重要、食品工业中用量最大的有机酸。在饮料、果酱、果冻、酿造酒、冰淇淋和人造奶油、腌制品、罐头食品、豆制品及调味品等食品工业中被广泛用作酸味剂、增溶剂、缓冲剂、抗氧化剂、除腥脱臭剂、螯合剂等，所以它被称为第一食用酸味剂。

（一）发酵用菌种

柠檬酸是葡萄糖经 TCA 循环而形成的最具有代表性的发酵产物。在大多数的微生物代谢中，均能产生柠檬酸。但在工业上用于柠檬酸生产的微生物主要是黑曲霉（Asp. niger），其次是温特曲霉（Asp. wentii）。这些菌种柠檬酸产量高，较少产生其他不需要的有机酸，而且能利用多种碳源。

（二）发酵用原料

柠檬酸发酵用原料的种类很多，广义上来说，任何含淀粉和可发酵糖类的农产品、农产品加工品及其副产品、某些有机化合物以及石油中的某些成分都可以采用。但是，食品工业生产上常用的原料主要有淀粉质原料包括甘薯、木薯、马铃薯和由它们制成的薯干、淀粉、薯渣、淀粉渣及玉米粉等，粗糖类有粗制蔗糖、水解糖（葡萄糖）、饴糖、糖蜜等。我国多用糖蜜和薯干。

（三）发酵工艺

柠檬酸发酵是好氧发酵。柠檬酸发酵工艺的发展大致可以分为三个阶段，20世纪20年代为第一阶段，由青霉和曲霉表面发酵生产；第二阶段开始于20世纪30年代，曲霉的深层发酵逐渐得到发展；第三阶段是20世纪50年代至今，以黑曲霉深层发酵为主，并进行着表面和固体发酵工艺。现在柠檬酸的连续发酵、固定化细胞发酵、酵母或细菌发酵等方面都有研究和报道，但工业生产采用的还是上述三种基本方法，并以液体深层发酵工艺最为普遍，技术也更先进。深层发酵的优点是发酵体系是均一的液体，传热性质良好、设备占地面积小、生产规模大、发酵速率高、产酸率高、发酵设备密闭、机械化操作安全、杂菌污染概率低、发酵副产物少、有利于产品提取等。因此，在柠檬酸发酵工业中占主导地位。

二、乳酸

乳酸也是一种重要的有机酸，又称 2-羟基丙酸或丙醇酸。由于其酸性稳定，所以在食品工业中广泛用作酸味剂、防腐剂、还原剂等，可用于清凉饮料、糖果、糕点的生产和鱼肉、蔬菜等的加工和保藏。

（一）发酵用菌种

工业上应用的乳酸菌包括乳杆菌和乳球菌，都是革兰阳性菌，不运动，无芽孢，厌氧或微好氧，发酵糖类产生乳酸。乳酸生产菌种的要求是产酸迅速、副产物少、营养要求简单、耐高温等。工业上除了生产发酵食品，如干酪、香肠、腌泡菜等需用一些异型发酵菌外，单纯生产乳酸时，均采用同型发酵菌。工业上重要的生产菌种有德氏乳杆菌、赖氏乳杆菌、保加利亚乳杆菌和戊糖乳杆菌等。

（二）发酵用原料

能作为乳酸发酵的原料也很多，主要原料包括己糖、低聚糖类和淀粉类原料。前者包括蔗糖、淀粉水解糖、糖蜜、乳汁和菊粉类；后者常用的有大米、玉米、薯干、菊糖等。乳酸菌的生长和发酵能力的获得，需要复杂的外来营养物质，必须有各种氨基酸、维生素、核酸碱基等营养因子供给。从经济上考虑，可以添加含有所需营养成分的天然廉价辅助原料，如麦根、麸皮、米糠、玉米浆等。

（三）发酵工艺

乳酸发酵是一种厌氧发酵，发酵工艺包括长菌期、产酸期、乳酸提取和精制等阶段。目前，乳酸发酵均采用液体深层发酵工艺，其生产工艺流程如下。

```
                              乳酸菌纯培养  Ca(OH)₂
                                    ↓        ↓
淀粉质原料→蒸煮→摊冷→拌糖化剂→糖化→ 发酵  ──→  打池  ──→板框过滤→
                                    ↑
                                  CaCO₃

       滤液（乳酸钙结晶）→浓缩──→结晶→加水溶解→
                                      ↑
                                   二次母液

            H₂SO₄        活性炭
              ↓            ↓
重结晶→母液→加热溶解→ 复分解→淡乳酸──→淡乳酸（40%～50%）→
              ↑
            CaSO₄

阳离子交换→阴离子交换→活性炭→浓缩（80%乳酸）→检验→成品
```

1. 乳酸菌的扩大培养

以德氏乳杆菌为例。

① 将穿刺培养或液体培养的乳酸菌转接于盛 10mL 灭菌麦芽汁小管中，45℃培养 25h，汁液变浊，镜检，应确保无杂菌污染。

② 将上述乳酸菌接入盛 100mL 葡萄糖肉汁液的容器中，49℃培养两天，立即转入盛 1～2L 培养液的容器中培养。培养液需含碳酸钙，中和乳酸形成乳酸钙，降低乳酸浓度，否则，乳酸达 1%～2%时将致死乳酸菌。

③ 把②菌接入 100～200L 的培养器中，培养基组成与发酵基质相适应，培养温度和时间与②同。

④ 将③培养物转入容量为 500～1000L 的种子罐中，49℃培养两天，使乳酸菌大量繁殖至足够量，直接接入发酵罐中。

2. 乳酸发酵

（1）发酵罐　发酵罐容积有 500L、1000L、2000L、5000L、10000L、50000L 等通用式

发酵罐，一般为不锈钢板制成的圆柱体立式容器，底和盖约半圆形，内部设浆式搅拌器，罐壁安装 3～4 片挡板。容积较大的有夹层，内装立式冷却列管。乳酸发酵是厌气发酵，可用无进气发酵罐。

（2）发酵　罐中发酵液含糖约 10%。接入种子罐纯菌，49℃保温 6h 开始发酵，12h 后发酵醪酸度超过 0.9%（以乳酸计），间断投入中和剂 $CaCO_3$，2～4 天后，残糖降至 0.1%或更低时，发酵即告完成。

（3）浓缩、酸解、精制　将稀乳酸钙液引入蒸发器中，蒸发浓缩到 11～14°Bé，放至铁桶中，静置 3～5 天，析出乳酸钙结晶。把乳酸钙放入酸解锅内，加热，使其完全溶解，在搅拌下加入 0.2%量的活性炭。并逐渐加入 40%～50%的硫酸液，析出 $CaSO_4$ 沉淀，乳酸再转为游离态。加硫酸忌过量，否则，易破坏乳酸。乳酸液经真空过滤得淡乳酸，入蒸发器，在稍减压下加 0.2%的活性炭，脱色、蒸发、浓缩，待浓度达 13°Bé，用阳离子和阴离子交换处理，除去钙、铁、氯及硫酸根等杂质，得浓缩为 80%的优质乳酸。

第四节　微生物与氨基酸

氨基酸是组成蛋白质的基本成分。有 8 种氨基酸是人体不能合成但又需要的氨基酸，即人体必需氨基酸，人体只有通过食物来获得。另外，在食品工业中，氨基酸可以作为调味料，如谷氨酸钠即味精，作为鲜味剂使用，色氨酸和甘氨酸可作甜味剂。在食品中添加某些氨基酸可提高食品的营养价值。其中，赖氨酸是人体必需的 8 种必需氨基酸之一，在谷类蛋白质中，必需氨基酸的比例不平衡，而赖氨酸的质量分数最低，故称为第一限制氨基酸。所以赖氨酸添加到面粉、大米、面包中时，可以大大提高其营养价值。赖氨酸已被广泛地用于营养食品、食品强化剂、医药及饲料等方面，产量有了大幅度的增加。目前，已有十余种氨基酸进入工业规模化生产。本处仅介绍谷氨酸和赖氨酸。

一、谷氨酸

（一）发酵用菌种

L-谷氨酸是许多微生物的代谢产物之一，其产生过程为淀粉经糖化，产生葡萄糖，葡萄糖经糖酵解途径产生丙酮酸，丙酮酸进入三羧酸循环，经过三羧酸循环中乌头酸酶的作用先生成异柠檬酸，再经异柠檬酸脱氢酶的作用转变为 α-酮戊二酸，最后经谷氨酸脱氢酶的作用，由还原的氨基化反应生成 L-谷氨酸。许多霉菌、酵母菌、细菌和放线菌等都能产生谷氨酸，其中以细菌的百分比最大，所产的量也最高，但在发酵液中能积累相当大量谷氨酸的菌种却不多见，而且往往是在产生后又重新被利用。因此，选择适合于工业发酵的菌种最好是积累谷氨酸量高、分解谷氨酸能力弱的菌株。目前应用最多的菌株为谷氨酸棒杆菌（Corynebacterium glutamicum）。如我国使用的生产菌株有北京棒状杆菌（C. pekinense sp.）AS 1.299、钝齿棒杆菌（C. crenatum）AS 1.542 等，其特性为菌体球形、短杆至棒状、无鞭毛、不运动、不形成芽孢、革兰染色阳性反应、要求生物素、在通气条件下培养产生谷氨酸。

（二）发酵用原料

发酵法生产味精的原料为淀粉质类原料，如玉米、甘薯、小麦、大米等，其中甘薯淀粉最为常用。此外糖蜜等也可用来作发酵培养基的碳源。氮源可用尿素或氨水。

（三）发酵工艺

谷氨酸生产的简单工艺过程为：淀粉质原料→糖化→冷却过滤→加入玉米浆及其他营养物配成合适的培养基→接种菌种→发酵→发酵液→提取（等电点法、离子交换法等）→谷氨酸结晶→Na_2CO_3 中和→谷氨酸钠盐（味精），再经去铁、脱色、过滤、浓缩结晶而得到结晶的味精，干燥后即得成品。

在发酵中影响谷氨酸产量的主要因素是通气量、生物素、pH 值及氨浓度等。其中通气量和生物素影响较大，当通气量过大时，促进菌体繁殖，积累 α-酮戊二酸，糖消耗量大；通气量过小时，则菌体生长不好，糖消耗量少，发酵液中积累乳酸，谷氨酸产量低。只有在适量通气情况下才能获得较高的产量。发酵培养基中生物素含量在"亚适量"时，谷氨酸发酵才能正常进行，当生物素过量时，除菌体大量生长外，丙酮酸趋于生成乳酸，而很少甚至不生成谷氨酸，实验表明，当发酵液中生物素含量为 $1\mu g/L$ 时限制菌生长，但谷氨酸产量较高，当生物素含量为 $15\mu g/L$ 时，菌丝生长旺盛，谷氨酸产量很少。因此，严格控制发酵条件是取得谷氨酸高产的关键。

二、赖氨酸

（一）发酵用菌种

发酵用菌种主要为突变菌株。其中营养缺陷型突变菌株有谷氨酸棒杆菌的高丝氨酸、苏氨酸、亮氨酸、异亮氨酸或亮氨酸加异亮氨酸的缺陷型，乳糖发酵杆菌的高丝氨酸缺陷型和嗜醋酸棒杆菌的高丝氨酸缺陷型等；抗反馈突变型菌种有抗 S-氨基乙基-1-半胱氨酸的黄色短杆菌和非营养缺陷型的赖氨酸生产菌等。

（二）发酵用原料

发酵用原料来源较广，常用的碳源有玉米、小麦、甘薯等淀粉质原料和甘蔗糖蜜、甜菜糖蜜、葡萄糖结晶母液等。赖氨酸发酵中氮是构成发酵产品赖氨酸的组成元素，同时赖氨酸是二氨基的碱性氨基酸，所以赖氨酸发酵所用的氮源比普通发酵要多。最常用的氮源是硫酸铵及氯化铵。因硫酸铵及氯化铵是生理酸性氮源，所以氮源被利用后 pH 下降，游离出的酸根部分与游离的赖氨酸结合外，其余部分要用碳酸钙或尿素中和，以维持发酵培养基至中性。发酵过程中也经常用氨水调节 pH。所需的生长因子有生物素、维生素 B 以及缺陷的氨基酸等。主要通过添加玉米浆、脱脂豆粉水解液或豆饼水解液、其他蛋白质的酸水解液等来补充。无机盐中主要有磷酸盐、硫酸镁、钾盐、钙盐等。

（三）发酵工艺

赖氨酸生产的简单工艺过程为：

发酵培养基→接种→发酵→发酵液→离子交换→洗脱→浓缩 $\xrightarrow{\text{HCl}}$ pH5～6→

粗赖氨酸盐酸盐→脱色重结晶→L-赖氨酸盐酸盐

赖氨酸发酵过程分为两个阶段，发酵前期（0～24h，因菌种和工艺不同而异）为长菌期，主要是菌体生长繁殖，很少产酸。当菌体生长一定时间后，转入产酸期。在工艺条件控制上，应该根据两个阶段的不同而异。发酵结束后进行赖氨酸的提取和精制。为了有利于赖氨酸的提取，需要将发酵液进行预处理，以除去影响提取的大量菌体和钙离子等。提取过程包括发酵液预处理、提取和精制三个阶段。最后经离子交换吸附及洗脱中和、结晶、重结晶、干燥即可得成品。

第五节　微生物与核苷酸

5'-肌苷酸和 5'-鸟苷酸都属于核苷酸，可应用微生物发酵在工业上生产，它是一种强烈的调味助鲜剂，肌苷酸、鸟苷酸与谷氨酸适当混合后，能使助鲜剂作用加强数十倍，其中以鸟苷酸为最鲜。由肌苷酸制成的肌苷，还可以治疗肝病、心脏病、风湿性关节炎等。对使用抗癌药物和化工操作所引起的白血球减少症，核苷酸也有疗效。目前核苷酸在食品、农业、营养、医疗卫生等方面具有重要的用途。

5′-呈味核苷酸由微生物细胞内所含的核糖核酸降解而成，因此一般选用菌体内核糖核酸含量高及培养容易的微生物，大多是综合利用生产的下脚料，例如谷氨酸发酵后的菌体含核糖核酸高达 7%～10%，又如生产啤酒后的啤酒酵母含核糖核酸 6%，都是制造 5′-呈味核苷酸的较好原料。

5′-呈味核苷酸的制造方法有直接发酵法及酶法降解等。直接发酵法生产的设备及工艺与谷氨酸发酵基本相似，所采用的菌种主要是谷氨酸棒杆菌腺嘌呤缺陷型或鸟嘌呤缺陷型。现将目前采用较多的酶法降解加以简要介绍。酶法降解有两种。

（1）酶解法 一般指专门培养的菌种所产生的 5′-磷酸二酯酶（如桔青霉）来降解核糖核酸（自酵母或白地霉中提取）。

$$核糖核酸 \xrightarrow[\text{桔青霉 pH5}\sim 6]{\text{5′-磷酸二酯酶}} 5′-核苷酸$$

降解方法是将桔青霉的酶液加于核糖核酸中，pH 调整为 5～6，作用温度 66℃，维持 2h 后，即可降解完成。

（2）自溶法 利用菌体细胞内的 5′-磷酸二酯酶专一地作用于本身的核糖核酸，使降解成 5′-核苷酸，然后从细胞内渗出来，可以进行自溶的有酵母及细菌。一般酵母在酸性条件下自溶生成 3′-核苷酸；在碱性条件下才生成 5′-核苷酸。而 3′-核苷酸不呈鲜味，5′-核苷酸却具有极强烈的鲜味，因此必须控制在碱性条件下自溶。

第六节 微生物与其他食品

一、发酵乳制品

鲜乳经过微生物的发酵作用，即可成为具有特殊风味的食品，这些食品称为发酵乳制品。其种类多样，按作用的主要微生物及其主要代谢产物，可分为三种类型，即酵母菌乳酸发酵乳制品，如酸乳酒、马奶酒等；细菌乳酸发酵乳制品，如酸乳、酸奶油、奶酪、嗜酸菌乳（含嗜酸乳杆菌）、ABT 乳（含嗜酸乳杆菌、双歧杆菌和嗜热链球菌）、BRA 乳（含婴儿双歧杆菌、罗伊乳杆菌和嗜酸乳杆菌）等；霉菌乳酸发酵乳制品。但我国常见的发酵乳制品主要是酸乳、酸奶油和奶酪。以下仅介绍这三种发酵乳制品。

（一）酸乳（yoghurt 或 yogurt）

联合国粮农组织和世界卫生组织（FAO/WHO）将酸奶定义为鲜乳或乳制品（杀菌乳或浓缩乳）在保加利亚乳杆菌（*Lactobacillus bulgaricus*）和嗜热链球菌（*Streptococcus thermophilus*）的作用下，经乳酸发酵而得到的凝固型乳制品。它们不仅具有良好的风味，较高的营养价值，其中还含有大量活的乳酸细菌，有一定的保健作用，长期饮用能预防消化道疾病；对乳房炎、白喉、结核等病原体有抑制作用；乳酸菌能转化乳糖，可消除乳糖不适症。因此，酸乳是一种很好的保健食品。其简单生产工艺如下。

鲜乳→加糖过滤→均质→灭菌→冷却(44～45℃)→加入发酵剂→分装→发酵(41～43℃)→5℃下冷藏后酵→成品酸乳

1. 酸乳用菌种的扩培

（1）纯菌培养 酸乳生产菌为保加利亚乳杆菌和嗜热链球菌，均为同型发酵型乳酸菌，在糖发酵时产物主要是乳酸，不产生乙醇、乙酸和 CO_2。它们的有关特性见表 9-1。

纯菌培养是在试管中进行，方法是将冰箱内保存的菌种，使用前取出，用灭菌的新鲜脱脂乳连续移接数次，恢复其活力，再以 1:1 的比例接入灭菌的优质脱脂乳中，进行纯菌培养。两种菌的比例对于酸乳的质量影响较大。因菌种来源不同，其组合比例、接种量、发酵温度、发酵时间以及 pH 值的变化等均不同。

表 9-1 保加利亚乳杆菌和嗜热链球菌的部分特征

菌种	细胞形态	菌落形态	发酵最适温度/℃	最适凝乳时间/h	极限酸度/°T[①]	凝块性质	组织形态	滋味
嗜热链球菌	链状	光滑、微白,有光泽	40～45	12～14	110～115	均匀	稀酸奶油状	微酸
保加利亚乳杆菌	长杆状,有时呈颗粒状	无色小菌落,棉絮状	40～45	12	300～400	均匀稠密	针刺状	酸

① °T（吉尔涅尔度）为中和 100mL 酸乳所需的 0.1mol/L 氢氧化钠毫升数。消耗 1mL 为 1°T,也称 1 度。

(2) 母发酵剂 取 100～300mL 新鲜脱脂乳,装入经灭菌的容器中,再进行灭菌。灭菌后,迅速冷却至 44～45℃,于其中接入 1％的试管活化菌种,两菌的比例通常为 1∶1,然后按所需温度培养（通常培养温度为 41～43℃）,凝固后,即可用于接种生产发酵剂。

(3) 生产发酵剂 生产发酵剂的用乳最好与成品原料相同。取实际生产量的 1％～3％脱脂乳（或全乳）,装入已灭菌的容器中,灭菌后冷却至 44～45℃时,按 1％～3％接入母发酵剂,充分搅拌,适温培养,达到所需活菌数和酸度时,即可用于生产。

良好的发酵剂应具有活菌数高、菌发酵力强、凝乳均匀而细滑、凝块硬度适当、富有弹性、有优良的酸乳特有风味、无异味等。因此,酸乳发酵剂在发酵乳制品中占有重要地位。传统酸乳生产用的发酵剂大多停留在自繁自用的原始的液体发酵剂水平,在菌种活化、扩培等一系列繁杂工艺中,由于技术和设备落后,造成菌种经常发生污染、退化、变异,使酸奶品质变差、产品不稳定。近几年来国外有许多专门生产酸乳发酵剂的机构,它们可以使酸奶发酵剂的生产专业化、社会化、规范化和统一化,从而使发酵乳产品的生产标准化,提高发酵乳产品质量,保障了消费者的利益和健康。现已在国内外大中小企业中广为使用。在我国境内销售酸乳发酵剂菌种的公司很多,如丹麦汉森公司、法国罗地亚公司、加拿大罗素公司、丹麦丹尼斯克公司、Lyto-Yog 公司、Kefir（积福）公司、芬兰依莱克斯德公司等。这些发酵剂中含有的菌种,除了保加利亚乳杆菌和嗜热链球菌以外,还有在此基础上,添加嗜酸乳杆菌的三菌组合,添加嗜酸乳杆菌和双歧杆菌的四菌组合,以及添加其他乳酸菌的更多菌种组合。以便获得更好的风味,同时也有利于防止杂菌和噬菌体的侵害。

2. 酸乳发酵

将优质合格的新鲜乳或脱脂乳,与糖配合,杀菌后,于适合温度下按混合料的 1％～3％接入生产发酵剂,混匀,分装,封盖,送入发酵室进行酸乳发酵。通常发酵温度为 41～46℃,时间 4h 左右,当 pH 达 4.2～4.3（60～70°T）时,即可凝乳,前发酵结束。移入 0～5℃冷藏室,因酸乳降温慢,发酵仍缓慢进行,酸度继续升高,此为后发酵。一般当酸乳降至 10℃时,酸度不再增加,此过程约需 30min,酸度升高 10～20°T。冷藏不仅能防止杂菌繁衍,还能促使凝乳质地致密,便于回收乳清,从而提高酸乳质量的稳定性,并增加风味。酸牛乳在生产中要严格注意环境和操作人员的卫生,防止杂菌和病原菌的污染。如酸乳不凝、产气、乳清分离、酸度过低、有异味异臭等,与发酵剂不纯、失效或有杂菌污染等因素有关。

目前,酸牛乳在制作中除了加入蔗糖外,还可加入果蔬香精、果蔬汁、果蔬、咖啡、可可以及各种功能因子;或发酵凝乳后通过搅拌,加入上述物质,再经调配,以获得不同风味的酸乳或乳酸菌饮料。如国内外已有的产品有果肉酸奶、蔬菜酸奶、冷冻酸奶、浓缩酸奶、辣味酸奶、苏打酸奶、低钠酸奶、固体酸奶、强化酸奶、大豆酸奶、茶汁酸奶、怪味酸奶、花生酸奶、女性酸奶、什锦酸奶、免疫酸奶、儿童酸奶、花卉酸奶、纤维酸奶、海藻酸奶、老年酸奶、珍珠酸奶、SOD 双歧酸奶、益寿发酵奶、分解酶酸奶等。

(二) 酸奶油

酸奶油是把从鲜乳中分离出来的稀奶油,经过杀菌冷却,接种纯的多菌组合发酵剂,在合适温度下进行发酵，使产生一定的芳香风味和酸度，再经物理成熟，最后得到合格的产品。常用作酸奶油发酵剂的菌种有乳酸乳球菌、乳脂乳球菌、噬柠檬酸链球菌、副噬柠檬酸链球菌、丁二酮链球菌等，乳酸乳球菌和乳脂乳球菌主要是把稀奶油中的乳糖发酵生成乳酸，噬柠檬酸链球菌和丁二酮乳链球菌则将稀奶油中的柠檬酸代谢为羟丁酮，羟丁酮进一步氧化生成具有芳香味的丁二酮。酸制奶油的加工工艺如下。

稀奶油→加热灭菌→冷却至 18~20℃→加入 5% 的发酵剂→在 18~20℃ 下发酵，每隔 1h 搅拌 5min→发酵结束迅速冷却至 5℃ 以下→物理成熟→搅拌→加色→压炼→成品包装

整个发酵过程需 12h 左右。

（三）奶酪

奶酪主要成分是酪蛋白和乳脂，还含有丰富的钙、磷、硫及 B 族维生素和维生素 A，因此具有较高的营养价值。用于奶酪发酵的菌种主要是乳酸菌，但也有用丙酸菌及丝状真菌的多菌混合发酵。常用的乳酸菌有乳球菌、嗜热链球菌、保加利亚乳杆菌、干酪乳杆菌、瑞士乳杆菌、植物乳杆菌、噬柠檬酸链球菌等。其次，还要加凝乳酶。乳酸菌除了发酵乳糖产生乳酸外，还能分解蛋白质并产生香味，干酪中的风味物质主要是来自蛋白质分解产生的氨基酸、乳糖及柠檬酸发酵、脂肪水解产生的挥发酸及其盐类或酯类。干酪制造的简单工艺过程如下。

原乳加热杀菌→加入凝乳酶、发酵剂及色素→形成凝块→切割凝块、搅拌、加热→排除乳清→粉碎凝块→入模压榨→坯块→前发酵→加盐、调味料等后发酵→成熟→干燥成品

不同品种的干酪加工工艺不尽相同，所用发酵剂的组成也不一样。干酪在发酵成熟过程中，最初含菌量较多，乳酸菌占优势，数量增加较快，随着干酪成熟，乳糖被消耗，乳酸菌逐渐死亡。干酪生产中，要注意防止微生物污染，干酪表面如果污染了酵母和霉菌以及一些分解蛋白质的细菌，常可使干酪软化、退色和产生臭味；假单胞菌属、产碱杆菌属和变形杆菌属等一些菌能引起干酪表面发黏；由液化链球菌、圆酵母等分解蛋白质使干酪带有苦味；而一些霉菌和球菌可在干酪表面形成色斑；噬菌体对奶酪生产威胁也较大。因此，为了保证奶酪的发酵质量，必须注意生产中卫生的管理和优良菌种的选育。

二、发酵豆制品

（一）豆腐乳

豆腐乳是以豆腐为原料，经微生物酶解而成的特殊发酵食品。我国各地均有生产。豆腐乳由于各地生产工艺、形状大小、配料等不同，故品种较多，风味各异。

豆腐乳生产中主要使用的微生物是毛霉属中的总状毛霉（$M. racemosus$）、腐乳毛霉（$M. sufu$）以及根霉属中的米根霉、华根霉等。在豆腐块上生长时能分泌多种酶，使豆腐坯中的蛋白质分解成氨基酸。淀粉质糖化，发酵成乙醇、有机酸、酯类等物质，使豆腐乳具有独特的风味和细腻的质地。生产豆腐乳的原料主要是大豆。

豆腐乳生产的简单过程是：

大豆洗涤→浸泡→磨浆→过滤→煮浆→点浆→压榨切块→豆腐坯→接种霉菌→前发酵→前发酵坯→配料装坛→后发酵→成品

不同品种的豆腐乳其配料不同，如红豆腐乳，其配料要加红曲。豆腐乳发酵分前发酵与后发酵两个阶段。

1. 前发酵

取培养好的菌种，加入冷开水，摇匀，滤去麸皮等，制成菌悬液，盛于喷雾器中，将豆腐坯摆在蒸笼或木框竹底盘内，侧面竖立，每块四周留有空隙，均匀喷洒上菌悬液。堆高笼格或框，上层加盐，在 20℃ 左右培养，14h 后开始长菌，22h 可长满，需倒笼（框）一次，调节上下层温度，预防高温影响，并补给空气。至 28h，菌丝大部分长成，应再倒一次。至

32h，需扯开降温使之老化，至45h应散开降温。菌丝生长繁茂，则分泌的蛋白酶多。

2. 后发酵

后发酵主要为蛋白质水解阶段。分开毛坯，抹倒菌丝，放置于缸（池）中的有孔木板上，未长菌的面应靠边摆放，分层加盐，即为腌坯，时间为8～13天。其要求是含食盐量达16%，防止腐坏。腌制三四天后，需再加食盐水超过坯面，至腌好的前一天，从中心圆洞取出盐水，豆腐坯干燥收缩后，染上红曲、分装于坛中，加入由黄酒、砂糖、食盐等配制好的卤液，超过坯面约1cm，严封坛口，置于常温下发酵。由于制作中染有其他杂菌，所以引起发酵的微生物种类很多，生化反应复杂。一般后发酵6个月即可成熟。

（二）豆酱

豆酱主要有大豆酱、蚕豆酱、豆瓣酱等，具特有的色、香、味。用于豆酱生产的霉菌主要是米曲霉（Asp. oryzae），生产上常用的有沪酿3.042等。其分泌蛋白酶、淀粉酶及纤维素酶的能力较强，它们把原料中的蛋白质分解为氨基酸，淀粉变为糖类，在其他微生物共同作用下生成醇、醛、酸、酯等，形成豆酱特有的风味。

酱的种类较多，酿造工艺各有特色，所用调味料也各不相同。但其制作工艺与酱油相似，其工艺流程为：

$$
\left.\begin{matrix} 大豆 \\ 蚕豆（去皮） \end{matrix}\right\} → 浸泡 → 蒸煮 → 冷却 → \overset{面粉}{混合} → \overset{米曲霉}{接种} → 制曲 → 入池（缸）→ 自然升温 →
$$

加第一次盐水 → 日晒、保温发酵 → 加第二次盐水 → 翻拌 → 成熟

三、发酵果蔬制品

果蔬发酵制品种类较多，如风味各异的酸腌菜、淡酸菜、酱腌菜、乳酸发酵饮料、果酒、果醋等。主要发酵产品有两大系列，即以乳酸发酵为主的乳酸发酵果蔬制品和以醋酸发酵为主的醋酸发酵果蔬制品。蔬菜和水果经乳酸菌或醋酸菌的发酵，可以提高营养和产品的风味。随着人们对果蔬乳酸发酵和醋酸发酵食品的营养价值及其对人体有益作用的深入认识，其加工业得到了迅猛发展。不但品种增加，而且加工过程也从家庭式的手工业逐渐走向机械化的工业生产。以下主要仅介绍酸腌菜和苹果醋。

（一）酸腌菜

酸腌菜俗称泡菜，是新鲜果蔬经密封泡腌和乳酸发酵后制成。它可久贮不腐，保存营养物质免受腐败细菌危害，且可改善风味，增进食欲，帮助消化，清理肠胃。泡菜一般是在特制的泡菜坛中制作的。该坛底小，便于沉淀杂物，肚大适于添加新菜，颈细能减少与空气接触面积，颈沿养水能隔绝外界空气和便于坛内二氧化碳逸出。因此，加盖后可保证坛内良好厌气条件，利用乳酸菌的生长繁殖和乳酸发酵。

我国泡菜用果蔬品种主要有泡菜、榨菜、冬菜、雪里蕻、蘑菇、笋、橄榄等，其加工工艺各有特点。但其基本工艺为将蔬菜整理、去杂、晾晒、清洗、切分后，放入清洗过的坛中，加晾凉的食盐水（2.5%）和其他辅料至坛颈，加颈沿水，加盖密封。放在通风、温暖、干燥、清洁、无蝇处，使其发酵。也可接入专用发酵剂。自然发酵的优点是方法简便，省去了菌种的培养制作手续，更主要的是如果发酵条件控制适当，产品的风味较好，缺点是容易污染杂菌，大量生产时不易控制，每批产品质量不能保证一致等。人工接种进行发酵的优点是由于接入大量菌种，可以使发酵立即开始，某些品种甚至可做到在无菌条件下接种，使发酵在纯菌下进行，整个发酵过程易于控制，避免或减少杂菌污染，产品质量较恒定。缺点是增加工序，不同原料还需要有一定的菌种配合，其产品风味不如自然发酵的好。

泡菜发酵初期，产气明串珠菌先生长发育，形成乳酸、醋酸、甘露醇与CO_2，至乳酸量达0.7%～1%时，该菌因不耐酸便渐消亡。酸与醇反应生成酯，具香味；而后是植物乳

杆菌占主导地位，贯穿于全过程，进一步发酵糖及甘露醇产生乳酸；再后是不产气短乳杆菌发酵残糖为乳糖、醋酸、乙醇等，该菌耐酸量可达 2.4％以上，能使 pH 值继续下降，最终可抑制腐败细菌和丁酸细菌的发育。如坛中加水不足，启封频繁，接触空气多，在泡菜发酵液面常有假丝酵母、白地霉或球拟酵母等生长，它们氧化分解乳酸，降低酸度，甚至引起腐败菌发育，致使蔬菜变质。遇此情况时，可往坛中注入冷开水，使液面菌膜逸出，再加些洗净晾干蔬菜及适量食盐与少许白酒，状况可改善。

（二）苹果醋

苹果醋生产工艺流程如下。

原料苹果→选果、洗果→去皮、去核→破碎打浆—→酶处理—→调整糖度—→酒精→

（上方标注：护色液　果胶酶　糖源）

发酵 —→ 醋酸发酵 →陈酿——粗滤、精滤→灌装→杀菌→检验→成品苹果醋

（下方标注：酵母菌　醋酸菌　　包装材料）

苹果经前处理后，加酵母菌经酒精发酵，即可制成苹果酒，再经醋酸发酵变为苹果醋。因此，苹果醋是通过酒精发酵和醋酸发酵而成，参与的微生物为酿酒酵母菌和醋酸菌。酒精发酵前期酵母菌主要进行有氧呼吸，并迅速繁殖。前发酵期温度一般控制在 26～28℃；中期酵母菌经过前发酵期的繁殖后，发酵醪中的氧气大大减少，酵母菌转入厌氧发酵，酒精发酵开始。这时发酵醪中的糖分下降，酒精增加。而且发酵醪温度上升很快，应设法将其控制在 28～30℃范围内；后期酵母菌生命活动和发酵能力开始减弱，再加上发酵醪中酒精含量的增加和糖分的减少，此时酵母菌生长比较困难。整个酒精发酵时间约需 7 天，酒精度达到 8％左右，在 0.5％～0.8％时，即可转入醋酸发酵。

醋酸发酵是指在有氧条件下醋酸菌将酒精氧化成醋酸的过程。醋酸发酵前期为菌种适应期，生长慢，对氧需要量少，故通风量不宜过大；中期醋酸菌活力上升，菌量大增，由于呼吸作用加强，需大量的氧，故要加大通风量；后期随着醋酸菌大量繁殖，氧化酶大量分泌，催化乙醇与氧结合形成乙酸。发酵温度一般控制在 30～35℃之间，发酵时间为 6 天，并随时检测发酵液中醋酸和酒精的浓度变化。酸度（以醋酸计）达 6％～8％时为醋酸发酵终点。

四、发酵肉制品

发酵肉制品因国家不同、地区不同而有不同的加工工艺。最常见的产品是发酵香肠。发酵香肠通常为干制品或半干制品，水分含量 30％～40％。制作时，先将肉破碎成肉糜，然后与盐、糖、色泽稳定剂、调味剂和硝酸盐或亚硝酸盐（或两者都加入）等混合，将其灌入肠衣中，室温下发酵（25～35℃）。传统型香肠，为自然发酵，时间较长，一般在冬季生产、贮存、成熟，在春季食用。若加入发酵剂时，发酵时间缩短。

参与香肠发酵的微生物菌群较多，主要有啤酒片球菌、乳酸片球菌、植物乳杆菌、短乳杆菌、布氏乳杆菌、微球菌、葡萄球菌、嗜盐和耐盐细菌、青霉、曲霉及酵母菌等。其中以同型乳酸发酵菌为主导菌。有益霉菌和酵母菌的生长不仅在产品某些风味的形成方面起一定作用，而且大量霉菌的生长抑制了食品腐败菌的生长，排除了食物中毒的发生，从这层意义上讲，霉菌对保藏是有辅助作用的。

五、发酵水产品

水产品如鱼、虾、贝类等经微生物综合发酵作用后，可形成具有特殊风味的发酵水产品。最常见的是发酵鱼类中的鱼酱油和鱼酱（pastes），在亚洲的许多地区，如中国、日本、柬埔寨、印度尼西亚、马来西亚、菲律宾、泰国等非常流行。与鱼酱油相比，鱼酱中发酵所起的作用较小。因此，下面主要对鱼酱油做一个简单的介绍。

各地鱼酱油的生产方法及条件各异，但其工艺过程基本相似，即先按盐∶鱼的比例约1∶3将盐加至未去内脏的鱼中，然后将盐渍的鱼移至发酵缸中，发酵缸通常建在地下，或将鱼放置于陶质罐中并埋于地下。缸或罐装满后密封至少6～12个月，以使鱼体液化自溶。收集液体，过滤，然后移至陶器中，在阳光下进行1～3个月的后成熟。最终形成具清亮的黑棕色、有特殊芳香风味和鲜味的鱼酱油成品。发酵过程中有众多微生物参与，但其中的主导菌主要是一些能形成芽孢的需氧性嗜盐菌，少量的链球菌、小球菌、葡萄球菌以及其他芽孢杆菌，这些菌群，一方面对鱼体蛋白的液化起重要作用，另一方面与产品的风味和芳香物质的形成有关。

六、单细胞蛋白

早在20世纪初就有人建议将培养的单细胞微生物作为人类食品的直接来源。大约在1966年，美国麻省理工学院首先指出了单细胞蛋白（single-cell protein，SCP）这一概念，用以称呼作为食物来源的微生物。由于蛋白质不是菌丝体细胞唯一的食物组分，因此从这一角度讲，广义的SCP应包括从所有微生物中获得的蛋白质。而狭义的SCP可以作为"酵母细胞蛋白"、"藻类蛋白"和"细菌蛋白"等的统称。随着世界人口的增长和动、植物资源的限制，从微生物中获得蛋白质（单细胞蛋白）已是解决人类蛋白质食物资源的一条重要而有效的途径。

利用微生物生产SCP的优点在于微生物生长繁殖迅速，对营养物质适应性强，可以利用农副产品废弃物、糖蜜、纸浆废液、烃类及醇类等，生长条件完全受人工控制，不受气候变化的影响。因此，与动、植物蛋白的生产相比，微生物蛋白的生产具有高速度和高效率的特点。

已成为SCP来源的微生物主要有以下几种。

① 酵母菌　如酿酒酵母、产朊假丝酵母，可以利用半纤维成分的戊糖；解脂假丝酵母、嗜石油假丝酵母（Candldo petrophylum）、嗜石油酒香酵母（Brettanomyces petrophylum）等可利用烷烃；克勒克酵母（Kloeckera）、毕赤酵母（pichia）、汉逊酵母（Hansenula）等可利用甲醇等醇类作碳源；乳酸克鲁维酵母（Kluyveromyces lactis）、乳酒假丝酵母（Candida kefyr）等能以乳清为原料。

② 藻类　如螺旋藻等。

③ 丝状真菌　如蕈菌等。

④ 细菌　如醋酸钙不动杆菌、纤维单胞菌、分枝杆菌等。在这些微生物菌群中，酵母菌、螺旋藻和蕈菌是极受关注的一类菌。以下仅介绍酵母菌和螺旋藻。

1. 酵母菌

酵母菌在食品工业中占有极其重要的地位。利用酵母菌生产的食品种类很多，除了生产发酵酒和酒精饮料以外，还有面包、馒头、活性干酵母等食品。因有些酵母细胞蛋白质含量很高，如啤酒酵母蛋白质含量占细胞干重的42%～53%，产朊假丝酵母为50%左右，因此成为生产SCP的优良菌种。除此以外，酵母菌细胞还含有丰富的糖类、矿物质、维生素和脂肪。糖类除糖原外，还发现有海藻糖、去氧核糖等。蛋白质中氨基酸的含量除蛋氨酸含量比动物蛋白低、烃酵母中胱氨酸含量较少外，苏氨酸、赖氨酸、组氨酸、苯丙氨酸等含量均较高，维生素有14种以上，如几种维生素的含量分别为（mg/kg干细胞物质）维生素 B_1 3～6、维生素 B_2 75、烟酸180～200、泛酸150～192、维生素 B_6 23、维生素 B_{12} 0.11。酵母菌细胞中除蛋白质含量远远超过小麦外，它的氨基酸组成比较完全，人体必需的8种氨基酸多数也都比小麦含量高，因此它具有较高的营养价值，可作为食用和饲料。还可以从中提取辅酶A、核苷酸、麦角固醇、乳糖酶、酵母海藻糖以及多种氨基酸等，可供医药及生物试剂用。

培养酵母菌体的原料来源较为广泛，如糖蜜、亚硫酸盐纸浆废液、谷氨酸发酵废液、稻草、稻壳、玉米芯、木屑等水解液，天然气、乙醇、甲醇、乙烷烃等。乳制品生产中的乳清也是培养酵母的很好原料。啤酒生产中的废渣也可以培养酵母菌作为饲料。总之，食品厂的许多废渣、废液均可以作为培养酵母菌的材料，以达到综合利用的目的。

作为酵母菌体的工业化培养，大多采用深层通气培养法可以得到良好的效果，菌体的收获和处理方法是根据应用目的而确定的，若作为饲料可用粗制品，若作为食品或医药就需要精细的处理。

2. 螺旋藻

螺旋藻是一个俗称，因细胞排列呈螺旋状卷曲的丝状体而得名，属于蓝细菌（cyanobacteria）。蓝细菌为产气的光合自养型细菌，大多生活在光照充足、温度为 $28\sim35℃$、pH 为 $8.5\sim11.0$ 且高盐的浅水中。只要有光照、CO_2、矿物质和适宜的温度，即可在水中生长繁殖。它为 G^- 细菌，无鞭毛，含叶绿素，其体积比细菌大，通常直径 $3\sim10\mu m$，最大的可达 $60\mu m$，细胞形态多样，有的二等分裂形成单细胞，有的复分裂形成单细胞，有的有异型胞的菌丝，有的无异型胞的菌丝，有的形成分枝状菌丝等。

目前国内外工厂化生产的螺旋藻主要有两种，即钝顶螺旋藻和极大螺旋藻。其中，钝顶螺旋藻（*Spiruliua platensis*）的藻体亮绿色，藻丝蓝绿色，细胞横壁处略缢缩，规则的螺旋卷曲。螺旋宽 $26\sim36\mu m$，螺距 $43\sim63\mu m$，藻丝末端没有或有非常不明显的狭窄，末端细胞宽圆，藻丝细胞宽 $6\sim8\mu m$。极大螺旋藻（*Spirulina maxima*）藻丝规则卷曲，两端略狭窄，在末端细胞钝圆，外壁增厚，细胞横壁处不缢缩或略缢缩，具气囊，螺旋宽 $40\sim60\mu m$，螺距 $70\sim80\mu m$，藻丝细胞宽 $7\sim10\mu m$。

螺旋藻具有多种药用和食用价值。据分析，藻丝蛋白质含量高达 $60\%\sim70\%$，包含有人体必需的全部氨基酸，且组成平衡，符合 FAO 确定的蛋白质标准，其中藻蓝蛋白有较强的抗癌作用。SOD 酶有抗氧化、抗衰老作用。糖主要是以多糖和糖蛋白形式存在，能提高机体免疫力。维生素主要有 β-胡萝卜素、泛酸、叶酸、肌酸、烟酸、维生素 B_{12}、维生素 B_6、维生素 B_2、维生素 B_1、维生素 E 等，具有多种功效。矿物质主要有 K、P、Ca、Na、Cl、Mg、Mn、Zn、Fe 等，其中 Fe 含量达 $46\sim58mg/100g$。脂肪酸含量较低，且多为不饱和脂肪酸，尤其是人体必需的脂肪酸，如亚油酸和亚麻酸等。藻丝中含有光合色素，如叶绿素 a、类胡萝卜素和叶黄素、藻蓝素等，对心脏病、高血压、心血管等疾病有防治作用。因此，螺旋藻已被 FAO 推荐为 21 世纪人类最理想的保健食品之一。目前已广泛用于食品、药品、饲料、添加剂、精细化工、美容化妆品等领域。全世界已有 50 多个国家已正式批准将螺旋藻用于食品或食品添加剂中。

七、益生菌食品

(一) 益生菌的定义

益生菌（probiotics），又称为益生素、促生素、生菌素、促菌素、活菌素等，它是从早在 1907 年 Metchnikoff 提出的"酸奶长寿说"中发展而来的。英文 Probiotics 一词源于希腊语，意思是"为了生命（for life）"。而它的现代定义则最早是被 Lilley 和 Stillwell（1965）阐述为"由一种微生物产生的，具有促进其他微生物生长的物质"。Parker（1974）年将其表述为"有助于肠道菌群平衡的微生物或者物质"。英国学者 Fuller（1989）将此定义修改为"能通过改善肠道微生物平衡而对宿主产生有益影响的微生物活体制品"。Havenaar 等（1992）进一步扩展此定义为"单一或混合发酵的微生物，能通过改善内源微生物的性质而对人或动物有益"。由于发现死菌体细胞成分或代谢产物也具有与活菌相同的生理功能，美、德、英、荷、瑞典及日本等国 15 位专家（1996）在"国际新抗菌策略研究组，ISGNAS"

讨论会中提出了新的 probiotics 定义，"probiotics 是含活菌和（或）包括菌体组分及代谢产物的死菌的生物制品，经口或其他黏膜投入，旨在黏膜表面处改善微生物与酶的平衡或刺激特异性与非特异性免疫"。FAO 对 probiotics 的定义是：当摄入足够数量时能给宿主带来有益的、健康的影响的活的微生物。欧洲权威机构——欧洲食品与饲料菌种协会（EFFCA）(2002) 给益生菌的定义为"益生菌是活的微生物，通过摄入充足的数量，对宿主产生一种或多种特殊且经论证的功能性健康益处"。最近，益生菌被公认为"应用于动物及人体内，通过改善宿主体内的微生态平衡而促进宿主健康的单一或混合的活的微生物制剂"。该定义不仅强调了益生菌是一种活的微生物，而且指出益生菌不仅可应用于动物，也可应用于人体，拓宽了益生菌的应用领域。经过对益生菌不断地深入研究，益生菌的含义也不断完善，益生菌株也不断增加，益生菌功能也不断得到证实和承认。目前在世界范围内，学者们对其定义还存在着争议。

益生菌属于有益菌，但并非所有的有益菌都称得上是益生菌。一个完善而有效的益生菌菌种，应具备下述条件。

① 源于宿主并对宿主健康有一定的促进作用；

② 对胃酸、胃肠内或胰的酶及胆汁消化作用表现出一定抵抗力，从而能在胃肠道内存在并正常生活；

③ 能有效地定植于胃肠道中，从而抑制肠内病原体的黏附、定植、复制或有活性；

④ 通过产生抗菌的代谢产物或细菌素，选择性调节微生物区系的组成，并能对食物中的病原体起一定抑制作用；

⑤ 是公认安全的微生物；

⑥ 其制品按合理剂量服用时能具有临床有效性；

⑦ 在其产品制备及贮存期间能保持活性及稳定性，能用于大量生产并具有经济价值。

（二）益生菌的功能

近年来，益生菌的特殊生理活性通过发酵食品、微生态制剂等多种形式被广泛地研究。资料显示，抗生素在治疗肠炎、感染等疾病时，除杀死致病菌外，也破坏了肠道菌群的平衡，使消化、吸收受到干扰，产生腹泻，导致机体免疫功能下降。摄入一定数量的有益微生物是改善肠道系统微生物菌群平衡和维持机体健康的重要途径。当摄入的益生菌活菌数高于 10^8 个/天或者消费 100mL 含益生菌不小于 10^6 cfu/mL 的食品或者药品时，益生菌对人体健康具有明显的促进作用，其保健功能主要表现在以下几个方面。

① 可促进维生素、矿物质等的吸收利用，增加营养价值；

② 治疗轮状病毒引起的腹泻、旅游者腹泻和抗生素引起的腹泻；

③ 降低血清胆固醇含量；

④ 缓解乳糖不耐症、过敏性皮炎、炎症性肠病等；

⑤ 治疗念珠菌和细菌引起的阴道炎；

⑥ 对表面膀胱癌和子宫颈癌有积极的效果；

⑦ 调节人体免疫功能和肠道微生态平衡；

⑧ 抗诱变或致癌活性及抗肿瘤；

⑨ 改善便秘；

⑩ 抗高血压；

⑪ 其它功能，如降低肠生物标志化合物的含量（如粪便有毒的酶类），根除耐药性微生物，延缓衰老，预防糖尿病等。

由于益生菌是一类特殊的有益菌群，那么作为益生菌产品应有其保健声明及标识。目前，许多国家对益生菌食品只允许作一般性保健声明，如"增进儿童健康"。专家建议应允许有特殊的保健声明，例如，声明某益生菌"可降低婴幼儿轮状病毒腹泻的发生率及严重性"的特殊声明会比一般性声明如"增进儿童健康"提供更多的信息给消费者。这样能更好地避免误导性信息。因此，建议应在标签上显示以下内容：

① 属、种、株名称，菌株名不能诱导消费者对其功能产生误解；

② 每个菌株在保质期内的最小活菌数；

③ 每单位推荐摄入量内达到益生菌声称的保健作用的有效剂量；

④ 保健功能；

⑤ 贮存条件；

⑥ 消费者与公司的详细联系方式。

（三）益生菌在食品工业中的应用

目前，益生菌主要用于食品、功能性食品、膳食补充剂、药用生物制品及饲料等领域。把含有益生菌的食品统称为益生菌食品，主要包括直接添加益生菌的食品和经益生菌发酵的食品。益生菌在食品领域中最普遍的应用仍是乳制品领域，包括发酵乳、活性乳酸菌饮料、干酪、酸奶油、冷冻酸奶、液态活性乳、活性奶粉和冰淇淋等。用于其他食品的有豆奶、发酵豆奶、点心、糖果、糕饼、果蔬汁、饮料粉末、谷物食品、涂抹食品、条棒形食品等。常用的益生菌菌种主要是双歧杆菌属（*Bifrdobacterium*）、乳杆菌属（*Lactobacillus*）和一些链球菌属（*Streptococcus*）。近几十年来，国外大规模用于益生菌食品的典型菌株见表 9-2。根据中华人民共和国卫生部 2003 年第 3 号公告，目前可用于保健食品的益生菌菌种有两歧双歧杆菌（*Bifidobacterium bifidum*）、婴儿双歧杆菌（*B. infantis*）、长双歧杆菌（*B. longum*）、短双歧杆菌（*B. breve*）、青春双歧杆菌（*B. adolescentis*）、保加利亚乳杆菌（*Lactobacillus bulgaricus*）、嗜酸乳杆菌（*L. acidophilus*）、干酪乳杆菌干酪亚种（*L. Casei* subsp. Casei）、罗伊乳杆菌（*L. reuteri*）、植物乳杆菌（*Lactobacillus plantarum*）和嗜热链球菌（*Streptococcus thermophilus*）。国家食品药品监督管理局最近还审批了鼠李糖乳杆菌（*L. rhamnosus*）。

表 9-2　国外应用的几种典型益生菌菌株

菌　　株	来　源
Lactobacillus rhamnosus GG（鼠李糖乳杆菌 GG）	芬兰维利奥公司（Valio Ld）
Bifidobacterium longum SBT2928（长双歧杆菌 SBT2928）	日本雪印乳品有限公司
Lactobacillus acidlophilus SBT2062（嗜酸乳杆菌 SBT2062）	日本雪印乳品有限公司
Lactobacillus casei TT9018（干酪乳杆菌 TT9018）	日本 Yakult
Lactobacillus casei LC10（干酪乳杆菌 LC10）	法国罗地亚公司
Lactobacillus acidlophilus NCFM（嗜酸乳杆菌 NCFM）	法国罗地亚公司
Bifidobacterium breve（短双歧杆菌）	法国罗地亚公司
Lactobacillus Bulgaricus MR120（保加利亚乳杆菌 MR120）	法国罗地亚公司
Lactobacillus helveticus MR220（瑞士乳杆菌 MR220）	法国罗地亚公司
Bifidobacterium breve R-070（短双歧杆菌 R-070）	加拿大罗素公司
Lactobacillus rhamnousus R-011（鼠李糖乳杆菌 R-011）	加拿大罗素公司
Lactobacillus casei CRI431（干酪乳杆菌 CRI431）	丹麦汉森公司
Lactobacillus acidlophilus PIM703（嗜酸乳杆菌 PIM703）	丹麦汉森公司
Lactobacillus acidlophilus LA-2（嗜酸乳杆菌 LA-2）	丹麦汉森公司
Bifidobacterium infantis BBI（婴儿双歧杆菌 BBI）	丹麦汉森公司
Bifidobacterium longum BBL（长双歧杆菌 BBL）	丹麦汉森公司
Bifidobacterium lactis DSM10140（乳双歧杆菌 DSM10140）	丹麦汉森公司
Lactobacillus Bulgaricus 2038（保加利亚乳杆菌 2038）	丹麦汉森公司

八、转基因食品

转基因食品（genetically modifid foods，gm food）国外称为基因改造食品或基因改良食品，是利用生物技术，将某些生物的基因转移到其他物种中去，改造生物的遗传物质，使其在性状、营养品质等方面向人类所需要的目标转变，以转基因生物为直接食品或为原料加工生产的食品为转基因食品。我国《转基因食品卫生管理办法》将转基因食品定义为利用基因工程技术改变基因组构成的动物、植物和微生物生产的粮食和食品添加剂。它是现代生物技术的产物。目前，国内外已研究开发并商品化生产的主要转基因植物品种有大豆、玉米、水稻、马铃薯、番茄、甜瓜、西葫芦、胡萝卜、向日葵、油菜、苜蓿、甜菜、甜椒、芹菜、黄瓜、大白菜、莴笋、豇豆、海带等。美国是转基因食品最多的国家，60％以上的食品含有转基因成分，90％以上的大豆、50％以上的玉米和小麦为转基因粮食。目前，转基因农作物和食品的主要类型有增产型、控熟型、高营养型、保健型和加工型等。

转基因微生物食品是指由转基因微生物产生的食物，或利用转基因微生物为原（辅）料生产加工的食品或食品添加剂，或以转基因微生物为农药、肥料、饲料生产的植物、动物所产生的食品。如将产蛋白酶或淀粉酶强的基因转入微生物细胞中，再通过培养这种转基因微生物，生产食品工业中应用广泛的蛋白酶或淀粉酶，这类酶制剂就是以转基因微生物生产的食品添加剂，以该添加剂生产的食品就是转基因微生物食品。现已研究开发的转基因微生物有转基因食品工程菌、转基因微生物农药、转基因微生物肥料、转基因微生物防腐保鲜剂等。

转基因食品可以增加食品供给，降低化学污染，改善食物品质和丰富食品功能。但是转基因食品的安全性问题一直是一个争议的话题，主要因为转基因食品的安全性、生物富集作用、药食关系、对生态的影响、基因污染、全球监管及机遇泡沫等问题尚未搞清楚。因此，转基因食品标签上应注明"此食品含有转基因成分"，以给消费者提供"知情权"和"选择权"。

第七节　微生物酶制剂在食品工业中的应用

微生物与其他生物一样，其细胞内发生的全部代谢，几乎都是由细胞产生的蛋白质性质的生物催化剂——酶催化实现的生物化学过程。细胞产生酶是为了启动和控制细胞代谢过程中复杂的生物化学反应。对于人类来说，绝大多数酶都可以采用一定的方法从细胞中分离出来，并保存原有的活性和执行其催化作用。这对于酶在科学研究和工农业方面的应用非常重要。

在整个生物中，微生物是制取酶的得天独厚的资源，因为它有如下突出的特点。

① 由于微生物细胞表面积极大，代谢能力异常旺盛，生长繁殖极为迅速，培养几天或十多天即可收获，且又不受气候条件的直接影响，一年四季的日日夜夜都可以培养，这是其他任何生物无法比拟的。

② 微生物种类极其繁多，酶的种类也多。现已知微生物细胞产生的酶有 2500 多种，几乎可以满足任何需要。

③ 微生物易发生突变，较易获得一些高产突变菌株。这样就使得我们能够以最低的代价，得到最多的产品。

酶制剂生产的基本工艺包括菌种培养、菌种扩大培养、种子罐扩大培养、生产培养以及酶的抽提、纯化、浓缩、沉淀回收、干燥、粉碎、稳定、检测、成品。

经生产培养以后，如何把酶提取出来，涉及微生物酶的存在部位。微生物酶有胞外酶和胞内酶之分，其生产工艺有所不同。过去认为微生物所有的水解酶类均释放到细胞外的培养液中。现已查明，有些水解酶类（如蔗糖酶、乳糖酶等）并不释放到培养液中，而是固定在细胞内。只有淀粉酶、蛋白酶和部分微生物的纤维素酶等释放到细胞外。

胞外酶的提取是先用过滤或离心法分离出培养滤液，弃去微生物细胞和其他沉渣，再进一步加工以回收酶。半固体曲中酶的抽提是将曲置水中搅拌成浆液，然后通过压滤机过滤，制成酶的抽提液。

胞内酶的提取过程必须先采用过滤法分离出微生物细胞，弃去滤液。再将微生物细胞滤饼置于含有适当盐类的水溶液中制成浆液，再用研磨、超声波处理或细胞溶解作用等方法使细胞裂解。然后用过滤法或离心沉淀法除去细胞残渣，得到供进一步提取用的澄清的含酶抽提液。例如用啤酒酵母或酿酒酵母生产蔗糖酶的过程中，可用过滤法回收酵母细胞，向其中加入氯仿、乙酸乙酯或甲苯使酵母细胞发生质壁分离，继而发生细胞自溶，然后再提取蔗糖酶。常用于工业生产的胞内酶有葡萄糖氧化酶、过氧化氢酶、蔗糖酶和乳糖酶等，已用于科学研究或医疗上的胞内酶有核苷酸磷酸化酶、核糖核酸酶、脱氧核糖核酸酶、DNA 聚合酶和 L-天冬酰胺酶等。

能生产酶制剂的微生物类群很多，包括细菌、放线菌、酵母菌和霉菌等各大类微生物。例如食品工业中广泛应用的液化淀粉酶的生产菌主要采用枯草芽孢杆菌；糖化淀粉酶的生产菌有根霉、黑曲霉等；蛋白酶的生产菌有枯草芽孢杆菌、米曲霉、黑曲霉等；果胶酶的生产菌有枯草芽孢杆菌、米曲霉、黑曲霉、棕曲霉（Asp. ochraceus）等。

不同种类的酶制剂，可用不同种类的微生物来制取；不同种类的微生物也可以生产出同一种类的酶制剂。食品工业上常用酶的来源及其在食品工业中的应用，如表 9-3 所示。

表 9-3　微生物酶在食品工业中的应用

食品工业	用　途	酶	来　源
食品分析	糖的测定	葡萄糖氧化酶	真菌
		半乳糖氧化酶	真菌
	糖源的测定	葡萄糖淀粉酶	真菌
	尿酸的测定	尿酸氧化酶	真菌、动物
面包和谷类加工	面包制造	淀粉酶	真菌、细菌、麦芽
		蛋白酶	真菌、细菌
啤酒工业	糖化	淀粉酶	麦芽、真菌、细菌
		葡萄糖淀粉酶	真菌
	防止浑浊	蛋白酶	真菌、细菌
充二氧化碳气饮料	除去氧气	葡萄糖氧化酶	真菌
粮食加工工业	儿童食品	淀粉酶	麦芽、真菌、细菌
	早餐食品	淀粉酶	麦芽、真菌、细菌
咖啡工业	咖啡豆发酵	果胶酶	真菌
	咖啡浓缩物	果胶酶、半纤维素酶	真菌
糖果工业	软心糖果和软糖	蔗糖酶	酵母
乳制品工业	干酪制造	凝乳蛋白酶	真菌、动物
	牛奶灭菌	过氧化氢酶	细菌、真菌
	改变奶脂肪产生香味	脂肪酶	真菌
	牛奶蛋白质浓缩物	蛋白酶	细菌、真菌
	浓缩牛奶的稳定	蛋白酶	真菌
	全奶浓缩物	乳糖酶	酵母
	冰淇淋和冰冻甜食	乳糖酶	酵母
	奶粉的除氧	葡萄糖氧化酶	真菌
蒸馏酒精饮料工业	糖化	淀粉酶	真菌、细菌
		葡萄糖淀粉酶	真菌
蛋粉工业	除去葡萄糖	葡萄糖氧化酶、过氧化氢酶	真菌
	蛋黄酱除氧	葡萄糖氧化酶	真菌

食品工业	用　途	酶	来　源
调味品工业	淀粉的水解、澄清 氧气的去除	淀粉酶 葡萄糖氧化酶	真菌 真菌
风味增强剂	各种核苷酸的制备	核糖核酸酶	真菌
水果和果汁加工	澄清,过滤浓缩 低甲氧基果胶的制造 果胶中淀粉的去除 氧气的去除 桔子的脱苦	果胶酶 果胶甲酯酶 淀粉酶 葡萄糖氧化酶 柚苷酶	真菌 真菌 真菌 真菌 真菌
肉类、鱼类加工	皮的软化 脱毛 肉类嫩化 肠衣嫩化 浓缩鱼肉膏	蛋白酶 蛋白酶 蛋白酶 蛋白酶 蛋白酶	细菌、真菌 细菌、真菌 真菌、细菌 真菌、细菌 细菌
淀粉和糖浆	玉米糖浆 葡萄糖的生产	淀粉酶、糊精酶 葡萄糖异构酶 葡萄糖淀粉酶、淀粉酶	真菌 真菌、细菌 细菌、真菌
蔬菜加工	菜泥和羹汤的液化	淀粉酶	真菌
葡萄酒	压榨,澄清,过滤	果胶酶	真菌

第十章 微生物与食品变质

微生物具有分布广、种类多、繁殖快、代谢力强、营养谱宽等特点，使得食品的污染与变质难以避免。微生物污染食品后，可引起食品腐败、变质，甚至引起食源性疾病。本章主要介绍微生物引起食品变质的原因、微生物引起的各类食品变质、食品变质带来的危害以及利用控制微生物保藏食品的原理等方面内容。

第一节 微生物引起食品变质的原因

食品变质（deterioration）是指食品受到外界有害因素的污染以后，造成其化学性质或物理性质发生变化，使食品的营养价值或商品价值降低或失去。食品变质可由微生物污染、昆虫和寄生虫污染、动植物食品内酶的作用、化学反应或化学污染以及物理因素污染等方面引起。本节主要介绍由微生物污染引起的食品变质。在由微生物污染引起的食品变质中，通常把由微生物引起蛋白质类食品发生的变质，称为腐败（spoilage）；由微生物引起糖类食品发生的变质，称为发酵（fermentation）；由微生物引起脂肪类食品发生的变质，称为酸败（rancidity）。在大多数食品变质中，腐败、发酵和酸败往往同时发生，但有主次之分。

食品变质的原因很多，主要有食品内环境因素和食品外环境因素。

一、食品内环境因素

食品内环境因素主要指食品自身固有的因素，如营养成分、pH、渗透压、水活性、氧化还原电位、食品结构以及所含抗微生物成分等，以下主要讨论营养成分、pH、渗透压、水活性四种因素。

（一）营养成分

粮、油、水果、蔬菜、肉、乳、蛋、鱼、虾、调味品、糖果等各类食品中，除含有一定量的水分以外，还含有蛋白质（如豆类、肉类、乳类、鱼虾类）、碳水化合物（如木薯淀粉、马铃薯淀粉、玉米淀粉等）、脂肪、无机盐和维生素等营养物质，易受到多种微生物的侵袭，使其降解，强度丧失，质量劣化，导致霉腐变质。同时，也常常受到致病菌的污染，使其繁殖或者产生毒素，危及人畜的安全。

不同种类的微生物，其营养要求差异较大，有些营养要求全面丰富，较难培养，常感染营养丰富的食品；有些营养要求较粗放，可在大多数食品中生长；而有些微生物营养要求特殊，能较专一地利用某些物质，如纤维素、果胶、胶原蛋白等。因此，食品经微生物污染后，并不是任何种的微生物都能在其上生长，能够生长的微生物种类，主要由食品的营养成分决定。因此，食品的营养组成与可感染的微生物菌群有密切的关系，根据食品成分组成的特点，可以推测可能引起变质的主要微生物类群或哪一个属甚至哪一个种。

（二）pH 值

微生物能否引起食品的腐败变质，除了营养因素以外，还与食品基质本身的一些条件是否适宜于微生物生长和繁殖有关。这些条件主要有 pH、渗透压和水活性等。

各种食品都存在着一定的氢离子浓度，微生物能否在其中生长，就要看微生物对不同氢离子浓度的适应能力如何；另一方面由于微生物的生长，使食品的 pH 值会发生改变，从而在食品中生存的微生物类群也会发生变动。

在非酸性的食品中，细菌生长繁殖的可能性最大，而且能够良好地生长，因为绝大多数细菌生长的最适 pH 值在 7 左右，所以多数非酸性食品是适合于多数细菌繁殖的。食品的 pH 值范围越是偏向酸性或碱性，细菌生长能力越弱，同时可能生长的细菌种类也越少。当食品的 pH 值在 5.5 以下时，腐败细菌已基本上被抑制，但少数嗜酸菌或耐酸菌，如大肠杆菌、乳杆菌、链球菌、醋酸杆菌等仍能继续生长。在非酸性食品中，除细菌外，酵母（生长的 pH 值范围在 2.5～8）和霉菌（生长的 pH 值范围在 1.5～11.0）也都有生长的可能。

在酸性食品中，细菌已受到抑制，能够生长的仅是酵母或霉菌。因为酵母生长最适宜 pH 值是 4.0～5.8，多数酵母生长最适宜的 pH 值是 4～4.5，霉菌生长最适宜的 pH 值是 3.8～6.0。因此，食品的酸度不同，引起食品变质的微生物类群也呈现出一定的特殊性。

微生物在食品中生长繁殖，必然会引起其 pH 值的改变。pH 值的变化，是由食品的成分和微生物的种类等条件所决定的。由于微生物的作用，使食品的 pH 值上升或下降至超越微生物活动所能适应的 pH 值范围时，微生物就停止生长，但某些特殊微生物可能会再度感染，引起新的变化。

（三）渗透压

绝大多数微生物能在低渗透压的食品中生长，在高渗透压的食品中，各种微生物的适应情况不一致。一般多数霉菌和少数酵母能耐受较高的渗透压，它们在高渗透压环境中，非但不会死亡，而且有些还能生长繁殖。绝大多数的细菌不能在较高渗透压的食品中生长，仅能在其中短期生存或迅速死亡。在高渗透压食品中生存时间的长短，取决于菌种特性，而细菌耐渗透压的能力，远不如霉菌和酵母。

在食品中形成不同渗透压的物质主要是食盐和糖。各种微生物因耐受食盐和糖的程度不同，可分为嗜盐微生物、耐盐微生物和耐糖微生物。它们可在不同加盐食品或加糖食品中生长繁殖，而引起食品变质。

（四）水分活性

食品中都含有一定量的水分，以结合水和游离水两种状态存在。微生物要在食品中生长繁殖，就必须要有足够的水分。通常，含水分多的食品，微生物容易生长；含水分少的食品，微生物不容易生长。那么食品中含水量是多少时微生物就不能生长？必须看食品中水的水分活度（a_w）大小，因为微生物只能利用水中的游离水。

不同类群微生物生长的最低 a_w 值有较大的差异，即使是属于同一类群的菌种，它们生长的最低 a_w 值也有差异。从细菌、酵母、霉菌三大类微生物来比较，当 a_w 接近 0.9 时，绝大多数细菌生长的能力已很微弱；当 a_w 低于 0.9 时，细菌几乎不能生长。其次是酵母菌，当 a_w 值下降至 0.88 时，生长受到严重影响，而绝大多数霉菌却还能生长。多数霉菌生长的最低 a_w 值为 0.80。可见霉菌生长所要求的 a_w 值最低。从渗透压角度考虑，生长 a_w 值最低的微生物应是少数耐渗透压酵母、嗜盐性细菌和干性霉菌。

微生物所需要的水分活性界限是非常严格的，微生物生命活动的正常进行，必须要求稳定的 a_w 值，a_w 值稍有变化，对微生物就非常敏感。在微生物所需的最低营养要求能够满足时，尤其在营养条件非常充分时，微生物生长的最低 a_w 值一般是不会变动的。但在某些因素的影响下，微生物能适应的 a_w 值的幅度有时会有所变动。温度是影响微生物生长最低 a_w 值的一个重要因素。在最适温度时，霉菌孢子出芽的最低 a_w 值可以低于非最适温度时的生长最低 a_w 值。有氧与无氧环境，对微生物生长的 a_w 值也有影响，如金黄色葡萄球菌在无氧环境下，它生长最低 a_w 值是 0.90；在有氧环境中的最低生长 a_w 为 0.86。若霉菌在高度缺氧环境中，即使处于最适的 a_w 值的环境中也不能生长。在适宜的 pH 值环境中，微生物生长的最低 a_w 值可以稍偏低一些。此外，有害物质的存在，也会影响微生物生长要求的 a_w 值，如环境中有二氧化碳存在时，有些微生物能适应生长的 a_w 值范围就会缩小。

综上所述，食品中不同的内环境因素和分布于食品中的不同微生物之间，相互依赖，相互制约，相互竞争，相互影响，形成了食品一定的内生态体系。

二、食品外环境因素

食品的外界环境条件主要有温度、气体和湿度等。

（一）温度

前已提及，根据微生物生长的适应温度，可分成嗜热微生物、嗜冷微生物和嗜温微生物三大生理类群，每一类微生物都具有一定的适应生长的温度范围，但它们所共同能适应生长的温度范围是在 25～30℃ 之间。在此温度下，不论是嗜热、嗜冷或嗜温的微生物都有生长的可能，并且该温度范围与嗜温微生物的最适生长温度相接近，也是绝大多数细菌、酵母和霉菌能够较良好生长的温度范围。因此，在 25～30℃ 之间，各种微生物都有可能使食品引起变质。若温度高于或低于这个温度范围时，主要微生物类群将要改变。

食品在冷藏过程中，由于嗜冷微生物的存在而引起腐败变质，因为低温微生物在低温下繁殖速度较慢。能在低温食品中生长的细菌，多数是革兰阴性的芽孢杆菌，如假单胞菌属、无色杆菌属、黄色杆菌属、产碱杆菌属、弧菌属、气杆菌属、变形杆菌属、赛氏杆菌属、色杆菌属等；其他革兰阳性细菌有小球菌属、乳杆菌属、小杆菌属、链球菌属、棒状杆菌属、八叠球菌属、短杆菌属、芽孢杆菌属、梭状芽孢杆菌属；在低温食品中出现的酵母有假丝酵母属、圆酵母属、隐球酵母属、酵母属等；霉菌有青霉属、芽枝霉属、念珠霉属、毛霉属、葡萄孢霉属等。低温微生物因代谢活动非常缓慢，从而引起食品变质的过程也比较长。

在 45℃ 以上能够生长的微生物，主要是嗜热微生物，但还包括嗜温微生物的某些菌种。在高温环境中，引起食品变质的微生物主要是嗜热细菌，其变质过程比嗜温菌要短。

（二）湿度

通常用相对湿度表示空气湿度大小。所谓相对湿度是指在一定时间内，某处空气中所含水气量与该气温下饱和水气量的百分比。每种微生物只能在一定的 a_w 值范围内生长。但是，这一定范围的 a_w 值要受到空气湿度的影响。因此，空气中湿度对于微生物生长和食品变质来说，起着重要的作用。如把含水量少的脱水食品放在湿度大的地方，食品则易吸潮，表面水分迅速增加。此时如果其他条件适宜，微生物会大量繁殖而引起食品变质。长江流域黄梅季节，粮食及物品容易发霉，就是因为空气湿度太大（一般相对湿度在 70% 以上）的缘故。

环境的相对湿度对食品的 a_w 值和食品表面微生物的生长非常重要。食品应该贮藏在不能让食品从空气中吸取水分的相对湿度值条件下，否则食品自身表面和表面下 a_w 值就会增加，微生物就能够生长。当把低 a_w 值的食品放置在高相对湿度值的环境中时，食品就会吸收水分直到建立起平衡为止。同样，高相对湿度值的食品在低 a_w 值的环境中时就会失去水分。

在选择合适的贮藏条件时还应该考虑相对湿度值与温度之间的关系。因为温度越高，相对湿度值越低；反之亦然。

表面易遭受霉菌、酵母和某些细菌腐败的食品，应该在低相对湿度值条件下进行贮藏，包装不好的肉在冰箱中往往在深度腐烂前容易遭到许多表面腐败菌的危害，因为其相对湿度值较大，通气性相对较好。虽然通过贮藏在低相对湿度值条件下可能会减少表面腐败的机会，但在此条件下食品自身将会失去水分而造成品质变差。因此，在选择合适的相对湿度值的条件下，应该同时考虑微生物在食品表面的生长条件，以及保持理想的食品品质条件等问题。这样，可以在不低于相对湿度值的同时防止表面腐败。

（三）气体

食品在加工、包装、运输、贮藏中，由于食品接触的环境中含有气体的情况不一样，因而引起食品变质的微生物类群和食品变质的过程也都不相同。

与食品有关的，并且必须在有氧环境中才能生长的微生物有霉菌、产膜酵母、醋酸杆菌属、无色杆菌属、黄杆菌属、短杆菌属中的部分菌种，芽孢杆菌属、八叠球菌属和小球菌属中的大部分菌种；仅需少量氧即能生长的微生物有乳杆菌属和链球菌属；在有氧和缺氧的环境中都能生长的微生物有大多数的酵母，细菌中的葡萄球菌属、埃希菌属、变形杆菌属、沙门菌属、志贺菌属等肠道杆菌以及芽孢杆菌属中的部分菌种；在缺氧的环境中，才能生长的微生物有梭状芽孢菌属、拟杆菌属等。

但有时会出现好氧性微生物或兼性厌氧微生物在食品中生长的同时，也会出现有厌氧性或微需氧性微生物的生长。例如肉类食品中有枯草杆菌生长时，也有梭状芽孢菌生长；乳制品中有肠杆菌生长时，也伴有乳酸菌的生长。

各种类群微生物中的许多菌种，它们在需氧或厌氧的程度上，是不一致的。霉菌都必须在有氧的环境中才能生长，但各种霉菌所需的氧量，也有很大的差异。总之，食品处于有氧的环境中，霉菌、酵母和细菌都有可能引起变质，且速度较快；在缺氧环境中引起变质的速度较缓慢。

微生物引起食品变质除了与氧气密切相关外，还与其他气体有关。如食品贮存于含有高浓度 CO_2 的环境中，可防止需氧性细菌和霉菌所引起的食品变质。但乳酸菌和酵母等对 CO_2 有较大的耐受力。在大气中含有 10% 的 CO_2 可以抑制水果、蔬菜在贮藏中的霉变。在果汁瓶装时，充入 CO_2 对酵母的抑制作用较差。在酿造制曲过程中，由于曲霉的呼吸作用，可以产生 CO_2，若 CO_2 不迅速扩散而在曲周围环境中积累至一定浓度时，将会显著抑制曲霉的繁殖及酶的产生，故制曲时必须进行适当的通风。把臭氧（O_3）加入某些食品保藏的空间，可有效地延长一些食品的保藏期。

第二节　微生物引起的各类食品变质

一、果蔬的变质

（一）微生物污染果蔬的途径

一般来说，正常的果蔬内部是无菌的，但有时在开花结实以前，也会有微生物的侵入。在果蔬生长过程中，若遭受植物病原微生物的侵害，则在其内部或表面会带有大量病原微生物而发生病变。这些植物病原微生物在果蔬收获前从根、茎、叶、花、果实等途径侵入。果蔬在收获前或在收获后，由于接触外界环境，受施肥浇灌的影响，其表面可污染大量的腐生微生物或人畜病原微生物。另外，在果蔬收获后的包装、运输及贮藏中也会有微生物的侵入。因此，新鲜果蔬表面总是会有一定数量的微生物存在。

（二）微生物引起果蔬的变质

水果和蔬菜的表皮和表皮外覆盖的一层蜡质状物质，有防止微生物侵入的作用。当果蔬表皮组织受到昆虫的刺伤或其他机械损伤，即使是我们肉眼觉察不到，极为微小的损伤，微生物就会从此而侵入并进行繁殖，从而促使果蔬溃烂变质。

在水果上最先繁殖的是酵母或霉菌，引起蔬菜变质的微生物主要是霉菌、酵母和少数细菌。果蔬变质时，霉菌在果蔬表皮损伤处首先繁殖，或者在果蔬表面有污染物黏附的场所繁殖。但也有一开始就由细菌或酵母所引起的。有时霉菌和细菌同时进行繁殖。霉菌侵入果蔬组织后，细胞壁的纤维束首先被破坏，进而分解果蔬细胞内的果胶、蛋白质、淀粉、有机酸、糖类成为小分子物质，继而细菌开始繁殖。果蔬经微生物作用后常出现深色斑点，组织变松软、凹陷、变形，逐渐生成浆液状乃至水液状，并产生各种不同的酸味、醇香味和芳香味等。

（三）引起果蔬变质的主要微生物

引起新鲜果蔬变质的原因微生物很多（表10-1），但主要是霉菌。其中有一部分也是果蔬的病原微生物，这些微生物也是最容易感染果蔬和导致果蔬在贮藏过程中变质的主要类群。

表 10-1　引起几种果蔬变质的主要微生物

微生物种类	感染的果蔬	微生物种类	感染的果蔬
白边青霉（Pen. italicum）	柑橘	柑橘茎点霉（Phoma citricarpa）	柑橘
绿青霉（Pen. digitatum）	柑橘	扩张青霉（Pen. expansum）	苹果、番薯
马铃薯疫霉（Phytophthora infostans）	马铃薯、番茄、茄子	番薯黑疤病菌（Caratostomella fimbriata）	番薯
		梨轮纹病菌（Physalospora piricola）	梨
茄绵疫霉（Phytophthora melongenae）	茄子、番茄	黑曲霉（Asp. niger）	苹果、柑橘
交链孢霉（Alternaria）	柑橘、苹果	苹果褐腐病核盘霉（Sclertinia fructigena）	桃、樱桃
镰孢霉属（Fusarium）	苹果、番茄、黄瓜、甜瓜、洋葱、马铃薯	苹果枯腐病霉（Glomerella cingulata）	葡萄、梨、苹果
		蓖麻疫霉（Phytophthora parasitica）	番茄
		洋葱炭疽病毛盘孢霉（Colletotrichum circinans）	洋葱
灰绿葡萄孢霉（Botrytis cinerae）	梨、葡萄、苹果、草莓、甘蓝	黑根霉（Rhizopus nigricans）	桃、梨、番茄、草莓、番薯
番茄交链孢霉（Alternaria tomato）	番茄	软腐病欧氏杆菌（Erwinia aroideae）	马铃薯、洋葱
串珠镰刀霉（Fusarium moniliforme）	香蕉	胡萝卜软腐病欧氏杆菌（Erwinia carotovora）	胡萝卜、白菜、番茄
柑橘褐色蒂腐病菌（Diaporthe citri）	柑橘		

二、粮食的变质

（一）微生物污染粮食的途径

粮食中微生物的来源有两个方面，一是与产粮食的植物在长期相处的关系中形成的微生物，它们以种子的分泌物为生，与植物的生活和代谢息息相关；二是在粮食收获、运输、粗加工、贮藏等过程中，存在于土壤、空气等中的微生物，通过各种途径侵染粮食。在粮食微生物中，尤以霉菌危害严重，并且能产生200多种对人和动物有害的真菌毒素。

（二）微生物引起粮食的变质

粮食在收获、贮藏、加工等过程中极容易受到霉菌、细菌、酵母菌的污染，当湿度过大、温度过高、氧气充足时，其中污染的微生物就能迅速生长繁殖，致使谷类及其制品发霉或腐败变质并产生毒素。因此谷类在贮藏时要采取防止微生物污染的措施及控制微生物生长繁殖的手段。

粮食发热是粮食发霉变质的重要原因。粮食发热主要是粮堆内生物体进行呼吸作用，产生热量积聚的结果。粮食为休眠种子，自身的呼吸作用是非常微弱的，而粮食中微生物的呼吸强度远比粮食大。所以粮食微生物的呼吸作用，是粮食发热的主要根源。另外，粮堆里如果害虫过多，由于害虫活动，散发出热量和水气，也会引起粮食发热。粮堆中的粮食及微生物呼吸作用的强弱，与粮食本身的水分和温度有着密切的关系。在粮食水分少、温度低时，或粮食水分虽然多而温度很低时，粮堆内的呼吸作用弱；反之，粮堆内的呼吸作用就强。呼吸作用弱时，放出的热很少，不一定会引起发热。只有当呼吸旺盛，放出大量的热时，才会引起发热。粮食发热以后，微生物活动进一步加强，粮粒上出现各种颜色的菌斑。霉变后的粮食颜色变得深暗，在粮粒的胚部，霉变更为明显。微生物进一步发展，就会造成大批霉烂，散发出强烈的霉臭味。

粮食霉变后可以通过色泽、外观、气味、滋味等感官项目进行综合评价。如谷类颗粒的饱满程度，是否完整均匀；质地的紧密与疏松程度；本身固有的正常色泽；有无霉变、结块等异常现象；鼻嗅和口尝则能够体会到谷物的气味和滋味是否正常，有无异臭、异味等。

（三）粮食变质的主要微生物

据估计，全世界每年因霉变而损失的粮食就占其总产量的 2% 左右。而因霉变对人畜健康的危害，就更难以统计。引起粮食变质的微生物主要为霉菌。各种粮食上的微生物以曲霉属（*Asperqillus*）、青霉属（*Penicillium*）和镰孢霉属（*Fusarium*）的一些种为主。

霉菌的毒害作用主要是能产生真菌毒素，据调查，在目前已知的霉菌中，至少有 200 多个种可以产生 200 余种真菌毒素。因此，凡长有大量霉菌的粮食，一般都含有多种真菌毒素，极有可能存在致癌的真菌毒素。因此，要防止粮食引起食物中毒，就必须防止霉菌的产生。

三、乳的变质

乳是最接近于完善的食品，其中富含蛋白质、脂肪、矿物质、维生素和多种天然营养成分，它不仅能提供人体所需的各种营养物质，而且也是微生物良好的天然培养基。各种不同的乳，如牛乳、羊乳、马乳等，其成分虽有差异，但含有营养成分的量都是很丰富的。这种营养组成的食品，非常适宜于多种类群微生物的传播。

牛乳是乳制品加工的主要原料，以下以牛乳为例，说明微生物污染原料乳的途径、微生物引起原料乳的变质和原料乳变质的主要微生物。

（一）微生物污染乳的途径

原料乳中的微生物主要来源于牛体内部的微生物、挤乳过程中污染的微生物和挤乳后污染的微生物三个方面。

1. 牛体内部的微生物

即牛体乳腺患病或污染有菌体、泌乳牛患有某种全身性传染病或局部感染而使病原体通过泌乳排出到乳中造成的污染。乳牛的乳房内不是处于无菌状态，即使健康的乳牛，其乳房内的乳汁中总是有一定的细菌存在，一般含量为 500～1000 个/mL。其中以微球菌属和链球菌属最为常见，其他如乳杆菌属等细菌也可出现。乳房内的细菌主要存在于乳头管及其分枝。在乳腺组织内，为无菌或含有很少细菌。乳头前端，因容易被外界细菌侵入，挤乳操作时微生物随乳汁排出，进入到鲜乳中。因此，在最先挤出的少量乳液中，细菌较多。

乳房炎是牧场乳牛的一种常见多发病，引起乳房炎的病原微生物有金黄色葡萄球菌、酿脓链球菌（*Streptococcus pyogenes*）、停乳链球菌（*S. dysgalactiae*）以及大肠杆菌等。

2. 挤乳过程中污染的微生物

挤乳过程中最易污染微生物，其污染源主要包括乳牛体表、空气、挤乳器具、冷却设备、冷罐车以及工作人员等与挤乳相关的环境与设备。

（1）来自乳牛体表的污染　牛体皮肤表面附着有尘埃、泥土、粪便以及饲料屑等污物，致使牛体表面的每克污物中，含有的细菌数有时可高达 $10^7 \sim 10^8$ 个。特别因受粪便和饲料的污染后，体表微生物的数量显著增加，从而污染乳液。

（2）来自空气的污染 在一般清洁的牛舍空气中，含有的微生物较少，以细菌来计算，每升空气中含菌量一般为 $5 \sim 100$cfu，多时可达 1000cfu，主要是细菌芽孢、真菌孢子、一些球菌及酵母菌等。若受到来自刮风、土壤、粪便、饲料等的污染，微生物数量急剧增加。

（3）来自饲料和草垫的污染 饲料、牧草以及牛舍内的草垫，特别是霉烂灰尘多的草垫中含有大量的微生物，很容易污染鲜牛乳、挤乳器具或集乳器具等，因此应及时清理，保持清洁。

（4）来自乳牛粪便的污染 牛的粪便中含有大量的微生物，每克粪便可含有 $10^9 \sim 10^{11}$ 个细菌。如果每 100L 乳液中，被污染 1g 含有 10^9 个细菌的粪便，则每毫升的乳液中就会增加 10^4 个细菌。

（5）来自工作人员的污染 一方面，工作人员进行牛舍管理时，在一系列喂饲料、洗刷牛体、收拾清扫牛舍等过程中，可使牛舍中的尘埃和微生物的数量急剧增加。因此，牧场工作人员挤乳前应将牛舍通风，并用清水喷洒地面以减少室内空气中的尘埃。另一方面，工作人员本身带菌，也会把微生物带入乳中。如在挤乳前，工人的手未经严格的清洗和消毒，工作衣帽不够清洁，工作人员呼吸道或胃肠道患传染病（如肝炎、痢疾、结核等）等都有可能将菌体传播到乳液中去，造成危害。因此，挤乳前工作人员要严格清洗、消毒、穿戴工作服、口罩等。

（6）来自挤乳器具的污染 在挤乳前乳房和乳头先经清洗、消毒。有时不注意洗水的清洁度和清洗工具的更换而连续使用，会引起交叉污染。挤乳器、管道系统不及时清洗、消毒会有大量微生物滋生，集乳器具不清洁或在使用后不及时清洗、消毒，残留在乳液中的微生物会大量增殖并形成乳垢，造成乳液中微生物含量增多。

3. 挤乳后污染的微生物

通常情况下，生鲜牛乳挤下后要通过挤乳器、集乳器具、冷却设备和冷罐车运输等一系列过程，送到乳品厂进行加工。鲜乳挤下以后，若冷却不及时或贮存期间温度条件有变动，都会引起微生物的大量增殖，而导致新鲜牛乳的质量改变。

（1）鲜乳在室温贮藏中微生物的变化 若将污染有一定微生物的鲜乳放在室温下，将会因微生物的生长繁殖使乳变质。微生物生长特点和乳特性的变化规律如下。

① 抑制期 在新鲜的乳液中，均含有多种抗菌性物质，如溶菌酶、过氧化物酶、乳铁蛋白、免疫球蛋白、细菌素等，它们能对乳中存在的微生物具有杀菌或抑制作用。在这期间，若温度较低，抑菌持续时间较长；若温度升高，则杀菌或抑菌作用增强，但持续时间缩短。因此，鲜乳放置室温环境中，在一定的时间内不会出现变质，此期为抑制期。

② 乳链球菌期 鲜乳中的抗菌物质减少或消失后，存在乳中的微生物即迅速繁殖，可明显看到细菌的繁殖占绝对优势。这些细菌主要是乳链球菌、乳酸杆菌、大肠杆菌和一些蛋白质分解菌等，尤其以乳链球菌生长繁殖最为旺盛，使乳糖分解，产生乳酸或产气，使乳液的酸度不断升高。由于酸度不断上升，就抑制了其他腐败细菌的活动，当酸度升高至一定限度（pH4.6）时，乳链球菌本身就会受到抑制，这时期就有乳液凝块出现。

③ 乳杆菌期 当乳酸链球菌在乳液中繁殖，乳液的 pH 值下降至 6 左右时，乳酸杆菌的活力逐渐增强。当 pH 值继续下降至 4.6 以下时，由于乳酸杆菌耐酸力较强，尚能继续繁殖并产酸，在这阶段，乳液中可出现大量乳凝块，并有大量乳清析出。

④ 真菌期 当酸度继续下降至 pH3.0 $\sim$ 3.5 时，绝大多数微生物被抑制甚至死亡，仅酵母和霉菌尚能适应高酸性的环境，并能利用乳酸及其他一些有机酸。由于酸被利用，乳液

的酸度就会逐渐降低，使乳液的 pH 值不断上升，甚至接近中性。此时的优势菌为酵母菌和霉菌。

⑤ 陈化菌期　经过上述几个阶段的微生物活动后，乳液中的乳糖已大量被消耗，残余量已很少，乳中蛋白质和脂肪尚有较多的量存在。因此，适宜于具有分解蛋白质的细菌和能分解脂肪的细菌在其中生长繁殖，这样就产生了乳凝块被消化（液化），乳液的 pH 值逐步提高，向碱性转化，并有腐败的臭味产生。这时的腐败菌大部分属于芽孢杆菌、假单胞菌、产碱杆菌以及变形杆菌属中的一些细菌。

（2）鲜乳在冷藏中微生物的变化　鲜乳用冷藏保存时，室温微生物在低温环境中被抑制，而低温微生物却能够增殖，但生长速度较缓慢，一般代时在几个小时到几十个小时。鲜乳在 0℃ 的低温下贮藏。一周内细菌数减少；一周后，细菌数渐渐增加。常见的细菌有假单胞菌属、产碱杆菌属、无色杆菌属、黄杆菌属、肠杆菌属、芽孢杆菌属、微球菌属和嗜冷性酵母菌（Psychrotrophic yeasts）等。据报道，当鲜乳中的细菌数达到 4×10^8 cfu/mL 以上时，置于 2℃，经 5~7 天的冷藏后，乳液加热即发生凝固，酒精试验呈阳性；同时由于脂肪的分解而产生的游离脂肪酸含量增加；因蛋白质的分解，乳液中氨基酸的含量也会增多。这时，乳液风味已发生恶变。因此，未经消毒的鲜乳在 0℃ 冷藏，也会发生变质。一般在0℃ 贮存鲜乳的有效期在十天以内。

目前，随着绿色奶源基地和专用挤乳场所的建设，以及现代化的挤乳设备在养牛场的普遍采用，使挤乳过程中和挤乳后的微生物污染大大降低。

（二）微生物引起乳的变质

微生物引起乳变质后，感官常出现变稠乳、凝乳、乳清、产气乳、苦味乳、霉乳等变质现象。在发生霉乳后，因霉菌种类不同、生长阶段的不同，变质乳呈现的颜色也不一样，常见的有白色、黄色、红色、黑褐色等。

（三）乳变质的主要微生物

鲜乳中污染的微生物种类较多，有细菌、酵母菌、霉菌，还有病毒、噬菌体和放线菌等多种类群，但常见的优势菌群是细菌，有的是腐败微生物，有些是病原菌。分述如下。

1. 原料乳中的腐败微生物

（1）细菌

① 乳酸细菌　是一类革兰阳性、兼性厌氧或厌氧菌，能使碳水化合物分解而产生乳酸的细菌。

a. 乳链球菌　普遍存在于乳液中，几乎所有的生鲜乳中均能检出这种菌。适宜生长温度为 30~35℃。本菌能分解葡萄糖、果糖、半乳糖、乳糖和麦芽糖等而产生乳酸和其他少量有机酸（如醋酸和丙酸等）。

b. 乳酪链球菌　适宜生长温度为 30℃。此菌不仅能分解乳糖产酸，而且具有较强的蛋白分解力。

c. 粪链球菌　生长的最低温度为 10℃，最高温度为 45℃。这种菌在人类和温血动物的肠道内都有存在，能分解葡萄糖、蔗糖、乳糖、果糖、半乳糖和麦芽糖等，在乳液中繁殖而产酸，产酸力不强。

d. 液化链球菌　一般特征与乳链球菌相似，产酸量较低，但有强烈的水解蛋白的能力。乳中酪蛋白被水解后可产生苦味。

e. 嗜热链球菌　能分解乳糖、蔗糖、果糖产酸，最低生长温度为 20℃，最高生长温度为 50℃，适宜生长温度为 40~45℃。

f. 乳球菌属　常见的是乳酸乳球菌乳酸亚种和乳酸乳球菌乳脂亚种。

g. 明串珠菌属　如柠檬酸明串珠菌（Leu. citrovorum）常见于牛乳中，并能利用柠檬酸产生双乙酰等芳香物质。

h. 乳杆菌属　如嗜酸乳杆菌是动物肠道内存在的有益细菌，生长最适宜温度为 35～38℃，可使半乳糖、乳糖、麦芽糖、甘露糖等发酵而产酸，具有较强的耐酸能力。其他还有保加利亚乳杆菌、干酪乳杆菌、瑞士乳杆菌、乳酸乳杆菌、发酵乳杆菌、植物乳杆菌和短乳杆菌等。

② 大肠菌群　包括埃希菌、克雷伯菌、肠杆菌、柠檬酸杆菌、变形杆菌和沙雷菌等属的细菌，典型特征是发酵乳糖产酸产气。

③ 假单胞菌属　如荧光假单胞菌（*Pseudomonas fluorescens*）、生黑假单胞菌（*Ps. nigrifaciens*）、臭味假单胞菌（*Ps. mephitica*）等是革兰阴性菌，需氧性，适宜生长温度在 20～30℃，且能在低的温度中生长繁殖。常常使鲜乳变黑色、黄褐色等，并产生异常臭味。

④ 产碱杆菌属　有些细菌能使牛乳中所含的有机盐（柠檬酸盐）分解而形成碳酸盐，从而使牛乳转变为碱性。如粪产碱杆菌（*Alcaligenes faecalis*），为革兰阴性需氧性菌。这种菌在人及动物肠道内存在，它随着粪便而使牛乳污染。该菌的适宜生长温度在 25～37℃。稠乳产碱杆菌（*Al. viscolactis*）常在水中存在，为革兰阴性菌，需氧性。适宜生长温度为 10～26℃，除能产碱外，并能使牛乳变黏稠。

⑤ 黄杆菌属　嗜冷性强，能在较低温度下生长，在 4℃下可引起鲜牛乳变黏以及酸败，是引起原料乳和其他冷藏食品酸败的主要细菌之一。

⑥ 微球菌属　常见于从健康乳牛的乳房中挤出的乳中，具有一定的耐热性，分解蛋白质和脂肪的能力较强。

⑦ 芽孢杆菌属　能形成芽孢的革兰阳性杆菌。乳中常见的有枯草芽孢杆菌、地衣芽孢杆菌、蜡样芽孢杆菌等。它们适宜生长温度在 24～40℃，最高生长温度可达 65℃。这类细菌广泛存在于牛舍周围和饲料中，它们的芽孢菌体对热和干燥具有较大的抵抗力。有许多菌种能产生两种不同的酶，一种是凝乳酶，另一种是蛋白酶。

⑧ 梭菌属　能形成芽孢的革兰阳性梭状杆菌。乳中常见的有生孢梭菌（*Cl. sporogenes*）、产气荚膜梭菌、肉毒梭菌、丁酸梭菌、酪丁酸梭菌、拜氏梭菌（*Cl. beijerinckii*）等。耐热性强，可在 60℃下耐受 20min，少数菌体可耐受 63℃，30min。

（2）酵母菌　通常在挤乳过程中污染，在鲜乳中酵母菌的数量一般在 10～1000cfu/mL。其中脆壁酵母（*Saccharomyces fragilis*）、球拟酵母（*Torulopsis*）、中间假丝酵母（*Candida intermedia*）、汉逊德巴利酵母（*Debaryomyce hansenii*）、马氏克鲁维酵母（*Kluyveromyces marxianus*）、乳酸克鲁维酵母（*K. lactis*）等较为常见。常导致牛乳产生凝块、分层、产气、表面产膜或赋予酵母味等不良风味。

（3）霉菌　鲜乳中常见的霉菌有曲霉、青霉、镰刀霉等，如乳酪青霉（*Pen. casei*）、灰绿青霉、灰绿曲霉（*Asp. glaucus*）、黑曲霉、黄曲霉等。青霉属和毛霉属等较少。

2. 原料乳中的病原菌

（1）葡萄球菌属　其中金黄色葡萄球菌（*S. aureus*）、间型葡萄球菌（*S. intermedius*）、产色葡萄球菌（*S. chromogenes*）、克氏葡萄球菌（*S. cohnii*）、表皮葡萄球菌（*S. epidermidis*）、溶血葡萄球菌（*S. haemolyticus*）、腐生葡萄球菌（*S. saprophyticus*）、松鼠葡萄球菌（*S. sciuri*）等均能产生毒素，引起食物中毒。

（2）链球菌属　其中化脓性链球菌（*S. pyogenes*）、无乳链球菌（*S. agalactiae*）、乳房链球菌（*S. uberis*）是乳牛乳房炎的重要病原菌，并能产生溶血素。常引起人类食物中毒。

（3）弯曲杆菌属　主要是空肠弯曲菌（*C. jejuni*），能引起腹泻性食物中毒。

（4）耶尔森菌属　其中小肠结膜炎耶尔森菌（*Y. enterocolitica*）和假结核耶尔森菌（*Y. pseudotuberculosis*）已确定是食源性病原体。

（5）沙门菌属　种类繁多，主要引起牛的沙门菌病。

（6）大肠杆菌　主要是致泻大肠埃希菌。

（7）李斯特菌属　主要是单核细胞增生李斯特菌。

（8）分枝杆菌属　均为革兰阳性菌、不产生鞭毛、无芽孢和荚膜、平直或稍弯曲、有时有分枝或呈丝状的杆菌，专性好氧菌。主要有牛型分枝杆菌（*Mycobacterium bovis*），引起牛结核病，其他动物和人也能传染；副结核分枝杆菌（*M. paratuberculosis*），是引起反刍动物慢性传染病的病原体，乳牛易感染。

（9）布鲁菌属　主要是流产布鲁杆菌（*Brucella abortus*），引起人和动物的布鲁菌病。

（10）芽孢杆菌属　主要有蜡样芽孢杆菌、炭疽芽孢杆菌等。蜡样芽孢杆菌能引起人和其他动物食物中毒，炭疽芽孢杆菌能引起人和其他动物患炭疽病。

（11）梭菌属　如产气荚膜梭菌和肉毒梭菌能引起人和其他动物食物中毒。

（12）沙雷菌属　主要有黏质沙雷菌（*Serratia marcescens*）、印度沙雷菌（*Ser. indica*）、普城沙雷菌（*Ser. plymuthica*）等是引起牛乳红色变质的主要原因菌，也能引起牛乳乳房炎。

（13）变形杆菌属　如奇异变形杆菌（*Proteus mirabilis*）是环境中易污染的细菌之一。

（14）病毒　常见的有轮状病毒、肝炎病毒、脊髓灰质炎病毒和多种细菌的噬菌体，如大肠杆菌、乳酸菌、沙门菌、志贺菌、霍乱弧菌、葡萄球菌、白喉杆菌、结核杆菌等的噬菌体。

四、肉的变质

（一）微生物污染肉的途径

牲畜宰前在生活期间，除消化道、上呼吸道和身体表面，总是存在一定类群和一定数量的微生物外，被病原微生物感染的牲畜，其组织内部也有病原微生物存在的可能性。而健康牲畜的组织内部通常是无微生物存在的。另一方面，牲畜宰杀时，由于在放血、脱毛、剥皮、去内脏、分割等过程中，会造成多次污染机会，宰后的肉体表面就会有微生物附着，如不及时使肉体表面干燥、冷却和及时冷藏，因刚宰割后肉体温度较高（37～39℃），正适宜于细菌的繁殖，就会造成细菌数的增多，容易使肉体变质。

（二）微生物引起肉的变质

健康的牲畜在宰杀时，肉体表面就已污染了一定数量的微生物，但肉体组织内部是无菌的，这时，肉体若能及时给以通风干燥，使肉表面的肌膜和浆液凝固形成一层薄膜，它能固定和阻止微生物侵入内部，这样就可延缓肉的变质。若保藏在0℃左右的低温环境中，可存放十天左右而不变质。当保藏温度上升和湿度增高时，表面的微生物就能迅速繁殖，其中尤以细菌的活动力最为显著，它能沿着结缔组织、血管周围或骨与肌肉的间隙和骨髓蔓延到组织的深部。最后可使整个肉体变质。加之，牲畜宰后的肉体有酶的存在，使肉组织产生自溶作用，使蛋白质分解产生蛋白胨和氨基酸等，这样就更有利于细菌的生长。

在肉体表面繁殖的微生物，多属于需氧性的微生物，在表面上繁殖后，肉组织即发生变质并逐渐向组织内部伸展。这时，以一些兼性厌氧微生物为主要活动的类群，如枯草杆菌、粪链球菌、大肠杆菌、普通变形杆菌等，继续向深部伸展。随即又出现较多的厌氧性微生物，主要为梭状芽孢杆菌，例如，魏氏杆菌，它是在厌氧的芽孢菌中厌氧性不太强的菌种。因此它经常在肉类中首先繁殖，促使形成更严格的厌氧条件后，从而一些严格厌氧的细菌，如水肿梭状芽孢杆菌（*Clostridium oedematiens*）、生芽孢梭状芽杆菌（*Cl. sporogenes*）、双酶梭状芽孢杆菌（*Cl. bifermentans*）、溶组织梭状芽孢杆菌（*Cl. histolyticum*）等就会开始繁殖起来。

肉类变质时，主要出现发黏和变色现象。

（三）肉变质的主要微生物

肉变质的主要微生物分为腐生微生物和病原微生物两类。腐生微生物中的细菌主要有假单胞菌属、无色杆菌属、产碱杆菌属、微球菌属、链球菌属、黄杆菌属、八叠球菌属、明串珠菌属、变形杆菌属、埃希杆菌属、芽孢杆菌属、梭状芽孢杆菌属等。酵母和霉菌主要有假丝酵母属、丝孢酵母属（Trichos poron）、芽枝霉属、卵孢霉菌、枝霉属（Thamidium）、毛霉属、青霉属、交链孢霉属、念珠霉属等。

在病原微生物中，一些菌是仅对某些牲畜有致病作用的微生物，但对人体无致病作用；另一些菌则是对人畜都有致病作用的微生物。例如，结核杆菌、布氏杆菌、炭疽杆菌、沙门菌等。

五、鱼的变质

（一）微生物污染鱼的途径

一般来说，新鲜鱼的微生物污染主要由其捕获水域的微生物存在状况而决定。捕获水域的卫生状况是影响鱼微生物污染的关键。除了水源以外，每个加工过程，如剥皮、去内脏、分割、拌粉、包装等都会造成微生物的污染。健康的鱼组织内部是无菌的，微生物在鱼体内存在的地方主要是外层黏膜、鱼鳃和鱼体的肠内。淡水或温水鱼中含有较多的嗜温型革兰阳性菌，海水鱼则含有大量的革兰阴性菌。

（二）微生物引起鱼的变质

淡水鱼和海水鱼都有较高水平的蛋白质及其他含氮化合物（如游离氨基酸、氨和三甲胺等一些挥发性氨基氮、肌酸、牛磺酸、尿酸、肌肽和组氨酸等），不含碳水化合物，而含脂肪量因品种而异，有的很高，有的则很低。鱼变质时腐败微生物首先利用简单化合物，并产生各种挥发性的臭味成分，如氧化三甲胺、肌酸、牛磺酸、尿酸、肌肽和其他氨基酸等，这些物质再在腐败微生物的降解下产生三甲胺、氨、组胺、硫化氢、吲哚和其他化合物。蛋白质降解可以产生组胺、尸胺、腐胺、联胺等恶臭类物质，这些物质也是评定鱼类腐败的重要指标。

新鲜鱼的鱼体僵硬（指未经冰冻冷藏的鱼）。鱼体的僵硬一般出现在鱼死亡后 $4\sim5h$ 之内，以后慢慢缓解以致消失。处于僵硬期间的鱼，因死亡不久，较为新鲜。此外，新鲜鱼的鳞片紧附体表，通常无脱落现象。眼球饱满，不下陷。鳃呈红色或暗红色。腹部不膨胀。体表光洁，肌肉有弹性，当用手指按压时，形成的凹陷迅速平复。切开时，肉与骨骼不易分开。无异常臭味。

变质鱼在鱼体应该僵硬的期间（死后 $4\sim5h$ 内）不僵硬。鱼身颜色暗淡，光泽度较差。鳃多呈淡红色、暗红色至紫红色。眼珠不饱满，稍见下凹。鳞片已有脱落，用手指稍为撕动，也易于剥落，油腻粘手，腹部有轻度膨胀。肌肉弹性减弱，用手指按压，留下的凹陷平复很慢。鱼体有腥臭味。鱼的肌肉与骨骼易分离。

（三）鱼变质的主要微生物

新鲜鱼变质的主要微生物有细菌、酵母和霉菌，其中细菌主要有不动细菌、产气单胞菌、产碱杆菌、芽孢杆菌、棒杆菌、肠道菌、大肠杆菌、黄杆菌、乳酸菌、李斯特菌、微杆菌、假单胞菌、嗜冷菌、弧菌等。

鱼经过加食盐腌制后，可以抑制大部分细菌的生长。当食盐的浓度在 10% 以上时，一般细菌生长即受到抑制。但球菌比杆菌的耐盐力要强，即使在 15% 的食盐浓度时，多数球菌还能发育。为此，欲抑制腐败菌的生长和抑制鱼体本身酶的作用，食盐浓度必须提高到 20% 以上。但经高盐腌制的鱼体经常还会发生变质现象，主要是由于嗜盐菌在鱼体上生长繁殖而造成的。常见的嗜盐菌有玫瑰色微球菌（*Micrococcus roseus*）、盐沼沙雷菌（*Serratia salinaria*）、盐地假单胞菌（*Pseudomonas salinaria*）、红皮假单胞菌（*Ps. cutirubra*）、盐杆菌属（*Halobacterium*）等。这些细菌在含有食盐18%～25%的基质中能良好生长；在10%以上的食盐的基质上尚能生长；低于10%的食盐时就不能生长。由这些嗜盐菌引起的变质现象，在高温潮湿的地区更易发生。

六、禽的变质

（一）微生物污染禽的途径

微生物污染禽肉的主要途径有家禽饲养的微生物存在状况、宰前感染微生物、宰后污染微生物以及宰后贮藏条件状况等因素影响。与肉类的微生物污染途径较为相似。

（二）微生物引起禽的变质

禽肉产品，优质鲜鸡肉眼球饱满，皮肤有光泽，角膜有光泽，因鸡的品种不同而呈淡黄、淡红、灰白或灰黑等色，外表微干或微湿润，不粘手；指压后凹陷立即恢复。劣质鲜鸡肉眼球干缩凹陷，角膜浑浊污秽，体表无光泽，肌肉灰色。若眼睛紧闭，多数为病死鸡。变质的冻光禽（包括鸡、鸭、鹅）解冻后，皮肤发黏无弹性，肉切面无光泽、发绿、发臭等。

（三）禽变质的主要微生物

家禽中的主要细菌有沙门菌、沙雷菌、葡萄球菌、不动杆菌、产气单胞菌、产碱杆菌、芽孢杆菌、梭状芽孢杆菌、棒状杆菌、肠球菌、肠杆菌、埃希菌、黄杆菌、李斯特菌、微杆菌、微球菌、假单胞菌、变形菌、嗜冷杆菌、粪链球菌等。

家禽中的主要霉菌有白地霉、毛霉、青霉、根霉等。

家禽中的主要酵母菌有假丝酵母、隐球酵母、毕赤酵母、红酵母、球拟酵母、丝孢酵母等。

七、蛋的变质

（一）微生物污染蛋的途径

新鲜蛋的内部一般是无菌的，蛋由禽体排出后的蛋壳表面有一层胶状物质，蛋壳内层有一层薄膜，再加上蛋壳的结构，都能有效地阻碍外界微生物的侵入。蛋白内含有溶菌、杀菌及抑菌等物质，它们对一些病原菌，例如葡萄球菌、链球菌、伤寒杆菌和炭疽杆菌等均有一定的杀菌作用。其杀菌作用在37℃时，可保持6h。在温度低的时候，则保持时间较长。蛋在刚排出禽体时，蛋白的pH值为7.4～7.6，在室温贮存一周内，pH值即会上升至9.4～9.5。在这种环境中，是极不适宜于一般微生物的生存和生长的。这是鲜蛋保持无菌的重要因素。但是在鲜蛋中，经常可以发现有微生物存在，即使刚产下的鲜蛋中，也有带菌现象。其原因主要是由于卵巢内污染、产蛋时污染和蛋壳污染所致。

（二）微生物引起蛋的变质

鲜蛋在贮藏过程中很容易发生变质，温度是一个重要因素，在气温高的情况下，蛋内的微生物就会迅速繁殖；在低温贮藏中蛋内仅限于嗜冷性微生物能够生长。如果环境中的湿度高，有利于蛋壳表面的霉菌繁殖，菌丝向壳内蔓延生长，同时也有利于壳外的细菌繁殖，并向壳内侵入。

蛋内微生物和酶类的作用首先使蛋白分解，蛋白质被分解后，使蛋黄不能固定而发生移位。其后，蛋黄膜被分解，使蛋黄散乱，蛋黄和蛋白逐渐相混在一起，这种现象乃是变质的初期现象，一般称它为散黄蛋。散黄蛋进一步被微生物分解，产生硫化氢、氨、胺等蛋白分解产物，蛋液即变成灰绿色的稀薄液，并伴有大量恶臭气体，这种变质现象称为泻黄蛋。有时，蛋液变质不产生硫化氢而产生酸臭，蛋液不呈绿色或黑色而呈红色，蛋液变稠成浆状或有凝块出现，这是微生物分解糖而形成的酸败现象，即酸败蛋。外界霉菌进入蛋内，在蛋壳内壁和蛋白膜上生长繁殖，形成大小不同的深色斑点，斑点处造成蛋液黏着，称为黏壳蛋。

（三）蛋变质的主要微生物

引起鲜蛋腐败变质的非病原微生物主要有枯草杆菌、变形杆菌、大肠杆菌、产碱粪杆菌、荧光杆菌、绿脓杆菌和某些球菌等细菌，芽枝霉、分枝孢霉、毛霉、枝霉、葡萄孢霉、交链孢霉和青霉菌等霉菌。

引起鲜蛋变质的病原菌中禽类沙门菌最多见，因为禽类最易感染沙门菌而进入卵巢，使鲜蛋内污染了沙门菌；金黄色葡萄球菌和变形杆菌等与食物中毒有关的病原菌在蛋中也占有较高的检出率。

八、罐藏食品的变质

（一）罐藏食品中微生物的来源

罐头食品杀菌一般采用低温杀菌和高温杀菌两种。低温杀菌温度为 $80\sim100℃$，高温杀菌温度为 $105\sim121℃$。因此，该杀菌法主要是杀死致病菌、腐败菌、中毒菌，并使原料内酶失活，并非杀灭一切微生物。而在罐藏食品杀菌中，一般认为酶类、霉菌类和酵母类是比较容易控制和杀灭的，罐藏食品热杀菌的主要对象是抑制那些在无氧或微量氧条件下，仍然活动而且产生孢子的厌氧性细菌，这类细菌的芽孢抗热力是很强的。因此，罐藏食品中的微生物可来自原料、各加工过程、杀菌处理条件及其杀菌后残留的微生物、密闭不良而遭受来自外界的微生物污染等诸多方面。

（二）微生物引起罐藏食品的变质

正常的罐藏食品因罐内保持一定的真空度，金属罐头的罐盖和罐底应该是平的或稍向内凹陷，如果罐内有微生物繁殖而引起变质时，罐内有时会产生气体，使罐头膨胀，即罐盖或罐底向外鼓起，或两面鼓起，一般称它为胀罐。若产生的气体有硫化氢，则可与铁罐的铁质发生反应，出现黑变。胀罐随程度不同而有不同的名称，如撞罐，即外形正常，如将罐头抛落撞击，能使一端底盖突出，如施以压力底盖即可恢复正常；弹胀，罐头一端或两端稍稍外突，如果施加压力，可以保持一段时间的向内凹入的正常状态；软胀，罐头的两端底盖都向外突出，如施加压力可以使其正常，但是除去压力立即恢复外突状态；硬胀，这是发展到严重阶段加压也不能使其两端底盖平坦凹入。产气太多时，可造成罐头爆裂。

另外一种情况是微生物已经在罐内繁殖，食品已变质，但并不出现罐头的膨胀现象，外观可与正常罐一样，称为平酸。主要由产酸而不产气的微生物引起。

在少数情况下，若容器封闭不严密，漏气，则可出现发霉变质现象。

罐藏食品变质除了由于微生物引起以外，还可以由化学性的或物理性的原因所造成。如罐头铁皮的腐蚀、罐头内容物的变色、罐头食品本身异味等。

（三）罐藏食品变质的主要微生物

微生物引起罐藏食品产气型的变质，主要是因微生物作用于含有碳水化合物的食品而产生的。引起产气型变质的微生物，主要是细菌和酵母。由细菌引起的，绝大多数见于 pH 值在 4.5 以上的罐藏食品，并以具有芽孢的细菌最为常见。酵母的产气大多发生在 pH 值 4.6 以下的罐藏食品；微生物引起非产气型变质（平酸），绝大多数见于 pH 值 4.5 以上的，并含有碳水化合物的食品，以芽孢细菌为主要原因菌。霉菌的出现，常是罐头密闭不良所造成的，不常见。可见，引起罐藏食品变质的微生物主要以嗜热性或耐热性芽孢菌为主，表解如下：

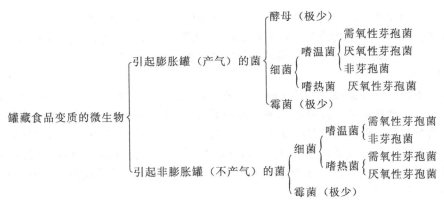

1. 细菌

（1）需氧性芽孢杆菌　需氧性芽孢杆菌大部分菌种的适宜生长温度为 28～40℃，有些菌种能在 55℃甚至更高的温度中生长，即为嗜热菌。这类菌能产生芽孢，对热的抵抗力很强，其中有些菌是兼性厌氧菌，能在罐藏食品内生长。这类细菌是罐藏食品发生变质的重要原因菌。根据其适宜生长温度不同，可分为嗜热性的需氧芽孢杆菌和嗜温性的需氧芽孢杆菌。

① 嗜热性的需氧芽孢杆菌　其中具有代表性的两个菌种是嗜热脂肪芽孢杆菌和凝结芽孢杆菌。嗜热脂肪芽孢杆菌的最低生长温度为 28℃，最适生长温度为 50～65℃，最高生长温度为 70～77℃，兼性厌氧，在 pH 值 6.8～7.2 的培养基中良好生长，当 pH 值接近 5 时，不能生长。因此，这种菌只能在 pH 值 5 以上的罐藏食品中生长；凝结芽孢杆菌的最低生长温度为 28℃，最适生长温度为 33～45℃，最高生长温度为 55～60℃，兼性厌氧，能在 pH 值 4.5 以下的酸性罐藏食品中生长。这两种嗜热芽孢菌对热的抵抗力比其他需氧性的嗜热芽孢菌都大，是引起罐头平盖酸败的典型菌种。特别是嗜热脂肪芽孢杆菌，因它的抗热力远远超过了肉毒梭状芽孢杆菌，所以它是罐藏食品重要的有害细菌。因此，某些罐藏食品杀菌温度的确定，是以能够杀死肉毒梭状芽孢杆菌作为一个重要的依据，但肉毒梭状芽孢杆菌的热死温度并不能杀死嗜热脂肪芽孢杆菌，结果导致嗜热脂肪芽孢杆菌残存。

② 嗜温性的需氧芽孢杆菌　能在 25～37℃的温度中良好生长，但均具有耐热性，种类较多。其中，枯草芽孢杆菌、巨大芽孢杆菌和蜡状芽孢杆菌等具有分解蛋白质的能力，糖分解后绝大多数产酸而不产气，常出现于低酸性（pH5.3 以上）的水产、肉、豆类、谷类等制品的罐头中，可引起平盖酸败类型的变质。有时，在含糖分少的制品中，因蛋白质的不断分解，造成氨的积累，使罐头内容物的 pH 值上升而呈碱性反应。多黏芽孢杆菌（Bacillus polymyxa）和浸麻芽孢杆菌（Bac. marcerans）分解糖后既能产酸又能产气，造成罐头膨胀。地衣形芽孢杆菌、蜡状芽孢杆菌、枯草芽孢杆菌以及嗜热芽孢杆菌中的凝结芽孢杆菌等，有时在含有糖和硝酸盐的制品中生长繁殖时，产生 CO_2、NO 和 N_2，使罐头膨胀。

（2）厌氧性梭状芽孢杆菌　能引起罐藏食品变质的厌氧性梭状芽孢杆菌的菌种较少。常见的有：嗜热解糖梭状芽孢杆菌、致黑梭状芽孢杆菌（Clostridium nigrificans）、酪酸梭状芽孢杆菌（Clostridium butyricum）、巴氏固氮梭状芽孢杆菌（Cl. pasteurianum）、产气荚膜梭菌（Cl. perfringens）、生芽孢梭状芽孢杆菌（Cl. sporogenes）、肉毒梭状芽孢杆菌等。

（3）非芽孢细菌　非芽孢细菌抗热力差，在罐藏食品高温杀菌后，已全部被杀死。但有时由于罐头密封不良，可被微生物污染；或杀菌温度较低，时间较短时，也可能出现这类细菌的残存。

引起罐藏食品变质的非芽孢细菌种类很少，如常见的有液化链球菌、粪链球菌和嗜热链球菌等球菌，大肠杆菌、产气肠细菌、乳酸杆菌、明串珠菌以及变形杆菌属中的一些菌种，它们都能分解糖类产酸，有的还能产气。通常在 pH 值 4.5 以上的罐藏食品中生长，为兼性厌氧菌或微需氧菌。变质的现象是内容物的酸臭和罐头的膨胀。若在 pH 值为 4.5 以下的罐藏食品中生长，主要是耐酸性强的菌种，如乳酸杆菌、明串珠菌等。

2. 酵母菌

酵母菌不耐热，在罐藏食品杀菌时，易被 100℃ 以下的温度杀死。酵母菌的污染主要由于杀菌不充分或密闭不良，外界酵母进入罐内而引起。酵母引起的变质，绝大多数发生在酸度较低、含糖量较高的罐藏食品，如水果、果酱、果汁饮料、含糖饮料、酸乳饮料和低酸的甜炼乳等制品中。引起变质的酵母主要有球拟酵母属（*Torulopsis*）、假丝酵母属和啤酒酵母等。酵母繁殖使糖发酵，引起内容物风味的改变，产生汁液浑浊或沉淀，并产生 CO_2 气体造成罐头的膨胀或爆裂。

3. 霉菌

霉菌为好氧菌，必须在有氧条件下生活，适宜 pH 偏酸性，一般经过杀菌后的正常罐头中，是不会有霉菌生存的。若有霉菌出现，或因密闭不良而遭受污染；或由于杀菌不充分，导致霉菌残存；或罐内真空度不够，有空气存在。霉菌一般易引起酸度高（pH4.5 以下）的罐藏食品变质，如果酱、糖水水果类罐头。在酸度低的炼乳罐头中也可以发生。

第三节　食品变质带来的危害

一、食源性疾病与食物中毒

（一）食源性疾病的概念

微生物污染食品的结果，不仅导致食品腐败变质，品质变差，而且常常引起食源性疾病。食源性疾病一词是由传统的"食物中毒"逐渐发展变化而来，近二十多年来，一些发达国家和国际组织已经很少使用食物中毒的概念，经常使用的是"食源性疾病"的概念。根据 WHO 的定义，食源性疾病是指通过摄食进入人体内的各种致病因子引起的，通常具有感染性质或中毒性质的一类疾病的总称。根据这一定义，食源性疾病不仅包括传统上的食物中毒，而且包括经食物传播的各种感染性疾病。如常见的食物中毒、食源性肠道传染病、食源性寄生虫病、食源性变态反应性疾病、暴饮暴食引起的急性胃肠炎、酒精中毒以及由食物中毒、有害污染物引起的中毒性疾病等均属于食源性疾病的范畴。其病原物可概括为生物性、化学性和物理性病原物三大类。具体包括细菌及其毒素、真菌及其毒素、病毒、蓝海藻、绿海藻、鞭毛藻及其毒素、原生动物、绦虫、吸虫、线虫、节肢动物、鱼类、贝类及其他动物的天然毒素、植物毒素和有毒化学物等。

食源性疾病发病特点：①食源性疾病的发生与摄取某种食物有关；②发病潜伏期短，来势急剧，呈暴发性；③所有中毒病人的临床表现基本相似；④一般无人与人之间的直接传染。由微生物引起的食源性疾病的病原体主要是细菌、真菌和病毒。

（二）细菌引起的食源性疾病

细菌引起的食源性疾病习惯称为细菌性食物中毒（bacterial food poisoning），是指由于进食被细菌或其细菌毒素所污染的食物而引起的急性中毒性疾病。其中前者亦称感染性食物中毒，病原体很多，食品中常见的有沙门菌、致病性大肠杆菌、李斯特菌、耶尔森菌、空肠弯曲菌、志贺菌、副溶血性弧菌等；后者则称毒素性食物中毒，主要由进食含有葡萄球菌、肉毒梭菌、产气荚膜梭状杆菌和蜡状芽孢杆菌等细菌毒素的食物所致。

细菌性食物中毒的特征：①在集体用膳单位常呈暴发病，发病者与食入同一污染食物有明显关系；②潜伏期短，突然发病，临床表现以急性胃肠炎为主；③病程较短，多数在 2～3 日内自愈；④多发生于夏秋季，临床表现为胃肠型食物中毒和神经型食物中毒。

（三）真菌引起的食源性疾病

真菌引起的食源性疾病常常称为真菌性食物中毒（fungi food poisoning），是指由于进食被某些真菌毒素所污染的食物而引起的急性中毒性疾病。真菌性食物中毒与细菌性食物中毒不同，其主要表现为毒素性食物中毒。产毒素的真菌大多为霉菌，如常见的产毒霉菌有曲霉、青霉、镰刀霉、木霉、头孢霉、单端孢霉、葡萄状穗霉、交链孢霉、节菱孢霉等。另外，麦角中毒和蘑菇中毒也有很高的发生率。

霉菌毒素是霉菌在其所污染的食品中产生的有毒代谢产物，目前已知的霉菌毒素约有200种。与食品关系密切的有黄曲霉毒素、镰刀霉毒素、玉米赤霉烯酮、丁烯酸内酯、黄绿青霉毒素、桔青霉毒素、岛青霉毒素、杂色曲霉毒素、棕曲霉毒素、展青霉毒素、青霉酸、交链孢霉毒素、棒曲霉毒素等。可以引起癌症并已确定化学结构的霉菌毒素有十多种，如黄曲霉素、杂色曲霉素、赭曲霉素、黄变米毒素、皱褶青霉素、灰黄霉素、镰刀菌毒素、交链孢霉素、麦角碱等，这些毒素常常能引起实验动物的肝癌、食管癌、胃癌、结肠癌、肉瘤、乳腺和卵巢的肿瘤等。

真菌毒素不同，其毒性作用也不同，若按其毒性作用性质可分为肝脏毒、肾脏毒、神经毒、致皮肤炎物质、细胞毒及类似性激素作用的物质等。有的按其化学结构不同进行分类。但一般均是按其所产生的霉菌毒素名称来命名与分类的。

霉菌产毒的特点：①霉菌产毒仅限于少数的产毒霉菌，而且产毒菌种中也只有一部分菌株产毒；②产毒菌株的产毒能力还表现出可变性和易变性，产毒菌株在一定条件下可出现产毒能力，经过多代培养后有的菌株可以完全失去产毒能力；③一种菌种或菌株可以产生几种不同的毒素，而同一霉菌毒素也可由几种霉菌产生；④产毒菌株产毒需要一定的条件，主要是基质种类、水分、温度、湿度及空气流通情况等。

真菌性食物中毒的特征如下。①中毒范围有一定的季节性和地区性，这与气候、食品种类、饮食习惯等有关。所以霉菌毒素中毒常常表现出明显的地方性和季节性，甚至有些还具有地方疾病的特征。例如黄曲霉毒素中毒、黄变米中毒和赤霉病麦中毒即具有此特征；②潜伏期较短，但食饵性白细胞缺乏症较长；③发病率较高，病死率因霉菌种类的不同而有差别；④霉菌毒素中毒的临床表现较为复杂，可有急性中毒，也有因少量长期食入含有霉菌毒素的食品而引起的慢性中毒，也有的诱发癌肿、造成畸形和引起体内遗传物质的突变。

霉菌污染的食物主要是粮食、油类及其制品，如花生、花生油、玉米、大米、小米、粮食加工的糕点、饼类、饭、馒头、窝窝头等熟食，棉籽、核桃、杏仁、榛子、奶制品、干咸鱼、干辣椒、干萝卜条等。其毒素对人类危害极大，就全世界范围而言，不仅造成很大的经济损失（据估算，每年全世界平均至少有 2% 的粮食因污染霉菌发生霉变而不能食用），而且可以造成人类的严重疾病甚至大批的死亡。20 世纪 60 年代英国发现黄曲霉毒素污染饲料一次性造成 19 万只火鸡死亡的事件，开始引起了人们对霉菌及霉菌毒素污染食品问题的重视和研究。癌症是当今人类社会的一大杀手，癌症发病率与人们是否食入了含有霉菌毒素的食物以及食入的食品所含霉菌毒素量的多少有很大的关系。因此从一定意义上讲，不食用霉变及含有霉菌毒素的食物就可以在很大程度上降低癌症发病率，避免癌症的发生。同时，需要科研工作者在霉菌微生物学、产毒菌种菌株及产毒条件、霉菌毒素化学、毒理学与检测方法以及防霉去毒措施等方面进行不断深入地研究，以便有效地控制霉菌带来的危害。

（四）病毒引起的食源性疾病

从全球范围看，食源性疾病的发展趋势仍是以微生物为主的致病源。据调查，病原微生物引起的食物中毒事件，占所有查明原因食物中毒的比例均在 90% 以上。其中主要以细菌性食物中毒和真菌性食物中毒占主导地位，而且不断有新的致病微生物被发现，如肠出血性大肠杆菌（O157：H7）、单核细胞增多性李斯特菌、阪崎肠杆菌等，也不断有新的真菌毒素被发现。但近年来，引起食物中毒致病微生物的种类发生了一些变化，病毒在食物中毒致病源中的比例逐渐上升，如美国、日本、我国香港等近年来病毒性食物中毒占查明原因的食物中毒的比例在8％～20％，并且有上升趋势，受到国内外的普遍关注。2004年我国香港、广东等地接连发生中小学生集体发病事件，据调查是诺沃克病毒所引起。此外，肝炎病毒、轮状病毒、柯萨奇病毒、埃可病毒、诺沃克病毒、高致病性禽流感病毒、SARS冠状病毒、疯牛病病毒和口蹄疫病毒等，也是引发食物中毒的多发性致病原。此外，由于受病毒检测技术的限制，有些不明原因的食物中毒，可能也是由病毒引起。由于病毒危害性大且难于治疗，因此，由病毒引起的食源性疾病应引起高度重视。

（五）食源性疾病发生的原因

主要有五个方面：①因食品被某些病原微生物污染，并在适宜条件下急剧繁殖或产生毒素；②食品被已达中毒剂量的有毒化学物质污染；③外形与食物相似但本身含有有毒成分的物质，被当作食物误食；④食品本身含有有毒物质，在加工、烹调中未能除去；⑤因食物发生了生物性或物理化学变化而产生或增加了有毒物质。

（六）预防控制食源性疾病的措施

首先要从食品原料的采购、运输、贮存、食品工厂的设计与设施、食品生产用水、食品工厂的卫生管理、食品生产过程的卫生、卫生和质量检验的管理、成品的贮藏和运输、食品生产经营人员个人卫生与健康的要求等方面实行良好操作规范（GMP），并在此基础上建立卫生标准操作程序（SSOP）和HACCP质量控制体系，以控制安全的食品微生物及其含量。其次要妥善做好食品的保藏工作。另外，在食品加工和日常生活中还应注意烹调食品要加热彻底，熟食要妥善贮存并应立即食用，经贮存的熟食品食用前要彻底加热，防止生食品污染熟食品，保持厨房用具表面的清洁，保持双手清洁卫生，保证食用水洁净，防止昆虫、鼠类和其他动物污染食品。

二、细菌引起的食源性疾病

（一）细菌引起的食物感染

1. 沙门菌及沙门菌病

（1）生物学特性　早在1880年Eberth在患者的组织中就观察到了伤寒沙门菌，并于1884年由Gaffky分离出该菌。后来不断发现各种伤寒沙门菌和其他沙门菌，并对其生化特性、抗原组成及其基因组进行了广泛而深入的研究。

沙门菌属（Salmonella）属于肠杆菌科（Enterobacteriaceae），具有肠杆菌科的一般特性。该属的菌为需氧或兼性厌氧的革兰阴性无芽孢杆菌，大小为$(0.7～1.5)\mu m×(2.0～5.0)\mu m$，除鸡沙门菌外都有周身鞭毛，能运动，多数有菌毛。该菌营养要求不高，在普通培养基上即可生长，在液体培养基中呈均匀浑浊生长。在SS琼脂和麦康凯琼脂培养基上37℃24h可形成直径2～4mm的半透明菌落，耐受胆盐。

沙门菌具有复杂的抗原结构，主要由菌体抗原（即为O抗原）和鞭毛抗原（即H抗原）组成。部分菌株还产生表面抗原（即K抗原），包括表面多糖（M抗原）和Vi抗原（因它与毒力virulence有关，故称Vi抗原）。

O抗原性质稳定，耐热。至今已发现O抗原有58种，并按照O抗原将沙门菌属分成A～Z群。引起人类疾病的沙门菌，多属于A～F群。

H抗原为蛋白质，不耐热，不稳定。经60℃15min或经酒精处理后即被破坏。H抗原由第1相和第2相组成。第1相为特异抗原，用a，b，c，…表示；第2相为非特异抗原即共同抗原，用1，2，3，…表示。同一群沙门菌根据H抗原不同可将群内细菌分为不同的种和型。

Vi抗原是一种不耐热的酸性多糖复合物，加热60℃或石炭酸处理易被破坏，人工传代培养易消失。Vi抗原存在于菌体表面，故可阻止O抗原与相应抗体的凝集反应。

沙门菌的分类原则是以菌体抗原为基础分成群，每群中再以鞭毛抗原双相抗原及表面抗原的不同，分成不同型。沙门菌就是根据其菌体、菌落特征、生化反应特性和血清型进行鉴定的。目前将沙门菌属分为7个亚属和近3000多个血清型，常见的沙门菌均属于第1亚属，我国已有200多个血清型，其中曾引起食物中毒的有鼠伤寒沙门菌、猪霍乱沙门菌、肠炎沙门菌、甲型副伤寒沙门菌、乙型副伤寒沙门菌等。

沙门菌属有的专对人类致病，有的只对动物致病，也有的对人和动物都致病。沙门菌病是指由各种类型沙门菌所引起的人类、家畜以及野生禽兽不同形式疾病的总称。感染沙门菌的人或带菌者的粪便污染食品，可使人发生食物中毒。据世界卫生组织不完全统计，每年大约有1800万病例，导致死亡约60万。在世界各国的细菌性食物中毒中，沙门菌引起的食物中毒常列榜首。我国内陆地区也以沙门菌为首位。世界上最大的一起沙门菌食物中毒是1953年于瑞典，由吃猪肉而引起的鼠伤寒沙门菌中毒，7717人中毒，90人死亡。由于沙门菌型、菌株不同，使人发病的菌量也不同，一般使人发病的菌量平均为10^7个以上。鼠伤寒沙门菌是最常见的血清型，在国外占27.7%～80%，其次为肠炎沙门菌约占有10.3%。

（2）传播途径　沙门菌分布很广，广泛存在于自然界中，常可在各种动物，如猪、牛、羊、马等家畜，鸡、鸭、鹅等家禽，鼠类、飞鸟等野生动物的肠道中发现。鸡是沙门菌最大的储存宿主，鸡群暴发死亡率高达80%。也存在于多类食品中，如猪肉、牛肉、鱼肉、香肠、火腿、禽、蛋和奶制品、豆制品、虾、田鸡腿、椰子、酱油、沙拉调料、蛋糕粉、奶油夹心甜点、花生露、橙汁、可可和巧克力等。此外，在水、土壤、昆虫、工厂和厨房设施的表面、动物粪便以及食品的加工、运输、出售过程中往往有该类细菌的污染。恢复期病人和无症状的带菌者也是常见的传染源。沙门菌在粪便、土壤、食品、水中可生存5个月至两年之久。沙门菌食物中毒，除了主要发生在夏秋季节外，全年都可发生。

（3）临床表现　沙门菌属食物中毒的临床表现主要有5种类型。

① 胃肠炎型　是由除伤寒沙门菌外任何一型沙门菌所致。通常表现为轻度、持久性腹泻。潜伏期一般6～72h。前驱症状有头痛、头晕、恶心、腹痛、寒战，以后出现呕吐、腹泻、发热。大便为黄色或黄绿色、带黏液和血。因呕吐、腹泻大量失水，一般急救处理是补充水分和电解质。对重症、发热和有并发症患者，可用抗菌素治疗。一般3～5天可恢复。死亡率1%～4%。最易感群体是年幼儿童、虚弱者、年长老人、免疫缺陷者等。

② 类霍乱型　起病急、高热、呕吐、腹泻次数较多，且有严重失水现象，多由霍乱沙门菌引起。

③ 类伤寒型　胃肠炎症状较轻，但有高热并出现玫瑰疹，多由伤寒沙门菌所致。

④ 类感冒型　头晕、头痛、发热、全身酸痛、关节痛、咽峡炎、腹痛、腹泻等，由所有沙门菌引起。

⑤ 败血症型　寒战、高热持续1～2周，并发各种炎症、肺炎、脑膜炎、心内膜炎、肾盂肾炎，多由霍乱沙门菌引起。

（4）预防控制措施　严格执行食品生产良好操作程序，注意灭蝇，加强对饮水、食品等的卫生监督管理，以切断传染途径。对食品加工和饮食服务人员定期进行健康检查，及时发现带菌者并给以治疗或调离工作岗位。加强屠宰业的卫生监督及各种食品特别是肉类运输、加工、冷藏等方面的卫生措施，防止沙门菌污染。在食品加工过程中，必须严格按卫生规范防止二次污染，通过蒸煮、巴氏消毒、存放适宜温度等进行控制，能有效防止沙门菌病的发生。

2. 致泻大肠埃希菌及其食物感染

（1）生物学特性　大肠埃希菌广泛存在于自然界和人体肠道内，是组成肠道正常菌群的主要细菌之一。一般对人体无害，但也有部分大肠埃希菌能使人类致病，引起腹泻。因此，将这些使人类致病的大肠埃希菌统称为致泻大肠埃希菌（Enterovirulent E. coli）。一般可分为产肠毒素性大肠杆菌（Enterotoxigenic E. coli，ETEC）、肠致病性大肠杆菌（Entero-pathogenic E. coli，EPEC）、肠侵袭性大肠杆菌（Enteroinvasive E. coli，EIEC）、肠出血性大肠杆菌（Enterohemorrhagic E. coli，EHEC）以及肠黏附性大肠杆菌（EAEC）五类。

大肠埃希菌主要有 O、H 和 K 抗原三种。现已知有 171 个 O 抗原、100 种以上的 K 抗原和 56 个 H 抗原。表示大肠埃希菌血清型的方式是按 O：K：H 排列。

致泻大肠埃希菌分类于肠杆菌科（Enterobacteriaceae），归属于埃希菌属（Escherichi-a），其中大肠埃希菌（E. coli）是该属的模式菌种。大小为(0.4～0.7)μm×(1.0～1.3)μm，革兰阴性短杆菌，无芽孢，多数有周鞭毛，有菌毛，有些菌株有多糖包膜（微荚膜）。在普通肉汤中呈浑浊生长，在普通琼脂平板上形成圆形、凸起、边缘整齐、白色、直径 2.0～3.0mm 的光滑型菌落。有些菌株在血琼脂平板上形成 β 溶血。能分解多种糖类，产酸产气。因能分解乳糖，可与沙门菌、志贺菌等区别。吲哚、甲基红、VP 和柠檬酸盐试验结果分别为阳性、阳性、阴性、阴性。

（2）传播途径　本菌为肠道菌，其传播途径与沙门菌相同。主要通过人、畜粪便污染土壤、水等环境以及各种食品。患病者更是一个主要的病菌来源。

（3）临床表现　不同的病原性大肠杆菌所致的腹泻特点不同。

① 产肠毒素性大肠杆菌腹泻　产肠毒素性大肠杆菌腹泻为发展中国家婴儿、儿童和成人腹泻以及旅游者腹泻的重要原因。产肠毒素性大肠杆菌能产生两种毒素，一种为不耐热的肠毒素（LT），另一种是耐热的肠毒素（ST）。菌株中有单独产生 LT 或 ST，或同时产生 LT、ST 者。LT 具有抗原性，与霍乱弧菌肠毒素有共同抗原，其作用亦相似，LT 能提高肠黏膜上皮细胞膜上腺苷环化酶的活性，使细胞内 ATP 转化为 cAMP，引起黏膜细胞分泌增加，大量液体渗出，超过肠道再吸收能力，引起腹泻。ST 分子量小，无抗原性，其作用是激活肠黏膜细胞表面的鸟苷酸环化酶，使细胞内的 cGMP 含量增加，致使肠壁细胞中的电解质向肠腔内释放，引起电解质平衡紊乱而致腹泻。腹泻时，患者很少有发热，大便性状为水样，轻重不一，重者有如霍乱，可有中至重度失水。病程 1～4 天不等，由 LT 与 ST 所致者病程长，单由 ST 所致者病程较短。大便培养出大肠杆菌，同时检测 ST、LT 为阳性，即可确诊。本病的治疗主要在于补液。一般来说，成人腹泻较轻，儿童则脱水多较严重，可口服或静脉输液。

② 肠致病性大肠杆菌腹泻　肠致病性大肠杆菌是婴儿腹泻的主要病原菌，严重者可致死，成人少见，多为带菌者。本菌主要寄居于十二指肠、空肠和回肠上端，并进行大量繁殖，导致腹泻。致病机理尚不清楚，可能与细菌黏附于肠黏膜上皮细胞表面有关。腹泻时，大多呈肠炎样，表现为水样或黏液便，病程可自限。治疗主要是纠正脱水，抗菌药物可用丁胺卡那霉素或痢特灵等。

③ 肠侵袭性大肠杆菌腹泻　侵袭性大肠杆菌主要引起较大儿童及成人腹泻。本菌一般不产生肠毒素，但可侵袭结肠黏膜上皮，致使细胞损伤，形成炎症、溃疡，出现类似菌痢的症状，腹泻可呈脓血便，伴发热、腹痛、里急后重感，常易被误诊。大便培养出大肠杆菌，经血清学、豚鼠角膜试验，证实为本菌者，即可确诊。

④ 肠出血性大肠杆菌腹泻　肠出血性大肠杆菌能够产生 Vero 毒素Ⅰ型和Ⅱ型，这两种毒素能使肠黏膜充血、水肿，并能引起结肠广泛的出血。本病腹泻特点为起病急骤，一般无发热，有痉挛性腹痛，腹泻初为水样，继而为血样；肠黏膜充血、水肿，钡灌肠 X 线检查

可见升结肠、横结肠黏膜下水肿而呈拇指纹状；感染后约1周可发生溶血尿毒症症候群；病程为7～9天，也有长达12天者。大便培养分离出大肠杆菌，并证实能产生 Vero I 型和 Vero II 型毒素，即可确诊。

大肠杆菌 O157：H7（EHEC O157：H7）属于肠出血性大肠杆菌（Enterobe morrhagic *E. coli*，EHEC）的典型代表，可引起散发性或暴发性出血性结肠炎（haemorrhagic colitis，HC）等症。EHEC O157：H7 属革兰染色阴性，无芽孢，有鞭毛，动力试验阳性。其鞭毛抗原，可丢失，动力试验阴性。EHEC O157：H7 具有较强的耐酸性，pH2.5～3.0，37℃可耐受5h。耐低温，能在冰箱内长期生存。EHEC 的最适生长温度为33～42℃，37℃繁殖迅速，44～45℃生长不良，45.5℃停止生长。EHEC O157：H7 除不发酵或迟缓发酵山梨醇外，其他常见的生化特征与大肠埃希菌基本相似，但也有某些生化反应不完全一致，具有鉴别意义。O157：H7 的血清学鉴定包括 O 抗原和 H 抗原的鉴定。EHEC O157：H7 的另一个显著特征是产生大量的 Vero 毒素，它是 EHEC 的主要致病因子。

EHEC O157：H7 引起的感染有明显的季节性，多发生于夏秋两季，7～8月为发病高峰期，食源性的 EHEC 感染中，牛肉、生奶、鸡肉及其制品，蔬菜、水果及其制品等均可能受其污染。儿童与老年人的发病率高于其他年龄组。O157：H7 的感染剂量极低，一般为15～20个菌。潜伏期为3～10天，病程2～9天。通常是突然发生剧烈腹痛和水样腹泻，数天后出现出血性腹泻，可发热或不发热。严重可导致死亡。

⑤肠黏附性大肠杆菌腹泻　肠黏附性大肠杆菌无侵入肠上皮细胞的能力，不产生肠毒素和志贺样毒素，其唯一特征是具有与肠道细胞黏附的能力，但黏附形式与 EPEC 不同。本菌多侵染小儿，流行中以小儿为主，成人亦可发病，易引起腹泻迁延慢性化。临床表现多无发热，腹泻3～5次/日，大便多为稀蛋花样或带奶瓣样，量多，严重者可出现肠麻痹和黏液血样大便。

（4）预防控制措施　同沙门菌。

3. 李斯特菌及李斯特菌病

（1）生物学特性　李斯特菌在环境中无处不在，在绝大多数食品中都能找到李斯特菌。肉类、蛋类、禽类、海产品、乳制品、蔬菜等都已被证实是李斯特菌的感染源。李斯特菌中毒严重的可引起血液和脑组织感染，很多国家都已经采取措施来控制食品中的李斯特菌，并制定了相应的标准。目前国际上公认的李斯特菌共有七个菌株：单核细胞增生李斯特菌（*Listeria monocytogenes*）、绵羊李斯特菌（*L. ovis*）、英诺克李斯特菌（*L. innocua*）、威氏李斯特菌（*L. welshimeri*）、斯氏李斯特菌（*L. seeligeri*）、格氏李斯特菌（*L. grayi*）和默氏李斯特菌（*L. murrayi*）。其中单核细胞增生李斯特菌是唯一能引起人类疾病的，该菌是一种人畜共患病的病原菌。它能引起人、畜的李斯特菌病，感染后主要表现为败血症、脑膜炎和单核细胞增多。它广泛存在于自然界中，食品中存在的单核细胞增生李斯特菌对人类的安全具有危险，该菌在4℃的环境中仍可生长繁殖，是冷藏食品威胁人类健康的主要病原菌之一。

单核细胞增生李斯特菌是李斯特菌属（*Listeria*）的模式种，为短小的革兰阳性无芽孢杆菌，大小为(0.4～0.5)μm×(0.5～2.0)μm，规则杆状，两端钝圆，有鞭毛，能运动，能溶血，无荚膜。陈旧培养物有时变为革兰阴性菌。在脑脊液中常成对排列，易误认为肺炎球菌。微需氧，营养条件要求不高，在普通营养琼脂培养基上的菌落呈低凸、半透明和全缘，在正光照下呈蓝灰色，在斜光照下呈具有特征性的蓝绿色调。血清平板上生长良好，菌落周围有狭窄的溶血环。最适生长温度30～37℃。根据菌体与鞭毛抗原不同，可分为13个型，90%的临床感染由1/2a、1/2b及4b型引起。

李斯特菌适冷性强，能在4～6℃冷藏的条件下大量繁殖，在冷冻产品中能存活几周，并引起食源性疾病。它能在 10％的 NaCl 溶液内甚至更高的浓度下得以存活甚至生长。该菌对理化因素抵抗力较强，60～70℃经 5～20min 可杀死。70％酒精 5min，2.5％石炭酸 20min 可杀死。该菌对青霉素、四环素、磺胺等药物均敏感。

（2）传播途径　李斯特菌广泛存在于自然界中，不易被冻融，能耐受较高的渗透压，在土壤、地表水、污水、废水、植物、昆虫、蔬菜、鱼、鸟、野生动物、家禽、牛奶和乳制品、肉类（特别是牛肉）、蔬菜、沙拉、发酵香肠、海产品、冰淇淋、青储饲料及烂菜等中均有该菌存在，所以动物很容易食入该菌，并通过口腔-粪便的途径进行传播。据报道，健康人粪便中李斯特菌的携带率为 0.6％～16％，有 70％的人可短期带菌，4％～8％的水产品、5％～10％的奶及其产品、30％以上的肉制品及 15％以上的家禽均被该菌污染。人主要通过饮食而感染，占 85％～90％的病例是由被污染的食品引起的。

（3）临床表现　李斯特菌属细胞内寄生菌，不产内毒素，可产生一种溶血性的外毒素。T 细胞在清除本菌中起重要作用，细胞免疫功能低下和使用免疫抑制剂者较易感染。因为该菌是一种细胞内寄生菌，宿主对它的清除主要靠细胞免疫功能。因此，易感者为新生儿、孕妇、40 岁以上的成人、免疫功能缺陷者等。在感染后 3～7 天出现症状，健康成人可出现轻微类似流感症状，新生儿、孕妇、免疫缺陷患者表现为呼吸急促、剧烈头痛、恶心、呕吐、腹泻、出血性皮疹、化脓性结膜炎、突然发热、抽搐、昏迷、自然流产、脑膜炎、败血症直至死亡。

（4）预防控制措施　保持个人及食物卫生，避免进食高风险的食物及饮品，例如不符合卫生标准的小贩出售的食物和饮品，未经煮熟的食物如牛肉、猪肉、家畜肉、生的蔬菜和未经消毒的牛奶等。生的肉类应该与蔬菜、煮熟的食物和即食的食物分开存放。在处理完未经煮熟的食物后，要将手、刀和砧板洗干净。孕妇与免疫能力低的人应避免饮用未经消毒的食品或低温存放过久又未再次加热的食品。冰箱存放的食品需加热后再食用。

4. 耶尔森菌及小肠结肠炎

（1）生物学特性　耶尔森菌属（*Yersinia*）属于肠杆菌科，其中包括 11 个种。其中对人有致病性的有 3 种，即小肠结膜炎耶尔森菌（*Y. enterocolitica*）、假结核耶尔森菌（*Y. pseudotuberculosis*）和鼠疫耶尔森菌（*Y. pestis*）。只有小肠结肠炎耶尔森菌和假结核菌已确定是食源性病原体。

本菌为革兰阴性杆菌或球杆菌，大小为(1～3.5)μm×(0.5～1.3)μm，多为单个存在，有时排列成短链或成堆，不形成芽孢，无荚膜，有周鞭毛。有些特征常常与温度有关，如鞭毛在 30℃以下培养条件形成，温度较高时即丧失，因此表现为 30℃以下有运动力，而 35℃以上则无运动力。最适生长温度为 30～37℃，但在 22～29℃才能使本菌的某些特性出现。4℃时能生存和繁殖。该菌的世代时间较长，最短亦需 40min 左右。在 SS 或麦康凯琼脂上于 25℃经 24h 培养，菌落细小，至 48h 直径才增大成 0.5～3.0mm。菌落圆整、光滑、湿润、扁平或稍隆起，透明或半透明。在麦康凯琼脂上菌落淡黄色，如若微带红色，则菌落中心的红色常稍深。本菌在肉汤中生长呈均匀浑浊，一般不形成菌膜。

小肠结肠炎耶尔森菌菌株根据其耐热性和耐受高压灭菌的菌体抗原被血清学分型，约有 18 个血清群。引起人类疾病的主要血清群是 0：3，0：8，0：9 和 0：5。

（2）传播途径　小肠结肠炎耶尔森菌分布很广，可存在于生的蔬菜、乳和乳制品、肉类、豆制品、沙拉、牡蛎、蛤和虾。也存在于环境中，如湖泊、河流、土壤和植被。已从家畜、狗、猫、山羊、灰鼠、水貂和灵长类动物的粪便中分离出该菌。在港湾周围，许多鸟类包括水禽和海鸥可能是带菌者。猪的带菌率较高，在猪中该菌最易在扁桃腺中发现。

（3）临床症状　小肠结肠炎耶尔森菌是 20 世纪 30 年代引起注意的急性胃肠炎型食物中毒的病原菌，为人畜共患病。潜伏期为摄食后 3～7 天，也有报道 11 天才发病的。病程一般为 1～3 天，但有些病例持续 5～14 天或更长。主要症状表现为发热、腹痛、腹泻、呕吐、关节炎、败血症等。耶尔森菌病典型症状常为胃肠炎症状、发热，亦可引起阑尾炎。有的引起反应性关节炎。另一个并发症是败血症，即血液系统感染，尽管较少见，但死亡率较高。本菌易染人群为婴幼儿，常引起发热、腹痛和带血的腹泻。

（4）预防控制措施　耶尔森菌为兼性厌氧菌，能反复冷冻。由于该菌可在 4℃ 下增殖，因此保存在 4～5℃ 冰箱中的食品具有污染的危险。该菌要求较高的水活度，最低水活度为 0.95，pH 接近中性，较低的耐盐性。对加热、消毒剂敏感。因此，控制耶尔森菌的关键因素包括适当的蒸煮或巴氏灭菌，适宜的食品处理以防止二次污染，进行水处理，合理使用消毒剂等控制措施。

5. 空肠弯曲菌及弯曲菌病

（1）生物学特性　空肠弯曲菌最早于 1909 年自流产的牛、羊体内分离出，称为胎儿弧菌（Vibrio fetus），1947 年从人体首次分离出该菌。1957 年 King 把引起儿童肠炎的这种细菌定名为"相关弧菌"（related vibrios）。1973 年 Sebald 和 Veron 发现该菌不发酵葡萄糖，DNA 的组成及含量不同于弧菌属，为了区别于弧菌而创用了弯曲菌（campylobacter）这一名称。

弯曲菌属（Campylobacter）包括胎儿弯曲菌（Campylobacter fetus）、空肠弯曲菌（C. jejuni）、结肠弯曲菌（C. coli）、幽门弯曲菌（C. pyloridis）、唾液弯曲菌（C. sputorum）及红嘴鸥弯曲菌（C. lari）等六个种及若干亚种。对人类致病的绝大多数是空肠弯曲菌及胎儿弯曲菌胎儿亚种，其次是结肠弯曲菌。

空肠弯曲菌为革兰阴性微需氧杆菌，长 (1.5～5)μm×(0.2～0.5)μm，呈弧形、S 形或螺旋形，3～5 个呈串或单个排列，菌体两端尖，有极鞭毛，运动活泼，无荚膜，不形成芽孢。微需氧，在含 2.5%～5% 氧和 10% CO_2 的环境中生长最好。最适温度为 37～42℃。在正常大气或无氧环境中均不能生长。在普通培养基上难以生长，在凝固血清和血琼脂培养基上培养 36h，可见无色半透明毛玻璃样小菌落，单个菌落呈中心凸起，周边不规则，无溶血现象。

本菌抗原构造与肠道杆菌一样具有 O、H 和 K 抗原。根据 O 抗原，可把空肠弯曲菌分成 45 个以上血清型，其中第 11、第 12 和第 18 血清型最为常见。

（2）传播途径　空肠弯曲菌是多种动物（如牛、羊、狗）及禽类的正常寄居菌。在它们的生殖道或肠道有大量细菌，故可通过分娩或排泄物污染食物和饮水。其次在啮齿类动物也分离出弯曲菌。病菌通过其粪便排出体外，污染环境。当人与这些动物密切接触或食用被污染的食品时，病原体就进入人体。由于动物多是无症状的带菌，且带菌率高，因而是重要的传染源和贮存宿主。

病人也可作为传染源，尤其儿童患者往往因粪便处理不当，污染环境机会多，传染性就大。发展中国家由于卫生条件差，重复感染机会多，可形成免疫带菌。这些无症状的带菌者不断排菌，排菌期长达 6～7 周，甚至 15 个月之久，所以也是传染源。另外，人与人之间密切接触可发生水平传播，还可由患病的母亲垂直传给胎儿或婴儿。

（3）临床症状　由空肠弯曲菌引起的急性肠道传染病称为空肠弯曲菌肠炎（campylobacter jejuni enteritis）。潜伏期一般为 3～5 天，对人的致病部位是空肠、回肠及结肠。临床以发热、腹痛、血性便、粪便中有较多中性白细胞和红细胞为特征。有时可通过肠黏膜入血流引起败血症和其他脏器感染，如脑膜炎、关节炎、肾盂肾炎等。孕妇感染本菌可导致流产、早产，而且可使新生儿受染。本病全年均有发病，以夏季为多。平时可以散发，也可由于食物、牛奶及水被污染造成暴发流行。自然因素，如气候、雨量；社会因素，如卫生条件的优劣、人口流动（旅游）都可影响本病的发生和流行。

（4）预防控制措施　空肠弯曲病最重要的传染源是动物，如何控制动物的感染，防止动物排泄物污染水、食物至关重要。因此做好三管即管水、管粪、管食物乃是防止弯曲菌病传播的有力措施。

6. 志贺菌及志贺菌病

（1）生物学特性　细菌性痢疾又称志贺菌病，由志贺菌属引起，是发展中国家的常见病、多发病，严重危害着人们的健康，尤其是儿童的生长发育。志贺菌致病性强，10～100个细菌细胞就可使人发病，多数临床分离的菌株为多重耐药性。

临床上能引起痢疾症状的病原生物很多，有志贺菌、沙门菌、变形杆菌、大肠杆菌等，还有阿米巴原虫、鞭毛虫以及病毒等均可引起人类痢疾，其中以志贺菌引起的细菌性痢疾最为常见。人类对痢疾杆菌有很高的易感性。在幼儿可引起急性中毒性菌痢，死亡率甚高。

志贺菌属（Shigella）属于肠杆菌科（Enterobacteriaceae）。只有 4 个菌种，即痢疾志贺菌（S. dysenteriae）、弗氏志贺菌（S. flexneri）、鲍氏志贺菌（S. boydii）和宋内志贺菌（S. sonnei）。痢疾志贺菌是导致典型性细菌型痢疾的病原菌，在敏感人体中只要 10 个细胞就可以导致发病。虽然这种病症可以起因于食物，但它们并不像其他 3 种志贺菌一样被认为是导致食物中毒的病原微生物，因此这里不再讨论。

志贺菌属是一类革兰阴性杆菌，是人类细菌性痢疾最为常见的病原菌，通称痢疾杆菌。大小为$(0.5～0.7)\mu m×(2～3)\mu m$，无芽孢，无荚膜，无鞭毛。多数有菌毛。革兰阴性杆菌。需氧或兼性厌氧。营养要求不高，能在普通培养基上生长，最适温度为 37℃，最适 pH 为 6.4～7.8。37℃培养 18～24h 后菌落呈圆形、微凸、光滑湿润、无色、半透明、边缘整齐，直径约 2mm。宋内菌菌落一般较大，较不透明，并常出现扁平的粗糙型菌落。在液体培养基中呈均匀浑浊生长，无菌膜形成。本菌属都能分解葡萄糖，产酸不产气。大多不发酵乳糖，仅宋内菌迟缓发酵乳糖（37℃ 3～4 天）。甲基红阳性，VP 试验阴性，不分解尿素，不产生 H_2S，不能利用枸橼酸盐作为碳源。志贺菌属的细菌对甘露醇分解能力不同，可分为两大组，即不分解甘露醇组，主要为志贺菌；分解甘露醇组，包括福氏、鲍氏和宋内菌。其抗原结构由菌体抗原（O）及表面抗原（K）组成。

志贺菌共有 47 个血清型。根据生化反应和 O 抗原的不同，将志贺菌属分为 4 个血清群，即痢疾志贺菌、福氏志贺菌、鲍氏志贺菌、宋内志贺菌，又依次称为 A、B、C、D 群，共有 37 个血清型或亚型（其中 A 群 15 个、B 群 13 个、C 群 18 个、D 群 1 个）。A 群和 C 群的所有菌型及 B 群之 2a、b 型均含有 K 抗原。我国的优势血清型为福氏 2a、宋内、痢疾 I 型，其他血清型相对比较少见。在发达国家和地区，宋内志贺菌的分离率较高。痢疾 I 型志贺菌产生志贺毒素，可引起溶血性尿毒综合征。

志贺菌的致病因素包括侵袭力、内毒素和外毒素。

① 侵袭力　指的是志贺菌的菌毛能黏附于回肠末端和结肠黏膜的上皮细菌表面，继而在侵袭蛋白作用下穿入上皮细胞内，一般在黏膜固有层繁殖形成感染灶。此外，凡具有 K 抗原的痢疾杆菌，一般致病力较强。

② 内毒素　各型痢疾杆菌都具有强烈的内毒素。内毒素作用于肠壁，使其通透性增高，促进内毒素吸收，引起发热、神志障碍、甚至中毒性休克等。内毒素能破坏黏膜，形成炎症、溃疡，出现典型的脓血黏液便。内毒素还作用于肠壁植物神经系统，导致肠功能紊乱、肠蠕动失调和痉挛，尤其直肠括约肌痉挛最为明显，出现腹痛、里急后重等症状。

③ 外毒素　志贺菌 A 群 I 型及部分 II 型菌株还可产生外毒素，称志贺毒素，为蛋白质，不耐热，75～80℃ 1h 被破坏。该毒素具有三种生物活性，即神经毒性，将毒素注射家兔或小鼠，作用于中枢神经系统，引起四肢麻痹、死亡；细胞毒性，对人肝细胞、猴肾细胞和HeLa 细胞均有毒性；肠毒性，具有类似大肠杆菌、霍乱弧菌肠毒素的活性，可以解释疾病

早期出现的水样腹泻。

本属细菌对理化因素的抵抗力较其他肠道杆菌为弱。对酸敏感，在外界环境中的抵抗能力以宋内菌最强，福氏菌次之，志贺菌最弱。一般 56～60℃ 经 10min 即被杀死。在 37℃ 水中存活 20 天，在冰块中存活 96 天，蝇肠内可存活 9～10 天，对化学消毒剂敏感，1% 石碳酸 15～30min 死亡。

（2）传播途径　细菌性痢疾是最常见的肠道传染病，夏秋两季患者最多。传染源主要为病人和带菌者，通过污染了痢疾杆菌的食物、饮水等经口感染。

（3）临床症状

① 急性细菌性痢疾　分为典型菌痢、非典型菌痢和中毒性菌痢三型。中毒性菌痢多见于小儿，各型痢疾杆菌都可引起。发病急，常出现腹痛、腹泻等。严重的呈全身中毒症状。

② 慢性细菌性痢疾　急性菌痢治疗不彻底，或机体抵抗力低、营养不良或伴有其他慢性病时，易转为慢性。病程多在两个月以上，迁延不愈或时愈时发。

③ 部分患者可成为带菌者　带菌者不能从事饮食业、炊事及保育工作。

（4）预防控制措施　预防控制志贺菌流行最好的措施是保持良好的个人卫生和健康教育，水源和污水的卫生处理能防止水源性志贺菌的暴发。食用前用手处理过或经轻微加热的食品、动物源性食品或消费者直接入口，且其酸度范围在 pH5.5～6.5 之间的食品，为可疑的食品，不宜食用。一般来说，当食品中含有大肠菌群、大肠杆菌和沙门菌时，含有志贺菌的可能性极大。菌痢的防治除对急性菌痢、慢性菌痢和各种带菌者进行"三早"措施（早期诊断、早期隔离和早期治疗）以消灭传染源外，应采取以切断传播途径为主的综合性措施。开展卫生教育，抓好食品加工饮食服务行业的管理，对从事食品加工人员应定期作带菌者检查。

7. 副溶血性弧菌及其食物中毒

（1）生物学特性　副溶血性弧菌（Vibrio parahaemolyticus）又称嗜盐菌，是一种海洋细菌。它属于弧菌科（Vibrionaceae）、弧菌属（Bibrio）的细菌。其中最重要的人类病原菌有霍乱病的病原菌霍乱弧菌（V. cholerae）；由于污染的鱼和贝类引起的食物中毒的病原菌副溶血性弧菌；引起败血症的病原菌创伤弧菌（V. vulnificus）等。其中副溶血性弧菌是引起食物中毒的主要病原菌。

副溶血性弧菌为革兰阴性杆菌，在温度 37℃、pH7.7 左右、含盐 3%～4% 的食物和培养基中发育良好，在无盐条件下不能生长。本菌对酸敏感，不耐高温，56℃ 时 5min 即可死亡。对低温的抵抗力较强，在冰箱中可存活 70 多天。由该菌引起的食物中毒也称嗜盐菌食物中毒。中毒食品主要是鱼、虾、蟹、贝类和海藻等海产品，其次为咸菜、熟肉类、禽肉、禽蛋类，约有半数中毒者为食用了腌制品。中毒原因主要是烹调时未烧熟煮透或熟制品被污染。临床上以急性起病、腹痛、呕吐、腹泻及水样便为主要症状。

已知副溶血弧菌有 12 种 O 抗原及 59 种 K 抗原。各种弧菌对人和动物均有较强的毒力，其致病物质主要有相对分子质量 42000 的致热性溶血素（TDH）和相对分子质量 48000 的 TDH 类似溶血素（TRH），具有溶血活性、肠毒素和致死作用。吞服 10 万个以上活菌即可发病，个别可呈败血症表现。

（2）传播途径　传染源为病人，集体发病时往往仅少数病情严重者住院，而多数未住院者可能成为传染源，但由于病人仅在疾病初期排菌较多，其后排菌迅速减少，故不致因病人散布病菌而造成广泛流行。本病经食物传播，主要是海产品、盐腌渍品、蛋品、肉类或蔬菜等。多因食物容器或砧板污染所引起。男女老幼均可患病，但以青壮年为多，病后免疫力不强，可重复感染。本病多发生于夏秋沿海地区，常造成集体发病。近年来沿海地区发病有增多的趋势。

（3）临床症状　潜伏期自 1h 至 4 天不等，多数为 10h 左右。起病急骤，常有腹痛、腹泻、呕吐、失水、畏寒及发热。腹痛多呈阵发性绞痛，常位于上腹部、脐周或回盲部。腹泻每日 3～20 余次不等，大便性状多样，多数为黄水样或黄糊便。2‰～16‰呈典型的血水或洗肉水样便，部分病人的粪便可为脓血样或黏液血样，但很少有里急后重。由于吐泻，患者常有失水现象，重度失水者可伴声哑和肌痉挛，个别病人血压下降、面色苍白或发绀以至意识不清。发热一般不如菌痢严重，但失水则较菌痢多见。近年来国内报道的副溶血弧菌食物中毒，临床表现不一，可呈典型、胃肠炎型、菌痢型、中毒性休克型或少见的慢性肠炎型。本病病程自 1～6 日不等，可自限，一般恢复较快。

（4）预防控制措施　调查显示，加工海产品的案板上副溶血弧菌的检出率为 87.9％。因此，对加工海产品的器具必须严格清洗、消毒。海产品一定要烧熟煮透，加工过程中生熟用具要分开。烹调和调制海产品拼盘时可加适量食醋。食品烧熟至食用的放置时间不要超过 4h。

（二）细菌引起的食物中毒

1. 葡萄球菌及其引起的胃肠炎综合征

（1）生物学特性　葡萄球菌属（Staphylococcus）有 31 个种，能产生肠毒素的菌种主要有金黄色葡萄球菌（S. aureus）、间型葡萄球菌（S. intermedius）、猪葡萄球菌（S. hyicus）、山羊葡萄球菌（S. caprae）、产色葡萄球菌（S. chromogenes）、克氏葡萄球菌（S. cohnii）、表皮葡萄球菌（S. epidermidis）、溶血葡萄球菌（S. haemolyticus）、缓慢葡萄球菌（S. lentus）、腐生葡萄球菌（S. saprophyticus）、松鼠葡萄球菌（S. sciuri）、沃氏葡萄球菌（S. warneri）和木糖葡萄球菌（S. xylosus）等。

葡萄球菌的细胞为球形，直径 0.5～1.5μm，单个、成对和不规则堆状，革兰阳性，不运动，不生芽孢，兼性厌氧，菌落不透明，白色到奶酪色，有时黄色到橙色，接触酶阳性，10％NaCl 生长，最适温度 30～37℃。主要与温血动物皮肤和黏膜有关，常常分离自食品、尘埃和水。有的种是致病菌，有的种能产生肠毒素。

已经鉴定出的葡萄球菌肠毒素有 9 种，即肠毒素 A、B、C_1、C_2、C_3、D、E、G 和 H。一般来说，在食物中毒中，肠毒素 A 是最常见的毒素，其次为肠毒素 D，肠毒素 E 的发病率最低。这些肠毒素都是简单蛋白质，它们水解后能释放出 18 种氨基酸，其中天冬氨酸、谷氨酸、赖氨酸和酪氨酸的含量最高。肠毒素 B 的氨基酸顺序最先被确定。它的 N-端是谷氨酸，C-端是赖氨酸。肠毒素 A、肠毒素 B 和肠毒素 E 由 239～296 个氨基酸残基组成。肠毒素 C_3，由 236 个氨基酸残基组成，N-端是丝氨酸，而肠毒素 C_1 的 N-端是谷氨酸。在活性状态下，肠毒素对于蛋白水解酶（例如胰蛋白酶、胰凝乳蛋白酶、凝乳酶和木瓜蛋白酶等）具有抗性，但在 pH 约为 2 的条件下对胃蛋白酶敏感。虽然不同的肠毒素在某些物理化学特性方面是不同的，但它们都具有同样的毒性力。

葡萄球菌的肠毒素耐热，肠毒素 B 在 pH7.3 条件下于 60℃加热 16h 后仍能保持其生物活性。在磷酸盐缓冲液中，肠毒素 C 比肠毒素 A 或肠毒素 B 更为耐热。这 3 种肠毒素的耐热能力依次为：肠毒素 C＞肠毒素 B＞肠毒素 A。一般来说，在 pH、温度、氧化还原电位等条件都是在菌体生长最佳条件下对肠毒素产生较为有利。

在葡萄球菌中，金黄色葡萄球菌产生的毒力最强，研究得最为深入，也是葡萄球菌属的模式种。该菌在培养基上会产生金黄色、橙色等色素，所以称为金黄色葡萄球菌（Staphylococcus aurcus）。其生物学特性为显微镜下排列成葡萄串状，直径 0.8μm 左右，革兰阳性球菌，菌体无鞭毛，不形成芽孢，大多数无荚膜，需氧或兼性厌氧，适合的生长温度为 6.5～45℃，但以 35～37℃生长最好，适合生长的 pH 值为 4.2～9.3，以 pH 值 7.0～7.5 生长最好，平板上菌落厚、有光泽、圆形凸起，直径 1～2mm。血平板菌落周围形成透明的溶血环。金黄色葡萄球菌有高度的耐盐性，可在 $10\%\sim15\%$ NaCl 肉汤中生长。可分解葡萄糖、麦芽糖、乳糖、蔗糖等产酸不产气。甲基红反应阳性，VP 反应弱阳性。许多菌株可分解精氨酸，水解尿素，还原硝酸盐，液化明胶。金黄色葡萄球菌具有较强的抵抗力，对磺胺类药物敏感性低，但对青霉素、红霉素等高度敏感。本菌可以产生肠毒素 A、B、C_1、C_2、D 及 E 六型，细菌本身不具耐热性，但其产生的肠毒素，耐热性强。肠毒素形成条件为存放温度越高，产毒时间越短；通风不良、氧分压低易形成肠毒素；含蛋白质丰富，水分多，同时含一定量淀粉的食物，肠毒素易生成。在实验室条件下，50% 以上的金黄色葡萄球菌可产生 2 种或 2 种以上的肠毒素。肠毒素耐热，加热 $100℃$ 2h 方可破坏。

金黄色葡萄球菌也是人类化脓感染中最常见的病原菌，可引起局部化脓感染，也可引起肺炎、伪膜性肠炎、心包炎等，甚至败血症、肠毒症等全身感染。金黄色葡萄球菌的致病力强弱主要取决于其产生的毒素和侵袭性酶，有以下 5 种。①溶血毒素，为外毒素，分 α、β、γ、δ 四种，能损伤血小板，破坏溶酶体，引起肌体局部缺血和坏死。②杀白细胞素，可破坏人的白细胞和巨噬细胞。③血浆凝固酶，当金黄色葡萄球菌侵入人体时，该酶使血液或血浆中的纤维蛋白沉积于菌体表面或凝固，阻碍吞噬细胞的吞噬作用。葡萄球菌形成的感染易局部化，与此酶有关。④脱氧核糖核酸酶，金黄色葡萄球菌产生的脱氧核糖核酸酶能耐受高温，可用来作为依据鉴定金黄色葡萄球菌。⑤肠毒素，金黄色葡萄球菌能产生数种引起急性胃肠炎的蛋白质性肠毒素，肠毒素可耐受 $100℃$ 煮沸 30min 而不被破坏。此外，金黄色葡萄球菌还产生溶表皮素、明胶酶、蛋白酶、脂肪酶、肽酶等。

（2）传播途径　葡萄球菌广泛分布于空气、土壤、水及食具。人和动物具有较高的带菌率。上呼吸道感染患者鼻腔带菌率 83%，所以人畜化脓性感染部位常成为污染源。健康人的咽喉、鼻腔、皮肤、头发、口腔黏膜、粪便、化脓的伤口等常带有产肠毒素的菌株。故易于经手或空气污染食品。金黄色葡萄球菌一般多见于春夏季，中毒食品种类多，如奶、肉、蛋、鱼及其制品。此外，剩饭、油煎蛋、糯米糕及凉粉等引起的中毒事件也有报道。金黄色葡萄球菌还可通过食品加工人员、炊事员或销售人员带菌，造成食品污染。食品在加工前本身带菌，或在加工过程中受到了污染，产生了肠毒素，引起食物中毒。熟食制品包装不严，运输过程受到污染。奶牛患化脓性乳腺炎或禽畜局部化脓时，对肉体其他部位可造成污染。牛、羊患乳腺炎，分泌的乳汁会受到本菌的污染，使得乳制品也遭受到污染。

（3）临床症状　葡萄球菌食物中毒综合征一般在摄入污染食物之后约 4h 发作。中毒综合症状为恶心、呕吐、剧烈腹痛、腹泻、出汗、头痛、乏力，有时伴随体温下降，这些症状一般要延续 $24\sim48h$，但它不会导致死亡或死亡率很低。能导致人体患病的肠毒素最低剂量约为 $20\mu g$。但也与人的年龄、性别及身体状况有关。$5\sim9$ 岁的儿童要比 $10\sim19$ 岁的少年更为敏感。葡萄球菌在各种食品中的发生，通常出现在冷藏温度不够低、存放时间过长、烹调或加热不充分或未经过加热杀菌的食品中。

（4）预防控制措施　①注意个人卫生，身体有化脓、伤口、咽喉炎、湿疹者，一定不可直接或间接从事接触食品的工作。②调理食品时应带帽子及口罩，并注意手部的清洁及消毒。③本菌无法在 $10℃$ 以下生长，所以食品如不立即食用时，应立即放入冰箱，保存于 $5℃$ 以下。④防止带菌人群对各种食物的污染，定期对生产加工人员进行健康检查，患局部化脓性感染（如疖疮、手指化脓等）、上呼吸道感染（如鼻窦炎、化脓性肺炎、口腔疾病等）的人员要暂时停止其工作或调换岗位。⑤防止金黄色葡萄球菌对奶及其制品的污染。如牛奶厂要定期检查奶牛的乳房，不能挤用患化脓性乳腺炎的奶牛；奶挤出后，要迅速冷至 $-10℃$ 以下，以防细菌繁殖和毒素生成。奶制品要以消毒牛奶为原料，注意低温保存。⑥对肉制品加工厂，患局部化脓感染的禽、畜尸体应除去病变部位，经高温或其他适当方式处理后进行加工生产。⑦防止金黄色葡萄球菌肠毒素的生成。应在低温和通风良好的条件下贮藏食物，以防肠毒素形成。在气温高的春夏季，食物置冷藏或通风阴凉地方也不应超过 6h，并且食用前要彻底加热。

近年来，由金黄色葡萄球菌引起的食物中毒越来越多，有时仅次于大肠杆菌。金黄色葡萄球菌肠毒素是个世界性卫生问题，在美国由金黄色葡萄球菌肠毒素引起的食物中毒占整个细菌性食物中毒的 33%，加拿大则更多，占 45%，我国每年发生的此类中毒事件也非常多。

2. 产气荚膜梭菌及其引起的食物中毒

(1) 生物学特性　产气荚膜梭菌（*Clostridium perfringens*）又名魏氏杆菌（*Clostridium welchii*），与肉毒梭菌属于同一个属，即厌氧性梭状芽孢杆菌属，是引起食源性胃肠炎最常见的病原菌之一。菌体为革兰阳性粗大梭菌，两端钝圆，$(3\sim4)\mu m \times (1\sim1.5)\mu m$，单独或成对排列，有时也可成短链排列。芽孢呈卵圆形，芽孢宽度不比菌体大，位于中央或近端，无鞭毛，不能运动。在一般的培养条件下很难形成芽孢，须在无糖培养基中才能生成芽孢。在人和动物活体组织内或在含血清的培养基内生长时有可能形成荚膜。本菌虽属厌氧性细菌，但对厌氧程度的要求并不太严，甚至在 $E_h 200\sim250 mV$ 的环境内也能生长。在普通琼脂平板上培养 15h 左右可见到菌落，培养 24h 菌落直径 $2\sim4 mm$，呈凸面状，表面光滑半透明，正圆形，在营养成分不足或琼脂浓度高的平板上，有时可能形成锯齿状边缘或带放射状条纹的 R 型菌落。在含人血、兔血或绵羊血的琼脂平板上培养的菌落周围有双层溶血环，内层溶血完全，外层溶血不完全，好似靶状。内环是 θ 毒素的作用，而外环不完全溶血是 α 毒素所致。在乳糖、牛奶、卵黄琼脂平板上培养的菌落周围出现乳状浑浊带。此反应能被本菌 α 抗毒素抑制。由于发酵乳糖菌落周围的培养基颜色发生变化（中性红指示剂呈粉红色），不消化牛奶，不分解游离脂肪，菌落周围不出现透明环及彩虹层。在疱肉培养基中肉渣不被消化，有时呈肉红色。在牛乳培养基中能分解乳糖产酸，使酪蛋白凝固，同时生成大量气体，将凝固的酪蛋白冲成海绵状碎块。能分解多种糖类，如葡萄糖、麦芽糖、蔗糖和乳糖，产酸产气，不发酵甘露糖或水杨苷，能液化明胶，产生硫化氢，不能消化已凝固的蛋白质和血清。

产气荚膜梭菌是嗜温细菌。最适生长温度为 $37\sim45℃$。它的最低生长温度约为 $20℃$。最高生长温度约为 $50℃$。在其他培养条件都是最佳状态下，生长在 $45℃$ 下的代时只有 8min。因此，可利用高温快速培养法，对本菌进行选择分离，如在 $45℃$ 下，每培养 $3\sim4h$ 传种 1 次，即可较易获得纯培养。许多菌株的生长 pH 范围为 $5.5\sim8.0$，一般在 5.0 以下或 8.5 以上不能生长。在约 5%NaCl 存在的情况下，其生长受到抑制。引发食物中毒菌株的芽孢的耐热性有所不同，有些是典型嗜温类型，有些是高度耐热的类型。

产气荚膜梭菌食物中毒的致病因子是肠毒素。与众不同的是它是一种孢子特异性蛋白质，它的生成是与孢子的产生相关联的。所有已知的能导致食物中毒的这种菌都属于 A 型菌株，A 型菌株可以产生肠毒素。肠毒素相对分子质量为 35000，等电点为 4.3。产气荚膜梭菌既能产生强烈的外毒素，又有多种侵袭性酶，并有荚膜，构成其强大的侵袭力，引起感染致病。毒素的毒性虽不如肉毒毒素强，但种类多，外毒素有 α、β、γ、δ、ϵ、η、θ、ι、κ、λ、μ、ν 等 12 种，和具有毒性作用的多种酶，如卵磷脂酶、纤维蛋白酶、透明质酸酶、胶原酶和 DNA 酶等，构成强大的侵袭力。根据细菌产生外毒素的种类差别，可将产气荚膜梭菌分成 A、B、C、D、E 五个型。对人致病的主要是 A 型，可引起气性坏疽和食物中毒。C 型则引起坏死性肠炎。在各种毒素和酶中，以 α 毒素最为重要，α 毒素是一种卵磷脂酶，能分解卵磷脂，人和动物的细胞膜是磷脂和蛋白质的复合物，可被卵磷脂酶所破坏，故 α 毒素能损伤多种细胞的细胞膜，引起溶血、组织坏死、血管内皮细胞损伤，使血管通透性增高，造成水肿。此外，θ 毒素有溶血和破坏白血球的作用，胶原酶能分解肌肉和皮下的胶原组织，使组织崩解，透明质酸酶能分解细胞间质透明质酸，有利于病变扩散。本菌能引起人类多种疾病，其中最重要的是气性坏疽。

产气荚膜梭菌中毒机理为激活小肠黏膜细胞的腺苷酸环化酶，导致 cAMP 浓度增高，使肠黏膜分泌增加，肠腔大量积液，引起腹泻。由 C 型产气荚膜梭菌引起，致病物质可能为 β 毒素。潜伏期不到 24h，发病急，有剧烈痛、腹泻、肠黏膜出血性坏死，粪便带血；可并发周围循环衰竭、肠梗阻、腹膜炎等，病死率达 40%。

产气荚膜菌肠毒素是在产生孢子阶段后期由产孢子细胞合成的。毒素生成的峰值正好是在细胞的孢子囊自溶时出现的，从而使肠毒素与孢子一起释放出来。有利于产孢子的条件也有利于产生肠毒素。现在已经证明，这种肠毒素类似于孢子结构蛋白，它能与孢子壁以共价键结合。细菌细胞可以在肠道和很多种食品中自由地产生孢子。在培养基中，肠毒素通常只能在允许芽孢形成的条件下产生，但营养细胞也可以产生少量的肠毒素。

（2）传播途径　产气荚膜梭菌广泛分布于环境中，能导致食物中毒的产气荚膜梭菌菌株存在于土壤、水源、食物、灰尘、调味品和人及其他动物的肠道中。从牛肉、猪肉、羔羊、鸡、火鸡、焖肉、红烧蔬菜、炖肉和肉汁中可分离出产气荚膜梭菌，引起食物中毒的食品大多是畜禽肉类和鱼类食物，牛奶也可因污染而引起中毒，原因是因为食品加热不彻底，使芽孢在食品中大量生成所致，此外不少熟食品，由于加温不够或后污染而在缓慢的冷却过程中，细菌繁殖体大量繁殖并形成芽孢产生肠毒素，其食品并不一定在色味上发现明显的变化，人们在误食了这样的熟肉或汤菜，就有可能发病。

（3）临床症状　产气荚膜梭菌食物中毒，患者必须是摄入了大量的活性菌体细胞，中毒症状可以在摄入污染食品之后的 6～24h 内出现，而多数出现症状的时间是 18～19h 之后。中毒的症状有急性腹痛、腹泻、恶心和发热，而呕吐症状较少。除了老人或抵抗力很弱的人之外，这种中毒的症状延续时间较短，一般在 1 天或更短的时间内，它的致死率很低，发病后也不会出现免疫作用，但是在某些有中毒病史的人体内可以发现这种肠毒素的循环抗体。

（4）预防控制措施　适宜的冷却处理和再加热，并加强食品加工人员的教育。当产品达到合适温度时，那些未被杀死的芽孢可能发芽。蒸煮后需要经过快速统一的冷却，在所有暴发的病例中，产气荚膜梭菌中毒的主要原因是没有经过恰当冷却事先煮好的食品，特别是当食品量很大时。适当的热处理、充分的再加热、冷却食品等均是必要的控制措施。食品加工人员的教育仍是控制的一个关键方面。

3. 肉毒梭菌及其引起的食物中毒

（1）生物学特性　肉毒梭菌（*Clostridium botulinum*）属于厌氧性梭状芽孢杆菌属，具有该属的基本特性，即革兰染色阳性，厌氧性的杆状菌，形成芽孢，芽孢比繁殖体宽，呈梭状。

肉毒梭菌为多形态细菌，大小约为 $1\mu m \times 4\mu m$，杆状，两侧平行，两端钝圆，直杆状或稍弯曲，芽孢为卵圆形，位于次极端，或偶有位于中央，常见很多游离芽孢。有时会呈现长丝状或链状、舟形、带把柄的柠檬形、蛇样线状、染色较深的球茎状等退化型。当菌体开始形成芽孢时，常常伴随着自溶现象，可见到阴影形。肉毒梭菌具有 4～8 根周生鞭毛，运动迟缓，没有荚膜。在固体培养基表面上，形成不规整的圆形，大约 3mm 的菌落，菌落半透明，表面呈颗粒状，边缘不整齐，界线不明显，向外扩散，呈绒毛网状，常常扩散成菌苔。在血平板上，出现与菌落几乎等大或者较大的溶血环。在乳糖卵黄牛奶平板上，菌落下培养基为乳浊，菌落表面及周围形成彩虹薄层，不分解乳糖；分解蛋白的菌株，菌落周围出现透明环。在疱肉培养基中生长时，浑浊、产气、发臭、能消化肉渣。肉毒梭菌生长发育最适温度为 25～35℃，培养基的最适酸碱度为 pH6.0～8.2。肉毒梭菌的所有菌株在 45℃ 以上都受到抑制，生长繁殖和产生毒素的适宜温度为 18～30℃。肉毒梭菌芽孢能耐高温，干热 180℃，5～15min 方能杀死。

产气荚膜梭菌食物中毒，患者必须是摄入了大量的活性菌体细胞，但肉毒梭菌食物中毒与此不同，它是由摄入了肉毒梭菌在食物中生长时产生的毒性极强的可溶性外毒素引起的。肉毒梭菌的致病性在于其产生的神经麻痹毒素，即肉毒毒素，而细菌本身则是一种腐生菌。这些毒素能引起人和动物的肉毒中毒，根据肉毒毒素的抗原性，肉毒梭菌至今已有 A、B、C（1、2）、D、E、F、G 等七个型。引起人中毒的，主要有 A、B、E 三型。C、D 二型毒素主要是畜、禽肉毒中毒的病原。F、G 型肉毒梭菌极少分离，未见 G 型菌引起人的中毒报道。

A 型毒素经 60℃ 2min 加热，差不多能被完全破坏，而 B、E 二型毒素要经 70℃ 2min 才能被破坏；C、D 二型毒素对热的抵抗更大些；C 型毒素要经过 90℃ 2min 加热才能完全破坏，不论如何，只要煮沸 1min 或 75℃ 加热 5～10min，毒素都能被完全破坏。肉毒毒素对酸性反应比较稳定，对碱性反应比较敏感。某些型的肉毒毒素在适宜条件下，毒性能被胰酶激活和加强。肉毒毒素的毒性极强，是最强的神经麻痹毒素之一，据称，精制毒素 1μg 的毒力为 200000 只小白鼠（20g）致死量，也就是说，1g 毒素能杀死 400 万吨小白鼠，一个人的致死量大概 1μg。

肉毒梭菌的外毒素是已知毒素中最强的一种，它比氰化钾毒力大 1 万倍，人服 0.1μg 即可致命，纯化的肉毒毒素 1mg 能杀死 2 亿只小鼠。与典型的外毒素不同，并非由生活的细菌释放，而是在细菌细胞内产生无毒的前体毒素，待细菌死亡自溶后游离出来，经肠道中的胰蛋白酶或细菌产生的蛋白激酶作用后方具有毒性，且能抵抗胃酸和消化酶的破坏。内毒毒素是一种嗜神经毒素，经肠道吸收后进入血液，作用于脑神经核、神经接头处以及植物神经末梢，阻止乙酰胆碱的释放，妨碍神经冲动的传导，而引起肌肉松弛性麻痹。

（2）传播途径　肉毒梭菌广泛存在于自然界，引起中毒的食品有腊肠、火腿、鱼及鱼制品和罐头食品等。肉毒中毒一年四季均可发生，但以冬春季为多。发病主要与饮食习惯有着密切关系。欧美国家主要的中毒是由于肉类食品、罐头食品引起；日本等沿海国家主要的中毒是由于进食水产品引起；我国内地的中毒主要以发酵食品为主，如臭豆腐、豆瓣酱、面酱、豆豉等。其他食品还有熏制未去内脏的鱼、填馅茄子、油浸大蒜、烤土豆、炒洋葱、蜂蜜制品等。

（3）临床症状　迄今为止，已知的所有生物性毒素中，以肉毒毒素的毒性最为强烈，病死率很高。肉毒毒素是一种神经毒，经消化道吸入进入血液循环后作用于神经肌肉连接部和植物神经末梢，及颅脑神经核阻止神经末梢释放乙酰胆碱，引起肌麻痹，使神经冲动与肌肉收缩之间传递受阻，使其所支配的相应肌群产生瘫痪。中毒者潜伏期最短者约 6h，长者 8～10 天，一般为 1～4 天，潜伏期越短，病情越严重。前驱症状多为全身乏力、头晕、恶心、腹胀、腹痛，继而出现视力模糊、眼睑下垂、复视、吞食困难、咀嚼无力、肌肉软弱及语言困难，最后可发展为呼吸肌麻痹。肉毒梭菌生长和产毒的最适温度是 25～30℃。

肉毒梭菌在自然界的分布上具有某种区域性差异，显示出生态上的差别倾向。A 型、B 型的分布最广，各大洲的许多国家均有检出；C 型、D 型的芽孢一般多存在于动物的尸体中，或在腐尸附近的土壤中；E 型菌及其芽孢存在于海洋的沉积物、水产品的肠道内，E 型菌及其芽孢适应于深水的低温，使 E 型菌在海洋地区有广泛分布。但是，越来越多的调查结果表明，除 G 型菌之外，其他各型菌的分布都是相当广泛的。

（4）预防控制措施　为防止肉毒中毒的发生和预防肉毒中毒，应当使用新鲜的原料，避免泥土的污染。加工前仔细地洗去泥土，加工时应烧煮透。加工后的熟食品应避免再污染，放在通风和阴凉的地方保存，或在冰箱内冷藏。另外，最可靠的方法是将加工食品中的肉毒梭菌及其耐热孢子彻底破坏，加热温度一般为 100℃，10～20min，均可使各型毒素破坏。或使食品改变环境，使其不适合肉毒梭菌之生长。谨慎使用真空包装，真空包装虽可抑制细菌之生长，但却为适合肉毒梭菌生长环境，故含高水分之真空包装食品，必须低温保存，以确保安全。尤其要注意罐头食品、火腿、腌腊食品。食品罐头的两端若有膨隆现象，或色香味改变，应禁止食用，即使煮沸也不宜食用。谷类、豆类亦有被污染的可能，要禁止食用发酵或腐败食物。对可疑食品、呕吐物、粪便采样追查中毒原因和中毒食品。对可疑食品进行彻底加热，破坏肉毒毒素。

4. 蜡状芽孢杆菌及其引起的食物中毒

（1）生物学特性　蜡状芽孢杆菌（Bacillus cereus）为芽孢杆菌属的细菌。该菌为革兰阳性杆菌，大小为（1～1.3）μm×（3～5）μm，兼性需氧，形成芽孢，芽孢不突出菌体，菌体两端较平整，多数呈链状排列，与炭疽杆菌相似。引起食物中毒的菌株多为周鞭毛，有运动力。其最低生长温度4～5℃，最高生长温度48～50℃，最佳温度30～32℃。允许生长的pH值范围为4.9～9.3。在肉汤中生长浑浊、有菌膜或壁环，振摇易乳化。在普通琼脂上生成的菌落较大，直径3～10mm，灰白色、不透明，表面粗糙似毛玻璃状或融蜡状，边缘常呈扩展状。偶有产生黄绿色色素，在血琼脂平板上呈草绿色溶血。其近缘菌有苏云金杆菌、蕈状芽孢杆菌、炭疽杆菌和巨大芽孢杆菌。蜡状芽孢杆菌耐热，37℃ 16h的肉汤培养物的D80℃值（在80℃时使细菌数减少90%所需的时间）约为10～15min。其游离芽孢能耐受100℃、30min，而干热灭菌需120℃、60min才能杀死。

蜡状芽孢杆菌引起食物中毒是由于该菌产生肠毒素。它产生两种性质不同的代谢物，引起腹泻型综合征的是一种大分子量蛋白，相对分子质量为（5.5～6.0）×10³，56℃、5min、pH3或pH11毒性消失，对胰蛋白酶敏感；而引起呕吐型综合征的被认为是一种小分子量、热稳定的多肽，相对分子质量<5000，115℃、10min、pH2或pH11.2时毒性残存，对胃蛋白酶、胰蛋白酶耐受。致腹泻的肠毒素能使小白鼠致死。当摄入的食品其蜡状芽孢杆菌数量大于10⁶个/g时常可导致食物中毒。

（2）传播途径　蜡状芽孢杆菌在自然界分布广泛，常存在于土壤、灰尘和污水中，植物和许多生熟食品中常见。已从多种食品中分离出该菌，包括肉、乳制品、蔬菜、鱼、土豆、酱油、布丁、炒米饭以及各种甜点等。在美国，炒米饭是引发蜡状芽孢杆菌呕吐型食物中毒的主要原因；在欧洲大都由甜点、肉饼、色拉和奶、肉类食品引起；在我国主要与受污染的米饭或淀粉类制品有关。

（3）临床症状　蜡状芽孢杆菌食物中毒在临床上可分为呕吐型和腹泻型两类。呕吐型的潜伏期为0.5～6h，中毒症状以恶心、呕吐为主，偶尔有腹痉挛或腹泻等症状，病程不超过24h，这种类型的症状类似于由金黄色葡萄球菌引起的食物中毒。腹泻型的潜伏期为6～15h，症状以水泻、腹痉挛、腹痛为主，有时会有恶心等症状，病程约24h，这种类型的症状类似于产气荚膜梭菌引起的食物中毒。

（4）预防控制措施　家庭、食堂、饮食行业和食品在加工出售各类食品的过程中，注意操作卫生，做好防蝇、防尘、防鼠工作，防止食品污染；控制该菌产毒。蜡状芽孢杆菌在16～50℃可生长繁殖并产生毒素，所以剩饭、肉类、奶类制品应放在低温处短时间存放，剩饭等熟食在食用前，应在100℃加热20min以上，能有效防止该菌引起的食物中毒。

三、真菌引起的食源性疾病

（一）主要产毒霉菌及其产毒特点

1. 曲霉属

曲霉属（Aspergillus）的产毒霉菌主要包括黄曲霉、寄生曲霉、杂色曲霉、构巢曲霉和棕曲霉。这些霉菌的代谢产物为黄曲霉毒素、杂色曲霉毒素和棕曲霉毒素。

曲霉属的颜色多样，而且比较稳定。营养菌丝体由具横隔的分枝菌丝构成，无色或有明亮的颜色，一部分埋伏型，一部分气生型。分生孢子梗大都无横隔，光滑、粗糙或有麻点。梗的顶端膨大形成棍棒形、椭圆形、半球形或球形的顶囊，在顶囊上生出一层或两层小梗，双层时下面一层为梗基，每个梗基上再着生两个或几个小梗。从每个小梗的顶端相继生出一串分生孢子。由顶囊、小梗以及分生孢子链构成一个头状体的结构，称为分生孢子头。分生孢子头有各种不同颜色和形状，如球形、放射形、棍棒形或直柱形等。曲霉属只有少数种形成有性阶段，产生封闭式的闭囊壳。某些种产生菌核或菌核结构。少数种可产生不同形状的壳细胞。

2. 青霉属

青霉属（*Penicillium*）产毒霉菌，主要包括黄绿青霉、桔青霉、圆弧青霉、展开青霉、纯绿青霉、红青霉、产紫青霉、冰岛青霉和皱褶青霉等。这些霉菌的代谢产物为黄绿青霉素、桔青霉素、圆弧偶氮酸、展青霉素、红青霉素、黄天精、环氯素和皱褶青霉素。

青霉属的营养菌丝体呈无色、淡色或鲜明的颜色，具横隔，或为埋伏型或部分埋伏型部分气生型。气生菌丝密毡状、松絮状或部分结成菌丝索。分生孢子梗由埋伏型或气生型菌丝生出，稍垂直于该菌丝（除个别种外，不像曲霉那样生有足细胞），单独直立或作某种程度的集合乃至密集为一定的菌丝束，具横隔，光滑或粗糙。其先端生有扫帚状的分枝轮，称为帚状枝。帚状枝是由单轮或两次到多次分枝系统构成，对称或不对称，最后一级分枝即产生孢子的细胞，称为小梗。着生小梗的细胞叫梗基，支持梗基的细胞称为副枝。小梗用断离法产生分生孢子，形成不分枝的链，分生孢子呈球形、椭圆形或短柱形，光滑或粗糙，大部分生长时呈蓝绿色，有时呈无色或呈别种淡色，但决不呈污黑色。少数种产生闭囊壳，或结构疏松柔软，较快地形成子囊和子囊孢子，或质地坚硬如菌核状由中央向外缓慢地成熟。还有少数菌种产生菌核。

3. 镰刀菌属

镰刀菌属（*Fusarium*）的产毒霉菌主要包括禾谷镰刀菌、串珠镰刀菌、雪腐镰刀菌、三线镰刀菌、梨孢镰刀菌、拟枝孢镰刀菌、尖孢镰刀菌、茄病镰刀菌和木贼镰刀菌等。这些霉菌的代谢产物为单端孢霉烯族化合物、玉米赤霉烯酮和丁烯酸内酯等。

在马铃薯-葡萄糖琼脂或察氏培养基上气生菌丝发达，高 0.5～1.0cm，或较低为 0.3～0.5cm，或更低为 0.1～0.2cm；稀疏的气生菌丝，甚至完全无气生菌丝而由基质菌丝直接生出粘孢层，内含大量的分生孢子。大多数种小型分生孢子通常假头状着生，较少为链状着生，或者假头状和链状着生兼有。小型分生孢子生于分枝或不分枝的分生孢子梗上，形状多样，有卵形、梨形、椭圆形、长椭圆形、纺锤形、披针形、腊肠形、柱形、锥形、逗点形、圆形等。1～2（3）隔，通常小型分生孢子的量较大型分生孢子为多。大型分生孢子产生在菌丝的短小爪状突起上或产生在分生孢子座上，或产生在粘孢团中；大型分生孢子形态多样，有镰刀形、线形、纺锤形、披针形、柱形、腊肠形、蠕虫形、鳗鱼形，弯曲、直或近于直。顶端细胞多种形态，有短啄形、锥形、钩形、线形、柱形，逐渐变窄细或突然收缩。气生菌丝、子座、粘孢团、菌核可呈各种颜色，基质亦可被染成各种颜色。厚垣孢子间生或顶生，单生或多个成串或成结节状，有时也生于大型分生孢子的孢室中，无色或具有各种颜色，光滑或粗糙。

镰刀菌属的一些种，当初次分离时，只产生菌丝体，常常还需诱发产生正常的大型分生孢子以供鉴定。因此须同时接种无糖马铃薯琼脂培养基或察氏培养基等。

4. 木霉属（*Trichoderma*）

木霉生长迅速，菌落棉絮状或致密丛束状，产孢丛束区常排列成同心轮纹，菌落表面颜色为不同程度的绿色，有些菌株由于产孢子不良几乎白色。菌落反面无色或有色，气味有或无，菌丝透明，有隔，分枝繁复。厚垣孢子有或无，间生于菌丝中或顶生于菌丝短侧分枝上，球形、椭圆形，无色，壁光滑。分生孢子梗为菌丝的短侧枝，其上对生或互生分枝，分枝上又可继续分枝，形成二级、三级分枝，终而形成似松柏式的分枝轮廓，分枝角度为锐角或几乎直角，束生、对生、互生或单生瓶状小梗。分枝的末端即为小梗，但有的菌株主梗的末端为一鞭状而弯曲不孕菌丝。分生孢子由小梗相继生出而靠黏液把它们聚成球形或近球形的孢子头，有时几个孢子头汇成一个大的孢子头。分生孢子近球形或椭圆形、圆筒形、倒卵形等，壁光滑或粗糙，透明或亮黄绿色。

木霉产生木霉素，属于单端孢霉烯族化合物。

5. 头孢霉属

头孢霉属（*Cephalosporium*）在合成培养基及马铃薯-葡萄糖琼脂培养基上各个种的菌落类型不一，有些种缺乏气生菌丝，湿润或呈细菌状菌落，有些种气生菌丝发达，呈茸毛状或絮状菌落，或有明显的绳状菌丝索或孢梗束。菌落的色泽可由粉红至深红、白、灰色或黄色。营养菌丝丝状有隔，分枝，无色和鲜色或者在少数情况下由于盛产厚垣孢子而呈暗色。菌丝常编结成绳状或孢梗束。分生孢子梗很短，大多数从气生菌丝上生出，基部稍膨大，呈瓶状结构，互生、对生或轮生。分生孢子从瓶状小梗顶端溢出后推至侧旁，靠黏液把它们粘成假头状，遇水即散开，成熟的孢子近圆形、卵形、椭圆形或圆柱形，单细胞或偶尔有一隔，透明。有些种具有性阶段可形成子囊壳。

头孢霉能引起芹菜、大豆和甘蔗等的植物病害，它所产生的毒素属于单端孢霉烯族化合物。

6. 单端孢霉属

单端孢霉属（*Trichothecium*）菌落薄，絮状蔓延，分生孢子梗直立，有隔，不分枝。分生孢子 2～4 室，透明或淡粉红色。分生孢子是以向基式连续形成的形式产生的，孢子靠着生痕彼此连接成串，分生孢子梨形或倒卵形，两胞室的孢子上胞室较大，下胞室基端明显收缩变细，着生痕在基端或其一侧。

该类菌能产生单端孢霉素，属于有毒性的单端孢霉烯族化合物。

7. 葡萄状穗霉属

葡萄状穗霉属（*Stachbotrys*）菌丝匍匐、蔓延，有隔，分枝，透明或稍有色。分生孢子梗从菌丝直立生出，最初透明然后烟褐色，规则地互生分枝或不规则分枝，每个分枝的末端生瓶状小梗，透明或浅褐色，在分枝末端单生、两个对生至数个轮生。分生孢子单个地生在瓶状小梗的末端，椭圆形、近柱形或卵形，暗褐色，有刺状突起。

该菌产生黑葡萄状穗霉毒素，属于单端孢霉烯族化合物，能使牲畜特别是马中毒，症状是口腔、鼻腔黏膜溃烂，颗粒性白细胞减少，死亡。接触有毒草料的人，出现皮肤炎、咽峡炎、血性鼻炎。

8. 交链孢霉属（*Alternaria*）

交链孢霉的不育菌丝匍匐，分隔。分生孢子梗单生或成簇，大多不分枝，较短，与营养菌丝几乎无区别。分生孢子倒棒状，顶端延长成喙状，淡褐色，有壁砖状分隔，暗褐色，成链生长，孢子的形态及大小极不规律。该菌能产生七种细胞毒素。

（二）主要霉菌毒素及其特性

1. 黄曲霉毒素

（1）性质　黄曲霉毒素（Aflatoxin 简称 AFT 或 AT）是由黄曲霉（*A. flavus*）和寄生曲霉（*A. parasiticus*）等霉菌中产毒菌株所产生的有毒代谢产物，是于 1960 年起逐渐被认识和发现的。当时在英国东南部的农村相继有约 10 万只火鸡死于一种病因不明的"火鸡 X 病"。后经多方研究，发现从巴西进口的花生粉中，污染有大量的黄曲霉，并证明由它所分泌的黄曲霉毒素，就是"火鸡 X 病"的根源。以后又证实它可引起禽类、畜类、鱼类、猴等多种动物和人的肝脏中毒。

黄曲霉毒素的化学结构为二氢呋喃氧杂萘邻酮的衍生物，即双呋喃环和氧杂萘邻酮（又叫香豆素）。根据其在紫外线中发生的颜色、层析 R_f 值的不同而命名，目前已明确结构的有20种以上，如 B1、B2、G1、G2、M1 和 M2 等。但其中主要的有 4 种，即 B1、B2、G1、G2。M1 和 M2 为这些毒素的代谢产物。不同种类的黄曲霉毒素毒性相差甚大，其毒性与结构有关，凡二呋喃环末端有双键者毒性最强。其中 B1 毒性最大，致癌性亦最强，它的毒性比氰化钾大 10 倍，比砒霜大 68 倍，仅次于肉毒毒素，是真菌毒素中最强的。比二甲基亚硝胺的致癌力强 75 倍，比奶油黄（二甲基偶氮苯）强 900 倍，其致癌作用也比已知的化学致癌物都强。

黄曲霉毒素易溶于油和一些有机溶剂，如氯仿、甲醇、丙酮、乙醇等，不溶于水、乙烷、石油醚和乙醚。其毒性较稳定，耐热性强，280℃时才发生裂解，一般的烹调加工不被破坏。在中性及酸性溶液中稳定，但 pH9～10 的强碱溶液中则可迅速分解破坏。联合国卫生机构规定粮食中所含的黄曲霉毒素 B1 必须低于 30μg/kg。

（2）产毒条件　黄曲霉和寄生曲霉产毒需要适宜的温度、湿度及氧气。如湿度 80％～90％、温度 25～30℃、氧气 1％以上，湿的花生、大米和棉籽中的黄曲霉在 48h 内即可产生黄曲霉毒素，而小麦中的黄曲霉最短需要 4～5 天才能产生黄曲霉毒素。此外，天然基质培养基（大米、玉米、花生粉）比人工合成培养基产毒量高。

黄曲霉毒素污染可发生在多种食品上，如粮食、油料、水果、干果、调味品、乳和乳制品、蔬菜、肉类等。其中以玉米、花生和棉籽油最易受到污染，其次是稻谷、小麦、大麦、豆类等。花生和玉米等谷物是产生黄曲霉毒素菌株最适宜生长并产生黄曲霉毒素的基质。花生和玉米在收获前就可能被黄曲霉污染，使成熟的花生不仅污染黄曲霉而且可能带有毒素，玉米果穗成熟时，不仅能从果穗上分离出黄曲霉，并能够检出黄曲霉毒素。我国长江沿岸以及长江以南地区黄曲霉毒素污染严重，其中玉米和花生污染分别可达 47.2％和 41.7％，最高含量可达 2000mg/kg 以上。食用油中花生油的污染较多。而华北、东北及西北地区污染较少。随气候条件由温带到热带，地势由高地到低洼草原地区，食品中黄曲霉毒素随之增高，人们摄入的黄曲霉毒素增多，原发性肝癌的发病率也高。

寄生曲霉在美国夏威夷、阿根廷、巴西、荷兰、印度、印度尼西亚、日本、约旦、波兰、斯里兰卡、土耳其、乌干达等国有分布，中国罕见，仅在广东、广西隆安、湖北等地分离到。它是以寄生方式存在于热带和亚热带地区甘蔗或葡萄上的一种害虫——水蜡虫体内。

（3）中毒症状　食品和饲料中黄曲霉毒素 1mg/kg 以上有剧毒。黄曲霉毒素主要强烈抑制肝脏细胞中 RNA 的合成，破坏 DNA 的模板作用，阻止和影响蛋白质、脂肪、线粒体、酶等的合成与代谢，干扰动物的肝功能，导致突变、癌症及肝细胞坏死。同时，饲料中的毒素可以蓄积在动物的肝脏、肾脏和肌肉组织中，人食入后可引起慢性中毒。中毒症状分为三种类型，即急性毒性、慢性毒性与致癌性。

急性和亚急性中毒：短时间摄入黄曲霉毒素量较大，迅速造成肝细胞变性、坏死、出血以及胆管增生，在几天或几十天内死亡。

慢性中毒：持续摄入一定量的黄曲霉毒素，使肝脏出现慢性损伤，生长缓慢、体重减轻，肝功能降低，出现肝硬化。在几周或几十周后死亡。

致癌性：黄曲霉毒素是目前发现的最强的化学致癌物质。它不仅主要致动物肝癌，在其他部位也可致肿瘤，如胃腺瘤、肾癌、直肠癌及乳腺、卵巢、小肠等部位肿瘤。据调查发现，亚洲、非洲及我国某些黄曲霉毒素污染食品较为严重的地区，肝癌发病率较高。

1988 年国际癌症研究机构将黄曲霉毒素 B1 列为 1A 类致癌物质，人类长期低剂量接触可能会有影响，在亚洲和非洲进行的多项流行病学调查及研究表明，食物中黄曲霉毒素 B1

（AFB1）的含量与肝细胞癌密切相关。在食物中黄曲霉毒素污染严重地区，居民肝癌发病率升高；非洲和东南亚一些地区肝癌发病率比欧洲和美洲要高得多，这可能与非洲和东南亚一些地区黄曲霉毒素污染食品较为严重有关。

（4）预防控制措施　防霉是预防食品被黄曲霉毒素及其他霉菌毒素污染的最根本措施。应从田间开始防霉，在收获季节，要及时排除霉玉米棒，脱粒后玉米应及时晾晒，在保藏中应以低温、除湿（即降低水分至安全水分之下）、通风、除氧充氮或用二氧化碳进行保藏。亦可用药物防霉。

2. 镰刀霉毒素

镰刀霉毒素种类较多，从食品卫生角度主要有单端孢霉烯族化合物、玉米赤霉烯酮和丁烯酸内酯等毒素。

（1）单端孢霉烯族化合物（trichothecenes）　是一组主要由镰刀菌的某些菌种产生的生物活性和化学结构相似的有毒代谢产物。目前已知从谷物和饲料中天然存在的单端孢霉烯族化合物主要有 T-2 毒素（T-2toxin）、二醋酸藨草镰刀菌烯醇（diacetoxyscirpenol，DAS）、雪腐镰刀菌烯醇和脱氧雪腐镰刀菌烯醇（deoxynivalenol，简称 DON，又称呕吐素，也称为致呕毒素，vomitoxin）。因在 C_{12}、C_{13} 位上形成环氧基，故又称 12,13-环氧单端孢霉烯族化合物。有人报道，此种 12,13-环氧基是其毒性的化学结构基础。单端孢霉烯族化合物是由雪腐镰刀菌、禾谷镰刀菌、梨孢镰刀菌、拟枝孢镰刀菌等多种镰刀菌产生的一类毒素。它是引起人畜中毒最常见的一类镰刀菌毒素。

（2）玉米赤霉烯酮　玉米赤霉烯酮（zearalenone，ZEN）又称 F-2 毒素，是由镰孢霉属中的禾谷镰刀菌、黄色镰刀菌、粉红镰刀菌、三线镰刀菌、木贼镰刀菌等多种产毒菌代谢产生的具有雌激素作用的毒素，现已知有 11 种以上的衍生物。

玉米赤霉烯酮的化学命名为 6-(10 羟基-6 氧基-1-碳烯基)β-雷锁酸-内酯。分子式 $C_{18}H_{22}O_5$，相对分子质量为 318，为白色结晶化合物，溶于碱性水溶液、乙醚、苯、乙醇、二氯甲烷、三氯甲烷、乙酸乙酯，微溶于石油醚，不溶于水。它主要存在于玉米和玉米制品中，小麦、大麦、高粱、大米中也有一定程度的分布。该毒素主要污染小麦、大麦、燕麦、小米、芝麻、干草和青贮饲料等。

玉米赤霉烯酮具有较强的生殖毒性和致畸作用，可引起动物发生雌激素中毒症，主要症状有阴道和乳腺肿胀、子宫肿大、外翻、导致动物不孕或流产，对家禽特别是猪、牛和羊的影响较大。母猪的临床表现主要有发情不规则，假发情，母猪阴唇、子宫扩大，受胎率降低，阴道炎、流产、死胎、产下仔猪外翻腿、阴部红肿，脱肛、子宫脱出；公猪精液品质下降。家禽卵巢萎缩，产蛋率下降等。

（3）丁烯酸内酯　丁烯酸内酯是三线镰刀菌产生一种水溶性有毒代谢产物，可引起牛烂蹄病，主要症状是后腿变瘸、蹄和皮肤联结处破裂、脱蹄、耳尖及尾尖干性坏死。丁烯酸内酯是血液毒，对家兔、小鼠和牛有毒性。由于此物为五元环内酯，故不能排除具有致癌的可能性。

3. 黄变米毒素

黄变米是 20 世纪 40 年代日本在大米中发现的。这种米由于被真菌污染而呈黄色，故称黄变米。可以导致大米黄变的真菌主要是青霉属中的一些种。黄变米毒素可分为以下三大类。

（1）黄绿青霉毒素（citreoviridin）　大米水分 14.6% 感染黄绿青霉，在 12～13℃便可形成黄变米，米粒上有淡黄色病斑，同时产生黄绿青霉毒素。该毒素不溶于水，加热至270℃失去毒性；为神经毒，毒性强，中毒特征为中枢神经麻痹、进而心脏及全身麻痹，最后呼吸停止而死亡。

（2）桔青霉毒素（citrinin）　桔青霉污染大米后形成桔青霉黄变米，米粒呈黄绿色。精白米易污染桔青霉形成该种黄变米。桔青霉可产生桔青霉毒素，暗蓝青霉、黄绿青霉、扩展青霉、点青霉、变灰青霉、土曲霉等霉菌也能产生这种毒素。该毒素难溶于水，为一种肾脏毒，可导致实验动物肾脏肿大、肾小管扩张和上皮细胞变性坏死。

（3）岛青霉毒素（islanditoxin）　岛青霉污染大米后形成岛青霉黄变米，米粒呈黄褐色溃疡性病斑，同时含有岛青霉产生的毒素，包括岛青霉素、黄天精（luteoskyrin）等。为肝脏毒，急性中毒可造成动物发生肝萎缩现象；慢性中毒发生肝纤维化、肝硬化或肝肿瘤，可导致大白鼠肝癌。

4. 杂色曲霉毒素

杂色曲霉毒素（sterigmatocystin，简称 ST）是由杂色曲霉和构巢曲霉等产生的，基本结构为一个双呋喃环和一个氧杂蒽酮。其中的杂色曲霉毒素 Ⅳa 是毒性最强的一种，不溶于水，可以导致动物的肝癌、肾癌、皮肤癌和肺癌，其致癌性仅次于黄曲霉毒素。由于杂色曲霉和构巢曲霉经常污染粮食和食品，而且有 80% 以上的菌株产毒，所以杂色曲霉毒素在肝癌病因学研究上很重要。

5. 棕曲霉毒素

棕曲霉毒素（ocnratoxin）是由棕曲霉（A. ochraceus）、纯绿青霉、圆弧青霉和产黄青霉等产生的。现已确认的有棕曲霉毒素 A 和棕曲霉毒素 B 两类。它们易溶于碱性溶液，可导致多种动物肝肾等内脏器官的病变，故称为肝毒素或肾毒素，此外还可导致肺部病变。棕曲霉产毒的适宜基质是玉米、大米和小麦。产毒适宜温度为 20～30℃，a_w 值为 0.997～0.953。在粮食和饲料中有时可检出棕曲霉毒素 A。

6. 展青霉毒素

展青霉毒素（patulin）主要是由扩展青霉产生的，可溶于水、乙醇，在碱性溶液中不稳定，易被破坏。污染扩展青霉的饲料可造成牛中毒，展青霉毒素对小白鼠的毒性表现为严重水肿。扩展青霉在麦秆上产毒量很大。扩展青霉是苹果贮藏期的重要霉腐菌，它可使苹果腐烂。以这种腐烂苹果为原料生产出的苹果汁会含有展青霉毒素。如用有腐烂达 50% 的烂苹果制成的苹果汁，展青霉毒素可达 20～40μg/L。

7. 青霉酸

青霉酸（penicillic acid）的化学名称为 3-甲氧基-5-甲基-4-氧-2,5-己二烯酸，是由软毛青霉、圆弧青霉、棕曲霉等多种霉菌产生的，极易溶于热水、乙醇。以 1.0mg 青霉酸给大鼠皮下注射每周 2 次，64～67 周后，在注射局部发生纤维瘤，对小白鼠试验证明有致突变作用。在玉米、大麦、豆类、小麦、高粱、大米、苹果上均检出过青霉酸。青霉酸是在 20℃ 以下形成的，所以低温贮藏食品霉变可能污染青霉酸。

8. 交链孢霉毒素

交链孢霉是粮食、果蔬中常见的霉菌之一，可引起许多果蔬发生腐败变质。交链孢霉产生多种毒素，主要有四种，即交链孢霉酚（alternariol，简称 AOH）、交链孢霉甲基醚（alternariol methyl ether，简称 AME）、交链孢霉烯（altenuene，简称 ALT）、细偶氮酸（tenuazoni acid，简称 TeA）。AOH 和 AME 有致畸和致突变作用。

（三）毒蘑菇和蘑菇中毒

1. 毒蘑菇中毒原因

蘑菇，为担子菌亚门、层菌纲、伞菌目真菌的俗称，现已知约有 3250 种。蘑菇的生长环境多种多样，几乎在能生长绿色植物的地方都可以找到一定种类的蘑菇。草原和树林中蘑菇生长较为集中。除早春及冬季外，其他季节都有相应种类的蘑菇出现，以 8～9 月份最为多见。我国已报道的毒蘑菇有 80 余种，民间虽总结了一些简易鉴别方法，但因毒菇与食用蘑菇形态相近，这些方法难以奏效。现今唯一公认的鉴别方法是根据形态学特征分类鉴定。在我国每年均有毒蘑菇引起的重大中毒事件发生，如 1997 年南方某省一次有 200 多人中毒，死亡 73 人。2001 年 9 月 1 日在江西永修县，有 5000 人中毒。毒蕈引起中毒主要是蘑菇毒素。常见的蘑菇毒素有以下几类。

① 毒蕈碱　是一种毒理效应与乙酰胆碱相类似的生物碱。

② 类阿托品毒素　毒理作用正好与毒蕈碱相反。

③ 溶血毒素　如红蕈溶血素。

④ 肝毒素　如毒肽、毒伞肽。此类毒素毒性极强，可损害肝、肾、心、脑等重要脏器，尤其对肝脏损害最大。

⑤ 神经毒素　如毒蝇碱、白菇酸、光盖伞素等，主要侵害神经系统，引起震颤、幻觉等。

2. 毒蘑菇中毒症状

不同毒蕈所含的毒素不同，引起的临床表现也各异，一般将其分为四种类型。

(1) 胃肠炎型　由误食毒红菇、红网牛肝菌及墨汁鬼伞等毒蕈所引起。潜伏期 0.5～6h。发病时表现为剧烈腹泻、腹痛等。引起此型中毒的毒素尚未明了，但经过适当的对症处理，中毒者即可迅速康复，死亡率较低。

(2) 神经精神型　由误食毒蝇伞、豹斑毒伞等毒蕈所引起，其毒素为类似乙酰胆碱的毒蕈碱（muscarine）。潜伏期 1～6h。发病时除肠胃炎的症状外，尚有交感神经兴奋症状，如多汗、流涎、流泪、脉搏缓慢、瞳孔缩小等。阿托品对控制交感神经兴奋症状有较好的效果。用阿托品类药物治疗效果甚佳。少数病情严重者可有谵妄、幻觉、呼吸抑制等表现。个别病例可因此而死亡。由误食角鳞次伞菌及臭黄菇等引起者除肠胃炎症状外，可有头晕、精神错乱、昏睡等症状。即使不治疗，1～2 天亦可康复。死亡率较低。

由误食牛肝蕈引起者，除肠胃炎等症状外，多有幻觉（矮小幻视）、谵妄等症状。部分病例有迫害妄想等类似精神分裂症的表现。经过适当治疗也可康复，死亡率亦低。

(3) 溶血型　因误食鹿花蕈等引起。其毒素为鹿花蕈素。潜伏期 6～12h。发病时除肠胃炎症状外，并有溶血表现。可引起贫血、肝脾肿大等体征。此型中毒对中枢神经系统亦常有影响，可有头痛等症状。给予肾上腺皮质激素及输血等治疗多可康复，死亡率不高。

(4) 中毒性肝炎型（肝病型）　毒蕈中毒因误食毒伞、白毒伞、鳞柄毒伞等所引起。其所含毒素包括毒伞毒素及鬼笔毒素两大类共 11 种。鬼笔毒素作用快，主要作用于肝脏。毒伞毒素作用较迟缓，但毒性较鬼笔毒素大，能直接作用于细胞核，有可能抑制 RNA 聚合酶，并能显著减少肝糖原而导致肝细胞迅速坏死。此型中毒病情凶险，如无积极治疗死亡率甚高。

3. 毒蘑菇鉴别方法

毒蘑菇（毒蕈）种类多，分布广泛，资源丰富。在广大山区农村和乡镇，误食毒蘑菇中毒的事例比较普遍，几乎每年都有严重中毒致死的报道。所以，若没有采蘑菇经验，千万不要随便采野蘑菇吃，以防中毒。因此，长期以来如何鉴别毒蘑菇是人们十分关心的事。有关方面曾做了大量的科普知识宣传工作，但误食中毒事件仍屡有发生。因为鉴别毒菌并不容易，所以唯一的办法是在野外最好不要轻易尝试不认识的蘑菇，同时不偏听偏信。必须在分辨清楚或请教有实践经验者之后，证明确实无毒时方可食用。如果吃了蘑菇发生了身体不舒服的感觉，应该及时到医院诊治，千万不可大意。

鉴别毒蘑菇科学的方法应是根据其形态学特征进行分类鉴定。但是实践中还可以根据以下方法，加以鉴别。

(1) 对照法　借助适合于当地使用的彩色蘑菇图册，逐一辨认当地食用菌或毒蘑菇是一个很好的方法。

(2) 看形状 毒蘑菇一般比较黏滑，菌盖上常沾些杂物或生长一些像补丁状的斑块。菌柄上常有菌环（像穿了超短裙一样）。无毒蘑菇很少有菌环。

(3) 观颜色 毒蘑菇多呈金黄、粉红、白、黑、绿。无毒蘑菇多为咖啡、淡紫或灰红色。

(4) 闻气味 毒蘑菇有土豆或萝卜味。无毒蘑菇为苦杏或水果味。

(5) 看分泌物 将采摘的新鲜野蘑菇撕断菌杆，无毒的分泌物清亮如水，个别为白色，菌面撕断不变色；有毒的分泌物稠浓，呈赤褐色，撕断后在空气中易变色。

（四）麦角菌和麦角中毒

1. 生物学特性

麦角菌属于麦角菌科。寄生在禾本科麦类植物的子房内，菌核形成时露出子房外，呈紫黑色，质较坚硬，形状像动物的角故叫麦角。麦角落地过冬，春季寄主开花时，菌核萌发生成红头紫柄的子座。麦角菌菌核圆柱形或角状，稍弯曲，一般长 1～2cm，粗 0.3～0.4cm，生于禾本科草类植物的子房上，初期柔软，有黏性，干燥后变硬而瘪，紫黑色或紫棕色，内部近白色。一个菌核上可生出 20～30 个子座。子座有暗褐色多呈弯曲的细柄，头部近球形，直径 1～2mm，红色。子壳全部生于子座内，仅孔口稍突出，瓶状，$(200～250)\mu m\times(150～175)\mu m$。孢子及侧丝均产于子囊壳内。子囊圆柱形，$(100～125)\mu m\times 4\mu m$。每个子囊内含 8 个孢子，孢子丝状，单细胞，透明无色，$(50～70)\mu m\times(0.6～0.7)\mu m$。孢子散出后，借助于气流、雨水或昆虫再传到麦穗上，萌发成芽管，浸入子房，长出菌丝，菌丝充满子房而发生出极多分生孢子，同时分泌蜜汁，昆虫采蜜时，遂将分生孢子带至其他麦穗上。菌丝体继续生长，最后不再产生分生孢子，形成紧密坚硬紫黑色的菌核即麦角。

麦角是麦类和禾本科牧草的重要病害，危害的禾本科植物约有 35 属，70 种之多。不但使麦类大幅度减产而且含有剧毒，牲畜误食带麦角的饲草可中毒死亡，人药用剂量不当可造成流产，重者发生死亡现象。

2. 中毒原因

麦角中含有麦角碱（ergostine）、麦角胺（ergotamine）和麦碱（ergine）等多种有毒的麦角生物碱。麦角的毒性程度因其所含生物碱的多少而定，通常含量为 0.015%～0.017%，也有高达 0.22%者。麦角的毒性非常稳定，可保持数年之久，在焙烤时其毒性也不能破坏。当人们食用了混杂有较大量的麦角谷物或面粉所做的食品后就可发生麦角中毒。长期少量进食麦角病谷，也可发生慢性中毒。

3. 中毒症状

急性中毒表现为恶心、呕吐、腹痛、腹泻；中枢神经损害。即全身发痒、蚁走感、头晕，听觉、视觉及其他感觉迟钝，语言不清、呼吸困难、肌肉痉挛呈强直性收缩、谵妄、昏迷、体温下降、血压上升、脉缓，可死于心力衰竭；鼻腔和他处黏膜流血、子宫出血、流产。慢性中毒表现为坏疽型，即肢体坏死；痉挛型，即肌肉强直性痉挛、癫痫、痴呆。

4. 预防控制措施

① 清除食用粮谷及播种粮谷中的麦角，可用机械净化法或用 25% 食盐水浮选漂出麦角；②规定谷物及面粉中麦角的容许量标准；③检查化验面粉中是否含有麦角及其含量是否符合标准。

四、病毒引起的食源性疾病

（一）肝炎病毒

1. 生物学特性

由肝炎病毒（hepatitis virus）引起的病毒性肝炎是一种古老的疾病，也是一种世界性的传染病，传染性极强。早在1908年，Mcdonald就确定肝炎是由病毒所引起。1947年，Maccallum根据当时资料和认识，将肝炎分为甲型肝炎（hepatitis A）和乙型肝炎（hepatitis B），分别对应传染性肝炎和血清型肝炎。目前引起肝炎的病毒有七种类型，分别以甲乙丙丁等依次命名，即甲型肝炎病毒（hepatitis A virus，HAV）、乙型肝炎病毒（hepatitis B virus，HBV）、丙型肝炎病毒（hepatitis C virus，HCV）、丁型肝炎病毒（hepatitis D virus，HDV）、戊型肝炎病毒（hepatitis E virus，HEV）、庚型肝炎病毒（hepatitis G virus，HGV）以及TTA（即输血传播病毒性肝炎）。分别能够引起甲型、乙型、丙型、丁型、戊型、庚型和TTA肝炎症状。其中，甲型肝炎和乙型肝炎的发病率最高，尤其是在发展中国家。

甲型肝炎病毒为正二十面体的球形，直径20～30nm，病毒颗粒无包膜，核酸为全长7.5kb的单股正链RNA。乙型肝炎病毒呈球形，具有双层外壳结构，外层相当于一般病毒的包膜，核酸为双链DNA。

2. 传播途径

甲型肝炎（简称甲肝）是由甲型肝炎病毒引起的一种以肝脏损害为主的肠道传染病。我国甲型肝炎的感染率很高，严重时会引起甲型肝炎流行，严重危害人们的身体健康。如1988年1月，上海市出现了较大规模的流行性甲型肝炎，31余万人感染，死亡47人，主要原因是人们食用了被甲肝病毒污染的毛蚶。因此，本病以"粪-口"传播。病人的粪便、尿、呕吐物污染周围环境、食物、食具、水源或人的手后未经消毒而感染其他人。

乙型肝炎主要通过注射、输血、性接触等方式进行传播。但也可通过粪-口传播，即进食了受感染者粪便污染的食物。若下水道畅通不良，拥挤和不卫生的环境可促使病毒传播，食品从业人员受感染及养殖于受粪便污染水中的贝类（牡蛎、蛤）可导致暴发流行。

3. 临床表现

甲型肝炎病毒感染后，通常4周出现症状，也可2～7周。轻重各异。轻症病程1～2周，重症可致数周或更长。症状为突然发热、胃痛、食欲消失、头痛、疲乏、呕吐、尿呈浓茶色，粪便变淡色，黏膜、皮肤、巩膜黄染（黄疸）。婴幼儿患者症状较轻，和成人患者相比，较少出现黄疸。一般认为从首发症状出现后至少两周内具有传染性。

4. 预防控制措施

甲型肝炎目前尚无特效药物治疗，主要是对症治疗，注意休息，辅以适当饮食和药物，因此做好预防工作尤为重要。预防"甲肝"关键在于把好"病从口入"关。甲肝主要是通过消化道传染，与甲肝患者密切接触，共用餐具、茶杯、牙具等，吃了肝炎病毒污染的食品和水，都可以受到传染。如果水源被甲肝病人的大便和其他排泄物污染，往往可以引起甲肝暴发流行。为防止甲型肝炎的发生和流行，应重视保护水源，管理好粪便，加强饮食卫生管理，讲究个人卫生，病人排泄物、食具、床单衣物等应认真消毒。为防止乙型肝炎的传播，在输血时应严格筛除乙型肝炎抗原阳性献血者，血液和血液制品应防止乙型肝炎抗原的污染，注射品及针头在使用之前应严格消毒。

（二）轮状病毒

1. 生物学特性

1973年澳大利亚学者Bishop等用电子显微镜检查胃肠炎患儿十二指肠黏膜组织，在上皮细胞内首先发现轮状病毒颗粒。同年，英国的病毒专家Flewett等用电镜观察小儿腹泻粪便也发现轮状病毒。因该病毒形像车轮，Flewett教授给它起名为轮状病毒（rotavirus）。此后，世界许多地区相继报道，该病毒感染对象多为3岁以下婴幼儿，因而常被人们称为"婴幼儿轮状病毒腹泻"，属于A组轮状病毒。无论是发达国家，还是发展中国家都存在轮状病毒的感染，尤其在发展中国家感染率更高，在整个病毒性腹泻中由轮状病毒引起的腹泻约占40%。全世界每年有数十万婴幼儿死于轮状病毒腹泻。我国不仅与世界其他国家一样遭受A组轮状病毒的危害，而且还受到往往造成大规模成人腹泻轮状病毒（adult diarrhea rota virus，简称ADRV）暴发流行的危害。

轮状病毒属于呼肠孤病毒科（Reoviridae）中一个属。轮状病毒呈圆球形，有双层衣壳，每层衣壳呈二十面体对称。内衣壳的壳微粒沿着病毒体边缘呈放射状排列，形同车轮辐条。在电子显微镜下，轮状病毒可观察到三种形状，即完整的病毒颗粒，其直径为70~75nm，可见车条状结构，表面光滑，称光滑形颗粒，这种颗粒具有感染性；完整病毒颗粒外壳可脱落而变成直径为50~60nm的单壳颗粒，称粗糙形颗粒；粗糙形颗粒进一步降解，成为直径约为40nm的核心结构。病毒体的核心为双股RNA，由11个不连续的节段组成。

依据病毒抗原性差异和其基因结构的独特性，已将轮状病毒群划分为七个组，即A、B、C、D、E、F、G组，其中A、B、C三组轮状病毒既感染人又感染动物，而D、E、F、G组一般仅感染极少数动物。

轮状病毒对理化因子的作用有较强的抵抗力。病毒经乙醚、氯仿、反复冻融、超声、37℃ 1h或室温（25℃）24h等处理，仍具有感染性。该病毒耐酸、碱，在pH3.5~10.0之间都具有感染性。95%的乙醇是最有效的病毒灭活剂，56℃加热30min也可灭活病毒。

2. 传播途径

一般认为A组、B组轮状病毒经粪-口为主要传播途径。与轮状病毒腹泻患者或亚临床感染者接触，或接触被轮状病毒污染的水源、食物、用品等而不洗手直接饮食也是感染轮状病毒的途径之一。也可能经呼吸道传播。引起婴幼儿腹泻的A组轮状病毒，发病有比较明显的季节性，一般多发生在秋冬季节。引起成人流行性腹泻的成人腹泻轮状病毒（ADRV，属于B组）一年四季可发生，没有明显的季节性。

3. 临床表现

无论是A组轮状病毒感染婴幼儿还是B组轮状病毒感染青壮年，病毒的潜伏期一般为24~56h，患者以急性腹泻、腹鸣、腹胀、腹痛为主要特征，伴有食欲减退、疲乏无力、头痛、头昏等症状，腹泻次数轻者每日3~6次，重者腹泻每日在20次以上。使机体严重脱水，发生电解质紊乱，如不能及时纠正或适当及时补充水分，将成为导致腹泻患者直接死亡的原因。病程多数为3~6天，病程短的为1~2天，长的为10天以上。

4. 预防控制措施

重视饮用水卫生，并注意防止医源性传播，医院内应严格做好婴儿病区及产房的婴儿室消毒工作。目前尚无特异有效治疗药物，主要是补液，维持机体电解质平衡。国外曾有报道轮状病毒活疫苗可使儿童获得保护，国内活疫苗正在研制之中。

（三）诺沃克病毒

1. 生物学特性

1968年在美国俄亥俄州Norwalk镇的一所学校中，两天内有50%的学生和教师发生急性胃肠炎。1972年著名的病毒学家、诺沃克病毒的发现者Kapiklan教授等应用免疫电镜技术检测该地区腹泻者的粪便悬液，发现了一种病毒颗粒，命名为诺沃克病毒（Norwalk virus，NV）。NV颗粒可与诺沃克胃肠炎暴发患者及志愿感染者的恢复期血清起反应，从而证实NV是引起该次急性胃肠炎的病原菌。随后，病毒与急性肠胃炎之间的关系的研究取得了巨大的进展，2002年8月，国际病毒学命名委员会（ICTV）将该病毒改名为诺弱病毒（Norovirus，NV），但现在中文名翻译成诺沃克病毒的还是比较多。

NV病毒颗粒直径为25~40nm，为一微小病毒，含脱氧核糖核酸，基因组为单股正链

RNA。NV 可以分为三个亚型，GⅠ型和 GⅡ型感染人，GⅢ亚型感染猪和牛。NV 病毒对热、乙醚和酸稳定，室温 pH2.7 环境下 3h、20％乙醚 4℃处理 18 h、60℃孵育 30 min 仍有感染性。

2. 传播途径

NV 最基本的传播方式是粪-口传播途径，但在暴发时空气传播和污染传播有时会加速这种作用。如从 1996 年到 2000 年美国疾病预防控制中心的 348 个 NV 引发的急性肠胃炎的报告中，39％通过食品传播，12％通过人与人之间的直接接触传播，3％通过水传播，18％不能简单地归于一类。暴发地点主要为餐馆（39％）、托儿中心和家庭（30％）、学校（12％）以及旅游区（10％）。另外，轮船上的旅客由于卫生条件和饮用水等原因也会较容易引起 NV 的感染和暴发。

本病全年均可发生，以秋冬季较多，多见于 1～10 岁小儿。常于学校、托儿所、文娱团体、军营或家庭中发生流行。生食海贝类及牡蛎等水生动物，是该病毒感染的主要途径，也可能经呼吸道传播。成人有诺沃克病毒抗体者为 55％～90％，旅游者腹泻中约 6％为诺沃克病毒所致。

3. 临床表现

本病潜伏期为 1～2 天，可有发热和咽痛、流鼻涕、咳嗽等呼吸道症状，出现轻重不等的腹泻和呕吐，一日内呕吐数次，大便次数增多，5～10 次不等，大便色黄或淡黄色，水样或蛋花汤样，无腥臭味，成人大便呈稀水样糊便，偶带黏液，伴有腹痛，吐泻频繁者可发生脱水及酸中毒。亦有只发生呕吐或腹泻者。病情较重者可有头痛、肌痛、全身酸痛、胃排空延缓。本病为自限性疾病，病程较短，症状一般持续 1～3 天，以病初 1～2 天经大便排出的病毒最多，发病 3 天后很少检出。

4. 预防控制措施

目前尚无特效的抗病毒药物，治疗主要是对症治疗或支持疗法。脱水是病毒性胃肠炎致死的主要原因，故对严重病例，尤其是幼儿及体弱者应及时输液，纠正水、电解质、酸碱平衡或口服补液盐。

（四）柯萨奇病毒和埃可病毒

1. 生物学特性

柯萨奇病毒（Coxsackie virus）和埃可病毒（Enteric cytopathogenic human orphan virus，ECHO-viruses）是一类肠道病毒，前者因 1948 年首次在美国纽约州柯萨奇村发现而被命名。后者是 1950 年起，用组织培养方法自粪便分离的大量致细胞病变（CPE）的未知病毒，由于病毒来自正常人，在当时与疾病的关系不明，故称为肠道致细胞病变人孤儿病毒。现发现埃可病毒许多型同柯萨奇病毒引起的临床病征很相似，只是不出现肌炎。

柯萨奇病毒（简称 C 病毒）体积较小，电镜下直径为 18～25nm。它能使新生乳鼠致病，根据乳鼠病变的不同将其分为两组，柯萨奇 A 组病毒（Coxsackie A virus，CAV）有 23 型，柯萨奇病毒 B 组（Coxsackie B virus，CBV）有 6 型。A 组病毒引起广泛骨骼肌肌炎和坏死，发生迟缓性瘫痪；B 组病毒引起局灶性肌炎、心肌炎、肝炎、脑炎、胰腺炎等，发生肢体震颤和强直性瘫痪等。

C 病毒对外界抵抗力较强，能抵抗 70％酒精与 5％来苏儿，而对紫外线、氧化剂及高温较为敏感。此病毒主要存在于病人和健康带菌者的咽部，肠道上皮细胞内或淋巴内，亦存于死亡新生儿的中枢神经系统和心肌中。

埃可病毒（ECHO）的形态结构和理化性质与 C 病毒基本相同。已鉴定的 ECHO 有 31 个血清型，埃可病毒 1 和 8、12 和 29、6 和 30 型间存在着不同程度的抗原交叉反应。3、6、7、11、12、13、19、20、21、24、25、29、30、33 型能凝集人类"O"型或胎儿脐带红细胞，在同型病毒中不是所有毒株都有血凝性（埃可 11 型例外）。温度、pH 和供红细胞者的年龄会影响血凝，相应免疫血清能将其作用抑制。大多数埃可病毒同柯萨奇 A9、A10、A16 和 B 型一样，可在猴肾、人胚肾、人羊膜和人胚成纤维二倍体细胞及传代细胞中增殖，引起细胞圆缩、堆聚、脱落等病变。

2. 传播途径及临床表现

柯萨奇病毒和埃可病毒在世界各国传播很广，可呈暴发流行、小流行或散发感染。早在 20 世纪 60 年代国外已有较多关于柯萨奇病毒流行的报道，国内自 1987 年以来也有少数报道。同一时间内不同地区流行的病毒型常不一致。最常在温带的夏季或秋后呈流行或散发发生，在热带或亚热带传播高峰有时可持续到冬季。病毒可通过胎盘传至胎儿，婴幼儿感染常与母亲患病或带毒有关。易在居住条件拥挤、接触密切的人群中传播。易感人群主要为新生儿和婴幼儿，年龄越小，对该病毒的易感性越高。

柯萨奇病毒患者及带病毒者均为传染源，粪-口是主要传染途径，但感染初期也可由呼吸道传染。通过食物、奶具及手-口的接触而传播流行，污水、苍蝇、饮水污染、空气飞沫可传播柯萨奇病毒，患者的粪便、鼻咽拭、脑脊液、血液、胸水、皮疹、疱浆、尿液及骨髓中都可分离到病毒。病毒可在口咽部持续存在 1～4 周，经粪便排出，并能在粪内存活 1～18 周，健康小儿粪便中带病毒率较高。

3. 临床表现

现发现埃可病毒同柯萨奇病毒引起的临床病征很相似，只是不出现肌炎。病毒污染食品后，经口进入人体，在扁桃体、颈部和淋巴结增殖，而后进入血液并通过血流至不同的靶器官引起病理损害。除可引起腹泻、肺炎外，还可引起脑膜脑炎、神经根炎。该病毒感染者的传染期很长，从发病前几天一直到病后 6～8 周，但一般在发病后 1 周内传染性最强。很少引起胃肠道的症状，大多数人（50%～80%）感染后没有临床症状，有些只有轻度发烧或类似感冒的症状；只有少数情况下可以引起手足口病、疱疹性咽峡炎、心肌炎、脑膜炎、流行性肌痛等，极少引起死亡。

4. 预防控制措施

主要依靠勤洗手，不要让孩子吃手或啃咬玩具，不与别人共用毛巾、牙刷、手帕和餐具，避免病从口入。要保证孩子有充足的睡眠，鼓励母乳喂养，加强营养，多饮水，经常参加室外活动，提高孩子的抵抗力等。

（五）高致病性禽流感病毒

1. 生物学特性

禽流感（avian influenza）是禽流行性感冒的简称，是由 A 型禽流行性感冒病毒引起的一种禽类（家禽和野禽）传染病。禽流感病毒感染后可以表现为轻度的呼吸道症状、消化道症状，死亡率较低；或表现为较严重的全身性、出血性、败血性症状，死亡率较高。这种症状上的不同，主要是由禽流感的毒型决定的。根据禽流感致病性的不同，可以将禽流感分为高致病性禽流感、低致病性禽流感和无致病性禽流感。最近国内外由 H5N1 血清型引起的禽流感称高致病性禽流感，发病率和死亡率都很高，危害巨大。

高致病性禽流感（high pathogenic avian influenza，HPAI），又称为真性鸡瘟（fowl plague），是由正黏病毒科（Orthomgxovirus）中的 A 型禽流感病毒（avian influenza virus，AIV）所引起的禽类的一种急性高度致死性传染病。国际兽医局将其定为 A 类烈性传染病，并被列入国际生物武器公约动物类传染病名单。鸡、火鸡、鸭和鹌鹑等家禽以及野鸟、水禽、海鸟等均可感染。

禽流感最早于 1878 年发生在意大利，随后，在其他欧洲国家、南美及东南亚、美国和前苏联也有局部发生，现在几乎已遍布世界各地。在中国，现已发现和分离的禽流感病毒主要是 H9 亚型（约占 94%）和 H5 亚型。高致病性禽流感主要是 H5 亚型和 H7 亚型，当然，并非所有的 H5 亚型和 H7 亚型的禽流感病毒都是高致病性的。我国香港地区 1997 年暴发的禽流感（H5 亚型），据估计损失约达 8000 万港币。更为严重的是，由于禽流感病毒的变异，H5N1 亚型高致病性禽流感病毒对人有感染性，越南已有几十个人确证死于 H5N1 亚型禽流感病毒的感染，WHO 认为禽流感是比 SARS 更为令人关注的事件。

禽流感病毒（avian influenza virus，AIV）（图 10-1）是一种负链 RNA 病毒，其基因组由 8 股 RNA 节段构成，分别编码不同蛋白。由于分节段核酸的特性，AIV 易发生基因重组，当细胞感染两种不同流感病毒时，不同来源的基因节段包被在一起即可能形成新的病毒粒子。病毒粒子具有囊膜，囊膜表面有血凝素（HA）和神经氨酸酶（NA）。稳定性差，对热的抵抗力弱，常用消毒药如福尔马林、稀酸、漂白粉、碘剂、脂溶剂等能迅速破坏其致病力。基于 HA 和 NA 表面抗

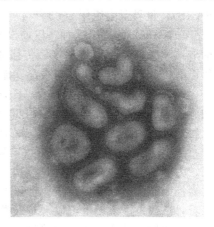

图 10-1　禽流感病毒电镜图片

原，将其分成不同的血清亚型，目前已知有 15 种 HA 和 9 种 NA。多数亚型对鸡是低致病力的，历史上高致病性的禽流感都是由 H5 亚型和 H7 亚型引起的，但并非 H5 亚型和 H7 亚型都是强毒株。而即使是高致病性的发病症状，由于宿主类型、年龄和环境因素不同，其表现形式也可从急性败血性死亡到无症状带毒等。

2. 传播途径

禽流感的传播有病禽和健康禽直接接触和病毒污染物间接接触两种。禽流感病毒存在于病禽和感染禽的消化道、呼吸道和禽体脏器组织中。因此病毒可随眼、鼻、口腔分泌物及粪便排出体外，含禽病毒的分泌物、粪便、死禽尸体污染的任何物体，如饲料、饮水、鸡舍、空气、笼具、饲养管理用具、运输车辆、昆虫以及各种携带病毒的鸟类等均可机械性传播。健康禽通过呼吸道和消化道感染，引起发病。禽流感的潜伏期从数小时到数天，最长可达 21 天。潜伏期的长短受多种因素的影响，如病毒的毒力、感染的数量、禽体的抵抗力、日龄大小和品种、饲养管理情况、营养状况、环境卫生及有否应急条件的影响，高致病性禽流感的潜伏期短，发病急剧，发病率和死亡率很高。在潜伏期内有传染的可能性。

3. 临床表现

急性感染的禽流感无特定临床症状，在短时间内可见食欲废绝、体温骤升、精神高度沉郁，伴随着大批死亡。鸡新城疫病毒感染与禽流感有明显的区别。它们的病毒种类不同，禽流感是正黏病毒科，新城疫是副黏病毒科。新城疫病毒感染在早期可见典型临床症状为潜伏期较长、有呼吸道症状、下痢、食欲减退、精神委顿、后期出现神经症状等。

高致病性禽流感病毒与普通流感病毒相似，一年四季均可流行，但在冬季和春季容易流行，因此禽流感病毒在低温条件下抵抗力较强。各种品种和不同日龄的禽类均可感染高致病性禽流感，发病急、传播快，其致死率可达 100%。

4. 预防控制措施

我国已经成功研制出预防 H5N1 高致病性禽流感的疫苗。非疫区的养殖场应该及时接种疫苗，从而达到防止禽流感发生的目的。禽类发生高致病性禽流感时，因发病急、发病和死亡率很高，目前尚无好的治疗办法。按照国家规定，凡是确诊为高致病性禽流感后，应该立即对 3km 以内的全部禽只扑杀、深埋，其污染物做好无害化处理。这样，可以尽快扑灭疫情，消灭传染源，减少经济损失，是扑灭禽流感的有效手段之一，应该坚决执行。

（六）SARS 冠状病毒

1. 生物学特性

非典型肺炎医学上称为"严重急性呼吸综合征"（severe acute resptiatory syndrome, SARS），世界卫生组织 2003 年 4 月 16 日正式确认引起非典型肺炎暴发的病原体是冠状病毒（coronavirus）的一个变种，以前没有在人体发现过。尽管目前尚未清楚传染源，但针对目前非典型肺炎通过飞沫和接触传播并呈全球蔓延趋势，许多国家都采取了防范措施，2003年已有国家提出对我国出口食品实施 SARS 病毒的检验要求。

2002 年秋天，非典型肺炎（SARS）在亚洲发现数起病例。2003 年 5 月 1 日，世界范围被感染者约 5865 人，其中死亡 350 人。有巴西、加拿大、中国、法国、德国、意大利、科威特、马来西亚、爱尔兰、罗马尼亚、新加坡、西班牙、瑞士、泰国、英国、美国和越南等29 个国家和地区向世界卫生组织申报非典型肺炎病例。中国是非典型肺炎（SARS）的重灾区，为了抗击"非典"，中国与东盟"开放与坦诚"合作，与世界卫生组织通力合作和对话，大力控制非典型肺炎的传播。世界卫生组织专家认为，从非典型肺炎的病理特征和传播情况来看，该病是进入新世纪以来对人类具有严重威胁的疾病。

冠状病毒呈多形性，因其包膜上有向四周的突起，形如花冠而得名（图 10-2）。病毒体直径 80～160 nm，由核衣壳和包膜构成，核衣壳呈螺旋对型，由病毒的衣壳蛋白 N 与病毒基因组 RNA 相连构成，包上主要有三种糖蛋白突起，即刺突糖蛋白（S, spike protein，是受体结合位点、溶细胞作用和主要抗原位点）；小包膜糖蛋白（E, envelope protein，较小，与包膜结合的蛋白）；膜糖蛋白（M, membrane protein，负责营养物质的跨膜运输、新生病毒出芽释放与病毒外包膜的形成）。少数种类还有血凝素糖蛋白（HE 蛋白，Haemagluti-nin-esterase）。冠状病毒的核酸为非节段单链（＋）RNA，长 27～31kd，是 RNA 病毒中最长的 RNA 核酸链，具有正链 RNA 特有的重要结构特征，即 RNA 链 5′端有甲基化"帽子"，3′端有 PolyA "尾巴"结构。这一结构与真核 mRNA 非常相似，也是其基因组 RNA 自身可以发挥翻译模板作用的重要结构基础，而省去了 RNA-DNA-RNA 的转录过程。冠状病毒的 RNA 和 RNA 之间重组率非常高，病毒出现变异正是由于这种高重组率。重组后，RNA 序列发生了变化，由此核酸编码的氨基酸序列也变了，氨基酸构成的蛋白质随之发生变化，使其抗原性发生了变化。而抗原性发生变化的结果是导致原有疫苗失效，免疫失败。

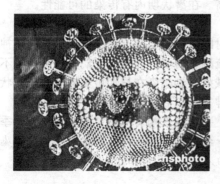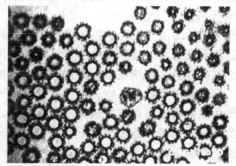

图 10-2　冠状病毒电镜图片

冠状病毒成熟粒子中，并不存在 RNA 病毒复制所需的 RNA 聚合酶，它进入宿主细胞后，直接以病毒基因组 RNA 为翻译模板，表达出病毒 RNA 聚合酶。再利用这个酶完成负链亚基因组 RNA（sub-genomic RNA）的转录合成、各种结构蛋白 mRNA 的合成，以及病毒基因组 RNA 的复制。冠状病毒各个结构蛋白成熟的 mRNA 合成，不存在转录后的修饰剪切过程，而是直接通过 RNA 聚合酶和一些转录因子，以一种"不连续转录"（discontinuous transcription）的机制，通过识别特定的转录调控序列（transcription regulating sequences，TSR），有选择性地从负链 RNA 上一次性转录得到构成一个成熟 mRNA 的全部组成部分。结构蛋白和基因组 RNA 复制完成后，将在宿主细胞内质网处装配（assembly），生成新的冠状病毒颗粒，并通过高尔基体分泌至细胞外，完成其生命周期。

冠状病毒可在人胚肾、肠、肺的原代细胞中生长。冠状病毒对理化因素的耐受力较差，37℃数小时即丧失感染性，对乙醚、氯仿、酸类及紫外线敏感。来苏水和 0.1% 过氧乙酸等都可在短时间内将病毒杀死。

2. 传播途径

SARS 冠状病毒有较强的传染性，可通过呼吸道分泌物排出体外，经口液、喷嚏、接触传播，并通过空气飞沫传播，感染高峰在秋冬和早春。病毒污染的食品可分为两类，即原发污染和继发污染。原发污染是指动物被屠宰之前就被病毒感染；继发污染是指动物在屠宰加工过程中受到带毒的操作人员污染或者通过和原发污染的食品进行了接触。两者的区别在于原发污染的食品所带病毒数量大，存在于组织和细胞内及动物的体液（如血液、分泌物、排泄物等）标本中；继发污染食品所含病毒数比较少，主要存在于食品表面。

据报道，香港大学和广东的科技人员首次在动物中分离到 SARS 样冠状病毒，首次证明人类 SARS 冠状病毒的动物源性，提出 SARS 病毒可能具有广泛的动物感染谱。目前有血清学或 PCR 检测方面有阳性结果的动物涉及多种鸟类、水禽、蝙蝠、穿山甲、果子狸、狐狸、猕猴、刺猬、田鼠等野生动物和部分家畜。

3. 临床表现

冠状病毒引起的人类疾病主要是呼吸系统感染（包括严重急性呼吸综合征，SARS）。冠状病毒是成人普通感冒的主要病原之一，儿童感染率较高，主要是上呼吸道感染，一般很少波及下呼吸道。另外，还可引起婴儿和新生儿急性肠胃炎，主要症状是水样大便、发热、呕吐，每天可拉 10 余次，严重者甚至出现血水样便，极少数情况下也引起神经系统综合征。病毒的生长多位于上皮细胞内，也可以感染肝脏、肾、心脏和眼睛，在另外的一些细胞类型（例如巨噬细胞）中也能生长。

4. 预防控制措施

冠状病毒的血清型和抗原变异性还不明确，可以发生重复感染，表明其存在有多种血清型并有抗原的变异，其免疫较困难，目前尚无特异的预防和治疗药物。对其预防可采用特异性预防，即针对性预防措施（疫苗）和非特异性预防措施（即预防春季呼吸道传染疾病的措施，如保暖、洗手、通风、勿过度疲劳及勿接触病人，少去人多的公共场所等）。治疗则主要是对症治疗。

（七）疯牛病病毒

1. 生物学特性

牛海绵状脑病（bovine spongiform encephalopathy，BSE）又称疯牛病，它是一种侵犯牛中枢神经系统的慢性的致命性疾病，是由一种非常规的病毒——朊病毒引起的一种亚急性海绵状脑病，这类病还包括绵羊的痒病、人的克-雅氏病（Creutzfeldt-Jakob Syndrome，CJD）（又称早老痴呆症）以及最近发现的致死性家庭性失眠症等。共同特征是生物体的认知和运动功能严重衰退直至死亡。其中，人的克-雅氏病是一种罕见的主要发生在 50～70 岁之间的可传播的脑病，产生的危害极大。

1996 年 3 月 20 日，英国政府宣布，英国 20 余名克-雅氏病患者与疯牛病传染有关，引起世界的震惊。为此，英国将疯牛病疫区的 1100 多万头同群牛屠宰处理，造成了约 300 亿美元的损失，并引起了全球对英国牛肉的恐慌。据英国《泰晤士报》2000 年 3 月 5 日报道出生的一名婴儿可能是世界上第一例通过母体感染疯牛病的患者。这名婴儿一出生医生就发现他患有疯牛病。事实上，生产这名婴儿的孕妇已是疯牛病患者。扫描显示，这名妇女大脑纤维组织出现疯牛病患者的典型损坏症状。这一消息证实，疯牛病可通过孕妇胎盘垂直传播，是典型的遗传病。

朊病毒（prion）是一类非正常的病毒，它不含有通常病毒所含有的核酸，而是一种不含核酸仅有蛋白质的蛋白感染因子。其主要成分是一种蛋白酶抗性蛋白，对蛋白酶具有抗性。正因为这种结构特点，使其具有易溶于去污剂、有致病力和不诱发抗体等特性，给诊断和防治带来很大麻烦，给人类和动物的健康和生命带来严重的威胁。朊病毒颗粒耐高温，即使加热到 60℃仍有感染力，植物油的沸点（160～170℃）也不足以灭活。耐甲醛、强碱。朊病毒颗粒对一些理化因素的抵抗力之强，大大高于已知的各类微生物和寄生虫。其传染性强、危害性大的特性极不利于人类和动物的健康。朊病毒从一类动物传染给另一类动物后，即这种病毒跨物种传播后，其毒性更强，潜伏期更短。

2. 传播途径

食用感染了疯牛病的牛肉及其制品会导致感染，特别是从脊椎剔下的肉（一般德国牛肉香肠都是用这种肉制成）；某些化妆品除了使用植物原料之外，也有使用动物原料的成分，所以化妆品（化妆品所使用的牛羊器官或组织成分有胎盘素、羊水、胶原蛋白、脑糖）也有可能含有疯牛病病毒；有一些科学家认为"疯牛病"、人类变异"克-雅氏病"的病因，不是因为吃了感染疯牛病的牛肉，而是环境污染直接造成的。认为环境中超标的金属锰含量可能是"疯牛病"和"克-雅氏病"的病因。目前，对于这种毒蛋白究竟通过何种方式在牲畜中传播，又是通过何种途径传染给人类，研究的还不清楚，迄今为止这种病毒还没有确切的命名。

3. 临床表现

此病临床表现为脑组织的海绵体化、空泡化、星形胶质细胞和微小胶质细胞的形成以及致病型蛋白积累，无免疫反应。病原体通过血液进入人的大脑，将人的脑组织变成海绵状，如同糨糊，完全失去功能。受感染的人会出现睡眠紊乱、个性改变、共济失调、失语症、视觉丧失、肌肉萎缩、肌痉挛、进行性痴呆等症状，并且会在发病的一年内死亡。

4. 预防控制措施

现在对于疯牛病的处理，还没有什么有效的治疗办法，只有防范和控制这类病毒在牲畜中的传播。一旦发现有牛感染了疯牛病，只能坚决予以宰杀，并进行焚化深埋处理。但也有看法认为，即使染上疯牛病的牛只经过焚化处理，灰烬仍然有疯牛病病毒，把灰烬倒在堆田区，病毒就可能会因此而散播。

（八）口蹄疫病毒

1. 生物学特性

口蹄疫是由口蹄疫病毒（foot-and-mouth disease virus，FMDV）感染引起的偶蹄动物共患的急性、接触性传染病，人也可感染，是一种人畜共患病。最易感染的动物是黄牛、水牛、猪、骆驼、羊、鹿等，黄羊、麝、野猪、野牛等野生动物也易感染此病。本病以牛最易感，羊的感染率低。口蹄疫在亚洲、非洲和中东以及南美均有流行，在非流行区也有散发病例。

早在 17～19 世纪，德国、法国、瑞士、意大利、奥地利已有口蹄疫的流行记载。历史上，1951～1952 年在英法暴发的口蹄疫，造成的损失竟高达 1.43 亿英镑。1967 年英国口蹄疫大暴发导致 40 万头牛被屠宰，损失 1.5 亿英镑。英、法等国家暴发口蹄疫后，严重影响到了猪肉的售价。而大量宰杀牲畜后，需要饲养的牲畜已所剩无几，市场对动物饲料的需求大减，造成玉蜀黍和大豆等动物饲料的价格下跌。

迄今为止，国际上英美等发达国家都已全面消灭了口蹄疫，在发展中国家中，我国也走在牲畜防疫的前列。复旦大学生命科学院、上海农科院畜牧所、浙江农科院病毒所和中国农科院兰州兽医所，经过18年潜心攻关，已成功研制出抗口蹄疫基因工程疫苗——"抗猪O型口蹄疫基因工程疫苗"。中国科学院上海植物生理生态研究所科技人员，利用烟草病毒制成一种高安全性新型医用疫苗，这种疫苗对口蹄疫病毒有特效。

口蹄疫病毒是由一条单链正链 RNA 和包裹于周围的蛋白质组成，RNA 由大约 8000 个碱基组成，蛋白质决定了病毒的抗原性、免疫性和血清学反应能力。病毒外壳为对称的 20 面体。FMDV 在病畜的水泡皮内和淋巴液中含毒量最高。在发热期间血液内含毒量最多，奶、尿、口涎、泪和粪便中都含有 FMDV。不过，FMDV 耐热性差，所以夏季很少暴发，而病兽的肉只要加热超过 100℃ 即可将病毒全部杀死。

口蹄疫病毒，分为 7 个主型，即甲型（A 型）、乙型（O 型）、丙型（C 型）、南非 1 型、南非 2 型、南非 3 型和亚洲 1 型，其中以甲型和乙型分布最广，危害最大。单纯性猪口蹄疫是由乙型病毒所引起，以各型病毒接种动物，只对本型产生免疫力，没有交叉保护作用。口蹄疫病毒对外界环境的抵抗力很强，不怕干燥，在自然条件下，含病毒的组织与污染的饲料、饲草、皮毛及土壤等保持传染性达数月之久。粪便中的病毒，在温暖的季节可存活 30 天左右，在冻结条件下可以越冬。但对酸和碱十分敏感，易被碱性或酸性消毒药杀死。

2. 传播途径

病畜和带毒畜是主要的传染源，它们既能通过直接接触传染，又能通过间接接触传染给易感动物。口蹄疫的主要传播途径是消化道和呼吸道、损伤的皮肤以及完整皮肤（如乳房皮肤）、黏膜（眼结膜）。另外还可通过空气、尿、奶、精液和唾液等途径传播。患口蹄疫的动物会出现发热、跛行和在皮肤与皮肤黏膜上出现疱状斑疹等症状。恶性口蹄疫还会导致病畜心脏麻痹并迅速死亡。排病毒量，在病畜的内唇、舌面水泡或糜烂处，在蹄趾间、蹄上皮部水泡或烂斑处以及乳房处水泡最多；其次流涎、乳汁、粪、尿及呼出的气体中也会有病毒排出。

3. 临床表现

病畜发热期，其粪尿、奶、眼泪、唾液和呼出气体均含病毒，以后病毒主要存在水泡皮和水泡液中。康复的动物能较长时间带毒，牛的咽腔带毒可达 6～24 个月，绵羊和山羊带毒 4～6 个月，猪带毒 1 个月左右。近来发现口蹄疫还可能隐性感染和持续感染。通过直接和间接接触，病毒进入易感畜的呼吸道、消化道和损伤的皮肤黏膜，均可感染发病。

人一旦受到口蹄疫病毒传染，经过 2～18 天的潜伏期后突然发病，表现为发烧，口腔干热，唇、齿龈、舌边、颊部、咽部潮红，出现水泡（手指尖、手掌、脚趾），同时伴有头痛、恶心、呕吐或腹泻。患者在数天后痊愈，愈后良好。但有时可并发心肌炎。患者对人基本无传染性，但可把病毒传染给牲畜动物，再度引起畜间口蹄疫流行。

4. 预防控制措施

加强检疫和检查工作，及时接种疫苗，加强相应防疫措施。若怀疑口蹄疫流行，应立即上报，迅速确诊，并对疫点采取封锁措施，防止疫情扩散蔓延。疫区内的猪、牛、羊，应由兽医进行检疫，病畜及其同栏猪立即急宰，内脏及污染物（指不易消毒的物品）深埋或者烧掉。疫点周围及疫点内尚未感染的猪、牛、羊应立即注射口蹄疫疫苗。先注射疫区外围的牲畜，后注射疫区内的牲畜。对疫点（包括猪圈、运动场、用具、垫料等）用 2% 火碱溶液进行彻底消毒，在口蹄疫流行期间，每隔 2～3 天消毒 1 次。疫点内最后一头病猪痊愈或死亡后 14 天，如再未发生口蹄疫，经过彻底消毒后，可申报解除封锁。但痊愈猪仍需隔离 1 个月，方可出售。

第四节　食品保藏

一、食品保藏原理

导致食物腐败变质的主要原因是微生物的生长、食物中所含酶的作用、化学反应以及降解和脱水。食物保藏首先关心的问题是微生物引起的腐败变质。虽然食品的种类不同，腐败变质情况也各异，但是如何对微生物的活动进行控制，以保证成品的质量，却是整个食品行业在储藏加工直至流通和销售过程中必然会遇到的重要问题。正由于此，食品保藏技术才得以在长期的生产实践中不断改进和创新，并随着科学技术的发展，不断取得新的成就和进展。已形成了一门独立的学科，即食品保藏学，它是一门运用微生物学、生物化学、物理学、食品工程学等的基础理论和知识，专门研究食品腐败变质的原因、食品保藏方法的原理和基本工艺，并提出合理、科学的防止措施，从而为食品的储藏加工提供理论基础和技术基础的学科。食品保藏的重点是围绕着防止微生物污染、杀灭或抑制微生物生长繁殖以及延缓食品自身组织酶的分解作用而采用的物理、化学和生物学方法，使食品在尽可能长的时间内保持其原有的营养价值、色、香、味及良好的感官性状。为了达到控制微生物的目的，通常采取以下措施。

（1）减少微生物的污染　食品的微生物性变质，必须要有一定数量的微生物细胞存在，污染的微生物数量越多，越容易发生腐败变质。只要能采取措施，减少微生物的数量，则可延长产品寿命。加强清洁生产和食品加工过程中的无菌操作是阻止食物腐败最重要的措施之一，良好的卫生规范措施，能有效减少腐败的发生。

（2）除去食品中的微生物　利用加热、微波、辐射、高压、臭氧、电阻加热杀菌和过滤除菌等方法，除去食品中的微生物。非热物理杀菌技术主要有辐射杀菌、紫外线杀菌、超高压杀菌、高压脉冲电场杀菌、微波杀菌、感应电子杀菌、磁力杀菌、脉冲强光杀菌、超声波杀菌等，以使食品中微生物菌数降至长期储藏所允许的最低限度，并维持这种状态，达到在常温下长期储藏食品的目的。用此方法保藏食品的技术关键是食品要采用密封包装，防止杀菌后的微生物二次污染。

（3）抑制微生物的生长繁殖　首先，通过控制水分来抑制微生物的生长和繁殖。该法已成为重要的食品保藏方法，在生产中有着广泛的应用。如干制、冷冻、浓缩、腌制、烟熏等。其次，在食品中添加一些对微生物生长和繁殖有抑制作用的化学防腐剂，来延缓食品的腐败变质。第三，氧的控制。多数导致食品腐败变质的微生物都是好氧菌，采用改变气体组成的方法，降低氧分压，一方面可以限制好氧微生物的生长，另一方面可以减少营养成分的氧化损失，如食品生产和保藏中的脱水、充氮、真空包装等均是基于这一原理。第四，温度的控制。通过低温抑制微生物的生长和繁殖，低温保藏法在食品保藏中占有重要的地位。

（4）利用微生物发酵抑制有害微生物的生长和繁殖　培养某些有益微生物，借助发酵过程中产生的酒精、乳酸、醋酸、抗菌素等防腐物质的作用，建立起能抑制腐败菌生长活动的新条件，以延缓食品腐败变质的周期。如泡菜、酸乳等。

（5）缩短食品加工工序的时间间隔　缩短食品从田间到餐桌所经历的所有时间间隔，是控制食物腐败的重要措施之一。

基于以上食品保藏原理，进行的食品保藏方法很多。下面主要介绍食品的高温保藏、低温保藏、干燥保藏、辐射保藏、高渗压保藏、化学保藏、生物保藏和气调保藏等方法。

二、食品保藏方法

（一）高温保藏

食品的高温保藏主要是通过各种高温杀菌、高温烹饪或高温加工工艺杀灭微生物，以达到延长食品保质期的目的。

1. 食品的高温杀菌

高温杀菌是食品加工与保藏中用于改善食品品质、延长食品贮藏期的最常用的处理方法之一。主要作用是杀灭致病菌和其他有害的微生物，钝化酶类，破坏食品中不需要或有害的成分或因子，改善食品的品质与特性以及提高食品中营养成分的可利用率、可消化性等。但是，热处理也存在一定的负面影响，如对热敏性成分影响较大，会使食品的品质和特性产生不良的变化，加工过程消耗的能量较大等。食品工业中常用的高温杀菌技术有湿热杀菌、常压杀菌、高压蒸气杀菌、高压水煮杀菌、空气加压蒸气杀菌、火焰杀菌、热装罐密封杀菌和预杀菌无菌装罐（包装）等。

2. 高温烹饪

通常是为了提高食品的感官质量而采取的一种处理手段。烹饪通常有煮、焖（炖）、焙（baking）、烤（roasting）、炸（煎）、热挤压、热烫等几种形式。

（二）低温保藏

食品的低温保藏是降低食品温度，并维持低温水平或冰冻状态，阻止或延缓它们的腐败变质，从而达到远途运输和短期或长期储藏目的的过程。

食品的腐败变质主要是由于微生物的生命活动和食品中的酶所催化进行的生物化学反应所造成的。微生物的生命活动和酶的作用都与温度密切相关，随着温度的降低，微生物的活动和酶的活力都受到抑制。特别是在食品冻结时，生成的冰晶体使微生物细胞受到破坏，微生物丧失活力不能繁殖，甚至死亡；同时酶的活性受到严重抑制，其他反应也随温度的降低而显著减慢。因此，低温条件下，食品可以长期储藏而不会腐败变质。

低温保藏分冷藏和冷冻保藏，冷藏温度在0℃以上，而冷冻保藏则是采用缓冻或速冻方法先将食品冻结，然后再在能保持食品冻结状态的温度下贮藏的保藏方法，常用的贮藏温度为−23～−12℃，以−18℃为最适用。

（三）干燥保藏

水是微生物生长活动的必需物质。任何一种微生物都有其适宜生长的水分活度范围，这个范围的下限称为最低水分活度，即当水分活度低于这个极限值时，该种微生物就不能生长、代谢和繁殖，最终可能导致死亡。在食品储藏过程中，如果能有效地控制水分活度，就能抑制或控制食品中微生物的生长。食品干藏是指将食品的水分降低至足以使食品能在常温下长期保存而不发生腐败变质的水平，并保持这一低水平的食品保藏过程。

干制并不能将微生物全部杀死。干制过程中，食品及其污染的微生物均同时脱水，干制后，微生物就长期处于休眠状态，环境一旦适宜，微生物又会重新吸湿恢复活动。尤其自然干燥、冷冻升华干燥、真空干燥这样一些干燥温度较低的干制方法更是难以杀死微生物。因此，若干制品污染有致病菌时，就可能对人体健康构成威胁。因此，应在干制前先进行杀灭。

微生物虽然能忍受干制品中的不良环境，具有一定的抗干能力，但在干藏过程中微生物的总数会慢慢下降，这是因为微生物发生了"生理干燥现象"。即微生物长期处于干燥环境，周围环境的溶液浓度高于微生物内部溶液浓度，微生物细胞内的水分通过细胞膜向外渗透，最终导致细胞内水分量减少，微生物生命活动减弱，微生物不仅不能繁殖，甚至会死亡。干制品复水后，只有残存的微生物能复苏再次生长。

采用干藏的方法保存食品，不仅可以延长食品的保藏期，而且使得食品的储运费用减少，储藏、运输和使用变得更加方便。此外，由于食品经过干制后，其口感、风味发生变化，还可产生新的食品产品。

（四）气调保藏法

食品气调保鲜技术是在一定的封闭体系内，通过各种调节方式得到不同于正常大气组成（或浓度）的调节气体，以此来抑制食品本身引起食品变质的生理生化过程和微生物活动，从而达到延长食品保鲜或保藏期的目的。

食品的变质主要是由食品自身生理生化过程、微生物的生长、食品成分的氧化或褐变等引起的，与食品储藏的环境气体有密切的关系，特别与 O_2 和 CO_2 有关。呼吸作用、脂肪氧化、酶促褐变、好氧微生物生长活动都需要一定的 O_2 存在。因此，各种气调手段都以使两种气体作为调节对象。气调技术的核心正是将食品周围的气体调节成与正常大气相比含有低 O_2 浓度和高 CO_2 浓度的气体，配合适当的温度条件，来延长食品的寿命。

在传统的食品保藏技术中，食品作为被控对象物，处于被动地位。但在气调保鲜系统中，食品完全暴露在调节气体中，在大多数情况下，食品对系统也起着一定的积极作用。主要表现在食品通过自身的生理生化活动来调整环境气体。例如，食品的呼吸作用会使环境气体的 O_2 含量降低，而使 CO_2 的含量升高。调节气体的组成不同于正常大气。与正常大气相比，调节气体一般是低 O_2、高 CO_2 分压的气体，高 O_2、高 CO_2 分压的气体，100％的纯 O_2 或是组成不变而总压降低（即不同程度的真空状态下）的气体等。理想的调节气体状态可由不同的方式建立，既可以由人工建立，也可以通过被气调产品的生理活动自发建立。封闭体系的大小和形式有多种，可以大到一个气调库房，小到一个包装单个水果的塑料薄膜。气调系统一般都要求将产品维持在较低的温度下，这样才能使气调保鲜措施发挥最大的作用。

低氧环境和高浓度的 CO_2 能抑制储藏果蔬中的某些微生物生长与繁殖的作用，但是过高的 CO_2 会对果蔬组织产生毒害作用，如若处理不当，对果蔬的伤害作用会高于对抑制微生物的作用。因此，单靠增加 CO_2 或降低 O_2 浓度来抑制微生物的生长与繁殖是不行的，必须根据果蔬的不同特性，选择适当低温和相对湿度及 O_2 和 CO_2 浓度的适当比例，在保持果蔬正常代谢基础上采取综合防治措施，才能抑制其微生物的生长与繁殖，有效地保持果蔬完好率，降低储藏腐烂率。

（五）腌渍保藏

腌渍食品是一种传统的食品保藏技术，在我国有悠久的历史，利用食盐、糖等腌渍材料处理食品原料，使其渗入食品组织内部，提高其渗透压，降低水分活度，抑制微生物生长，改善食品食用品质。腌渍所使用的材料通称为腌渍剂。常用的腌渍剂有食盐、食糖、醇、酸、碱等。经过腌渍加工的食品称为腌渍品，如腊肉、火腿、果酱、果脯、蜜饯等。

腌渍可提高食品中的渗透压，减少水分活性，抑制微生物的繁殖，延长食品的保存期，稳定颜色，增加风味，改善结构，腌渍品具有良好的组织形态和特殊的令人愉快的香味。不同的食品类型，采用的腌渍方法不同。用盐作为腌制剂进行腌渍的过程称为腌制（或盐渍）。用糖作为腌制剂称为糖渍。肉类的腌渍主要是用食盐，并添加硝酸钠（钾）和/或亚硝酸钠（钾）及糖类等腌渍材料来共同处理。经过盐渍加工出的产品有腊肉、发酵火腿等。果蔬酱腌制品有用糖腌渍的果蔬糖制品和用盐腌渍的泡菜类、腌菜类和酱菜类等。

食品在腌渍过程中，需使用不同类型的腌渍剂，常用的有盐、糖等。腌渍剂在腌渍过程中首先要形成溶液，才能通过扩散和渗透作用进入食品组织内，降低食品内的水分活度，提高其渗透压，借以抑制微生物和酶的活动，达到防止食品腐败的目的。

腌渍剂食盐溶液具有很高的渗透压，对微生物细胞产生强烈的脱水作用，导致质壁分离，抑制微生物的生理代谢活动，造成微生物停止生长或者死亡，从而达到防腐的目的。食盐能降低食品的水分活度。水分子聚集在 Na^+ 和 Cl^- 周围，形成水合离子。食盐浓度越高，形成的水合离子也越多，这些水合离子呈结合水状态，导致微生物能利用的水分减少，生长受到抑制。食盐溶液对微生物产生一定的生理毒害作用。溶液中的 Na^+、Mg^{2+}、K^+ 和 Cl^-，在高浓度时能和原生质中的阴离子结合产生毒害作用。食盐溶液中氧含量降低，造成缺氧环境，一些好气性微生物的生长受到抑制。

腌渍剂糖溶液能降低水分活度、提高渗透压，从而对微生物产生抑制作用。腌渍常用糖类有葡萄糖、蔗糖和乳糖。糖渍时，糖的种类和浓度决定了其所抑制的微生物的种类和数量。1%～10%糖溶液一般不会对微生物起抑制作用，50%糖液浓度会阻止大多数酵母的生长，65%的糖液可抑制细菌，而80%的糖液才可抑制霉菌。虽然蔗糖液为60%时可抑制许多腐败微生物的生长，然而，自然界却存在许多耐糖的微生物，如耐糖酵母菌可导致蜂蜜腐败。不同种类的糖，抑菌效果不同。一般糖的抑菌能力随相对分子质量增加而降低。相同浓度下分子量愈小，含有分子数目愈多，渗透压愈大，对微生物的抑制作用也愈大。糖类在肉制品加工中还具有调味作用，糖和盐有相反的滋味，在一定程度上可缓和食品的甜咸味。

（六）发酵保藏

人类利用发酵方法制造食品的历史悠久。许多传统的发酵食品，如酒、豆豉、甜酱、豆瓣酱、酸乳、面包、火腿、泡菜、腐乳以及干酪等已有几百年甚至上千年的历史。传统的发酵食品是空气或环境中的微生物自然混入食品中，通过对食品成分的利用和改造而产生的。由于微生物与其存在的自然环境有着一定的相关性，因而在世界不同的地域和民族，在长期的历史进程中，受其地域的自然资源、气候土壤、民族饮食习惯等的影响，形成了不同风格的各种各样的发酵食品，如中国的馒头、豆豉和白酒，欧美的面包，日本的纳豆，法国的白兰地等。随着生物技术的发展和人们对传统发酵食品的认识的提高，其生产方式，也从原始的依赖自然发酵的手工作坊，发展到近代的纯种发酵，机械化批次生产，再逐渐发展为现代的大规模自动化控制的连续发酵生产方式。由于食品发酵后，改变了食品的渗透压、酸度、水分活度等，从而抑制了腐败微生物的生长。较一般食品而言，在保存时间、温度、除菌要求等方面的选择余地更大（泡菜、酸乳等），更有利于食品保藏。

发酵不仅为人类提供花色品种繁多的食品以及改善人类的食欲，主要还提高了它的耐藏性。不少食品的最终发酵产物，特别是酸和醇能抑制腐败变质菌的生长，同时还能阻止或延缓混杂在食品中的致病微生物和产生有毒化合物的微生物的生长活动，如肉毒杆菌在 pH 值为 4.5 以下就难以生长和产生毒素，显然，控制发酵食品的 pH 值即可以达到阻止肉毒杆菌生长的目的。日常生活中有许多通过发酵作用增加酸度的发酵食品，如酸奶、发酵香肠和泡菜等都含有因发酵作用而产生的酸；亦有许多含醇食品，如果酒、马奶酒等与制造它们的新鲜原料相比，具有更好的品质稳定性。

发酵除了能提高食品的耐藏性外，还可提高食品的营养价值、保健功效，改善食品的风味和香气，改变食品的组织结构等。如发酵过程中一些益生菌由于生长条件适宜而大量生长繁殖，如乳酸菌、双歧杆菌等。食用后这些菌在肠道中可抑制病原菌及内生病原菌的生长和繁殖，促进人体消化酶的分泌和肠道的蠕动，降低血清胆固醇的含量，活化免疫细胞，增强人体免疫力等。泡菜生产中产生的乳酸，蛋白质水解产生多肽和氨基酸，酒类生产中产生的醇、醛、酯类物质等，这些呈味成分和香气成分使发酵食品比其所用的原料更富有吸引力；酵母发酵所产生的 CO_2，可使焙烤的面包形成蜂窝状结构；在制造某些干酪时，由于乳酸菌产生的 CO_2 不断地滞留在凝乳中，便使干酪出现了许多小孔。由于这些变化使得发酵食品更受消费者的欢迎。

食品中微生物种类繁多，从食品保藏角度来看，目前认为最重要的是发酵菌是否能产生足够浓度的酒精和酸来抑制许多腐败菌的生长活动，否则食品就会腐败变质。因而，发酵保藏食品的原理就是创造有利于能生成酒精和酸的微生物生长的条件，使其大量生长繁殖，并进行新陈代谢活动，产生足够的酒精和酸，以抑制腐败菌的活动，进而达到改善食品风味、延长食品保质期的目的。发酵保藏属于典型的生物保藏（biopreservation）食品的方法。在食品保藏中常见的发酵类型有乙醇发酵、乳酸发酵、醋酸发酵和丁酸发酵等。

（七）辐射保藏

本书第四章中已经阐明，放射性同位素能发射 α 射线、β 射线及 γ 射线。α 射线（或称 α 粒子）是快速运动的氦核（He），每一氦核含有两个质子和两个中子。β 粒子是带正电荷或负电荷的高速电子。γ 射线是波长非常短的电磁波束（波长 $0.001\sim1nm$），它在真空中的传播速率为 $300000km/s$，具有较高的能量。在这三类射线中，以 α 射线穿透物质的能力最小，一张纸就能挡住它，但电离能力很强。β 射线穿透物质的能力比 α 射线强，可以穿透数毫米的铝箔，但电离能力不如 α 射线。γ 射线穿透物质的能力很强，但电离能力较 α、β 射线弱。α、β、γ 射线辐射的结果能使被辐射体产生电离作用，故又称电离辐射。

在物质被照射过程中，物料接受的辐射能量非常重要。在同一辐射源辐射相同处理条件下，物料不同，吸收辐射能的程度不同，所引起的辐射效应也可能不同。在辐射场内单位质量辐射物质吸收的辐射能量称为辐射吸收剂量。辐射剂量的单位为 J/kg，专用单位为 Gy，$1Gy=1J/kg$。食品辐射处理的时间长短以及食品的吸收性能决定食品所吸收的能量，即促使食品微生物、酶和其他成分发生变化的有效剂量。用于食品辐射的辐射源有以下三种。

（1）放射性同位素　天然放射性同位素和人工放射性同位素会在衰变过程中发射出各种射线，其中有 α 射线、β 射线及 γ 射线以及中子等。这些放射物具有不同的特性。食品辐射处理时，希望使用具有良好穿透力的放射物，目的是它们不仅使食品表面的微生物和酶钝化，而且产生的这种作用能深入到食品内部。另一方面，又不希望使用如中子那样的高能放射物，因为中子会使食品中的原子结构破坏而使食品呈放射性。所以，对食品进行辐射处理主要用 β 射线和 γ 射线。

用于食品辐射处理的 β 射线和 γ 射线可采用经过核反应堆使用后的废铀燃料，这些废燃料仍具有强的放射性，可经合适的屏蔽和封闭来使用。

（2）电子加速器　电子加速器又称静电加速器，通过电子加速器可得到高能电子射线。一般具有 1MeV 能量的这种电子束能射入水层 0.5cm 深处，2MeV 可射入 1cm 厚的水层。对于食品，相对密度不同，射入深度不同。

（3）X 射线源　利用高能电子冲击原子量较大的金属（如金、钽）靶时，电子被吸收，其能量有部分被转变成为短波长的电磁射线（X 射线源）。X 射线具有高的穿透能力，有利于对食品进行辐射。

在特殊类型的可利用电离射线中，人们已普遍认为电子束、γ 射线以及 X 射线最适合于食品辐射保藏。目前允许使用的辐射源有 ^{60}Co、^{137}Cs；不超过 10MeV 的加速电子；束能不超过 5MeV 的 X 射线源。其中以后两者具有一定的优势。因为电子加速器和 X 辐射源的装置上有自身防护设备，其铅屏蔽的质量要比用同位素源（特别是 ^{60}Co 源）少得多。从安全因素来讲，辐射源在紧急时刻只要断电关闭就无射线存在了，所以操作方便。从辐射成本上考虑，使用 X 光机比同位素辐射器要低。在流动辐射时，于汽车上、火车上或轮船上装置 X 光机较为方便。

由于同位素放射出的 α 射线会导致食物损害并有诱导放射性产生的可能，因而引起人们对用它来辐射保藏食物的广泛关注和慎重。从食品的辐射处理看，辐射本身对食品的消费者没有直接的作用，但是辐射处理之食品成分以及组织会多少发生一些变化，这些变化或有利于控制食品的质量与货架寿命，或可以使食品成分发生一系列深刻变化，进而可能对消费者产生一定的影响。辐射处理是否会引起或产生诱导放射性，与辐射处理的类型、辐射能量大小和被辐射食品的性质等因素密切相关。

大量的研究表明，电子束能量在超过 20MeV 后会使被辐射物（尤其是钠、磷、硫以及铁的同位素）产生放射性，但是，这些受照射所产生的放射性大大低于有关机构允许的剂量。常用同位素源发出的最大能量低于引起诱导放射性的能量，FAO 和 WHO 等指出，使用能级低于 16MeV 的机械源时，诱导放射性可以忽略并且寿命很短；低于 10MeV 的电子处理或 γ 射线、X 射线能量不超过 5MeV 的辐射处理将不会产生诱导放射性。因此，在允许剂量范围内，放射保藏具有以下优点：①对食品原有特性影响小；②安全、无化学物质残留；③能耗少、费用低；④具有多功效性；⑤辐射装置加工效率高，操作适应范围广。但仍存在不足之处，主要表现在以下几个方面。

a. 经过杀菌剂量的照射，一般情况下，酶不能完全被钝化，且不同的食品以及食品包装对辐射处理的吸收、敏感或耐受性具有差异，这导致食品辐射技术的复杂化和差异化；

b. 超过一定剂量或过高剂量的辐射处理会导致食品发生质地和色泽的损失，一些香料、调味料也容易因辐射而产生异味，尤其是对高蛋白质和高脂肪的食品；

c. 辐射保藏方法不适用于所有的食品，应用受到限制。

随着研究的进行和认识的深化，辐射处理食品在 20 世纪末得到了迅速的发展，在发展中国家也得到了很好的应用，并发挥了重要的作用。目前，世界上有 40 多个国家批准了 200 多种辐射食品，辐射食品的年销售量已经达到 30 万吨左右。

在我国，食品辐射研究始于 1958 年，第一所核应用技术研究所于 20 世纪 60 年代在成都建成，辐照食品研究取得了丰硕的成果。"六五"期间已有 28 个省、市、自治区的 200 多个单位对干鲜果品、蔬菜、粮食、肉类、海产品、饮料、调味品等 200 多种食品进行了辐射保鲜、杀虫、防霉、杀菌、消毒、改善品质等方面的研究。目前，工业规模的辐照装置已经超过几十座，总功率约 3000kW。2002 年辐照食品产量已达 10 万吨，是世界上最大的辐照食品生产国。

总之，辐照食品及研究在我国具有广阔的前景，目前主要应用于：①进出口水果及农畜产品的辐射检疫处理；②低质酒类辐射改性；③干果、脱水蔬菜和肉类辐射杀虫；④调味品的辐射杀菌；⑤辐射处理和其他保藏处理方法的综合应用等。

（八）化学保藏

食品化学保藏就是在食品生产、储存和运输过程中使用化学制品（食品添加剂）来提高食品的耐藏性和尽可能保持食品原有品质的措施。因此，它的主要任务就是保持食品品质和延长食品保藏时间。食品化学保藏的优点在于，在食品中添加少量化学制品，如防腐剂、抗氧（化）剂或保鲜剂等，就能在室温条件下延缓食品的腐败变质。和其他食品保藏方法（如干藏、低温保藏等）相比，食品化学保藏具有简便而又经济的特点。不过它只是在有限时间内才能保持食品原来的品质状态，属于一种暂时性或辅助性的保藏方法。

食品化学保藏使用的化学制品用量虽少，使用简便而经济，但其应用受到限制。首先，使用化学制品时首要考虑到其安全性，这主要是由于合成的化学制品或多或少对人体存在一定的副作用，而且它们大多对食品品质本身也有影响，过多添加时可能会引起食品风味的改变。所以，其使用必须符合食品添加剂法则和相关的食品卫生标准。其次，化学保藏只能在一定时期内防止食品变质，因为添加到食品中的化学制品通常只能控制和延缓微生物的生长，或只能短时间内延缓食品的化学变化。一般化学制品的用量愈大，延缓腐败变质的时间愈长。此外，化学制品的使用并不能改善低质量食品的品质，而且食品腐败变质一旦开始以后，绝不能利用化学制品将已经腐败变质的食品改变成优质的食品。因为腐败变质的产物已留在食品中，这就要求化学制品的添加需要掌握时机，以起到良好的保藏效果。

过去，食品化学保藏仅局限于防止或延缓由于微生物引起的食品腐败变质。随着食品科学技术的发展，食品化学保藏已不满足于单纯抑制微生物的活动，还包括了防止或延缓因氧化作用、酶作用引起的食品变质。目前食品化学保藏已应用于食品生产、运输、储藏等诸多方面，例如在罐头、果蔬制品、肉制品、糕点、饮料等的加工生产中都用到了化学保藏剂。

　　食品化学保藏使用的化学保藏剂包括防腐剂、抗氧化剂、脱氧剂、酶抑制剂、保鲜剂和干燥剂等。化学保藏剂种类繁多，它们的理化性质和保藏机理也各不相同，有的化学保藏剂作为食品添加剂直接参与食品的组成；有的则是以改变或控制食品外界环境因素对食品起保藏作用。化学保藏剂有人工化学合成的，也有是从天然物体内提取的。经过科学家多年的精心研究，现已开发了多种天然防腐剂，并且发现天然防腐剂对人体健康无害或危害很小，而且有些还具有一定的营养价值和保健作用，是今后保藏剂研究的方向。

　　食品保藏中常用的化学保藏剂有山梨酸、山梨钾、山梨钙、苯甲酸、苯甲酸钠、丙酸、丙酸钠、丙酸钙等有机防腐剂；酯型防腐剂；二氧化硫、二氧化碳、次氯酸盐、过氧化物、硝酸盐和亚硝酸盐等无机防腐剂；溶菌酶（lysozyme）、鱼精蛋白（protamine）、乳酸链球菌素（Nisin）、纳塔霉素（natamycin）等天然生物防腐剂。

第十一章　食品安全的微生物指标和质量控制体系

依据 WHO 对食品安全的定义，食品安全是指对食品按其原定用途进行制作和（或）食用时不会使消费者健康受到损害的一种担保。近年来，由于微生物性侵害引发的食源性疾病的人数显著增加，因此，在所有担保食品安全的措施当中，对食品微生物指标的设定以及微生物性危害的控制占主导地位。

第一节　食品安全的微生物指标

一、食品微生物指标的设定

食品微生物指标是指某个或某批食品中微生物的存在与否（定性分析）或每个质量、体积、单位面积或每批产品中微生物存在的数目及其毒素（或代谢物）的限制（定量分析），用以评断食品的微生物学卫生状况及其安全性。它是我国食品卫生标准体系中重要的组成部分，在其检测过程中，对于采样、检测方法以及指标表述等方面均有详细的规定和说明。在此标准中，设定的食物链环节是终产品，通常只作为判定终产品合格与否的依据，其他食物链环节没有设立指标。但微生物指标可用于验证对关键控制点限制的效果。因此，微生物指标不仅可用于对终产品的卫生监督管理，而且也是食品生产、运输和销售等全过程卫生质量控制的监测手段。

微生物指标分为两类，即强制使用的标准和建议使用的标准。强制标准只是对公众健康有影响的病原菌进行控制的微生物标准，而对非病菌可能进行限制；建议标准是一种终产品的微生物特定标准，用来加强已满足卫生要求的安全保证（其中可能包括腐败微生物）或一种微生物指标，在食品机构中用来监控加工中或加工后的某点的卫生情况（其中也可能包括非致病菌）。在我国，食品卫生标准中设定的微生物指标通常包括食品名称、微生物项目及其限量值等，对不同类别食品的采样数量等的要求，GT/T 4789.1—2003《食品卫生微生物学检验——总则》中有详细说明。

作为微生物指标一般应满足以下条件：①全部食品中可检测存在的微生物，并可通过检测的微生物评价食品的质量；②微生物的生长和数量应与产品质量有一定直接的互为对立的关系；③易于检测和计数，并可从其他微生物中明确地区分开所要检测的微生物；④在短时间内可以有检测结果；⑤微生物生长不应受食品微生物群落中其他成分的负面影响。

微生物指标可用来预测食品的安全性。当食品中微生物指标达到了安全性指标时，就不会对食品形成危害。但是，影响微生物生长繁殖的因素很多，这些因素的变化使安全性指标中的微生物会发生什么样的变化，这种变化对食品的安全性将产生什么样的影响，如何预测给定食品中低数菌的生长情况，则需要研究菌与这些参数之间的相互关系。这是微生物模型或预测微生物学研究的主要内容，近年来预测微生物学得到了相当的重视，发展迅速。它是利用数学模型/方程式来预测食品中微生物的生长和（或）活动。目前，在只有温度的影响下，预测单一参数的一种微生物的生长并不困难，但是当有复合参数时，难度较大。因为有关复合参数和微生物之间的关系的研究报道较少。对此较为全面和深入的研究，对保障食品安全意义重大而深远。

由于食源性危害可能发生于从原料到消费的供应链的每一个阶段，因此，从对终端进行检测发展为过程监控，也就是从"农场到餐桌"全过程管理模式。在此模式下，HACCP质量控制体系得到了迅速发展。对暴露于食品中病原菌的可能性与由暴露导致感染或中毒，以及患者严重程度的可能性的总结和进行评估，即微生物危害风险评估工作发展迅速。1998年国际食品法典委员会（CAC）拟定了进行微生物危害风险评估的原则和指导方针草案，同样对保障食品安全意义深远。

二、食品微生物指标及其检验

在我国食品卫生标准中，通常微生物指标包括菌落总数、大肠菌群、致病菌以及霉菌和酵母菌等，其中致病菌（包括沙门菌、志贺菌、金黄色葡萄球菌等）指标均规定"不得检出"。以下主要介绍这些指标的GB/T 4789.2—2003检验方法。

（一）菌落总数测定

食品中微生物菌落总数一般是指食品检样经过处理，在一定条件下培养后（如培养基成分、培养温度和时间、pH、需氧性质等），所得1mL或1g检样中所含菌落的总数。食品有可能被多种微生物所污染，每种细菌都有一定的生活特性，培养时需满足其不同的营养条件及其生理条件的要求，才能分别将各种细菌培养出来。但在食品的卫生检验中，一般都只用一种常用的方法去做菌落总数的测定，所得结果只包括一群能在普通营养琼脂中发育、嗜中温的、需氧和兼性厌氧的菌落的总数。

食品中微生物菌落总数测定方法很多，但应用最为广泛的是倾注平板菌落计数法。其检测过程如下。

1. 检样的制备和稀释

准确称取待测样品25g（或25mL），放入装有225mL无菌生理盐水并放有小玻璃珠或石英砂的500mL三角瓶中，振荡20min，使微生物细胞分散，静置20～30min，即成10^{-1}稀释液；再用1mL无菌吸管，吸取10^{-1}菌液1mL移入装有9mL无菌生理盐水的试管中，充分振荡摇匀，即成10^{-2}稀释液；再换一支无菌吸管吸取10^{-2}菌液1mL移入装有9mL无菌生理盐水的试管中，即成10^{-3}稀释液；如此类推，每次更换吸管连续稀释，制成10^{-4}、10^{-5}、10^{-6}、10^{-7}、10^{-8}、10^{-9}等一系列稀释度的菌悬液，供平板接种用。用平板培养计数时，待测菌液的稀释度的选择，应根据不同待测样品而定。一般样品含有待测的微生物数量愈多，则菌液的稀释度也应愈高。反之，菌液的稀释度就应愈低。通常测定食品中细菌数量时，多采用10^{-4}、10^{-5}、10^{-6}稀释度的菌液。

微生物检样的过程必须保证无菌操作，需在无菌室或超净工作台内进行。制备样品时，带有包装的样品在开启前需经一定的处理，塑料袋包装应先用蘸有75％酒精的棉球涂擦消毒袋口；容器包装应先用温水洗净表面，再用点燃的酒精棉球消毒开启部位及周围。

取样时根据检验目的来决定取样的部位。若为了判断质量鲜度，应多取内部肌肉；若为了检验污染程度或检测是否带有某种致病菌，应多在表层取样。

检样所用的稀释剂主要有生理盐水、蒸馏水、磷酸盐缓冲液或0.1％蛋白胨水等。虽一般常采用灭菌生理盐水作稀释液，但以用磷酸盐缓冲液特别是0.1％蛋白胨水为合适，因蛋白胨水对细菌细胞有更好的保护作用，不会因为在稀释过程中而使检样中原已受损伤的细菌细胞导致死亡。如果对含盐量较高的食品（如酱品等）进行稀释，则宜采用蒸馏水。具体相关的操作方法可参照GB/T 4789.2—2003《食品卫生微生物学检验——菌落总数测定》。

2. 平板接种与培养

将无菌培养皿编上不同稀释度的号码，每一个号码设三个重复，用1mL无菌吸管按无菌操作要求，对号接 1mL 菌悬液于不同稀释度编号的培养皿中。再在培养皿中分别倒入已熔化并冷却至 45～50℃的培养基，轻轻转动培养皿，使菌液与培养基混合均匀，冷凝后倒置，适温下培养，至长出菌落后即可计数。

平板接种时，首先应将吸管直立使液体流出，并在平皿底干燥处擦吸管尖将余液排出；注入琼脂后立即往复摇动或顺时针转动，使培养基与接种物混合均匀，可保证样品充分分散，要防止把混合物溅到平皿壁和盖上。平板冷却后，不应长久放置，以免运动性强的菌株在琼脂表面蔓延生长。每个样品从稀释至倾注培养基的时间不得超过 30min（一般为 15～30min），因长时间放置可能会造成稀释液中悬浮的细菌死亡、增殖或菌落的分离等，也可能会形成片状菌落。目前我国国标中检测细菌总数时，采用的培养基是营养琼脂。

加入平皿内的检样稀释液（特别是 10^{-1} 的稀释液），有时带有食品颗粒，为避免与细菌菌落发生混淆，可在 45℃左右的琼脂培养基中加入氯化三苯四氮唑（TTC），因多数细菌生长时，能将无色的 TTC 还原为红色物质，所以培养后细菌变成红色菌落，而食品颗粒则不变色，从而容易将二者分辨出来。TTC 受热或光照易发生分解，配置好的溶液应放冷暗处保存。由于 TTC 在一定浓度下对革兰阳性菌有抑制作用，所以用之前应与不加 TTC 的做对照，以观测其对样品的计数有无不利影响。因样品污染的特殊性，有时加入 TTC 液后其计数结果可能会大幅度降低，故选用 TTC 一定要慎重。

为了确定检验操作过程中是否受到来自空气的污染，可在进行检样的同时，打开一个琼脂平板暴露于工作台上，操作完后同时置于温箱培养。稀释液和培养基应做空白对照实验，即将琼脂培养基倾入加有 1mL 稀释液和未加稀释液的灭菌平皿内，随样品一同培养。有些食品带有颗粒，为避免与细菌菌落发生混淆，可做一检样稀释液与琼脂培养基混合的平皿，于 4℃放置，在平板计数时用做对照。

培养条件应根据食品种类而定。肉、乳、蛋等食品一般均采用 36℃±1℃，水产品兼受陆地细菌和海洋细菌的污染，检验时细菌的培养温度应为 30℃。其他食品，如清凉饮料、调味品、糖果、果脯、豆制品、酱腌菜等，均采用 36℃±1℃培养 48h±2h。

3. 菌落计数

菌落计数所选择的稀释度，应保证平板菌落数在规定的范围内（就直径为 90mm 的平皿而言），30～300 个（GB/T 4789.2—2003）。当菌落过多时，由于菌落过于拥挤或微生物体的拮抗作用而使菌落数目降低；当菌落数过低，则统计学错误将十分明显。

选取菌落数在 30～300 之间的平皿作为菌落总数测定的标准。一个稀释度使用三个平皿，应采取其平均数，其中一个平皿有较大片状菌落生长时，则不宜采用，而应以无片状菌落生长的平皿作为该稀释度的菌落数。若片状菌落不到平皿的一半，而其余一半中菌落分布又很均匀，则可计算半个平皿的菌落数后乘以 2，以代表全皿菌落数。

4. 报告所选择的稀释度（按 GB/T 4789.2—2003 的要求）

① 规定选择平均菌落数在 30～300 之间的稀释度，以平皿菌落数乘以稀释倍数，所得的菌落总数作为报告。

② 若有两个稀释度其菌落数均在 30～300 之间，则规定应视两者之比如何来决定。若比值小于 2，应报告平均数；若比值大于 2，则报告其中较小的数字。

③ 若所有稀释度的平均菌落数均大于 300，则规定应按稀释度最高的平均菌落数乘以稀释倍数报告之。

④ 若所有稀释度的平均菌落数均小于 30，则规定应按稀释度最低的平均菌落数乘以稀释倍数报告之。

⑤ 若所有稀释度的平均菌落数均不在 30～300 之间，即其中有的大于 300，或有的小于 30，则按规定以最接近 300 或 30 的一种稀释度的平均菌落乘以稀释倍数报告之（表 11-1）。

表 11-1 稀释度选择及菌落数报告方式

编 号	稀释液及菌落数			比 值	菌落总数及报告方式
	10^{-1}	10^{-2}	10^{-3}		(cfu/g 或 cfu/mL)
1	多不可计	164	20	—	16400 或(1.6×10^4)
2	多不可计	295	46	1.5	37750 或(3.8×10^4)
3	多不可计	271	60	2.2	27100 或(2.7×10^4)
4	多不可计	多不可计	313	—	313000 或(3.1×10^5)
5	27	11	5	—	270 或(2.7×10^2)
6	0	0	0	—	$<1\times10$ 或(<10)
7	多不可计	305	12	—	30500 或(3.1×10^4)

检样为固体时，采用质量法取样检验，以 g 为单位报告其菌落数；检样为液体时，采用容量法取样检验，以 mL 为单位报告其菌落数；检样为样品表面的涂拭液，则以 cm² 为单位报告其菌落数。结果报告单位为 cfu/g 或 cfu/mL。

计数时可能会出现一些特殊情况，例如在添加较高浓度的样品稀释液的平板上没有菌落生长，而在较低浓度的平板中却有菌落的生长。这种情况可能是因为在食品中存在抑制微生物生长的物质，在微生物被稀释到不能被检测出的数量时，这些抑制物质也被稀释到最低抑菌浓度以下。

5. 菌落数的报告方式

报告每克（毫升）样品中平板菌落数。菌落数在 100cfu 以内时，按实际报告；大于 100cfu 时，取两位有效数字，第三位数字采用四舍五入的方法计算，也可用 10 的指数形式来表示（见表 11-1 中的例子）。

（二）大肠菌群检测

大肠菌群是指一群在 37℃，24h 能发酵乳糖产酸、产气，需氧或兼性厌氧的革兰阴性无芽孢杆菌（GB/T 4789.3—2003）。大肠菌群的检测一般按照其定义进行。常使用的技术是最大可能数计数技术。

MPN（most probable number，MPN）为最大可能数的简称，是检测低含量细菌食品的一种统计学方法，能通过概率论来推算样品中微生物的最近似数值。用这种方法检测时，要对样品进行连续的系列稀释，每个稀释度分别加入三管或五管培养基培养（GB/T 4789.3—2003 使用的是三管法），培养后统计阳性反应管的数目。查 MPN 检索表即可得出每 100mL（g）检样内大肠菌群最可能数（MPN）。大肠菌群检测分三步，即乳糖发酵试验、分离培养和乳糖复发酵验证试验。

1. 检样稀释

以无菌操作将检样 25mL（或 25g）加入含有 225mL 无菌生理盐水或其他稀释液的无菌玻璃瓶内，经充分振摇或研磨做成 1:10 的均匀稀释液。固体检样稀释后最好用均质器以 8000～10000r/min 的速度均质 1min，再做成 1:10 的均匀稀释液。在检测发酵液或其他液体样品时，一般不需要稀释；检测固体样品时一般只做 1:10 稀释。

2. 乳糖发酵试验

将待检样品接种于乳糖胆盐发酵管内。接种量为 10mL 或 50mL 者，用双料乳糖胆盐发酵管（培养基量分别为 10mL 或 50mL）；1mL 及 1mL 以下者，用单科乳糖胆盐发酵管（培养基量为 5mL）。每稀释度接种 3 管，36℃±1℃ 培养 24h±2h。如所有乳糖胆盐发酵管都不产气，则可报告为大肠菌群阴性；如有产气者，则按下列程序继续进行。

3. 分离培养

将产气的发酵管分别转接在伊红美蓝琼脂平板上作分离培养，36℃±1℃ 培养 18～24h，然后取出观察菌落形态，并做革兰染色和证实试验（菌落呈紫黑色带金属光泽，镜检呈 G⁻ 短杆菌者，符合大肠菌群细菌形态特征）。

4. 证实试验

在上述平板上，挑取可疑菌落进行革兰染色，同时接种乳糖发酵管，36℃±1℃培养 24h±2h，观察产气情况。凡发酵乳糖产气、革兰染色为阴性的无芽孢杆菌，即可报告为大肠菌群阳性。

5. 报告

根据证实为大肠菌群阳性管数，查 MPN 检索表。报告每 100mL（g）样品中大肠菌群的最近似值。

（三）霉菌和酵母菌总数测定

霉菌和酵母菌总数测定方法较多，以下介绍 GB/T 4789.15—2003《食品卫生微生物学检验——霉菌和酵母计数中的计数方法》。

1. 直接计数

采用倾注平板菌落计数法，其操作程序如下。

① 以无菌操作称取检样 25g（或 25mL），放入含有 225mL 灭菌水的三角瓶中振摇 30min，即为 1∶10 稀释液。

② 用灭菌吸管吸取 1∶10 稀释液 10mL，注入试管中，另用带橡皮乳头的 1mL 灭菌吸管反复吹吸 50 次，使霉菌孢子充分散开。

③ 取 1mL 1∶10 稀释液注入含有 9mL 灭菌水的试管中，另换一支 1mL 灭菌吸管吹吸 5 次，此液为 1∶100 稀释液。

④ 按上述操作顺序做 10 倍递增稀释液，每稀释一次，换用一支 1mL 灭菌吸管，根据对样品污染情况的估计，选择三个合适的稀释度，分别在做 10 倍稀释的同时，吸取 1mL 稀释液于灭菌平皿中，每个稀释度做两个平皿，然后将冷却至 45℃左右的培养基注入平皿中，待琼脂凝固后，倒置于 25～28℃培养箱中，3 天后开始观察，共培养观察 5 天。

⑤ 计算方法。通常选择菌落数在 10～150 之间的平皿进行计数，同稀释度的平皿的菌落平均数乘以稀释倍数，即为每克（或毫升）检样中所含霉菌和酵母数。其他与菌落计数要求相同。

⑥ 报告。每克（或毫升）食品所含霉菌和酵母数以 cfu/g 或 cfu/mL 表示。

2. 直接镜检计数法

（1）检样的制备　取定量检样，加蒸馏水稀释至折光指数为 1.3447～1.3460（即浓度为 7.9％～8.8％），备用。

（2）显微镜标准视野的校正　将显微镜按放大率 90～125 倍调节标准视野，使其直径为 1.382mm。

（3）涂片　洗净郝氏计测玻片，将制好的标准液，用玻璃棒均匀地摊布于计测室，以备观察。

（4）观测　将制好之载玻片放于显微镜标准视野下进行霉菌观测，一般每一检样应观察 50 个视野，最好同一检样两人进行观察。

（5）结果与计算　在标准视野下，发现有霉菌菌丝其长度超过标准视野（1.382mm）的 1/6 或三根菌丝总长度超过标准视野的 1/6（即测微器的一格）时即为阳性（＋），否则为阴性（－）。按 100 个视野计，其中发现有霉菌菌丝体存在的视野数，即为霉菌的视野百分数。

（四）致病菌检验

致病菌种类很多，检测方法各异。致病菌中的沙门菌具有感染率高、感染范围广、种类多、检测程序复杂等特点。在此以该菌为代表说明致病菌的检测程序，以达到举一反三的目的。

沙门菌属（*Salmonella*）分类属肠杆菌科，是一种重要的肠道致病菌，可引起人类的伤寒、副伤寒、感染性腹泻、食物中毒和医院内感染，并引起动物发生沙门菌病等。

典型的沙门菌具有两种抗原结构，一是 O 抗原，二是 H 抗原。大多数沙门菌的鞭毛抗原有双相变异的特点，分为 1 相抗原和 2 相抗原。还有个别的沙门菌产生表面多糖及 Vi 抗原。根据 O 抗原、H 抗原双相抗原及 Vi 抗原的不同，可以将沙门菌分为近 3000 种血清型。

1. 前增菌和增菌

冻肉、蛋品、乳品及其他加工食品均应经过前增菌。各称取检样 25g，加在装有 225mL 缓冲蛋白胨水的 500mL 广口瓶内。固体食品可先应用均质器以 8000～10000r/min 打碎 1min，或用乳钵加灭菌砂磨碎，粉状食品用灭菌匙或玻棒研磨使乳化，于（36±1）℃培养 4h（干蛋品培养 18～24h），移取 10mL，转于 100mL 氯化镁孔雀绿增菌液或四硫酸钠煌绿增菌液内，于 42℃培养 18～24h。同时，另取 10mL，转种于 100mL 亚硒酸盐胱氨酸增菌液内，于（36±1）℃培养 18～24h。

鲜肉、鲜蛋、鲜乳或其他未经加工的食品不必经过前增菌。各取 25g（25mL）加入灭菌生理盐水 25mL，按前法做成检样匀液；取 25mL，接种于 100mL 氯化镁孔雀绿增菌液或四硫磺酸钠煌绿增菌液内，于 42℃培养 24h；另取 25mL 接种于 100mL 亚硒酸盐胱氨酸增菌液内，于（36±1）℃培养 18～24h。

2. 分离

取增菌液 1 环，划线接种于一个亚硫酸铋琼脂平板和一个 DHL 琼脂平板（或 HE 琼脂平板、WS 或 SS 琼脂平板）。两种增菌液可同时划线接种在同一个平板上。于（36±1）℃分别培养 18～24h（DHL、HE、WS、SS）或 40～48h（BS），观察各个平板上生长的菌落，沙门菌 I、II、IV、V、VI 和沙门菌 III 在各个平板上的菌落特征见表 11-2。

表 11-2 沙门菌属各群在各种选择性琼脂平板上的菌落特征

选择性琼脂平板	沙门菌 I、II、IV、V、VI	沙门菌 III（即亚利桑那菌）
亚硫酸铋琼脂	产硫化氢菌落为黑色有金属光泽、棕褐色或灰色,菌落周围培养基可呈黑色或棕色;有些菌株不产硫化氢,形成灰绿色的菌落,周围培养基不变	黑色有金属光泽
DHL 琼脂(胆硫乳琼脂)	无色半透明;产硫化氢菌落中心带黑色或几乎全黑色	乳糖迟缓阳性或阴性的菌株与沙门菌 I、II、IV、V、VI 相同;乳糖阳性的菌株为粉红色,中心带黑色
HE 琼脂 WS 琼脂	蓝绿色或蓝色,多数菌株产硫化氢,菌落中心黑色或几乎全黑色	乳糖阳性的菌株为黄色,中心黑色或几乎全黑色;乳糖迟缓阳性或阴性的菌株为蓝绿色或蓝色,中心黑色或几乎全黑色
SS 琼脂	无色半透明;产硫化氢菌株有的菌落中心带黑色,但不如以上培养基明显	乳糖迟缓阳性或阴性的菌株与沙门菌 I、II、IV、V、VI 相同;乳糖阳性的菌株为粉红色,中心黑色,但中心无黑色形成时与大肠艾希菌不能区别

3. 生化试验

① 自选择性琼脂平板上直接挑取数个可疑菌落，分别接种三糖铁琼脂。在三糖铁琼脂内，肠杆菌科常见属种的反应结果见表 11-3。

表 11-3 说明在三糖铁琼脂内只有斜面产酸并同时硫化氢（H_2S）阴性的菌株可以排除，其他的反应结果均有沙门菌的可能，同时也均有不是沙门菌的可能。

表 11-3 肠杆菌科各属在三糖铁琼脂内的反应结果

斜 面	底 层	产气	硫化氢	可 能 的 菌 属 和 种
−	+	+/−	+	沙门菌属、弗劳地柠檬酸杆菌、变形杆菌、缓慢爱德华菌
+	+	+/−	+	沙门菌Ⅲ、弗劳地柠檬酸杆菌、普通变形杆菌
−	+	+	−	沙门菌属、大肠艾希菌、蜂窝哈夫尼亚菌、摩根菌、普罗菲登斯菌属
−	+	−	−	伤寒沙门菌、鸡沙门菌、志贺菌、大肠艾希菌、蜂窝哈夫尼亚菌、摩根菌、普罗菲登斯菌属
+	+	+/−	−	大肠艾希菌、肠杆菌属、克雷伯菌属、沙雷菌属、弗劳地柠檬酸杆菌

注：＋表示阳性；－表示阴性；＋/−表示多数阳性，少数阴性。

② 在接种三糖铁琼脂的同时，再接种蛋白胨水（供做靛基质试验）、尿素琼脂（pH7.2）、氰化钾（KCN）培养基和赖氨酸脱羧酶试验培养基及对照培养基各 1 管，于 (36 ± 1)℃培养 18~24h，必要时可延长至 48h，按表 11-4 判定结果。按反应序号分类，沙门菌属的结果应属于 A1、A2 和 B1，其他 5 种反应结果均可以排除。

表 11-4 肠杆菌科各属生化反应初步鉴别表

反应序号	硫化氢	靛基质	pH7.2 尿素	KCN	赖氨酸脱羧酶	判 断 菌 属
A1	+	−	−	−	+	沙门菌属
A2	+	+	−	−	+	沙门菌属（少见）、缓慢爱德华菌
A3	+	−	+	+	−	弗劳地柠檬酸杆菌、奇异变形杆菌
A4	+	+	+	+	−	普通变形杆菌
B1	−	−	−	−	+	沙门菌属、大肠艾希菌、甲型副伤寒沙门菌、大肠艾希菌、志贺菌
B2	−	+	−	−	+	大肠艾希菌、志贺菌
	−	+	−	−	−	
B3	−	−	+/−	+	+	克雷伯菌族各属阴沟肠杆菌、弗劳地柠檬酸杆菌
	−	−	+	+	−	
B4	−	+	+/−	+	−	摩根菌、普罗菲登斯菌属

注：1. 三糖铁琼脂底层均产酸；不产酸者可排除；斜面产酸与产气与否均不限；

2. KCN 和赖氨酸可选用其中一项，但不能判断结果时，仍需补做另一项；

3. ＋表示阳性；－表示阴性；＋/−表示多数阳性，少数阴性。

a. 反应序号 A1：典型反应判定为沙门菌属。如尿素、KCN 和赖氨酸 3 项中有 1 项异常，按表 11-5 可判定为沙门菌。如有 2 项异常，则按 A3 判定为弗劳地柠檬酸杆菌。

表 11-5 沙门菌的尿素、KCN 和赖氨酸生化反应鉴别表

pH7.2 尿素	KCN	赖氨酸	判 断 结 果
−	−	−	甲型副伤寒沙门菌（要求血清学鉴定结果）
−	+	+	沙门菌Ⅳ或沙门菌Ⅴ（要求符合本群生化特性）
+	−	+	沙门菌个别变体（要求血清学鉴定结果）

注：＋表示阳性；－表示阴性。

b. 反应序号 A2：补做甘露醇和山梨醇试验，按表 11-6 判定结果。

表 11-6 沙门菌的甘露醇和山梨醇试验

甘 露 醇	山 梨 醇	判 断 结 果
+	+	沙门菌靛基质阳性变体（要求血清学鉴定结果）
−	−	缓慢爱德华菌

注：＋表示阳性；－表示阴性。

c. 反应序号 B1：补做 ONPG。ONPG＋为大肠埃希菌，ONPG−为沙门菌。同时，沙

门菌应为赖氨酸＋，但甲型副伤寒沙门菌为赖氨酸－。

d. 必要时按表 11-7 进行沙门菌生化群的鉴别。

表 11-7　沙门菌属各生化群的鉴别

项　目	I	II	III	IV	V	VI
卫矛醇	＋	＋	－	－	＋	－
山梨醇	＋	＋	＋	＋	＋	－
水杨苷	－	－	－	＋	－	－
ONPG	－	－	＋	＋	－	－
丙二酸盐	－	＋	＋	－	－	－
KCN	－	－	－	＋	＋	－

注：＋表示阳性；－表示阴性。

4. 血清学分型鉴定

(1) 抗原的准备　一般采用 1.5％琼脂斜面培养物作为玻片凝集试验用的抗原。

O 血清不凝集时，将菌株接种在琼脂量较高的（如 2.5％～3％）培养基上再检查；如果是由于 Vi 抗原的存在而阻止了 O 凝集反应时，可挑取菌苔于 1mL 生理盐水中做成浓菌液，于酒精灯火焰上煮沸后再检查。H 抗原发育不良时，将菌株接种在 0.7％～0.8％半固体琼脂平板的中央，当菌落蔓延生长时，在其边缘部分取菌检查；或将菌株通过装有 0.3％～0.4％半固体琼脂的小玻管 1～2 次，自远端取菌培养后再检查。

(2) O 抗原的鉴定　用 A～F 多价 O 血清做玻片凝集试验，同时用生理盐水做对照。在生理盐水中自凝者为粗糙形菌株，不能分型。

被 A～F 多价 O 血清凝集者，依次用 O4、O3、O10、O7、O8、O9、O2 和 O11 因子血清做凝集试验。根据试验结果，判定 O 群。被 O3、O10 血清凝集的菌株，再用 O 10、O15、O 34、O 19 单因子血清做凝集试验，判定 E1、E2、E3、E4 各亚群，每一个 O 抗原成分的最后确定均应根据 O 单因子血清的检查结果，没有 O 单因子血清的要用两个 O 复合因子血清进行核对。

不被 A～F 多价 O 血清凝集者，先用 57 种或 163 种沙门菌因子血清中的 9 种多价 O 血清检查，如有其中一种血清凝集，则用这种血清所包括的 O 群血清逐一检查，以确定 O 群。每种多价 O 血清所包括的 O 因子如下：

O 多价 1　A，B，C，D，E，F 群（并包括 6，14 群）

O 多价 2　13，16，17，18，21 群

O 多价 3　28，30，35，38，39 群

O 多价 4　40，41，42，43 群

O 多价 5　44，45，47，48 群

O 多价 6　50，51，52，53 群

O 多价 7　55，56，57，58 群

O 多价 8　59，60，61，62 群

O 多价 9　63，65，66，67 群

(3) H 抗原的鉴定　属于 A～F 各 O 群的常见菌型，依次用表 11-8 所述 H 因子血清检查第 1 相和第 2 相的 H 抗原。

不常见的菌型，先用 163 种沙门菌因子血清中的 8 种多价 H 血清检查，如有其中一种或两种血清凝集，则再用这一种或两种血清所包括的各种 H 因子血清逐一检查，以确定第 1 相和第 2 相的 H 抗原。8 种多价 H 血清所包括的 H 因子如下：

H 多价 1　a，b，c，d，i

H 多价 2   eh, enx, enz_{15}, fg, gms, gpu, gp, gq, mt, gz_{51}

H 多价 3   k, r, y, z, z_{10}, lv, lw, lz_{13}, lz_{28}, lz_{40}

H 多价 4   1, 2；1, 5；1, 6；1, 7；z_6

H 多价 5 z_4z_{23}, z_4z_{24}, z_4z_{32}, z_{29}, z_{35}, z_{36}, z_{38}

H 多价 6 z_{39}, z_{41}, z_{42}, z_{44}

H 多价 7 z_{52}, z_{53}, z_{54}, z_{55}

H 多价 8 z_{56}, z_{57}, z_{60}, z_{61}, z_{62}

表 11-8   A～F 群常见菌型 H 抗原表

O群	第1相	第2相	O群	第1相	第2相
A	a	无	D(不产气的)	d	无
B	g,f,s	无	D(产气的)	g,m,p,q	无
B	I,b,d	2	E1	h,v	6,w,x
C1	k,v,r,c	5,Z15	E4	g,s,t	无
C2	b,d,r	2,5	E4	i	

每一个 H 抗原成分的最后确定均应根据 H 单因子血清的检查结果，没有 H 单因子血清的要用两个 H 复合因子血清进行核对。

检出第 1 相 H 抗原而未检出第 2 相 H 抗原的或检出第 2 相 H 抗原而未检出第 1 相 H 抗原的，可在琼脂斜面上移种 1～2 代后再检查。如仍只检出一个相的 H 抗原，要用位相变异的方法检查其另一个相。单相菌不必做位相变异检查。位相变异试验方法如下。

① 小玻管法   将半固体管（每管 1～2mL）在酒精灯上熔化并冷至 50℃，取已知相的 H 因子血清 0.05～0.1mL，加入到熔化的半固体内，混匀后，用毛细吸管吸取分装于供位相变异试验的小玻管内，待凝固后，用接种针挑取待检菌，接种于一端。将小玻管平放在平皿内，并在其旁放一团湿棉花，以防琼脂中水分蒸发而干缩，每天检查结果，待另一相细菌解离后，可以从另一端挑取细菌进行检查。培养基内血清的浓度应有适当的比例，过高时细菌不能生长，过低时同一相细菌的动力不能抑制。一般按原血清（1：200）～（1：800）的量加入。

② 小倒管法   将两端开口的小玻管（下端开口要留一个缺口，不要平齐）放在半固体管内，小玻管的上端应高出于培养基的表面，灭菌后备用。临用时在酒精灯上加热熔化，冷至 50℃，挑取因子血清 1 环，加入小套管中的半固体内，略加搅动，使其混匀，待凝固后，将待检菌株接种于小套管中的半固体表层内，每天检查结果，待另一相细菌解离后，可从套管外的半固体表面取菌检查，或转种 1% 软琼脂斜面，于 37℃培养后再做凝集试验。

③ 简易平板法   将 0.7%～0.8% 半固体琼脂平板烘干表面水分，挑取因子血清 1 环，滴在半固体平板表面，放置片刻，待血清吸收到琼脂内，在血清部位的中央点种待检菌株，培养后，在形成蔓延生长的菌苔边缘取菌检查。

（4）Vi 抗原的鉴定   用 Vi 因子血清检查。已知具有 Vi 抗原的菌型有伤寒沙门菌、丙型副伤寒沙门菌、都柏林沙门菌。

5. 菌型的判定和结果报告

综合以上生化试验和血清学分型鉴定的结果，按照有关沙门菌属抗原表判定菌型，并报告结果。

从上述沙门菌检验程序看，传统的检测方法检测周期长、程序复杂、所需试剂繁多，已远远不能满足现代检测需要。随着现代科学技术的不断发展，特别是免疫学、生物化学和分子生物学的进步，人们创建了许多快速、简便、特异、敏感、低耗且适用于沙门菌检测的新型方法。如法国的 API 系统、意大利 Bi-olife 公司的 MUCAPTest 试剂盒，对沙门菌有很高的敏感性和特异性，操作也十分简便、快速。另外，酶联免疫吸附法（ELISA）、核酸探针、流式细胞仪（FCM）等均可用于沙门菌的快速检验。

第二节　食品安全的 HACCP 质量控制体系

一、HACCP 体系的基本内容

1. HACCP 的基本概念

HACCP（hazard analysis and critical control point）即"危害分析与关键控制点"，是一个保证食品质量与安全的预防性管理系统。它运用食品加工、微生物学、质量控制和危险评价等有关原理和方法，对食品原料、加工工序以及最终食用产品等过程实际存在和潜在性的危害进行分析判定，找出对最终产品质量有影响的关键控制环节，并采取相应控制措施，使食品的危险性减少到最低限度，从而达到最终产品有较高安全性的目的。

2. HACCP 的主要特点

（1）重在预防　HACCP 质量管理体系是一种以预防为主的质量保证方法。HACCP 计划是生产者在生产前制定出的方案。分析生产、加工过程中可能出现的危害，找出关键控制点及控制措施，既最大限度地减少产生食品安全危害的风险，又避免了单纯依靠对最终产品的检验进行质量控制产生的问题，是一种既经济又高效的食品质量控制方法。

（2）突出重点　HACCP 体系的重点是找准关键控制点（CCP），也就是食品加工生产过程中可控的，并且一旦失控后产品将危及消费者安全和健康的那些控制点，使之在受控的情况下加工、生产。使食品潜在的危害得以防止、排除或降至可以接受的水平，进而从根本上保证生产的食品质量。

（3）易于推行　HACCP 体系适应于从原料到餐桌整个食品链的加工、生产各个环节，也适应于规模不同的各类食品加工企业。原理简单易懂、认证费用低、手续简洁、容易见效。由于每个企业的产品特性不同，加工条件、生产工艺、人员素质等也有差异，故每个企业的 HACCP 计划也各不相同。但每一企业都可以参照常规的步骤来制定各自 HACCP 计划，并申请得到政府有关部门或国际相关机构的认可。

3. HACCP 的基本内容

HACCP 是预防性食品安全控制体系，是食品加工和生产企业建立在 GMP（良好的操作规范）和 SSOP（卫生标准操作程序）基础上最为有效的食品安全自我控制手段之一。主要包括以下内容。

（1）危害与危害分析　危害是指导致食品不安全消费的任何生物的、化学的或物理的因素。危害分析是指对食品生产、加工过程的原料、关键生产工序及影响产品安全卫生的主、客观因素进行分析。

（2）控制点与关键控制点　控制点是指食品加工过程中某工序、过程或场所，在这些点存在需要通过控制予以消除的、能影响产品质量的物理、化学或生物的因素。关键控制点是指食品加工、生产过程中可控的，并且一旦失控后产品将危及消费者安全和健康的那些控制点。

（3）控制与控制标准　临界值指在关键控制点上保证有效控制危害的一种或多种因素的规定允许量。偏离该允许量则视为失控。控制标准是判定对 CCP 采取措施后危害因素是否得到控制的技术依据。其指标可以是物理的（如时间、温度等）、化学的（如浓度、pH 等）或生物的（如微生物、昆虫等）技术标准和规范。

（4）监控程序与纠偏措施　监控程序通过有计划、有顺序的观察或测定确保 CCP 在控制中。监控程序包括监控方法、监控频率和监控人员三部分内容。通过监控程序对每一个关键控制点确定监控措施和监控步骤以确保达到关键限值的要求。纠偏措施是针对关键限值发生偏离时采取的纠正措施，以确保关键控制点重新受控。

4. HACCP 体系的七项基本原理

原理1：进行危害分析（hazard analysis，HA）并确定预防措施（preventive measures），危害分析与预防控制措施是 HACCP 原理的基础，也是建立 HACCP 计划的第一步，应根据所掌握的食品中存在的危害以及控制方法，结合工艺特点，进行详细的分析。

原理2：确定关键控制点（critical control point，CCP），即确定能够实施控制且可以通过正确的控制措施达到预防危害、消除危害或将危害降低到可接受水平的 CCP，例如加热、冷藏、灭菌、特定的消毒程序等。

原理3：确定 CCP 的关键控制限值（critical limit），即指出与 CCP 相应的预防措施必须满足的要求，例如温度的高低、时间的长短、pH 的范围以及盐浓度等。

原理4：建立监控程序（monitoring），即通过一系列有计划的观察和测定（例如温度、时间、pH 值、水分等）活动来评估 CCP 是否在控制范围内，同时准确记录监控结果，以备用于将来核实或鉴定之用。

原理5：建立纠正措施（corrective actions），如果监控结果表明加工过程失控，应立即采取适当的纠正措施，减少或消除失控所导致的潜在危害，使加工过程重新处于控制之中。

原理6：建立有效的记录保存体系（record-keeping procedures），监测记录应包括体系文件，HACCP 体系的记录，HACCP 小组的活动记录，HACCP 前提条件的执行、监控、检查和纠正记录等。

原理7：建立验证程序（verification procedures），用来确定 HACCP 体系是否按照 HACCP 计划正确运转，或者计划是否需要修改，以及再被确认生效使用的方法、程序、检测及审核手段等。

二、HACCP 计划的实施

1. 制定 HACCP 计划的前提条件

（1）符合良好的操作规范　良好操作规范 GMP（good manufacture practice）包括食品原料的采购、运输、贮存；食品工厂的设计与设施；食品生产用水；食品工厂的卫生管理；食品生产过程的卫生；卫生和质量检验的管理；成品的贮藏和运输；食品生产经营人员个人卫生与健康的要求等八个方面的良好操作规范。要求食品生产加工企业具有良好的生产设备、合理的生产过程、完善的质量管理和严格的检测系统。符合良好的操作规范是实施 HACCP 食品安全保障体系的基本前提条件。

（2）建立卫生标准操作程序　SSOP(sanitation standard operating procedure) 是为了充分保证达到 GMP 中涉及一般卫生措施的目标而制定的一套特殊的程序，SSOP 程序的目标和频率必须充分保证生产条件和状况达到 GMP 的要求。根据生产工艺和生产实际建立 SSOP，按 GMP 要求实施文件化，并严格执行。

（3）HACCP 知识的培训

① 全面 HACCP 知识普及培训，确保所有员工能够理解和正确执行 HACCP 中设计的程序和步骤；

② 相关法律法规、卫生规范及卫生标准的培训，确保 HACCP 小组成员具备建立 HACCP 食品安全保障体系的能力；

③ 培训应选用标准教材，考核应满足政府监督管理部门的要求。

2. HACCP 计划实施要求

首先 HACCP 计划一般由企业自己制定。企业为实施 HACCP 计划而组建的 HACCP 小组，其成员应具有广泛的代表性。HACCP 计划应作为企业质量保证体系的重要部分。其次 HACCP 计划须得到政府监督管理部门的认可。企业制定的 HACCP 计划应与国际要求接轨，在 WTO 的框架内符合我国出口产品的特色。第三，初次引进 HACCP 计划的企业，危害控制应尽可能简单，即限制在一种或两种危害或仅限于产品的安全问题。最后，HACCP 计划的实施应得到企业主管的参与和支持。各部门中从负责人到车间操作人员都有与其对应的体系的某一部分负责的义务。

　　3. HACCP 计划实施的基本步骤

　　① 组建 HACCP 小组。HACCP 小组应由卫生专家、技术人员、质检人员和一线操作工人组成。

　　② 编制食品及销售说明。说明中应列出食品名称、原料和添加剂及贮藏、销售要求等项目。

　　③ 食品用途及消费对象说明。在说明中应特别指出该产品是否适用儿童、老人或免疫力低下的人群。

　　④ 绘制生产流程图。HACCP 小组应对该食品的整个生产流程全面考察，绘制产品的生产流程图，并确认其准确性和完整性。

　　⑤ 进行危害分析（HA）。危害分析应包括食品加工生产过程中可能出现的物理、化学或生物因素的危害。进行危害分析的具体步骤为：a. 确定操作中可能出现严重潜在危害的步骤；b. 列出与每一步骤有关的所有已知的危害；c. 列出控制危害的各种预防措施（纠偏措施）。

　　⑥ 确定并记录加工过程中的关键控制点（CCP）。

　　⑦ 确定所有已知关键控制点的临界值（CL）。

　　⑧ 建立关键控制点的监控方法（监控频率、负责人）。

　　⑨ 建立纠偏措施。纠偏措施在测定数据与规定的临界值之间出现误差时能迅速地采取行动。纠偏措施还应包括对不安全食品的处理和失控条件的纠正。

　　⑩ 建立有效的记录保持体系。对 HACCP 体系的实施过程要做好全面的记录，HACCP 计划执行期间出现新的危害时应根据记录及时更新 HACCP 计划。

　　⑪ 建立 HACCP 体系的验证程序。验证程序包括对 HACCP 计划的有效性、记录的真实性和测试仪器的精密性的认证和评价。

　　4. 建立 HACCP 体系应注意的问题

　　HACCP 体系作为科学、简便、实用的预防性食品安全质量控制体系，HACCP 体系的推行已成为当今国际食品行业安全质量管理不可逆转的发展趋向与必然要求。但是建立健全 HACCP 体系需要注意以下问题。

　　① HACCP 是预防性的食品安全控制体系，要对所有潜在的生物的、物理的、化学的危害进行分析，确定预防措施，重在预防危害发生。

　　② HACCP 要根据不同的食品加工过程来确定，要反映出某一种食品从原料到成品、从加工场所到加工设施、从加工人员到消费方式等各方面的特异性，具体问题具体分析，实事求是。

　　③ HACCP 强调的是关键点控制，在对所有潜在的生物的、物理的、化学的危害进行分析的基础上，要确定哪些显著危害，找出关键控制点，在食品生产中将精力集中到加工过程中最易发生安全危害的环节上，重点加以控制。这里存在一个资源合理配置的问题，要集中力量解决关键问题，不能面面俱到。都是关键点，等于没有关键点。

　　④ HACCP 是一个基于科学分析建立的体系，需要强有力的技术支持。当然可以寻求外援，也可以利用他人科学研究的成果，但企业根据自己的实际情况所做的实验数据、分析

结果等尤为重要。

⑤ HACCP 并不是一个零风险的体系，只是可以尽量减少食品安全危害的风险。因此企业需配合检验、卫生管理等手段来控制食品安全。

⑥ HACCP 不是一个僵硬的、一成不变的、一劳永逸的教条和框框，而是与实际密切相关的发展变化的体系，企业生产中任何实际因素的变化都可能导致其自己的 HACCP 体系的更改，而那种不顾企业实际情况，照搬他人模式或一类企业、一类产品搞一种通用的 HACCP 体系的做法则更行不通。

⑦ HACCP 不是一个时髦的摆设，企业在制定了 HACCP 计划后，要积极推行认真实施，不断对其有效性进行验证，在实践中加以完善和提高。只要企业持之以恒地采用 HACCP 进行食品安全控制，实践→认识→再实践→再认识，企业的安全卫生管理水平一定会有长足的进步。

5. HACCP 的历史沿革与发展现状

HACCP 最早形成于 1959 年美国 Pillsbury 公司和 Natick 实验室为实施"阿波罗"太空计划开发航空食品期间。由于宇航员需要的是绝对安全和卫生的食品，而传统的单纯依靠对最终产品进行检验的食品质量控制方法不能完全保证食品的安全与卫生。Pillsbury 公司认为确保安全的唯一方法是研发一个预防性体系，通过对产品生产的全过程（特别是关键点）进行监控从而达到防止生产过程中危害的发生，逐步形成 HACCP 的概念。

美国是最早应用 HACCP 原理建立食品质量保证体系的国家。1971 年在第 1 届美国国家食品保护会议上 Pillsbury 公司正式提出 HACCP 的概念。1973 年美国食品药品管理局（FDA）将 HACCP 的概念用于罐头食品加工中，以防止腊肠毒菌的感染。随后美国开始将 HACCP 推广到低酸罐头食品、肉类和禽类工业中。1985 年美国国家科学院（NAS）鉴于 HACCP 在罐头食品上的成功例子，建议所有执法机构对食品加工业强制性实施 HACCP 方法。1989 年发布了《食品生产的 HACCP 原理》。1991 年公布了《HACCP 的评价程序》。1994 年公布《冷冻食品 HACCP 一般规则》。1995 年 12 月 FDA 根据 HACCP 的 7 个原理提出《水产和水产品加工和进口的安全与卫生程序》，同时规定自 1997 年 12 月 18 日起，凡出口到美国的海产品必须提交 HACCP 执行计划等资料并符合 HACCP 的要求。

我国自 1990 年开始 HACCP 体系的研究，由国家出、入境检验检疫局制定出口食品生产企业中 HACCP 质量管理体系导则。卫生部也组织有关单位对乳制品、熟肉、饮料等生产过程实施 HACCP 的执行计划、应用方案及监督管理进行研究。1997 年我国有 139 家水产品加工企业获美国 FDA 认可的 HACCP 验证证书，2001 年有 224 家水产品、禽肉、兔肉加工企业已对欧盟注册，并获 HACCP 认证。然而，与发达国家相比，我国对 HACCP 质量管理体系不论在研究还是在应用方面都有较大差距。加入 WTO 后及全球经济贸易的一体化，食品安全控制和质量标准都必须纳入国际通用的法规体系。因此，加快在食品加工企业中推行 HACCP 原理的应用，建立相应的质量保证体系已迫在眉睫。

参 考 文 献

1　周德庆. 微生物学教程. 第2版. 北京：高等教育出版社，2002

2　沈萍，陈向东主编. 微生物学. 第2版. 北京：高等教育出版社，2006

3　武汉大学、复旦大学生物系微生物教研室编. 微生物学. 第2版. 北京：高等教育出版社，1987

4　欧阳琨主编. 微生物学. 西安：西北大学出版社，1994

5　李季伦编著. 微生物生理学. 北京：北京农业大学出版社，1993

6　刘志恒. 现代微生物学. 北京：科学出版社，2002

7　王淑萍主编. 微生物学基础. 北京：化学工业出版社，2005

8　东秀珠，蔡妙英编著. 常见细菌系统鉴定手册. 北京：科学出版社，2001

9　杜连祥，路福平主编. 微生物学实验技术. 北京：中国轻工业出版社，2005

10　李素玉主编. 环境微生物分类与检测技术. 北京：化学工业出版社，2005

11　施巧琴，吴松刚. 工业微生物育种学. 第2版. 北京：科学出版社，2003

12　洪坚平，来航线主编. 应用微生物学. 北京：中国林业出版社，2005

13　Michael T，Madigan，Johan M，Martinko，Jack Parker. Brock Biology of Microorganisms (Tenth Edition). New York：Pearson Education，2003

14　董明盛，贾英民主编. 食品微生物学. 北京：中国轻工业出版社，2006

15　江汉湖. 食品微生物学. 北京：中国农业出版社，2002

16　何国庆，贾英民. 食品微生物学. 北京：中国农业大学出版社，2002

17　[美] James M. Jay编著. 现代食品微生物学. 第5版. 徐岩，张继民，汤丹剑等译. 北京：中国轻工业出版社，2001

18　郑晓冬. 食品微生物学. 杭州：浙江大学出版社，2001

19　无锡轻工业学院、天津轻工业学院合编. 食品微生物学. 北京：中国轻工业出版社，1980

20　Adams M R，Moss M O. Food Microbiology. Lodor：Royal Society of Chemistry Publish，1995

21　张文治. 新编食品微生物学. 北京：中国轻工业出版社，1995

22　[英] Brian B Wood. 发酵食品微生物学. 徐岩译. 北京：中国轻工业出版社，2001

23　诸葛健. 现代发酵微生物实验技术. 北京：化学工业出版社，2005

24　杨洁彬. 食品微生物学. 第2版. 北京：中国农业大学出版社，1995

25　中华人民共和国国标. GB/T 4789—2003　食品卫生检验方法——微生物学部分. 北京：中国标准出版社

26　中国检验检疫科学研究院编，赵贵明主编. 食品微生物实验室工作指南. 北京：中国标准出版社，2005

27　郭爱莲编著. 食品与微生物. 西安：陕西科学技术出版社，1996

28　苏世彦主编. 食品微生物检验手册. 北京：中国轻工业出版社，1998

29　张蕊. 发酵食品微生物学. 北京：中国轻工业出版社，2001

30　蔡静平. 粮油食品微生物学. 北京：中国轻工业出版社，2002

31　郭本恒编著. 功能性乳制品. 北京：中国轻工业出版社，2001

32　杨端. 食品保藏原理. 北京：化学工业出版社，2006

33　朱乐敏主编. 食品微生物. 北京：化学工业出版社，2006